"十三五"国家重点出版物出版规划项目

电子与信息工程系列

Digital Signal Processing

数字信号处理

● 主　编　王　军　孙继禹　韩宇辉
● 副主编　张继涛　李冬明

哈爾濱工業大學出版社

HARBIN INSTITUTE OF TECHNOLOGY PRESS

内容简介

本书对数字信号处理的基本理论、基本概念和基本分析方法进行系统的介绍。全书共分 8 章,主要内容包括:绪论、离散时间信号与离散系统、z 变换与离散时间傅里叶变换、离散傅里叶变换(DFT)、快速傅里叶变换(FFT)、数字滤波器的基本结构、无限长单位冲激响应(IIR)数字滤波器的设计方法以及有限长单位冲激响应(FIR)数字滤波器的设计方法。

本书可作为高等院校通信工程、电子信息工程、自动控制等专业学生的教材,也可作为从事相关专业工作的科研和工程技术人员的参考书。

图书在版编目(CIP)数据

数字信号处理/王军,孙继禹,韩宇辉主编. —哈尔滨:哈尔滨工业大学出版社,2021.8(2023.3 重印)
ISBN 978-7-5603-9553-1

Ⅰ.①数…　Ⅱ.①王…②孙…③韩…　Ⅲ.①数字信号处理　Ⅳ.①TN911.72

中国版本图书馆 CIP 数据核字(2021)第 121639 号

策划编辑　许雅莹
责任编辑　李长波
封面设计　高永利
出版发行　哈尔滨工业大学出版社
社　　址　哈尔滨市南岗区复华四道街 10 号　邮编 150006
传　　真　0451－86414749
网　　址　http://hitpress.hit.edu.cn
印　　刷　哈尔滨圣铂印刷有限公司
开　　本　787mm×1092mm　1/16　印张 19.5　字数 475 千字
版　　次　2021 年 8 月第 1 版　2023 年 3 月第 2 次印刷
书　　号　ISBN 978-7-5603-9553-1
定　　价　38.00 元

(如因印装质量问题影响阅读,我社负责调换)

前言

PREFACE

数字信号处理技术在信息社会中具有不可或缺的重要地位,在通信、控制、雷达、图像、生物医学、遥感遥测、故障诊断等领域都具有广泛的应用。

本书对数字信号处理的基本理论、基本概念和基本分析方法进行了比较系统的介绍。全书共分8章:第1章介绍数字信号处理的基本概念、系统组成以及主要特点和应用领域;第2章介绍离散时间信号与离散系统的基本知识;第3章介绍 z 变换与离散时间傅里叶变换(DTFT)的基本概念和理论;第4章介绍离散傅里叶变换,包括周期序列的离散傅里叶级数(DFS)、有限长序列的离散傅里叶变换(DFT)以及频域抽样的基本理论;第5章介绍快速傅里叶变换(FFT)的基本原理和计算方法;第6章介绍数字滤波器的基本结构;第7章介绍无限长单位冲激响应(IIR)数字滤波器的设计方法,包括常用模拟滤波器的设计方法以及用冲激响应不变法和双线性变换法设计 IIR 数字滤波器;第8章介绍有限长单位冲激响应(FIR)数字滤波器的设计方法,包括线性相位 FIR 数字滤波器的特点以及用窗函数法和频率抽样法设计 FIR 数字滤波器。另外,除第1章绪论外,其余各章均有一节专门介绍该章内容涉及的 MATLAB 实现方法,使读者能够加深对数字信号处理基本理论的理解,同时掌握运用 MATLAB 解决相关问题的方法。

本书的第1章和第3章由哈尔滨理工大学王军编写;第4章和第5章由哈尔滨理工大学孙继禹编写;第6章和第8章由哈尔滨理工大学韩宇辉编写;第7章和第2章的2.4节由哈尔滨理工大学张继涛编写;第2章(不包括2.4节)由哈尔滨理工大学李冬明编写。全书由王军统稿。

由于作者水平所限,书中难免存在疏漏之处,恳请广大读者朋友批评指正。

编 者
2021 年 5 月

目　录

CONTENTS

第 1 章

绪 论

数字信号处理(Digital Signal Processing,DSP)是指利用计算机或通用(专用)数字信号处理设备,采用数值计算方法对信号进行各种所需处理的一种技术。处理的目的可以是估计信号的特征参数,也可以是把信号变换成某种更符合所需的形式。数字信号处理的研究源远流长。17 世纪发展起来的经典数值分析技术奠定了这方面的数学基础。20 世纪 60 年代以后,计算机技术的进一步发展与应用标志数字信号处理的理论研究和实践进入一个新阶段。随着信息学科以及大规模集成电路、超大规模集成电路和软件开发引起的计算机学科的飞速发展,自 1965 年库利(J. W. Cooley)与图基(J. W. Tukey)提出快速傅里叶变换后,数字信号处理迅速成为一门独立的学科,这一学科已经应用于几乎所有工程、科学和技术领域,并渗透到人们生活和工作的方方面面。

下面,先简单回顾信号、信号处理、数字信号处理等基本概念,再介绍数字信号处理系统的基本组成,最后介绍数字信号处理的特点和应用。

1.1 数字信号处理的基本概念

1. 信号

信号可以描述范围极其广泛的一类物理现象,它所包含的信息总是寄寓在某种变化形式的波形之中。从古至今,人与人、人与自然、自然与自然之间无时无刻不在进行信息交流,这些信息都要借助一定形式的信号传送出去。例如,我国古代借助烽火这种光信号传递边疆警报,人们借助声音和文字信号表达自己的思想和情感,机械工程师根据机械振动信号分析轴承磨损信息,医学工作者根据生物电信号了解人体健康信息,雷达系统根据回波信号分析目标信息,等等。根据载体的不同,信号可以是电的、磁的、声的、机械的、热的、生物医学的等。对于信号处理来说,一般需要将非电量通过传感器转换成电阻、电感、电容等电参量,并通过传感电路将非电量信号转换为电流或电压信号。

同一种信号,例如电信号,又可以从不同角度进行分类。

(1)确定性信号和随机信号。对给定的任意时刻,信号的取值能精确确定,这样的信号称为确定性信号。例如,一个正弦信号是确定性信号。对于给定的任意时刻,信号的取值不能精确确定,这样的信号称为随机信号。例如,设有一个信号源能输出某固定角频率的正弦信号或余弦信号,输出何种信号取决于抛硬币的结果,抛出正面输出正弦信号,抛出反面输出余弦信号,这样一个信号源输出的信号就是随机信号。

（2）一维信号、二维信号、矢量信号。若信号是一个自变量（如时间）的函数，则称为一维信号；若信号是两个自变量（如空间坐标 x,y）的函数，则称为二维信号，例如图像信号；推而广之，若信号是多个自变量的函数，则称为多维信号。若信号表示成 M 维矢量

$$x = \left[x_1(n), x_2(n), \cdots, x_M(n) \right]^T$$

式中，T 表示转置，n 为时间变量。则称 x 是一个 M 维矢量信号。例如，某机械臂的位置信号就是一个三维矢量信号。

（3）周期信号和非周期信号。若信号的取值可以重复被取到，则该信号为周期信号；否则为非周期信号。

（4）能量信号和功率信号。若信号的能量 E 有限，则称为能量信号。若信号平均功率 P 有限，则称为功率信号。周期信号及随机信号一般是功率信号，其总能量趋于无穷，而非周期的绝对可积信号或绝对可和信号一般是能量信号。

（5）连续时间信号与离散时间信号。信号的自变量（一般都看成时间）取值方式有连续与离散两种。若自变量是连续的数值，则称为连续时间信号；若自变量是离散数值，则称为离散时间信号。信号幅度值（或函数值）也可以分成连续与离散两种方式，组合起来就有四种情况：如果信号的自变量和幅度值均取连续值，则称为模拟信号；如果信号的自变量连续可变而函数值取值可连续变化或出现间断，则称为连续时间信号，显然模拟信号是连续时间信号的特例；如果信号的自变量取值离散而函数取值不一定离散，则称为离散时间信号；如果信号的自变量取值离散且函数取值也离散，则称为数字信号。

2. 信号处理、数字信号处理

信号处理（包括数字信号处理）技术需要借助系统实现对信号的处理。系统定义为处理（或变换）信号的物理设备，可以是由电阻、电容、电感、运算放大器等组成的电路网络，也可以是用软件编程实现的对信号处理的方法或算法。信号处理是研究用系统对含有信息的信号进行处理（变换），以获得人们所希望的信号，从而达到提取信息、便于利用的一门学科。信号处理的内容包括滤波、变换、检测、谱分析、估计、压缩、扩展、增强、识别等一系列的加工处理，以达到提取有用信息、便于应用的目的。

信号处理分为模拟信号处理和数字信号处理。模拟信号处理的对象为模拟信号，主要通过一些模拟器件（如运算放大器、电阻、电容、电感等）组成的网络来完成对信号的处理。但是，模拟信号处理难以做到高精度，易受环境影响，可靠性差，且不灵活。数字信号处理的对象一般是数字信号，但是，若系统中增加模／数转换器（Analog to Digital Converter，A/D 转换器）和数／模转换器（Digital to Analog Converter，D/A 转换器），则数字信号处理系统也可以处理模拟信号。数字信号处理对信号处理的方式不同于模拟信号处理，它采用数值计算的方法来完成对信号的处理。因此，简单来说，数字信号处理就是用数值计算的方法对信号进行各种所需的处理，这里所说的"处理"的实质是"运算"，处理的对象包括模拟信号和数字信号。

1.2　数字信号处理系统的组成

由于自然界中的大多数信号是模拟信号，而数字信号处理系统凭借其突出的性能在信息领域得到了广泛的应用，因而要用数字系统处理模拟信号，就需要有一个将模拟信号转换

为数字信号以及经数字系统处理完成后,再将输出信号转换为模拟信号的装置。用数字信号处理系统处理模拟信号的系统简单框图如图 1.1 所示。模拟信号 $x_a(t)$ 先要通过一个抗混叠的模拟低通滤波器,将输入的模拟信号中的高频分量加以滤除,使低通滤波器输出的模拟信号变成严格的带限信号,使其不用太高的抽样频率即可满足抽样定理的要求。然后,进入模拟 — 数字转换器(A/D 转换器)。A/D 转换器中的抽样模拟开关将模拟信号转换为离散时间信号。由于后续的量化编码不能瞬时完成,所以抽样开关后面会跟一个保持器(通常由一个电容和一个电压跟随器组成),以保证量化编码时转换的值不变。通常将抽样模拟开关和保持电路合称抽样保持(Sampling and Hold,S/H) 电路。A/D 转换器中的量化编码器将送入的抽样保持信号的幅度加以量化并形成二进制编码信息,即将离散时间信号转换为数字信号 $x(n)$。随后,数字信号 $x(n)$ 通过数字信号处理系统的核心部分,即数字信号处理器,按照预定的要求进行加工处理,得到数字信号 $y(n)$。然后,数字信号 $y(n)$ 进入 D/A 转换器。由于锁存器或零阶保持器的作用,D/A 转换器将数字信号 $y(n)$ 转换为阶梯形的连续时间信号。该阶梯形信号中含有丰富的高频分量,这些高频分量对于有用信号来说是干扰,因此,需要进行有效抑制。所以,D/A 转换器的输出后面需接一个模拟低通滤波器,滤除不需要的高频分量,平滑成所需的模拟输出信号 $y_a(t)$。

图 1.1 模拟信号数字处理的系统框图

图 1.1 给出的是模拟信号数字处理系统的框图,实际系统并不一定需要包括所有的功能模块。例如,如果系统只需输出数字信号,就不需要 D/A 转换器;如果系统的输入、输出都是数字信号,则只需数字信号处理器这一核心部分即可。

图 1.1 中数字信号处理器可以是通用数字计算机或微处理器,也可以是专用芯片等。根据数字信号处理器的不同,数字信号处理系统通常有三种实现方法:

(1)软件实现。软件实现是指在通用计算机或微处理器上编写程序实现各种复杂的信号处理算法。这种方法的优点是灵活、开发周期短,缺点是处理速度慢或实时性差。通常用在信号处理算法和科学研究阶段、教学实验和一些对处理实时性或处理速度要求不高的场合。

(2)专门硬件实现。专门硬件实现是用基本的数字硬件组成专门处理器或专用数字信号处理芯片作为数字信号处理器,如快速傅里叶变换芯片、数字滤波器芯片等。这种方法的优点是可以实时处理,缺点是功能单一、不灵活、开发周期长,适用于要求高速实时处理的一些专用设备中。

(3)软硬件结合实现。软硬件结合实现是指在通用数字信号处理芯片上开发用户所需的信号处理功能。通用数字信号处理芯片是专为信号处理设计的芯片,有专门执行信号处理算法的硬件,如乘法器、流水线工作方式、并行处理、多总线、位反转硬件等,并有专为信号处理用的指令,可实现工程中各种信号处理。这种方法既有实时的优点,又有用软件实现的可灵活编程的优点,是一种目前流行的、重要的数字信号处理实现方法,已经应用到各个领域之中。

1.3 数字信号处理的特点及应用

1. 数字信号处理的特点

由于数字信号处理是用数值计算的方式实现对信号的处理,因此,与模拟信号处理系统相比,数字信号处理主要有以下一些明显的优点:

(1)灵活性高。数字信号处理系统是以微处理器、可编辑逻辑器件等为核心的数字系统,可以只设计和实现一个硬件平台,用不同的软件来执行各种各样的数字信号处理任务。另外,数字信号处理系统的性能主要取决于乘法器的系数,这些系数存储在存储器中。只要有足够的存储空间,系数的个数和取值可以根据需要随时调整,即系统的阶数、结构等可以随时调整,以获得合适的性能。而对于模拟信号处理系统,大多数情况下性能上的调整均需对电路参数或结构进行调整,整个系统需要重新设计及制作。因此,数字信号处理系统的灵活性是传统模拟系统所无法比拟的。

(2)精度高。模拟信号处理系统的精度由元器件决定,而模拟元器件的精度很难达到 10^{-3} 以上,数字信号处理系统只要采用 14 位字长就可以达到 10^{-4} 的精度。因此,在精度要求较高的系统中只能采用数字系统。

(3)可靠性强。数字系统只有两个信号电平"0"和"1",有一定的噪声容限,因而受周围环境温度及噪声的影响较小。而模拟系统中信号电平连续变化,电阻热噪声、半导体器件的噪声、环境电磁干扰等引起的噪声很容易叠加到信号上,必然对模拟系统的输出产生影响。

(4)容易大规模集成。数字部件具有高度规范性,便于大规模集成、大规模生产,而且对电路参数要求不严,产品成品率高。而模拟信号处理系统需要用到电容器或电感器等储能元件,系统阶数越高所需储能元件越多,很难进行大规模集成。尤其对于低频信号处理应用情形,如脑电、心电等生理信号中有用信号的频谱范围大概几赫兹(Hz)到几百赫兹,若用模拟网络进行信号处理,电感器、电容器的数值、体积和质量都非常大,性能也往往达不到要求,而数字信号处理系统在这个频率却非常优越。

(5)可以实现模拟系统难以实现的诸多功能。数字信号可以存储,数字信号处理系统可以对其进行复杂的变换和运算。这一优点使数字信号处理不仅仅限于对模拟系统的逼近,而且可以实现模拟系统难以实现的诸多功能或特性。例如,对信号进行频谱分析,模拟频谱分析仪分辨率取决于带通滤波器的带宽,在频率低端只能分析到 10 Hz 以上的频率,且难以做到高分辨率(足够窄的带宽),但在数字谱分析中,已能做到 10^{-3} Hz 的谱分析;有限长冲激响应数字滤波器可实现准确的线性相位特性,这在模拟系统中是很难达到的;数字系统可以实现时分复用,即利用一套计算设备实现"流水工作",同时处理几个通道信号;数字系统利用庞大的存储单位可以存储一帧或数帧图像信号,实现二维甚至多维信号的处理,包括二维或多维滤波、二维或多维谱分析等;模拟系统难以实现回声抵消以及其他一些应用中的自适应滤波,但在数字系统中各种实时自适应算法已获得了成功应用。

数字信号处理也有自己的缺点。目前,一般来说,数字系统的速度还不算高,因而还不能处理很高频率的信号。另外,数字信号处理系统的硬件结构还比较复杂,价格昂贵。但随着大规模集成电路的发展,这些问题将变得越来越不重要。

2. 数字信号处理的应用

正因为数字信号处理系统具有上述优点,数字信号处理的理论和技术一出现就受到人们的极大关注,发展迅速。国际上一般把 1965 年快速傅里叶变换(FFT)的问世作为数字信号处理这一门新学科的开端。经过 50 多年的发展,这门学科基本形成了一套完整的理论体系,包括各种快速的和优良的算法。而且随着各种电子技术及计算机技术的飞速发展,数字信号处理的理论和技术还在不断丰富和完善,新的理论和技术层出不穷。可以说,数字信号处理是发展最快、应用最广泛、成效最显著的新学科之一,目前已广泛应用在语音、雷达、声呐、地震、图像、通信、控制、生物医学、遥感遥测、地质勘探、航空航天、故障诊断、自动化仪表等领域。

(1)滤波。滤波是现代数字信号处理的重要研究内容,在信号分析、图像处理、机器学习、自动控制等领域得到了广泛应用。

(2)通信。数字信号处理在通信领域中发挥着重要的作用,包括自适应差分脉码调制、自适应脉码调制、差分脉码调制、增量控制、自适应均衡、信道复用、移动电话、数据加密、扩频技术、通信制式的转换、卫星通信、光通信、深空通信、水下通信和软件无线电等。近年来快速发展的云计算、大数据、人工智能、区块链和物联网等严重依赖高密度和大容量通信,这对所使用的数字信号处理技术提出了更高的要求。

(3)语音、语言。数字信号处理技术在语音信号处理中的应用越来越广泛,包括语音的编解码、数字录音系统、语音识别、语音合成、语音增强和文本语音变换等。

(4)图形、图像。数字信号处理技术在图形、图像处理中的应用主要包括图像压缩、图像增强、图像复原、图像变换、图像分割、图像校正、边缘检测和机器视觉等。

(5)医疗和生物医学工程。现代医学从疾病起因的研究、患者的检查诊断,到新药的开发、研制及实验室实验和临床试验,再到远程医疗监护,无不需要借助数字信号处理技术,包括健康助理、远程医疗监护、超声仪器(B 超)、核磁共振(MRI)、CT 扫描、心电图仪(ECG)、脑电图仪(EEG)和助听器等。

(6)消费电子。在消费类电子产品领域中,数字信号处理技术体现得最为淋漓尽致,包括数字电视、移动媒体、数字音频、音乐合成器、电子玩具和游戏、CD/VCD/DVD 播放器和汽车电子装置等。

(7)仪器。仪器包括频谱分析仪、网络分析仪、函数发生器、瞬态分析仪、锁相环和模式匹配等。

(8)工业控制与自动化。工业控制与自动化包括机器人控制、自动驾驶、打印机控制、伺服控制、电力线监控和计算机辅助制造等。

(9)国防与军事。国防与军事包括雷达处理、声呐处理、导航、全球定位系统、空中预警机、电子战战机、侦察卫星、航空航天测试、自适应波束形成、阵列信号处理、精确制导武器、无人驾驶飞机、坦克和自行火炮等。

第 2 章

离散时间信号与离散系统

2.1 概　　述

信号往往被定义为随时间、空间等变化的物理量,信号所包含的信息寄寓在某种变化形式的波形之中。数学上,信号可以表示为一个或多个独立变量的函数。如果仅有一个自变量,则称为一维信号,如一个语音信号就可以表示成声压随时间变化的函数;如果有两个或两个以上自变量,则称为多维信号,如一张黑白照片可以用亮度随二维空间变量变化的函数表示。本书的讨论范围仅限于一维信号,为了方便起见,以后在讨论中一般总是用时间来表示自变量,尽管在某些具体应用中自变量不一定是时间。针对信号的自变量和函数取值形式,下面介绍四种信号。

如果信号的自变量和函数值都取连续值,即自变量连续可变且其函数值取值不出现间断,这样的信号称为模拟信号,如人讲话时声音振动信号就是模拟信号。如果信号的自变量连续可变而函数值取值可连续变化或出现间断,这样的信号称为连续时间信号,显然模拟信号是连续时间信号的特例。一般地,不区分连续时间信号与模拟信号。如果信号的自变量取值离散而函数取值不一定离散,这样的信号称为离散时间信号。离散时间信号往往是连续时间信号经抽样保持(S/H)之后的信号。如果信号的自变量取值离散且函数取值也离散,这样的信号称为数字信号。数字信号往往是离散时间信号幅度经量化或模数转换之后的信号。

信号有模拟信号、连续时间信号、离散时间信号和数字信号之分,那么处理相应信号的系统也有模拟系统、连续时间系统、离散时间系统和数字系统之分。

本章为全书的基础,主要介绍离散时间信号的表示方法和典型信号、离散时间系统的基本性质(线性、时不变性、因果性和稳定性)、线性时不变系统的输入输出关系、系统的输入输出描述法、常系数线性差分方程的解法、连续时间信号的抽样、抽样信号的频谱和抽样定理等内容。

2.2　离散时间信号——序列

离散时间信号只在离散时间上给出函数值,是时间上不连续的一个序列。它既可以是实数,也可以是复数。离散时间信号通常是对一个连续时间信号或模拟信号(如语音)进行抽样得到的。抽样可以是等间隔抽样,也可以是非等间隔抽样,乃至随机抽样。本书只讨论等间隔抽样。对模拟信号 $x_a(t)$ 进行等间隔抽样,抽样间隔为 T,即以每秒 $f_s = \dfrac{1}{T}$ 个抽样的速率抽样,得到

$$x_a(t) \mid_{t=nT} = x_a(nT) \quad (-\infty < n < +\infty)$$

其中,n 取整数。

　　对于不同的 n 值,$x_a(nT)$ 是一个有序的数字序列:$\cdots,x_a(-T),x_a(0),x_a(T),\cdots$,该数字序列就是离散时间信号。为了区别模拟信号,常忽略 $x_a(nT)$ 中的下标 a,离散时间信号可写作 $\{x(nT)\}$,且在数值上有 $x(nT)=x_a(nT)$,$-\infty < n < +\infty$。实际信号处理中,这些数字序列值先按顺序存放在存储器中,分析处理信号时再读取信号值进行分析或处理,即离散信号分析处理时具有非实时性,此时 nT 代表的是前后顺序。为简化,抽样间隔可以不写,形成离散时间信号或序列 $\{x(n)\}$。为了处理方便,离散时间信号 $\{x(n)\}$ 往往简化表示为 $x(n)$。对具体的一个离散时间信号,$x(n)$ 也代表第 n 个序列值。可见,$x(n)$ 具有两重意义:既代表一个离散时间信号,又代表第 n 个序列值。需要强调说明的是,这里 n 取整数值,表示第 n 个抽样时刻,显然 n 为非整数时无定义。

　　离散时间信号主要有三种表示方法:集合表示法、公式表示法和图形表示法。集合表示法又称为数列表示法或枚举表示法,将信号值按先后顺序形成一个集合,如 $x(n)=\{\cdots,-1.5,8.7,\underline{0},2.53,6,7.2,\cdots\}$,其中下面有符号"_"的值表示 $n=0$ 时刻的信号值,即 $x(0)$。实际信号处理中即采用此方法,因为实际应用中信号是未知的,所以只能通过观测不断得到信号的观测值。观测信号的过程相当于枚举信号的过程,枚举法在实时信号处理应用场合(如实时滤波)更显重要。在实时滤波场合,往往是每获得一个观测信号值便估计该时刻信号的真值,从而实现实时处理的目的。公式表示法又称为函数表示法,用随 n 变化的规律函数表示信号,如离散正弦信号 $x(n) = \sin \omega n$。如果一个被处理信号可以由一个确定函数表示,那么处理或分析该信号的价值并不大,所以函数表示法主要用于理论研究、讨论或讲授。图形表示法如图 2.1 所示,横坐标表示 n,纵坐标表示信号 $x(n)$ 大小。图形表示法可以直观、形象地给出信号的变化形式,有助于加强人们对信号的理解,故经常被使用。

图 2.1　离散时间信号的图形表示

2.2.1 序列的基本运算

要对一个信号进行分析或处理,就要对这个信号进行操作,实现由一个信号变换成另外一个新的信号。由"信号与系统"等先修课程已知,模拟信号可以有加、减、乘、延时、卷积、积分和微分等运算。对于离散时间信号(序列)同样也有类似的运算,只不过模拟信号的运算主要靠元件特性以及基尔霍夫电压定律(KVL)或基尔霍夫电流定律(KCL)实现,而离散时间信号的运算主要通过三个基本运算单元——加法器、乘法器和延时单元实现。

在数字信号处理中,序列的运算包括移位、翻褶、时间尺度变换、和、积、累加、差分、卷积和等。

1. 序列的移位

序列移位就是将原序列 $x(n)$ 移 m 位后得到新的序列 $y(n)$,即

$$y(n) = x(n-m)$$

式中,m 为整数。若 m 为正,则 $x(n-m)$ 是原序列 $x(n)$ 逐项依次延时(右移)m 位而得出的一个新序列;若 m 为负,则 $x(n-m)$ 是原序列 $x(n)$ 依次超前(左移)m 位。

假设 $x(n)$ 如图 2.2(a) 所示,则对 $x(n)$ 延时 2 个单位时间的新信号如图 2.2(b) 所示。

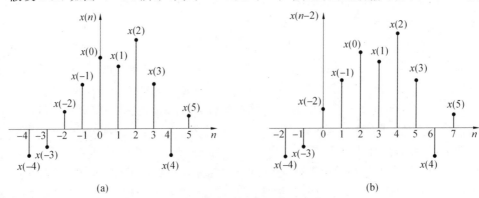

图 2.2 序列的移位运算

一个序列经过移位操作后,原信号和新信号在形状上并不改变,只是整体左移(超前)或整体右移(延时),所以,从数学运算角度来看,移位运算可以认为是令原信号中的 $n = n - m$ 的数学操作,即

$$y(n) = x(n) \mid_{n=n-m}$$

例 2.1 已知 $x(n) = \begin{cases} 1 & (n \geqslant 0) \\ 0 & (n < 0) \end{cases}$,求 $x(n-2)$。

解

$$x(n-2) = x(n) \mid_{n=n-2}$$
$$= \begin{cases} 1 & (n-2 \geqslant 0) \\ 0 & (n-2 < 0) \end{cases}$$
$$= \begin{cases} 1 & (n \geqslant 2) \\ 0 & (n < 2) \end{cases}$$

序列 $x(n)$ 及其延时序列 $x(n-2)$ 如图 2.3 所示。

图 2.3　序列 $x(n)$ 及其延时序列 $x(n-2)$

2. 序列的翻褶(翻转)

如果序列为 $x(n)$,则 $x(-n)$ 是以 $n=0$ 的纵轴为对称轴将序列 $x(n)$ 加以翻褶,也即,序列 $x(n)$ 以 $n=0$ 的纵轴作镜像对称形成新序列 $y(n)=x(-n)$。从数学角度上看,序列翻褶可以认为是令原信号中的 $n=-n$ 的数学操作,即

$$y(n)=x(n)\mid_{n=-n}=x(-n)$$

例 2.2　已知 $x(n)=\begin{cases}1 & (0\leqslant n\leqslant 5) \\ 0 & (n<0\ 或\ n>5)\end{cases}$,求 $y(n)=x(-n)$。

解

$$x(-n)=x(n)\mid_{n=-n}$$
$$=\begin{cases}1 & (0\leqslant -n\leqslant 5) \\ 0 & (-n<0\ 或\ -n>5)\end{cases}$$
$$=\begin{cases}1 & (-5\leqslant n\leqslant 0) \\ 0 & (n>0\ 或\ n<-5)\end{cases}$$

序列 $x(n)$ 及其翻褶序列 $x(-n)$ 如图 2.4 所示。

图 2.4　序列 $x(n)$ 及其翻褶序列 $x(-n)$

移位运算及翻褶运算均是对信号的自变量 n 的运算,可以简单地认为是用新的 n 代替原来的 n 即可。

例 2.3　已知 $x(n)=\begin{cases}1 & (n\geqslant 0) \\ 0 & (n<0)\end{cases}$,求 $x(-n-2)$。

解

$$x(-n-2)=x(n)\mid_{n=-n-2}$$
$$=\begin{cases}1 & (-n-2\geqslant 0) \\ 0 & (-n-2<0)\end{cases}$$
$$=\begin{cases}1 & (n\leqslant -2) \\ 0 & (n>-2)\end{cases}$$

其运算结果即为例 2.1 的 $x(n-2)$ 进行翻褶 $y(n)=x(-n-2)=x(n-2)\mid_{n=-n}$,即新序列

是原序列 $x(n)$ 先进行右移(延时)2个时间单元再进行翻褶得到的。另外，$y(n)=x(-(n+2))=x(-n)\mid_{n=n+2}$ 也可以认为新序列是原序列 $x(n)$ 先翻褶再进行左移(超前)2个时间单元得到的。序列 $x(n)$ 及其翻褶移位序列 $x(-n-2)$ 如图2.5所示。

图 2.5　序列 $x(n)$ 及其翻褶移位序列 $x(-n-2)$

3.序列的时间尺度变换

对某序列 $x(n)$，其时间尺度变换序列为 $x(mn)$ 或 $x(n/m)$，其中 m 为正整数。序列的时间尺度变换也是一种对自变量 n 的变换或运算，变换后得到新序列 $y(n)=x(n)\mid_{n=mn}$ 或 $y(n)=x(n)\mid_{n=n/m}$。$y(n)=x(n)\mid_{n=mn}$ 变换称为抽选(decimation)或时间压缩(time compression)，相当于降低原抽样速率 m 倍后对原信号进行抽样。按时间抽选的运算将在第5章 FFT 中用到。$y(n)=x(n)\mid_{n=n/m}$ 变换称为插入(interpolate)或时间扩张(time expansion)。显然，在插入变换中，除非 $m=1$，对 $\forall n\in\mathbf{Z}$ 不可能均被 m 整除，也就是 $y(n)$ 取到了没被抽样到的值 $x_a(t)\mid_{t=\frac{n}{m}T}$，此时 $y(n)$ 是一个没有定义的值。实际中，此种情形时往往直接将没定义的值置零，常称为零值插入。序列的时间尺度变换多用于多速率数字信号处理、图像处理等中。

4.序列的和

两序列的和是指同序号 n 的序列值逐项对应相加而构成的一个新序列，表示为

$$z(n)=x(n)+y(n)$$

例 2.4　已知 $x(n)=\begin{cases}\left(\dfrac{1}{2}\right)^{n-1} & (n\geqslant-1)\\ 0 & (n<-1)\end{cases}$，$y(n)=\begin{cases}2^n & (n<0)\\ n+1 & (n\geqslant0)\end{cases}$。求 $z(n)=x(n)+y(n)$。

解　序列 $x(n)$ 在 $n=-1$ 处分成两段子序列，而序列 $y(n)$ 在 $n=0$ 处分成两段子序列，则两个信号的和 $z(n)$ 将被 $n=-1$ 和 $n=0$ 分成三个子序列，即

$$z(n)=x(n)+y(n)=\begin{cases}0+2^n & (n<-1)\\ \left(\dfrac{1}{2}\right)^{n-1}+2^n & (-1\leqslant n<0)\\ \left(\dfrac{1}{2}\right)^{n-1}+n+1 & (n\geqslant0)\end{cases}$$

$$=\begin{cases}2^n & (n<-1)\\ 4.5 & (n=-1)\\ \left(\dfrac{1}{2}\right)^{n-1}+n+1 & (n\geqslant0)\end{cases}$$

序列 $x(n)$、$y(n)$ 和 $z(n)=x(n)+y(n)$ 如图2.6所示。

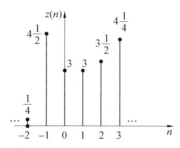

图 2.6　两个序列相加

5. 序列的乘积

两序列相乘是指同序号 n 的序列值逐项对应相乘。乘积序列 $f(n)$ 可表示为

$$f(n) = x(n) \cdot y(n)$$

例 2.5　同例 2.4 的 $x(n)$ 和 $y(n)$，求 $z(n) = x(n) \cdot y(n)$。

解　序列 $x(n)$ 在 $n = -1$ 处分成两段子序列，而序列 $y(n)$ 在 $n = 0$ 处分成两段子序列，则两个信号的乘积信号 $z(n)$ 将被 $n = -1$ 和 $n = 0$ 分成三个子序列，即有

$$z(n) = x(n) \cdot y(n) = \begin{cases} \left(\dfrac{1}{2}\right)^{n-1} \times (n+1) & (n \geqslant 0) \\[2mm] \left(\dfrac{1}{2}\right)^{n-1} \times 2^n & (-1 \leqslant n < 0) \\[2mm] 0 \times 2^n & (n < -1) \end{cases}$$

$$= \begin{cases} \left(\dfrac{1}{2}\right)^{n-1} (n+1) & (n \geqslant 0) \\[2mm] 2 & (n = -1) \\[2mm] 0 & (n < -1) \end{cases}$$

序列 $z(n) = x(n) \cdot y(n)$ 如图 2.7 所示。

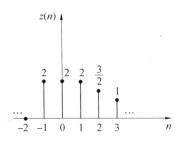

图 2.7　例 2.5 中的序列 $z(n)$

6. 序列的标乘(标量乘法)

序列的标乘是指 $x(n)$ 的每个序列值乘常数 c,相当于将信号整体放大 c 倍。标乘序列 $f(n)$ 可表示为

$$f(n) = cx(n)$$

7. 序列的累加

假设某序列为 $x(n)$,则 $x(n)$ 的累加序列 $y(n)$ 定义为

$$y(n) = \sum_{k=-\infty}^{n} x(k)$$

它表示 $y(n)$ 在某一个 n_0 上的值等于这一个 n_0 上的 $x(n_0)$ 值以及 n_0 以前的所有 n 值上的 $x(n)$ 值之和。因为当抽样周期 T 很小时有

$$\int_{-\infty}^{t} x_a(t)\mathrm{d}t \approx \sum_{k=-\infty}^{n} x_a(kT)T = T\sum_{k=-\infty}^{n} x(k)$$

所以 $y(n)$ 正比于 $y(t) = \int_{-\infty}^{t} x_a(t)\mathrm{d}t$。由此可以看出,离散时间信号的累加运算相当于连续时间信号处理中的积分。另外,连续时间系统中积分器为一个低通系统,故离散时间系统中累加器也是一个低通系统。

例 2.6　假设 $x(n) = \begin{cases} 1 & (n \geqslant -1) \\ 0 & (n < -1) \end{cases}$,求 $y(n) = \sum_{k=-\infty}^{n} x(k)$。

解　当 $n < -1$ 时

$$y(n) = \sum_{k=-\infty}^{n} x(k) = \sum_{k=-\infty}^{n} 0 = 0$$

当 $n \geqslant -1$ 时

$$y(n) = \sum_{k=-\infty}^{n} x(k) = \sum_{k=-\infty}^{-2} 0 + \sum_{k=-1}^{n} 1 = n - (-1) + 1 = n + 2$$

所以有

$$y(n) = \sum_{k=-\infty}^{n} x(k) = \begin{cases} n+2 & (n \geqslant -1) \\ 0 & (n < -1) \end{cases}$$

序列 $x(n)$、$y(n)$ 如图 2.8 所示。

8. 序列的差分运算

同一序列相邻两个样点之差称为差分,可分为前向差分和后向差分。

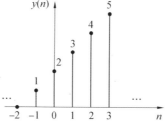

图 2.8　序列的累加

前向差分 $\qquad\qquad\Delta x(n)=x(n+1)-x(n)$

后向差分 $\qquad\qquad\nabla x(n)=x(n)-x(n-1)$

由此得出 $\qquad\qquad\nabla x(n)=\Delta x(n-1)$

若将序列差分值除以抽样间隔 T，则可以近似连续时间信号在某个时间点 nT 的微分值。微分凸显了连续时间信号的变化信息，差分也凸显了离散时间信号的变化信息。所以，类似于连续系统的微分环节，差分运算相当于一个高通系统。很多时候，人们还想从信号的变化中得到更多的信息，如曲率变化信息等，此时一阶差分显然是不够的。仿照一阶微分和高阶微分之间的关系，可以得到高阶差分运算，如二阶后向差分为

$$
\begin{aligned}
\nabla^2 x(n) &= \nabla(\nabla x(n)) \\
&= \nabla[x(n)-x(n-1)] \\
&= \nabla x(n)-\nabla x(n-1) \\
&= \nabla x(n)-\nabla x(n)\mid_{n=n-1} \\
&= [x(n)-x(n-1)]-[x(n)-x(n-1)]\mid_{n-1} \\
&= [x(n)-x(n-1)]-[x(n-1)-x(n-2)] \\
&= x(n)-2x(n-1)+x(n-2)
\end{aligned}
$$

例 2.7　已知 $x(n)=\begin{cases}n & (n\geqslant 0) \\ 0 & (n<0)\end{cases}$，求 $\nabla x(n)$。

解

$$
\nabla x(n)=x(n)-x(n-1)=\begin{cases}1 & (n\geqslant 1) \\ 0 & (n<1)\end{cases}
$$

序列 $x(n)$ 及其后向差分 $\nabla x(n)$ 如图 2.9 所示。

9. 序列的卷积和

卷积积分是求连续线性时不变系统输出响应（零状态响应）的主要方法。同样，对离散系统，卷积和是求离散线性时不变系统输出响应（零状态响应）的主要方法。卷积和的由来将在后面的"线性时不变系统的输入输出关系"中详细介绍。这里之所以将卷积和运算提

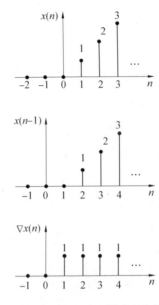

图 2.9 序列 $x(n)$ 及其后向差分 $\nabla x(n)$

前介绍,是因为下一节介绍某些常用序列之间关系时需要卷积和运算。这里仅一般性地讨论卷积和的定义及运算方法。

假设两个序列为 $x(n)$ 和 $h(n)$,则 $x(n)$ 和 $h(n)$ 的卷积和定义为

$$y(n) = x(n) * h(n) = \sum_{m=-\infty}^{+\infty} x(m)h(n-m) \tag{2.1}$$

其中,卷积和运算用"$*$"来表示。另外,卷积和运算满足交换律,即

$$y(n) = x(n) * h(n)$$
$$= \sum_{m=-\infty}^{+\infty} x(m)h(n-m)$$
$$\overset{令 r=n-m}{=} \sum_{r=+\infty}^{-\infty} x(n-r)h(r)$$
$$\overset{令 m=r}{=} \sum_{m=+\infty}^{-\infty} h(m)x(n-m)$$
$$= h(n) * x(n)$$

卷积和的运算在图形表示上可分为四步:翻褶、移位、相乘和相加,如图 2.10 所示。

① 翻褶。先在哑变量(虚拟变量)坐标 m 上作出序列 $x(m)$ 和 $h(m)$,将 $h(m)$ 以 $m=0$ 的垂直轴为对称轴翻褶成 $h(-m)$。

② 移位。将 $h(-m)$ 移位 n 位,即得到 $h(n-m)$。当 n 为正整数时,右移 n 位,当 n 为负整数时,左移 $|n|$ 位。

③ 相乘。再将 $h(n-m)$ 和 $x(m)$ 的 m 值的对应点相乘。即将 $h(n-m)$ 和 $x(m)$ 均看作关于自变量 m 的信号,$h(n-m)$ 和 $x(m)$ 相乘得到关于 m 的一个信号。

④ 相加。把以上所有对应点的乘积叠加起来,即得 $y(n)$ 值。

依上法,取 $n = \cdots, -2, -1, 0, 1, 2, \cdots$ 各值,即可得全部 $y(n)$ 值。

图 2.10　$x(n)$ 和 $h(n)$ 的卷积和图解

卷积和的计算方法常用的有解析法、图解法、列表法、对位相乘相加法、向量－矩阵乘法、利用性质等。本书主要讲解图解加上解析的方法和对位相乘相加法两种线性卷积和计算方法，前者可以用于计算任意序列之间的卷积和运算，而后者是计算有限长序列之间卷积和的简便有效方法。

（1）图解加上解析的方法。

求解时，根据不同 n 时刻 $x(m)$ 和 $h(n-m)$、$x(n-m)$ 和 $h(m)$ 的非零值重叠区间的情况可能分成几个时间区间分别计算，如例 2.8 所示。

例 2.8　已知 $x(n)=\begin{cases}2 & (0\leqslant n\leqslant 2)\\ 0 & (其他值)\end{cases}$，$h(n)=\begin{cases}a^n & (n\geqslant 0)\\ 0 & (n<0)\end{cases}$，求 $y(n)=x(n)*h(n)$。

解　序列 $x(n)$ 和 $h(n)$ 如图 2.11(a)、(b) 所示。

$$y(n)=x(n)*h(n)=\sum_{m=-\infty}^{+\infty}x(m)h(n-m)=\sum_{m=0}^{2}x(m)h(n-m)$$

第一步，引入哑变量 m，得 $x(m)$ 和 $h(m)$，如图 2.11(c)、(d) 所示，并对 $x(m)$ 或 $h(m)$ 进行翻褶，不妨对 $h(m)$ 进行翻褶得 $h(-m)$，如图 2.11(e) 所示。

第二步，对翻褶后的 $h(-m)$ 进行右移或延时 n 得 $h(n-m)$，如图 2.11(f)、(g) 所示。

第三步，计算 $x(m)$ 和 $h(n-m)$ 的乘积信号 $x(m)h(n-m)$。由图 2.11(c)、(f) 和(g) 可知，若 $n<0$，则 $x(m)h(n-m)$ 为恒零的信号；若 $0\leqslant n\leqslant 2$，则 $x(m)h(n-m)$ 在 $m\in[0,n]$ 信号值不为零，而其他 m 处 $x(m)h(n-m)$ 信号值为零；若 $n\geqslant 3$，则 $x(m)h(n-m)$ 在 $m\in[0,2]$ 信号值不为零，而其他 m 处 $x(m)h(n-m)$ 信号值为零。

第四步，对 $\forall n\in(-\infty,\infty)$ 时刻的 $y(n)$，只需对 $x(m)h(n-m)$ 进行累加。根据第三步可以推知，$y(n)$ 会分成三段：

① 当 $n<0$ 时

$$y(n)=\sum_{m=-\infty}^{+\infty}x(m)h(n-m)=\sum_{m=-\infty}^{+\infty}0=0$$

② 当 $0 \leqslant n \leqslant 2$ 时

$$y(n) = \sum_{m=-\infty}^{+\infty} x(m)h(n-m) = \sum_{m=-\infty}^{-1} 0 + \sum_{m=0}^{n} 2a^{n-m} + \sum_{m=n+1}^{+\infty} 0 = 2a^n \frac{1-a^{-n-1}}{1-a^{-1}} = 2\frac{a^{n+1}-1}{a-1}$$

③ 当 $n > 2$ 时

$$y(n) = \sum_{m=-\infty}^{+\infty} x(m)h(n-m) = \sum_{m=-\infty}^{-1} 0 + \sum_{m=0}^{2} 2a^{n-m} + \sum_{m=3}^{+\infty} 0 = 2a^n \frac{1-a^{-3}}{1-a^{-1}} = 2a^{n-2}(a^2+a+1)$$

综上可得

$$y(n) = \begin{cases} 2a^{n-2}(a^2+a+1) & (n > 2) \\ 2\dfrac{a^{n+1}-1}{a-1} & (0 \leqslant n \leqslant 2) \\ 0 & (n < 0) \end{cases}$$

此卷积过程如图 2.11 所示。

图 2.11　图解加上解析的方法求解卷积和

在例 2.8 中, 序列 $x(n)$ 只有有限个序列值不为零。只在 n 的某个有限区间内的信号值不全为零的序列被称为有限长序列, 这个非零区间的大小称为有限长序列的长度。下面通过例 2.9 说明两个有限长序列卷积和的特点。

例 2.9　若 $x(n)$ 在 $N_1 \leqslant N \leqslant N_2$ 范围有非零值, 即 $x(n)$ 的长度为 $L_1 = N_2 - N_1 + 1$,

$h(n)$ 在 $N_3 \leqslant N \leqslant N_4$ 范围有非零值，即 $h(n)$ 的长度为 $L_2 = N_4 - N_3 + 1$，求 $y(n) = x(n) * h(n)$ 在 n 的什么范围有值。

解　由卷积和公式

$$y(n) = x(n) * h(n) = \sum_{m=-\infty}^{+\infty} x(m)h(n-m) = \sum_{m=N_1}^{N_2} x(m)h(n-m)$$

不妨假设 $x(m)$、$h(m)$ 和 $h(n-m)$ 如图 2.12 所示。显然，$n-N_3 \geqslant N_1$ 且 $n-N_4 \leqslant N_2$ 时，$x(m)$ 和 $h(n-m)$ 不为零值的区间有重叠，$x(m)h(n-m)$ 不为恒零值信号（为一有限长信号），所以 $y(n) = \sum_{m=-\infty}^{+\infty} x(m)h(n-m)$ 不恒为零，且在 $n-N_3 = N_1$ 和 $n-N_4 = N_2$ 处的 $y(n) \neq 0$。由 $n-N_3 \geqslant N_1$ 和 $n-N_4 \leqslant N_2$ 可得在 $N_1 + N_3 \leqslant n \leqslant N_2 + N_4$ 这个范围内 $y(n)$ 有值。可见，两个有限长序列的卷积和为一个有限长序列。

若 $y(n)$ 的存在范围用 $N_5 \leqslant n \leqslant N_6$ 表示，则

$$N_5 = N_1 + N_3$$
$$N_6 = N_2 + N_4$$

$y(n)$ 的长度为

$$L = N_6 - N_5 + 1 = (N_4 - N_3 + 1) + (N_2 - N_1 + 1) - 1 = L_1 + L_2 - 1$$

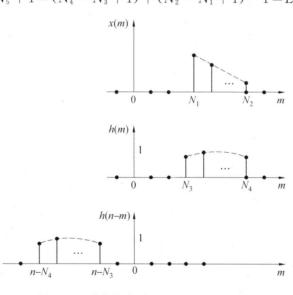

图 2.12　有限长序列卷积和范围的示意图

（2）对位相乘相加法。

此法的计算原理与 LTI 系统对输入的响应有关，它与列表方法、向量－矩阵乘法计算卷积和等并无本质区别，均是针对有限长序列的卷积和的快速而有效计算方法。根据例 2.9 可知，两个有限长序列的卷积和为一有限长序列，且卷积和得到的有限长序列的不为零区间起止时刻，为原先两个有限长序列的起止时刻分别相加。可见，只要知道卷积和运算后序列的值，然后用起止时刻定一下时间坐标 n，即可得到卷积和运算后的序列。下面以例 2.10 说明如何利用对位相乘相加法计算序列的卷积和。

例 2.10　假设 $x(n)=\{1,\underset{-}{2},3,4\}, h(n)=\{1,2,\underset{-}{1}\}$，求 $y(n)=x(n)*h(n)$。

解　首先，将两个序列排成两行，且将其各自 n 最大的序列值对齐(即按右端对齐)，然后做乘法运算但不要进行进位，最后将同一列的乘积值相加即得到卷积和结果。

$$
\begin{array}{crrrrrr}
x(n) & & 1 & 2 & 3 & 4 & \\
h(n) & \times & & 1 & 2 & 1 & \\
\hline
 & & & 1 & 2 & 3 & 4 \\
 & & 2 & 4 & 6 & 8 & \\
 & 1 & 2 & 3 & 4 & & \\
\hline
y(n) & 1 & 4 & 8 & 12 & 11 & 4 \\
\end{array}
$$

由于 $x(n)$ 的 n 取值为 $-1\sim2$，而 $h(n)$ 的 n 取值为 $-2\sim0$，按照例 2.9 的结论，$y(n)$ 的 n 的取值应为 $-3\sim2$，由此可确定 $y(n)\big|_{n=0}=y(0)$ 的定位，即有

$$y(n)=\{1,4,8,\underline{12},11,4\}$$

2.2.2　几种常用的典型序列

1. 单位抽样(单位脉冲或单位冲激)序列 $\delta(n)$

$$\delta(n)=\begin{cases}1 & (n=0)\\0 & (n\ne0)\end{cases}=\{\cdots,0,0,\underset{-}{1},0,0,\cdots\}$$

这个序列只在 $n=0$ 处有一个单位值 1，其余点上皆为 0，因此也称为"单位脉冲序列"或"单位冲激序列"，如图 2.13 所示。

图 2.13　单位抽样序列

$\delta(n)$ 是最常用、最重要的一种序列，它在离散时间信号与系统中的作用，类似于连续时间系统中的单位冲激函数 $\delta(t)$。但是，$\delta(t)$ 是 $t=0$ 点脉冲宽度趋于 0，幅值趋于无穷大，面积为 1 的信号，是极限概念的信号，属于特殊函数。任何连续时间信号，其作用时间不可能趋于 0 而幅度为无穷大，所以 $\delta(t)$ 并非任何现实的信号。而 $\delta(n)$ 却完全是一个现实的序列，其脉冲幅度是 1，是一个有限值。

2. 单位阶跃序列 $u(n)$

$$u(n)=\begin{cases}1 & (n\geqslant0)\\0 & (n<0)\end{cases}$$

单位阶跃序列如图 2.14 所示。$u(n)$ 类似于连续时间信号与系统中的单位阶跃函数 $u(t)$，但是 $u(t)$ 在 $t=0$ 时常不给予定义，而 $u(n)$ 在 $n=0$ 时定义为 $u(0)=1$。

在连续时间信号与系统中有 $\delta(t)=\mathrm{d}u(t)/\mathrm{d}t$，同样，在离散时间信号与系统中 $\delta(n)$ 和 $u(n)$ 的关系有

$$\delta(n)=u(n)-u(n-1)=\nabla u(n)$$

图 2.14　单位阶跃序列

也就是，$\delta(n)$ 是 $u(n)$ 的后向差分。另外有

$$u(n) = \delta(n) + u(n-1)$$
$$= \delta(n) + \delta(n-1) + u(n-2)$$
$$= \delta(n) + \delta(n-1) + \cdots + \delta(n-m) + u(n-m-1)$$
$$= \sum_{m=0}^{+\infty} \delta(n-m) \tag{2.2}$$

令 $k = n - m$，代入式(2.2)可得

$$u(n) = \sum_{k=n}^{-\infty} \delta(k) = \sum_{k=-\infty}^{n} \delta(k)$$

即 $u(n)$ 是 $\delta(n)$ 的累加，与连续时间信号与系统中的 $u(t) = \int_{-\infty}^{t} \delta(t)\mathrm{d}t$ 相似。显然当 $n < 0$ 时 $u(n) = 0$，当 $n \geqslant 0$ 时 $u(n) = 1$。

3. 矩形序列

$$R_N(n) = \begin{cases} 1 & (0 \leqslant n \leqslant N-1) \\ 0 & (\text{其他值}) \end{cases}$$

矩形序列如图 2.15 所示。

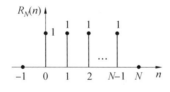

图 2.15　矩形序列

$R_N(n)$ 与 $\delta(n)$、$u(n)$ 的关系为

$$R_N(n) = u(n) - u(n-N)$$

$$R_N(n) = \delta(n) + \delta(n-1) + \cdots + \delta(n-N+1) = \sum_{m=0}^{N-1} \delta(n-m)$$

4. 实指数序列

$$x(n) = a^n u(n)$$

其中，a 为实数。当 $|a| < 1$ 时，序列是收敛的；而当 $|a| > 1$ 时，序列是发散的；a 为负数时，序列是摆动的，如图 2.16 所示。

5. 正弦型序列

$$x(n) = A\sin(n\omega_0 + \varphi)$$

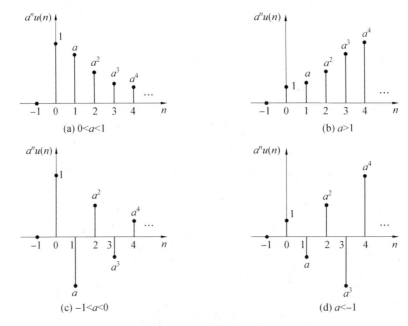

图 2.16　实指数序列

式中,A 为幅度;φ 为起始相位;ω_0 为数字域的角频率,它反映了序列变化的速率。

如果序列是由模拟信号 $x_a(t)$ 抽样得到的,那么

$$x_a(t) = A\sin(\Omega t)$$

$$x_a(t)\big|_{t=nT} = A\sin(\Omega nT) = x(n)$$

$$x(n) = A\sin(\Omega Tn) \xrightarrow{\omega = \Omega T} A\sin \omega n$$

由于在数值上,序列值与抽样信号值相等,因此得到数字角频率 ω 与模拟角频率 Ω 之间的关系为

$$\omega = \Omega T \tag{2.3}$$

式(2.3)具有普遍意义,它表示凡是由模拟信号抽样得到的序列,模拟角频率与数字角频率之间的关系。由于抽样频率 f_s 与抽样周期 T 互为倒数,也可以表示成

$$\omega = \frac{\Omega}{f_s} \tag{2.4}$$

式(2.4)表示数字角频率是模拟角频率对抽样频率的归一化频率。本书用 ω 表示数字角频率,用 Ω 表示模拟角频率。

6. 复指数序列

$$x(n) = A\mathrm{e}^{(\sigma+j\omega_0)n}$$

$$= A\mathrm{e}^{\sigma n}\mathrm{e}^{j\omega_0 n}$$

$$= A\mathrm{e}^{\sigma n}(\cos \omega_0 n + j\sin \omega_0 n)$$

式中,$A\mathrm{e}^{\sigma n}$ 为幅度;ω_0 为复正弦的数字角频率。

显然,复指数序列的序列值为复数,每个值具有实部和虚部两部分,可以认为是两个实序列的合成序列。

如果用极坐标表示,则

$$x(n) = |x(n)| e^{\mathrm{jarg}[x(n)]} = Ae^{\sigma n} e^{\mathrm{j}\omega_0 n}$$

因此,序列的幅度序列 $|x(n)| = Ae^{\sigma n}$,序列的辐角序列为 $\arg[x(n)] = \omega_0 n$。

特殊地,当 $\sigma = 0$ 时,$x(n) = Ae^{\mathrm{j}\omega_0 n}$ 为幅度恒定的一个复指数序列。

2.2.3 序列的周期性

如果对所有 n 存在一个最小的正整数 N,使得下面等式成立

$$x(n) = x(n+N) \quad (-\infty < n < \infty)$$

即序列每隔 N 取相同值,故称序列 $x(n)$ 为周期性序列,周期为 N,注意 N 要取整数。根据连续时间信号与系统中的知识可知,任何一个满足狄利克雷(Dirichlet)条件的周期信号均可以分解成一系列正弦信号之和。同样,对离散时间信号,一个周期序列也可以分解成一系列正弦序列之和。所以,下面讨论一般正弦序列的周期性。

假设正弦序列 $x(n)$ 为

$$x(n) = A\sin(n\omega_0 + \varphi)$$

则

$$x(n+N) = A\sin[(n+N)\omega_0 + \varphi] = A\sin(n\omega_0 + N\omega_0 + \varphi)$$

如果

$$x(n+N) = x(n)$$

则要求 $N = (2\pi/\omega_0)k$,式中 N 和 k 均取整数,且 k 的取值要保证 N 是最小的正整数,满足这些条件,正弦序列才是以 N 为周期的周期序列。由于不是所有的 ω_0 可以使得 N 和 k 同时取到整数,所以虽然序列 $x(n)$ 形式上像周期的,但实际上序列取值并不一定周期重复。那么什么情况下正弦序列是周期的呢?这需要分如下几种情况进行讨论。

(1) 当 $\dfrac{2\pi}{\omega_0} = N$,且 N 是正整数时,序列是周期性的,周期为 N。

例 2.11 正弦序列 $x(n) = A\sin 0.2\pi n$,试判断该正弦序列是否为周期性序列?若为周期性序列,则求出其周期。

解
$$\omega_0 = 0.2\pi$$
$$N = \frac{2\pi}{\omega_0} = \frac{2\pi}{0.2\pi} = 10$$

显然,$N = 10$ 是整数,故该正弦序列是周期性的,其周期为 10。也就是,周期序列取值每隔 10 抽样点重复一次。

(2) 当 $\dfrac{2\pi}{\omega_0} = \dfrac{N}{m}$,且 $\dfrac{N}{m}$ 为有理数,N 和 m 互为素数时,序列仍是周期性的,周期为 N。

例 2.12 已知正弦序列 $x(n) = \sin\dfrac{3\pi}{7}n$,试求其周期。

解
$$\omega_0 = \frac{3\pi}{7}$$
$$\frac{2\pi}{\omega_0} = \frac{2\pi}{\dfrac{3\pi}{7}} = \frac{14}{3}$$

显然，$\dfrac{14}{3}$ 为有理分数且分子分母不可再约，故该正弦序列是周期性序列，其周期为 14。

（3）当 $\dfrac{2\pi}{\omega_0}$ 为无理数时，不可能存在一个整数 N 使得 $N \times \dfrac{2\pi}{\omega_0}$ 为整数 k，因此序列是非周期性的。

例 2.13　判断信号 $x(n) = \sin \sqrt{3}\,\pi n$ 是否为周期信号？

解
$$\omega_0 = \sqrt{3}\,\pi$$
$$\frac{2\pi}{\omega_0} = \frac{2\pi}{\sqrt{3}\,\pi} = \frac{2}{\sqrt{3}}$$

显然，$\dfrac{2}{\sqrt{3}}$ 为无理数，所以信号 $x(n)$ 为非周期序列。

2.2.4　用单位抽样序列来表示任意序列

用单位抽样序列表示任意序列对分析线性时不变系统是很有用的。

假设有序列 $x(n)$，若该序列与单位抽样序列的移位序列 $\delta(n-m)$ 相乘则可得到如下新序列

$$x_m(n) = x(n)\delta(n-m) = \begin{cases} x(m) & (n=m) \\ 0 & (n \neq m) \end{cases}$$

其中，m 为任意整数。该新序列也可表示成

$$x_m(n) = x(m)\delta(n-m)$$

该新序列相当于把 $x(n)$ 除了 $n=m$ 点外的值屏蔽为 0 的序列。若将 m 取遍 $-\infty \sim +\infty$ 所有的整数值，则可以得到一系列信号 $\{x(m)\delta(n-m), m \in \mathbf{Z}\}$，而这些信号的和正好为信号 $x(n)$，即有

$$x(n) = \sum_{m=-\infty}^{+\infty} x(m)\delta(n-m) \tag{2.5}$$

式 (2.5) 表明任意一个序列 $x(n)$ 均可以表示成单位抽样序列的移位 $\delta(n-m)$ 的加权和，权值即为 $x(n)$ 在 $n=m$ 处的值 $x(m)$。该式同时也表明 $\delta(n)$ 的移位序列集合 $\{\delta(n-m), m \in \mathbf{Z}\}$ 是离散时间信号空间的一组平凡基，且这组平凡基还是正交规范基。任何一个离散时间信号均可以用这组基表示，其表示系数即为离散时间信号 $x(n)$ 各个抽样值。如图 2.17 所示序列 $x(n)$ 可以用单位抽样序列表示为

$$x(n) = \delta(n+1) + 1.5\delta(n) - 3\delta(n-2)$$

另外，对比式 (2.5) 与卷积和公式 $y(n) = x(n) * h(n) = \displaystyle\sum_{m=-\infty}^{+\infty} x(m)h(n-m)$，可知

$$x(n) = \sum_{m=-\infty}^{+\infty} x(m)\delta(n-m) = x(n) * \delta(n)$$

也就是，任意一个信号与抽样信号做卷积等于其自身，这与连续时间信号与系统中的 $x(t) * \delta(t) = x(t)$ 是一样的。作为拓展，显然有

$$\sum_{m=-\infty}^{+\infty} x(m)\delta(n-n_0-m) = x(n) * \delta(n-n_0) = x(n-n_0)$$

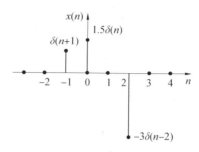

图 2.17　用单位抽样序列表示任意序列 $x(n)$

即 $\delta(n)$ 与 $\delta(t)$ 类似,具有筛选性质。

2.2.5　序列的能量

一个连续时间信号 $x_a(t)$ 的能量往往定义为:将信号假设为电压信号或电流信号,让其作用在单位电阻上消耗的功率即为其能量,即 $E = \int_{-\infty}^{+\infty} x_a^2(t)\mathrm{d}t$。对一个离散时间信号 $x(n)$,其能量 E 定义为序列各抽样样本的平方和,即

$$E = \sum_{n=-\infty}^{+\infty} |x(n)|^2$$

若 $x(n)$ 是由抽样连续时间信号 $x_a(t)$ 得到的,则序列的能量正比于连续时间信号的能量,代表了连续时间信号的能量。

2.3　线性时不变系统

很多时候需要将一个信号处理成另外一个需要的信号,如滤波,这需要借助"系统"来实现,如滤波器。系统可以看作是一个过程,其输入被系统变换或以某种方式对信号做出响应。一个离散时间系统可定义为将输入序列 $x(n)$ 映射成输出序列 $y(n)$ 的一种变换或运算。若以 $T[\cdot]$ 来表示这种运算,则一个离散时间系统可由图 2.18 来表示,即

$$y(n) = T[x(n)]$$

例如,离散时间系统 $y(n) = Ax(n) + b$ 是对 $\forall n$ 将 $x(n)$ 放大 A 倍后电平移动 b 形成的系统输出或响应。须注意的是,从离散时间系统的定义可知,系统、映射、变换、运算或操作可以认为是同义词,均表示"系统"之意。在离散时间系统中,最重要最常用的是线性时不变系统。

图 2.18　离散时间系统

2.3.1　线性系统

若离散时间系统满足可加性与比例性,则称此系统为离散时间线性系统,即:如果某一

个输入是由几个序列的加权组成,那么输出也就是系统对这组序列中每一个序列的响应的加权和。

假设 $x_1(n)$ 和 $x_2(n)$ 分别作为系统的输入序列,其输出分别用 $y_1(n)$ 和 $y_2(n)$ 表示,即

$$y_1(n) = T[x_1(n)]$$
$$y_2(n) = T[x_2(n)]$$

那么线性系统一定满足下面两个公式,即

$$T[x_1(n) + x_2(n)] = T[x_1(n)] + T[x_2(n)] = y_1(n) + y_2(n) \tag{2.6}$$
$$T[ax(n)] = ay(n) \tag{2.7}$$

式中,a 为任意常数。

满足式(2.6)的性质称为线性系统的可加性;满足式(2.7)的性质称为线性系统的比例性或齐次性。这两个性质合在一起就称为叠加原理或叠加性质,可表示成

$$T[a_1 x_1(n) + a_2 x_2(n)] = T[a_1 x_1(n)] + T[a_2 x_2(n)] = a_1 y_1(n) + a_2 y_2(n)$$

式中,a_1 和 a_2 为任意常数。

该式可以推广到多个输入的叠加,即

$$T\left[\sum_k a_k x_k(n)\right] = \sum_k a_k T[x_k(n)] = \sum_k a_k y_k(n)$$

式中,$y_k(n)$ 就是系统对输入 $x_k(n)$ 的响应。

叠加原理说明系统运算与信号求和运算可以交换次序。

在证明一个系统为线性系统时,必须同时证明此系统满足可加性和比例性,即必须证明系统满足叠加原理,而且信号以及任何比例常数可以是任意值,包括复数。另外,对于线性系统来说,叠加性质直接导致一个结论:恒等于 0 的输入序列,即 $x(n) \equiv 0$,其输出序列值也恒等于 0,即 $y(n) \equiv 0$。该结论可以用于快速证明一个系统是非线性的,只要零输入而非零输出,例如系统 $y(n) = Ax(n) + b$。

例 2.14 试判断系统 $y(n) = x(n)\sin\left(\dfrac{3\pi}{7}n + \dfrac{\pi}{7}\right)$ 是否为线性系统?

解 该系统对 $\forall n$ 将 $x(n)$ 放大 $\sin\left(\dfrac{3\pi}{7}n + \dfrac{\pi}{7}\right)$ 倍后作为系统响应 $y(n)$,故系统映射即为一个放大操作或数乘操作。假设

$$x_1(n) \rightarrow y_1(n) = T[x_1(n)] = x_1(n)\sin\left(\frac{3\pi}{7}n + \frac{\pi}{7}\right)$$

$$x_2(n) \rightarrow y_2(n) = T[x_2(n)] = x_2(n)\sin\left(\frac{3\pi}{7}n + \frac{\pi}{7}\right)$$

$$x(n) = a_1 x_1(n) + a_2 x_2(n) \rightarrow$$

$$y(n) = T[x(n)]$$

$$= x(n)\sin\left(\frac{3\pi}{7}n + \frac{\pi}{7}\right)$$

$$= [a_1 x_1(n) + a_2 x_2(n)]\sin\left(\frac{3\pi}{7}n + \frac{\pi}{7}\right)$$

$$= a_1 x_1(n)\sin\left(\frac{3\pi}{7}n + \frac{\pi}{7}\right) + a_2 x_2(n)\sin\left(\frac{3\pi}{7}n + \frac{\pi}{7}\right)$$

若有 $y(n) = a_1 y_1(n) + a_2 y_2(n)$ 成立,则系统为线性系统。而

$$a_1 y_1(n) + a_2 y_2(n) = a_1 x_1(n) \sin\left(\frac{3\pi}{7}n + \frac{\pi}{7}\right) + a_2 x_2(n) \sin\left(\frac{3\pi}{7}n + \frac{\pi}{7}\right)$$

显然有 $y(n) = a_1 y_1(n) + a_2 y_2(n)$ 成立,故该系统为线性系统。

例 2.15　证明系统 $y(n) = 2x(n) + 3$ 是非线性系统。

证明
$$x_1(n) \rightarrow y_1(n) = 2x_1(n) + 3$$
$$x_2(n) \rightarrow y_2(n) = 2x_2(n) + 3$$
$$x(n) = a_1 x_1(n) + a_2 x_2(n) \rightarrow$$
$$y(n) = T[x(n)]$$
$$= 2x(n) + 3$$
$$= 2[a_1 x_1(n) + a_2 x_2(n)] + 3$$
$$a_1 y_1(n) + a_2 y_2(n) = a_1[2x_1(n) + 3] + a_2[2x_2(n) + 3]$$
$$= 2[a_1 x_1(n) + a_2 x_2(n)] + 3(a_1 + a_2)$$

显然,不满足对任意的 a_1 和 a_2 有 $y(n) = a_1 y_1(n) + a_2 y_2(n)$,所以该系统为非线性系统。实际上,本例也可以利用线性系统的结论"零输入 / 零输出"证明该系统为非线性系统。

2.3.2　时不变系统

假设有一个 RC 一阶电路,电阻 R 和电容 C 两个参数不随时间变化,今天输入一个单位阶跃信号的系统响应和明天输入一个单位阶跃信号的系统响应显然是相同的。这种特性行为不随时间而变的系统称为时不变系统或移不变系统。这种系统的特点是系统的特性参数不随时间变化而变化,也就是系统的运算关系 $T[\cdot]$ 在整个运算过程中不随时间(也即不随序列的移位)而变化。时不变性可以描述为:如果在输入信号上有一个时移,而在输出信号中产生同样的时移,那么这个系统就是时不变的,即若

$$x(n) \rightarrow y(n) = T[x(n)]$$
$$x_1(n) = x(n - n_0) \rightarrow y_1(n) = T[x_1(n)]\big|_{x_1(n) = x(n-n_0)} = T[x(n - n_0)]$$

则有

$$y_1(n) = y(n - n_0)$$

满足以上关系的系统就称为时不变系统。

例 2.16　证明系统 $y(n) = 2x(n) + 3$ 是时不变系统。

证明　　　　　　$x(n) \rightarrow y(n) = 2x(n) + 3$
$$x_1(n) = x(n - n_0) \rightarrow y_1(n) = [2x_1(n) + 3]\big|_{x_1(n) = x(n-n_0)} = 2x(n - n_0) + 3$$
$$y(n - n_0) = y(n)\big|_{n = n-n_0} = [2x(n) + 3]\big|_{n = n-n_0} = 2x(n - n_0) + 3$$

显然有 $y_1(n) = y(n - n_0)$,故该系统是时不变系统。

根据例 2.16 可知,系统 $y(n) = 2x(n) + 3$ 为非线性系统,但因为系统映射与时间 n 无关,系统是时不变的。所以,一个系统的线性与时不变性是两个不同的系统特性,一个线性系统不必是时不变的,一个时不变系统也不必是线性的。

例 2.17　试判断系统 $y(n) = x(n) \sin\left(\frac{3\pi}{7}n + \frac{\pi}{7}\right)$ 是否为时不变系统?

解

$$x(n) \rightarrow y(n) = x(n)\sin\left(\frac{3\pi}{7}n + \frac{\pi}{7}\right)$$

$$x(n-n_0) \rightarrow T[x(n-n_0)] = x(n-n_0)\sin\left(\frac{3\pi}{7}n + \frac{\pi}{7}\right)$$

$$y(n-n_0) = y(n)\mid_{n=n-n_0} = \left[x(n)\sin\left(\frac{3\pi}{7}n + \frac{\pi}{7}\right)\right]\mid_{n=n-n_0}$$

$$= x(n-n_0)\sin\left[\frac{3\pi}{7}(n-n_0) + \frac{\pi}{7}\right]$$

显然，$T[x(n-n_0)] \neq y(n-n_0)$，故该系统为时变系统。

由例 2.14 和例 2.17 可知系统 $y(n) = x(n)\sin\left(\frac{3\pi}{7}n + \frac{\pi}{7}\right)$ 为线性系统，但是时变系统。

因为该系统将输入 $x(n)$ 放大 $\sin\left(\frac{3\pi}{7}n + \frac{\pi}{7}\right)$ 形成系统输出 $y(n)$，该系统相当于一个放大器，只不过该系统的操作即放大倍数 $\sin\left(\frac{3\pi}{7}n + \frac{\pi}{7}\right)$ 是与时间 n 有关的，不同时间点系统操作不同，所以该系统是时变的。

同时具有线性和时不变性的离散时间系统称为线性时不变(Linear Time Invariant, LTI) 离散时间系统，简称 LTI 系统。除非特殊说明，本书都是研究 LTI 系统。

2.3.3 单位抽样响应与 LTI 系统的输入输出关系

假设系统的输入 $x(n) = \delta(n)$，且系统初始状态为零，这种条件下的系统输出 $y(n)$ 称为系统的单位抽样响应，又称为系统的单位脉冲响应或单位冲激响应，用 $h(n)$ 表示。也就是，单位抽样响应即为系统对 $\delta(n)$ 的零状态响应，用公式表示为

$$h(n) = T[\delta(n)]$$

$h(n)$ 和连续时间系统中的单位冲激响应 $h(t)$ 类似，代表了系统的时域特征。下面讨论任意序列 $x(n)$ 经过一个 LTI 系统后的响应 $y(n)$ 与 $h(n)$ 的关系。

根据 2.2.4 节内容可知，任何一个序列可以表示为单位抽样序列移位加权和，即

$$x(n) = \sum_{m=-\infty}^{+\infty} x(m)\delta(n-m)$$

那么将 $x(n)$ 输入 LTI 系统时，系统输出为

$$y(n) = T[x(n)] = T\left[\sum_{m=-\infty}^{+\infty} x(m)\delta(n-m)\right]$$

根据线性系统的叠加性质，有

$$y(n) = \sum_{m=-\infty}^{+\infty} x(m)T[\delta(n-m)]$$

又根据时不变性质，有

$$y(n) = \sum_{m=-\infty}^{+\infty} x(m)h(n-m) = x(n)*h(n) \tag{2.8}$$

式(2.8)表示线性时不变系统的输出等于输入序列和该系统的单位抽样响应的卷积和，如图 2.19 所示。另外，式(2.8)意味着一个重要的结果：既然一个 LTI 系统对任意输入的响应

可以用系统对单位抽样的响应来表示,那么 LTI 系统的单位抽样响应就完全刻画了系统的特性,也就是 LTI 系统可以用其单位抽样响应唯一表征。

$$x(n) \longrightarrow \boxed{T[\cdot]} \longrightarrow y(n)=x(n)*h(n)$$

图 2.19　线性时不变系统

例 2.18　考虑一 LTI 系统,其单位抽样响应为 $h(n)$,输入为 $x(n)$,如图 2.20(a)、(b) 所示,求系统响应 $y(n)$。

解　因为 $x(n)$ 仅在 $x(0)$ 和 $x(1)$ 为非零,即 $x(n)=0.5\delta(n)+2\delta(n-1)$,所以

$$y(n)=\sum_{m=-\infty}^{+\infty} x(m)h(n-m)=\sum_{m=-\infty}^{+\infty}\left[0.5\delta(m)+2\delta(m-1)\right]h(n-m)$$
$$=\sum_{m=0}^{1}\left[0.5\delta(m)+2\delta(m-1)\right]h(n-m)=0.5h(n)+2h(n-1)$$

可见,在求 $y(n)$ 中仅涉及两个单位抽样响应的移位和加权的结果,即 $0.5h(n)$ 和 $2h(n-1)$ 两个序列,它们分别表示于图 2.20(c)、(d)。这两个序列在每个 n 值上相加就得到 $y(n)$,如图 2.20(e) 所示。

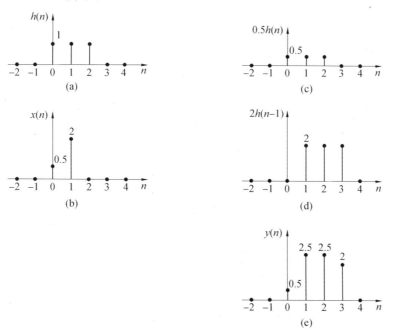

图 2.20　线性时不变系统对输入序列的响应

利用在每个单独输出样本上的叠加求和的结果,可以得出一种有用的方法,即用卷积和来想象 $y(n)$ 的计算。用图来展现这种计算的一种特别有用的方式是:一开始就将信号 $x(m)$ 和 $h(n-m)$ 都看成 m 的函数,将它们相乘就得到序列 $g(m)=x(m)h(n-m)$,它可以看作在每一个时刻 m,输入 $x(m)$ 对输出在时刻 n 做出的贡献,这样就能得到如下结论:将全部 $g(m)$ 序列中的样本值相加就是在所选定的时刻 n 的输出值。这个计算过程相当于把

$x(n)$ 看作多位数 $\cdots x(-1)x(0)x(1)\cdots$ 和把 $h(n)$ 看作多位数 $\cdots h(-1)h(0)h(1)\cdots$，然后两个多位进行乘法。特别地，当 $x(n)$ 和 $h(n)$ 为有限长序列时，相当于两个多位数进行对位相乘相加。如例 2.18，如图 2.20 所示的计算过程等价于如下的对位相乘相加法计算卷积和：

$$
\begin{array}{rrrr}
h(n) & 1 & 1 & 1 \\
x(n) \quad \times & & 0.5 & 2 \\
\hline
& 2 & 2 & 2 \\
0.5 & 0.5 & 0.5 & \\
\hline
y(n) \quad 0.5 & 2.5 & 2.5 & 2 \\
\end{array}
$$

可见，对位相乘相加法本质就是一个 LTI 系统 $h(n)$ 对一个输入 $x(n)$ 的响应过程。

2.3.4 线性时不变系统的性质

1. 交换律

由于卷积和与两卷积序列的次序无关，故卷积和运算服从交换律，即

$$y(n) = x(n) * h(n) = h(n) * x(n)$$

这就是说，如果把单位抽样响应 $h(n)$ 改为输入，而把输入 $x(n)$ 改为系统的单位抽样响应，则输出 $y(n)$ 不变，如图 2.21 所示。

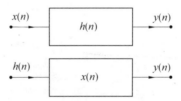

图 2.21　卷积和运算满足交换律

2. 结合律

假设一个 LTI 系统由两个 LTI 子系统级联而成，两个子系统的单位抽样响应分别为 $h_1(n)$ 和 $h_2(n)$，如图 2.22(a) 所示，则 LTI 系统的响应为

$$
\begin{aligned}
y(n) &= [x(n) * h_1(n)] * h_2(n) \\
&= \sum_{r=-\infty}^{+\infty} \left\{ \left[\sum_{m=-\infty}^{+\infty} x(m) h_1(n-m) \right] \Big|_{n=r} h_2(n-r) \right\} \\
&= \sum_{m=-\infty}^{+\infty} \left\{ x(m) \sum_{r=-\infty}^{+\infty} [h_1(r-m) h_2(n-r)] \right\} \\
&= \sum_{m=-\infty}^{+\infty} \left\{ x(m) \sum_{l=-\infty}^{+\infty} [h_1(l) h_2(n-m-l)] \right\} \\
&= \sum_{m=-\infty}^{+\infty} \left\{ x(m) [h_1(n) * h_2(n)] \big|_{n=n-m} \right\} \\
&= x(n) * [h_1(n) * h_2(n)]
\end{aligned}
$$

上式表明，两个 LTI 系统级联构成的 LTI 系统的单位抽样响应是这两个系统单位抽样响应的卷积和，即 $h(n) = h_1(n) * h_2(n)$，如图 2.22(b) 所示。同时，$y(n) = [x(n) * h_1(n)] * h_2(n) = x(n) * [h_1(n) * h_2(n)]$ 说明卷积和运算具有结合律。利用卷积和运算的交换律，有

$$y(n) = x(n) * [h_2(n) * h_1(n)]$$

则图 2.22(b) 和图 2.22(c) 是等效的。再利用结合律,则

$$y(n) = [x(n) * h_2(n)] * h_1(n)$$

就可以得到图 2.22(d) 的系统。

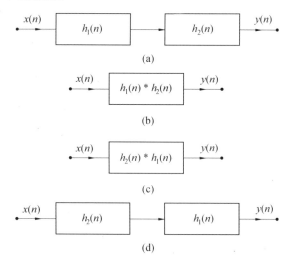

图 2.22　卷积和运算满足结合律

卷积和运算的结合律性质说明,两个线性时不变系统级联后仍构成一个线性时不变系统,其单位抽样响应为两个系统单位抽样响应的卷积和,且线性时不变系统的单位抽样响应与它们的级联次序无关。事实上,该结论可以推广到多个 LTI 系统的级联。LTI 系统级联其总系统响应与系统级联次序无关,这一点在实际工程设计中是非常有用的,例如一个带通滤波器可以由一个低通滤波器和一个高通滤波器级联构成,高通滤波器和低通滤波器可以独立设计而不影响整体性能。LTI 系统级联特性在计算上也是非常有用的,几个信号卷积,先挑选两个相对简单的信号进行卷积,这样相对更容易计算出最后的结果。

3. 分配律

卷积和运算的另一个基本性质是它满足分配律。假设一个 LTI 系统由两个 LTI 子系统并联而成,两个子系统的单位抽样响应分别为 $h_1(n)$ 和 $h_2(n)$,如图 2.23(a) 所示,LTI 系统的响应为

$$
\begin{aligned}
y(n) &= y_1(n) + y_2(n) \\
&= x(n) * h_1(n) + x(n) * h_2(n) \\
&= \sum_{m=-\infty}^{+\infty} x(m) h_1(n-m) + \sum_{m=-\infty}^{+\infty} x(m) h_2(n-m) \\
&= \sum_{m=-\infty}^{+\infty} x(m) [h_1(n-m) + h_2(n-m)] \\
&= x(n) * [h_1(n) + h_2(n)]
\end{aligned}
$$

上式说明,两个线性时不变系统的并联等效于一个系统,此系统的单位抽样响应等于两系统各自单位抽样响应之和,如图 2.23(b) 所示。

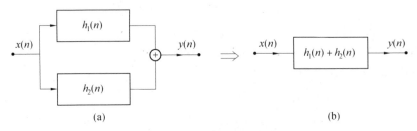

(a)   (b)

图 2.23   卷积和运算满足分配律

例 2.19   在图 2.24 中，$h_1(n)$ 系统与 $h_2(n)$ 系统级联，假设

$$x(n) = u(n)$$

$$h_1(n) = \delta(n) - \delta(n-4)$$

$$h_2(n) = \left(\frac{1}{2}\right)^n u(n)$$

求系统的输出 $y(n)$。

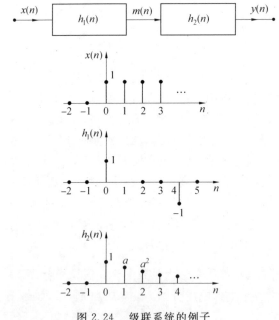

图 2.24   级联系统的例子

解   先求第一级的输出 $m(n)$。

$$m(n) = x(n) * h_1(n)$$
$$= u(n) * [\delta(n) - \delta(n-4)]$$
$$= u(n) * \delta(n) - u(n) * \delta(n-4)$$
$$= u(n) - u(n-4)$$
$$= R_4(n)$$

再求 $y(n)$，此时第一级输出即为第二级的输入，则

$$y(n) = m(n) * h_2(n)$$

$$= R_4(n) * \left(\frac{1}{2}\right)^n u(n)$$

$$= \left[\delta(n) + \delta(n-1) + \delta(n-2) + \delta(n-3)\right] * \left(\frac{1}{2}\right)^n u(n)$$

$$= \left(\frac{1}{2}\right)^n u(n) + \left(\frac{1}{2}\right)^{n-1} u(n-1) + \left(\frac{1}{2}\right)^{n-2} u(n-2) + \left(\frac{1}{2}\right)^{n-3} u(n-3)$$

$$= \delta(n) + \frac{3}{2}\delta(n-1) + \frac{7}{4}\delta(n-2) + \left[\left(\frac{1}{2}\right)^n \sum_{k=0}^{3} \left(\frac{1}{2}\right)^k\right] u(n-3)$$

$$= \delta(n) + \frac{3}{2}\delta(n-1) + \frac{7}{4}\delta(n-2) + \frac{15}{8}\left(\frac{1}{2}\right)^n u(n-3)$$

$$= \delta(n) + \frac{3}{2}\delta(n-1) + \frac{7}{4}\delta(n-2) + \frac{15}{64}\left(\frac{1}{2}\right)^{n-3} u(n-3)$$

2.3.5　因果系统

如果系统 n 时刻的输出,只取决于 n 时刻以及 n 时刻以前的输入序列,而和 n 时刻以后的输入序列无关,即 $y(n)$ 只取决于 $\cdots, x(n-2), x(n-1), x(n)$,则称该系统具有因果性质,或称该系统为因果系统。如果系统的输出 $y(n)$ 还取决于 $x(n+1), x(n+2), \cdots$,也即系统的输出还取决于未来的输入,这样在时间上就违背了因果关系,因而是非因果系统。

根据因果系统的定义,可以得到针对一般的离散时间系统的因果性判断方法(因果性判据 1):若 n 时刻 $y(n)$ 只用到 n 时刻及以前的 $x(n)$ 值,则系统为因果系统,否则为非因果系统。例如,系统 $y(n) = nx(n)$ 是因果系统,因为 n 时刻系统输出 $y(n)$ 等于 n 时刻输入 $x(n)$ 乘 n 倍,没有用到 $x(n)$ 的未来值。又如,数据平滑系统 $y(n) = \dfrac{1}{2N+1}\sum\limits_{k=-N}^{N} x(n-k)$ 是非因果系统,因为 n 时刻系统输出 $y(n)$ 既用到 n 时刻输入 $x(n)$ 及以前值 $x(n-N), x(n-N+1), \cdots, x(n-1)$,也用到 $x(n)$ 的未来值 $x(n+1), x(n+2), \cdots, x(n+N)$。

由于 LTI 系统可以由其单位抽样响应唯一表征,故 LTI 系统的因果性可以通过 $h(n)$ 判断。根据 LTI 系统输出 $y(n) = x(n) * h(n)$ 可知,线性时不变系统是因果系统的充分必要条件是

$$h(n) = 0 \quad (n < 0)$$

因此,可以得到针对 LTI 系统的因果性判断方法(因果性判据 2):当 $n < 0$ 时有 $h(n) = 0$,则系统为因果系统,否则为非因果系统。例如,单位抽样响应为 $h(n) = 0.3^n u(n)$ 的 LTI 系统是因果系统,而单位抽样响应为 $h(n) = 3^n u(-n)$ 的 LTI 系统是非因果系统。另外,根据因果 LTI 系统单位抽样响应 $h(n)$ 的特点,将 $n < 0$ 时 $x(n) = 0$ 的序列称为因果序列。

对于模拟系统来说,系统的因果性是非常重要的,它意味着一个系统能不能物理实现。例如,理想低通滤波器、理想微分器等系统虽然性能很理想,却是非因果系统,是物理不可实现的。一个物理可实现的模拟系统,必定是因果的。如果一个物理可实现的模拟系统由多个子系统组成,则每个子系统也必须是物理可实现的。对于离散时间系统进行物理实现时,整个系统也要求是因果的,但允许其中的某些子系统非因果。例如,在独立变量不是时间的应用中(如图像处理),因果性往往不是一个根本性的限制。另外,在独立变量为时间的应用

中,由于数字信号处理往往是非实时的,即使在实时处理场合,为了获得更好的性能如线性相位等,也允许有一定的延时。这时对于某个时刻 n 的输出 $y(n)$,已有大量的"未来"输入 $x(n+1),x(n+2),\cdots$ 记录在存储器中,它们可以被调用,因而可以实现一些非因果系统,如前面的数据平滑系统。如果加上抽样、存储等延时时间,把抽样、存储等造成的时间延时看作一个纯延时系统,那么整个系统相当于一个纯延时系统与非因果系统级联,整个系统还是因果的。实际工程中会牺牲一些实时性,换取非因果系统带来的某些性能上的提升。也就是说,可以用具有很大延时的因果系统去逼近非因果系统,这也是数字系统优于模拟系统的特点之一。因此数字系统比模拟系统更能获得接近理想的特性。

2.3.6　稳定系统

稳定系统是指有界输入有界输出(BIBO)的系统。如果对于输入序列 $x(n)$,存在一个不变的正有限值 M,对于所有值满足

$$|x(n)|\leqslant M<\infty$$

则称该输入序列是有界的。稳定性要求对于每个有界输入存在一个不变的正有限值 P,对于所有 n 值,输出序列 $y(n)$ 满足

$$|y(n)|\leqslant P<\infty$$

这也是稳定性判断方法之一(稳定性判据1)。

一个线性时不变系统是稳定系统的充分必要条件是单位抽样响应绝对可和,即

$$\sum_{n=-\infty}^{+\infty}|h(n)|=B<\infty \tag{2.9}$$

证明　先证明充分性。

若

$$S=\sum_{n=-\infty}^{+\infty}|h(n)|<\infty$$

如果输入信号 $x(n)$ 有界,即对于所有 n 皆有 $|x(n)|\leqslant M<\infty$,则

$$|y(n)|=\left|\sum_{m=-\infty}^{+\infty}x(m)h(n-m)\right|\leqslant\sum_{m=-\infty}^{+\infty}|x(m)||h(n-m)|$$

$$\leqslant M\sum_{m=-\infty}^{+\infty}|h(n-m)|=M\sum_{k=-\infty}^{+\infty}|h(k)|=MS<\infty$$

即输出信号 $y(n)$ 有界,故原条件是充分条件。

下面利用反证法证明必要性。如果 $h(n)$ 不满足式(2.9),即

$$\sum_{n=-\infty}^{+\infty}|h(n)|=\infty$$

那么总可以找到一个或若干个有界的输入引起无界的输出,例如

$$x(n)=\begin{cases}1 & (h(-n)\geqslant 0)\\-1 & (h(-n)<0)\end{cases}$$

显然,对这样有界的输入,只要有一个时刻 n 的输出无界,则系统就不稳定。不妨考察 $n=0$ 时输出 $y(n)$ 的值

$$y(n) \mid_{n=0} = y(0) = \sum_{m=-\infty}^{+\infty} x(m)h(0-m) = \sum_{m=-\infty}^{+\infty} \mid h(0-m) \mid = \sum_{m=-\infty}^{+\infty} \mid h(m) \mid = \infty$$

即有限输入情况下 $y(0)$ 无界,这不符合稳定的条件,因此假设不成立,所以 $\sum_{n=-\infty}^{+\infty} \mid h(n) \mid < \infty$ 是稳定的必要条件。

要证明一个系统不稳定,只需找到一个特别的有界输入,如果此时能得到一个无界的输出,那么就一定能判断该系统是不稳定的。但是要证明一个系统是稳定的,不能只用某一个特定的输入来证明,而要利用在所有有界输入下都产生有界输出的办法来证明系统的稳定性。

除非一些特殊应用场合如混沌系统,一般要求离散时间系统是稳定的,而且要求系统是物理可实现的。因此,稳定因果系统是数字系统设计的主要目标,尤其是因果稳定线性时不变系统。对于一个因果稳定线性时不变系统,其单位抽样响应应满足

$$h(n) = \begin{cases} h(n) & (n \geqslant 0) \\ 0 & (n < 0) \end{cases}$$

$$\sum_{n=-\infty}^{+\infty} \mid h(n) \mid < \infty$$

例 2.20　假设线性时不变系统的单位抽样响应 $h(n) = a^n u(n)$,式中 a 是实常数,试分析系统的因果稳定性。

解　由于当 $n < 0$ 时 $u(n) = 0$,则有当 $n < 0$ 时 $h(n) = 0$,所以系统是因果系统。

$$\sum_{n=-\infty}^{+\infty} \mid h(n) \mid = \sum_{n=0}^{+\infty} \mid a^n \mid = \sum_{n=0}^{+\infty} \mid a \mid^n = \lim_{N \to \infty} \sum_{n=0}^{N-1} \mid a \mid^n = \lim_{N \to \infty} \frac{1 - \mid a \mid^N}{1 - \mid a \mid}$$

只有当 $\mid a \mid < 1$ 时,

$$\sum_{n=-\infty}^{+\infty} \mid h(n) \mid = \frac{1}{1 - \mid a \mid}$$

因此,系统稳定的条件是 $\mid a \mid < 1$;$\mid a \mid \geqslant 1$ 时,系统不稳定。

2.4　常系数线性差分方程

当描述一个系统时常采用输入－输出描述法,该方法不管系统内部的结构,而将系统看作一个黑盒子,只描述或研究系统输入和输出之间的关系。对模拟系统,常用微分方程描述系统输入－输出之间的关系。对于离散时间系统,则常用差分方程去描述或研究系统的输入－输出。对于线性时不变系统,常用常系数线性差分方程。

2.4.1　常系数线性差分方程

一个 N 阶常系数线性差分方程常用下式表示:

$$\sum_{k=0}^{N} a_k y(n-k) = \sum_{m=0}^{M} b_m x(n-m) \tag{2.10}$$

或者

$$y(n) = \sum_{m=0}^{M} b_m x(n-m) - \sum_{k=1}^{N} a_k y(n-k) \quad (a_0 = 1) \qquad (2.11)$$

式中，$x(n)$ 和 $y(n)$ 分别是系统的输入序列和输出序列；a_k 和 b_m 均为常数。式中各 $y(n-m)$ 以及各 $x(n-k)$ 项都只有一次幂且不存在它们的相乘项，故称为常系数线性差分方程。差分方程的阶数等于 N 和 M 取大值，即阶数等于 $\max\{N, M\}$。对一般系统，有 $N \geq M$。

离散系统的差分方程表示法有两个主要用途：一是从差分方程比较容易直接得到系统的结构，二是便于求解系统的瞬态响应。

2.4.2　常系数线性差分方程的求解方法

求解差分方程的基本方法有以下几种：

（1）经典解法。

这种方法类似于模拟系统中求解微分方程的方法，它包括齐次解与特解，由边界条件求待定系数。这种方法一方面较麻烦，另一方面因特解形式取决于输入 $x(n)$ 而实际工程中 $x(n)$ 往往是未知的，故实际中很少使用。

（2）迭代法。

迭代法又称递推解法，比较简单，且适合于计算机求解，但只能得到数值解，对于阶次较高的常系数线性差分方程不容易得到封闭式（公式）解答。但是，这种方法就是根据系统的运算结构求解响应，因此，实际工程中实时信号处理（如实时滤波）就是采用迭代法求解的。

（3）变换域法。

常系数线性差分方程的变换域求解法类似于连续时间系统的拉普拉斯变换法，它采用 z 变换方法来求解差分方程，这在实际使用上是简单而有效的。z 变换方法将在第 3 章讨论。

（4）卷积和计算法。

卷积和计算法适用于系统状态为零时（即所谓的松弛系统）的求解，或说适用于求解零状态响应。首先用迭代法或变换域法求解系统的单位抽样响应，然后用卷积和公式计算任意输入信号时系统的响应。相对于迭代法，这种方法求解系统响应实时性较差。

本节仅简单讨论离散时域的迭代解法。

2.4.3　常系数线性差分方程的迭代法求解

对如式（2.10）的常系数线性差分方程，求 n 时刻的输出，要知道 n 时刻以及 n 时刻以前的 $M+1$ 个输入序列值，还要知道 n 时刻以前的 N 个输出信号值。因此，求解差分方程在给定输入序列的条件下，还需要确定 N 个初始条件（或差分方程的边界条件）。式（2.10）表明，已知输入序列和 N 个初始条件，则可以求出 n 时刻的输出；如果将该公式中的 n 用 $n+1$ 代替，可以求出 $n+1$ 时刻的输出，因此式（2.10）表示的差分方程本身就是一个适合递推法求解的方程，即递归方程（recursive equation）。如果输入 $x(n)$ 是 $\delta(n)$ 这一特定情况，响应 $y(n)$ 就是单位抽样响应 $h(n)$。

例 2.21　假设系统用差分方程 $y(n) - ay(n-1) = x(n)$ 描述，求：

（1）初始状态为 $y(-1)=0$ 时系统的单位抽样响应 $h(n)$；

（2）初始状态为 $y(-1)=1$ 时系统的单位抽样响应 $h(n)$。

解　（1）输入 $x(n)=\delta(n)$ 时，系统输出为单位抽样响应 $y(n)=h(n)$，则差分方程可以重写为

$$h(n)-ah(n-1)=\delta(n)$$

因初始条件 $y(-1)=0$，则有 $h(-1)=y(-1)=0$。另外，因为初始条件给出了 $n=-1$ 的系统状态，因此，输出响应可以向 $n\geqslant0$ 的方向递推，也可以向 $n<0$ 的方向递推。

首先，向 $n<0$ 的方向递推有：

当 $n=-1$ 时，$h(-1)-ah(-2)=\delta(-1)\Rightarrow h(-2)=a^{-1}h(-1)=0$；

当 $n=-2$ 时，$h(-2)-ah(-3)=\delta(-2)\Rightarrow h(-3)=a^{-1}h(-2)=0$；

$\vdots$

归纳可知，当 $n<0$ 时，$h(n)=0$。

其次，向 $n\geqslant0$ 的方向递推有：

当 $n=0$ 时，$h(0)-ah(-1)=\delta(0)\Rightarrow h(0)=1=a^{0}$；

当 $n=1$ 时，$h(1)-ah(0)=\delta(1)\Rightarrow h(1)=ah(0)=a=a^{1}$；

当 $n=2$ 时，$h(2)-ah(1)=\delta(2)\Rightarrow h(2)=ah(1)=a^{2}$；

$\vdots$

归纳可知，当 $n\geqslant0$ 时，$h(n)=a^{n}$。

综上可得，初始状态为 $y(-1)=0$ 时系统的单位抽样响应 $h(n)=a^{n}u(n)$。

（2）输入 $x(n)=\delta(n)$ 时，系统输出为单位抽样响应 $y(n)=h(n)$，则差分方程可以重写为

$$h(n)-ah(n-1)=\delta(n)$$

因初始条件 $y(-1)=1$，则有 $h(-1)=y(-1)=1$。另外，因为初始条件给出 $n=-1$ 的系统状态，因此，输出响应可以向 $n\geqslant0$ 的方向递推，也可以向 $n<0$ 的方向递推。

首先，向 $n<0$ 的方向递推有：

当 $n=-1$ 时，$h(-1)-ah(-2)=\delta(-1)\Rightarrow h(-2)=a^{-1}h(-1)=a^{-1}$；

当 $n=-2$ 时，$h(-2)-ah(-3)=\delta(-2)\Rightarrow h(-3)=a^{-1}h(-2)=a^{-2}$；

$\vdots$

归纳可知，当 $n<0$ 时，$h(n)=a^{n}$。

其次，向 $n\geqslant0$ 的方向递推有：

当 $n=0$ 时，$h(0)-ah(-1)=\delta(0)\Rightarrow h(0)=\delta(0)+ah(-1)=1+a=(1+a)a^{0}$；

当 $n=1$ 时，$h(1)-ah(0)=\delta(1)\Rightarrow h(1)=\delta(1)+ah(0)=0+a(1+a)=(1+a)a^{1}$；

当 $n=2$ 时，$h(2)-ah(1)=\delta(2)\Rightarrow h(2)=\delta(2)+ah(1)=0+a(1+a)a^{1}=(1+a)a^{2}$；

$\vdots$

归纳可知，当 $n\geqslant0$ 时，$h(n)=(1+a)a^{n}$。

综上可得，初始状态为 $y(-1)=1$ 时系统的单位抽样响应 $h(n)=a^{n}u(-n-1)+(1+a)a^{n}u(n)$。

该例表明，对于同一个差分方程和同一个输入信号，因为初始条件不同，得到的输出信

号是不同的。若 $|a|<1$,则初始状态 $y(-1)=0$ 时是一个因果稳定系统,初始状态 $y(-1)=1$ 时是一个非因果非稳定系统。因此,一个常系数线性差分方程本身并不能确定所描述的系统是否为因果系统,也不能确定是否为稳定系统,还需要用初始条件(或边界条件)进行约束。此外,还可以证明该例中的差分方程在初始条件为 $y(-1)=1$ 时所描述的系统还是时变、非线性的系统。所以,一个常系数线性差分方程并不能确定所描述系统是否为时不变系统,也不能确定是否为线性系统,这些也取决于边界条件。这样,可以得到一个重要结论:一个因果线性时不变系统可以用一个常系数线性差分方程描述,反之不成立。只有在初始松弛的条件下,一个常系数线性差分方程才唯一确定一个因果 LTI 系统。所谓"初始松弛"是指若 $n<n_0$ 时 $x(n)=0$,那么 $n<n_0$ 时 $y(n)=0$(一般取 $n_0=0$)。初始松弛意味着系统初始无储能,系统全响应只有零状态响应,而无零输入响应。初始松弛条件对数字滤波器系统来说是必需的。对滤波应用来说,零输入响应和零状态响应均由系统产生,两者覆盖相同频段,零输入响应对零状态响应(即期望的滤波结果)来说是不可克服的干扰。所以,实际数字滤波器系统都是松弛系统,若用常系数线性差分方程描述即为因果 LTI 系统。

下面举一个用常系数线性差分方程描述的非线性时变系统的例子。证明一个系统为非线性系统,仅需找到特别的输入序列使其不满足叠加原理即可,相同的方法可以证明一个系统为时变系统。

例 2.22 假设系统用一阶差分方程 $y(n)-ay(n-1)=x(n)$ 描述,初始条件 $y(-1)=1$,试分析该系统是否是线性非时变系统。

解 下面通过假设输入 $x_1(n)=\delta(n)$,$x_2(n)=\delta(n-1)$ 和 $x_3(n)=\delta(n)+\delta(n-1)$ 来检验系统是否是线性非时变系统。

(1)
$$x_1(n)=\delta(n), \quad y_1(-1)=1$$
$$y_1(n)=ay_1(n-1)+\delta(n)$$

这种情况和例 2.21(2) 相同,因此输出为

$$y_1(n)=a^n u(-n-1)+(1+a)a^n u(n)$$

(2)
$$x_2(n)=\delta(n-1), \quad y_2(-1)=1$$
$$y_2(n)=ay_2(n-1)+\delta(n-1)$$

首先,向 $n<0$ 的方向递推有:

当 $n=-1$ 时,$y_2(-1)-ay_2(-2)=\delta(-2)\Rightarrow y_2(-2)=a^{-1}y_2(-1)=a^{-1}$;

当 $n=-2$ 时,$y_2(-2)-ay_2(-3)=\delta(-3)\Rightarrow y_2(-3)=a^{-1}y_2(-2)=a^{-2}$;

$\vdots$

归纳可知,当 $n<0$ 时,$y_2(n)=a^n$。

其次,向 $n\geqslant 0$ 的方向递推有:

当 $n=0$ 时,$y_2(0)-ay_2(-1)=\delta(-1)\Rightarrow y_2(0)=\delta(-1)+ay_2(-1)=0+a=a$;

当 $n=1$ 时,$y_2(1)-ay_2(0)=\delta(0)\Rightarrow y_2(1)=\delta(0)+ay_2(0)=1+a^2$;

当 $n=2$ 时,$y_2(2)-ay_2(1)=\delta(1)\Rightarrow y_2(2)=ay_2(1)=a(1+a^2)=a+a^3$;

$\vdots$

归纳可知,当 $n\geqslant 0$ 时,$y_2(n)=a^{n-1}u(n-1)+a^{n+1}u(n)$。

综合可得,$y_2(n)=a^n u(-n-1)+a^{n-1}u(n-1)+a^{n+1}u(n)$。

由(1)、(2)可知，$y_2(n) \neq y_1(n-1)$，所以该系统不是时不变系统。

(3)
$$x_3(n) = \delta(n) + \delta(n-1), \quad y_3(-1) = 1$$
$$y_3(n) = ay_3(n-1) + \delta(n) + \delta(n-1)$$

首先，向 $n < 0$ 的方向递推有：

当 $n = -1$ 时，$y_3(-1) - ay_3(-2) = \delta(-1) + \delta(-2) \Rightarrow y_3(-2) = a^{-1}y_3(-1) = a^{-1}$；

当 $n = -2$ 时，$y_3(-2) - ay_3(-3) = \delta(-2) + \delta(-3) \Rightarrow y_3(-3) = a^{-1}y_3(-2) = a^{-2}$；

$\vdots$

归纳可知，当 $n < 0$ 时，$y_3(n) = a^n$。

其次，向 $n \geqslant 0$ 的方向递推有：

当 $n = 0$ 时，$y_3(0) - ay_3(-1) = \delta(0) + \delta(-1) \Rightarrow y_3(0) = \delta(0) + \delta(-1) + ay_3(-1) = 1 + 0 + a = 1 + a$；

当 $n = 1$ 时，$y_3(1) - ay_3(0) = \delta(1) + \delta(0) \Rightarrow y_3(1) = 1 + ay_3(0) = 1 + a + a^2$；

当 $n = 2$ 时，$y_3(2) - ay_3(1) = \delta(2) + \delta(1) \Rightarrow y_3(2) = ay_3(1) = a(1 + a + a^2) = a + a^2 + a^3$；

$\vdots$

归纳可知，当 $n \geqslant 0$ 时，$y_3(n) = a^{n-1}u(n-1) + (1+a)a^n u(n)$。

综合可得，$y_3(n) = a^n u(-n-1) + a^{n-1}u(n-1) + (1+a)a^n u(n)$。

由(1)、(2)、(3)可知，$y_1(n) + y_2(n) \neq y_3(n)$，所以该系统不满足叠加原理，不是线性系统。

2.4.4　用差分方程描述的系统的运算结构 —— 方框图表示法

由常系数线性差分方程描述的系统的一个重要特点是：它们可以以很简单而且很自然的方式用若干基本运算的方框图互联表示。也就是，由常系数线性差分方程可直接得到系统的结构。这里所指的系统的结构是将输入变换成输出的运算结构，而非实际结构。用方框图表示系统的运算结构是很有意义的。首先，它给出一种形象化的表示，这有助于加深对这些系统的特性和性质的理解。另外，这种表示对系统的仿真和实现有很大的价值，能对由差分方程描述的系统以数字硬件来实现提供一些简便而有效的方式。

假设有一阶差分方程
$$y(n) + ay(n-1) = bx(n) \tag{2.12}$$
描述的因果系统。为了建立该系统的方框图，注意到式(2.12)的输出响应求解需要用到三种基本运算：相加、乘系数(数乘或放大)、延时。因此，需定义三种基本网络单元，如图 2.25 所示，用 $\oplus$ 代表加法器，用 $\otimes$ 代表乘法器，用 z^{-1} 表示单位延时。有了这三种基本网络单元，可将该差分方程重新写成一种直接计算出 $y(n)$ 的递归算法形式
$$y(n) = -ay(n-1) + x(n)$$

这种算法可用图 2.26 形象化地表示出来，从图 2.26 中可以看到，输出 $y(n)$ 经由一个延时(即 $y(n-1)$)并乘一个系数($-a$)回授回来，然后与 $x(n)$ 的数乘或放大 $bx(n)$ 相加，相加的结果即为系统输出 $y(n)$。从图 2.26 中可以看到，输出 $y(n)$ 的一部分信息 $-ay(n-1)$ 被返回到输入端与输入 $bx(n)$ 进行信号的比较或相加减，系统是有反馈的，所以，反馈的存

(a) 加法器　　　　　　　　　(b) 乘法器　　　　　　　(c) 单位延时

图 2.25　系统方框图表示的基本单元

在是造成递归的原因。可以预见,只要有 $y(n-i),i\neq 0$,即系统有记忆,系统就是有反馈的、递归的。

图 2.26　因果 LTI 系统 $y(n)+ay(n-1)=bx(n)$ 的方框图表示

2.5　连续时间信号的抽样

数字信号处理技术相对于模拟信号处理技术有许多优点,因此,人们往往希望将模拟信号经过抽样和量化编码后形成数字信号,再采用数字信号处理技术进行处理;如果需要,再将处理完毕后的数字信号转换成模拟信号,这种处理方法称为模拟信号的数字处理方法。

一般来讲,在没有任何附加条件下,一个模拟信号不能唯一地由一组等间隔的样本值来表征。只有模拟信号与对其抽样得到的离散时间序列有一一对应关系时,对离散时间信号的处理才能等效对模拟信号的处理,数字信号处理才有意义。这就需要讨论抽样过程,包括信号抽样后,信号频谱将发生怎样的变换,信号内容会不会丢失,以及由离散信号恢复成连续信号应该具备哪些条件等。抽样的这些性质对离散信号和系统的分析都是十分重要的。要了解这些性质,首先从抽样过程的分析开始。

对模拟信号抽样可以看作一个模拟信号 $x_a(t)$ 通过一个电子开关 S,其工作原理可由图 2.27(a) 来说明。假设开关每隔 T s 合上一次,即抽样周期为 T,每次合上的时间为 $\tau\ll T$,电子开关输出端得其抽样信号 $\hat{x}_a(t)$。该电子开关的作用可以等效成一个宽度为 τ、周期为 T 的矩形脉冲串 $P_\tau(t)$,可表示为

$$P_\tau(t)=\begin{cases}1 & (nT\leqslant t\leqslant nT+\tau)\\ 0 & (nT+\tau<t<(n+1)T)\end{cases}$$

$$=\sum_{n=-\infty}^{+\infty}\big[u(t-nT)-u(t-\tau-nT)\big]$$

抽样过程相当于用一个开关信号 $P_\tau(t)$ 去切换模拟信号 $x_a(t)$,可以看作是以开关信号为脉冲载波对模拟信号进行调幅的过程,所以,抽样信号 $\hat{x}_a(t)$ 就是 $x_a(t)$ 和 $P_\tau(t)$ 相乘的结果,即

$$\hat{x}_a(t) = \begin{cases} x_a(t) & (nT \leqslant t \leqslant nT + \tau) \\ 0 & (nT + \tau < t < (n+1)T) \end{cases}$$

$$= \begin{cases} x_a(t) \cdot 1 & (nT \leqslant t \leqslant nT + \tau) \\ x_a(t) \cdot 0 & (nT + \tau < t < (n+1)T) \end{cases}$$

$$= x_a(t) \cdot P_\tau(t)$$

一般开关闭合时间都很短，而且 τ 越小，抽样输出脉冲的幅度就越准确地反映输入信号在离散时间点上的瞬时值。当 $\tau \ll T$ 时，抽样脉冲就接近于 δ 函数性质。此时，开关信号可以表示为 $P_\delta(t) = \sum\limits_{n=-\infty}^{+\infty} \delta(t - nT)$。

(a) 抽样器的原理

(b) 实际抽样　　　　　　　　(c) 理想抽样

图 2.27　连续时间信号的抽样过程

2.5.1　理想抽样

理想抽样又称冲激串抽样，就是假设抽样开关闭合时间无限短，即 $\tau \to 0$ 的极限情况。此时，抽样脉冲序列 $P_\tau(t)$ 变成冲激函数序列 $P_\delta(t)$，如图 2.27(c) 所示。这些冲激函数准确地出现在抽样瞬间，面积为 1。抽样后，输出理想抽样信号的面积（即积分幅度）则准确地等于输入信号 $x_a(t)$ 在抽样瞬间 $t = nT$ 的幅度 $x_a(t)\big|_{t=nT}$。以 $\hat{x}_a(t)$ 表示理想抽样的输出（以后均用下标 a 表示连续信号或模拟信号，如 $x_a(t)$，而以它的顶部符号"ˆ"表示它的理想抽样），冲激函数序列 $P_\delta(t)$ 为

$$P_\delta(t) = \sum_{n=-\infty}^{+\infty} \delta(t - nT) \tag{2.13}$$

这样理想抽样可表示为

$$\hat{x}_a(t) = x_a(t) p_\delta(t) = x_a(t) \sum_{n=-\infty}^{+\infty} \delta(t - nT) = \sum_{n=-\infty}^{+\infty} x_a(t) \delta(t - nT) \tag{2.14}$$

根据冲激函数的筛选性,即有 $x_a(t)\delta(t-nT) = x_a(nT)\delta(t-nT)$,则

$$\hat{x}_a(t) = \sum_{n=-\infty}^{+\infty} x_a(nT)\delta(t - nT) \tag{2.15}$$

在实际抽样器中,抽样器中运算放大器的有限带宽、模拟开关导通时的电阻、分布参数的影响等造成抽样时抽样电容跟踪上模拟信号需要一定的时间,即实际的抽样器具有一定的孔径时间等,抽样器等效的开关闭合时间不能低于孔径时间,不能达到为零的极限情况。但当 $\tau \ll T$ 时,实际抽样器可以近似为一个理想抽样器。理想抽样器可以视为实际抽样的一种科学本质的抽象,它可以更集中地反映抽样过程的一切本质的特性。

2.5.2 理想抽样信号的频谱

下面研究理想抽样前后频谱发生了什么变化,从而找出为了使抽样信号不失真地恢复原模拟信号,抽样频率 f_s 与模拟信号最高频率 f_c 之间的关系。

假设

$$X_a(j\Omega) = \text{FT}[x_a(t)]$$

$$\hat{X}_a(j\Omega) = \text{FT}[\hat{x}_a(t)]$$

$$P_\delta(j\Omega) = \text{FT}[P_\delta(t)]$$

对任意一个模拟信号 $x_a(t)$,假设其傅里叶变换 $X_a(j\Omega)$ 已知,那么要研究 $X_a(j\Omega)$ 和 $\hat{X}_a(j\Omega)$ 之间的关系,最好能用 $X_a(j\Omega)$ 去表示 $\hat{X}_a(j\Omega)$。由傅里叶变换的频域卷积定理可知

$$\hat{X}_a(j\Omega) = \text{FT}[\hat{x}_a(t)] = \text{FT}[x_a(t)P_\delta(t)] = \frac{1}{2\pi} X_a(j\Omega) * P_\delta(j\Omega) \tag{2.16}$$

所以,只要求出 $P_\delta(j\Omega)$,然后通过卷积运算就可以建立 $X_a(j\Omega)$ 和 $\hat{X}_a(j\Omega)$ 之间的关系。由式 (2.13),利用冲激函数的筛选性很容易求得 $P_\delta(t)$ 的傅里叶变换为

$$P_\delta(j\Omega) = \text{FT}\left[\sum_{n=-\infty}^{+\infty} \delta(t - nT)\right] = \sum_{n=-\infty}^{+\infty} e^{j\Omega nT} \tag{2.17}$$

但是,对任意的 $X_a(j\Omega)$,使用如式 (2.17) 的傅里叶变换结果 $P_\delta(j\Omega)$ 很难求得 $\frac{1}{2\pi} X_a(j\Omega) * P_\delta(j\Omega)$ 的简洁结果,不易看清它们之间的关系。由于 $P_\delta(t)$ 是周期为 T 的周期函数,可以进行傅里叶级数分解得

$$P_\delta(t) = \sum_{k=-\infty}^{+\infty} a_k e^{jk\Omega_s t}$$

此傅里叶级数的基频为抽样频率,即

$$f_s = \frac{1}{T}, \quad \Omega_s = \frac{2\pi}{T} = 2\pi f_s$$

抽样频率 f_s 的单位为赫兹(Hz),Ω_s 为抽样模拟角频率,其单位为弧度 / 秒(rad/s)。在数字信号处理中还有一个数字角频率 ω,单位为弧度(rad)。为了进行区分,通常用符号 f、Ω 和 ω

分别表示频率、模拟角频率和数字角频率。

根据傅里叶级数知识，系数 a_k 可以通过以下运算求得，即

$$a_k = \frac{1}{T}\int_{-T/2}^{T/2} P_\delta(t) \mathrm{e}^{-jk\Omega_s t}\mathrm{d}t = \frac{1}{T}\int_{-T/2}^{T/2}\Big[\sum_{n=-\infty}^{+\infty}\delta(t-nT)\Big]\mathrm{e}^{-jk\Omega_s t}\mathrm{d}t$$

$$= \frac{1}{T}\int_{-T/2}^{T/2}\delta(t)\mathrm{e}^{-jk\Omega_s t}\mathrm{d}t = \frac{1}{T}$$

以上结果的得出是考虑到在 $|t| \leqslant T/2$ 的积分区间内，只有一个冲激脉冲 $\delta(t)$，其他冲激 $\delta(t-nT)$，$n \neq 0$ 都在积分区间之外，且利用了冲激脉冲的筛选性，即

$$f(0) = \int_{-\infty}^{\infty} f(t)\delta(t)\mathrm{d}t$$

因而

$$P_\delta(t) = \frac{1}{T}\sum_{k=-\infty}^{+\infty}\mathrm{e}^{jk\Omega_s t}$$

由此得出

$$P_\delta(\mathrm{j}\Omega) = \mathrm{FT}[P_\delta(t)] = \mathrm{FT}\Big\{\frac{1}{T}\sum_{k=-\infty}^{+\infty}\mathrm{e}^{jk\Omega_s t}\Big\} = \frac{1}{T}\sum_{k=-\infty}^{+\infty}\mathrm{FT}[\mathrm{e}^{jk\Omega_s t}]$$

由于

$$\mathrm{FT}[\mathrm{e}^{jk\Omega_s t}] = 2\pi\delta(\Omega - k\Omega_s)$$

所以

$$P_\delta(\mathrm{j}\Omega) = \frac{1}{T}\sum_{k=-\infty}^{+\infty}2\pi\delta(\Omega - k\Omega_s) = \frac{2\pi}{T}\sum_{k=-\infty}^{+\infty}\delta(\Omega - k\Omega_s) = \Omega_s\sum_{k=-\infty}^{+\infty}\delta(\Omega - k\Omega_s) \quad (2.18)$$

将式(2.18)代入式(2.16)可得

$$\hat{X}_a(\mathrm{j}\Omega) = \frac{1}{2\pi}X_a(\mathrm{j}\Omega) * \Big[\frac{2\pi}{T}\sum_{k=-\infty}^{+\infty}\delta(\Omega - k\Omega_s)\Big]$$

$$= \frac{1}{T}X_a(\mathrm{j}\Omega) * \sum_{k=-\infty}^{+\infty}\delta(\Omega - k\Omega_s)$$

$$= \frac{1}{T}\sum_{k=-\infty}^{+\infty}[X_a(\mathrm{j}\Omega) * \delta(\Omega - k\Omega_s)]$$

根据冲激函数的性质，可得

$$\hat{X}_a(\mathrm{j}\Omega) = \frac{1}{T}\sum_{k=-\infty}^{+\infty}X_a(\mathrm{j}\Omega - jk\Omega_s) \quad (2.19)$$

或者

$$\hat{X}_a(\mathrm{j}\Omega) = \frac{1}{T}\sum_{k=-\infty}^{+\infty}X_a\Big(\mathrm{j}\Omega - jk\frac{2\pi}{T}\Big) \quad (2.20)$$

由此可以看出，一个连续时间信号经过理想抽样后，其频谱将沿着频率轴以抽样频率 $\Omega_s = 2\pi/T$ 为间隔而重复，即频谱产生了周期性延拓，如图 2.28 所示。

在图 2.28 中，假设 $x_a(t)$ 是带限信号，最高截止频率为 Ω_h，其频谱为

$$X_a(\mathrm{j}\Omega) = \begin{cases} X_a(\mathrm{j}\Omega) & \left(|\Omega| \leqslant \dfrac{\Omega_h}{2}\right) \\ 0 & \left(|\Omega| > \dfrac{\Omega_h}{2}\right) \end{cases}$$

频谱 $X_a(j\Omega)$ 如图 2.28(a) 所示。$P_\delta(t)$ 的频谱 $P_\delta(j\Omega)$ 如图 2.28(b) 所示。那么按照式 (2.19)，$\hat{x}_a(t)$ 的频谱 $\hat{X}_a(j\Omega)$ 如图 2.28(c) 所示，其中原模拟信号的频谱称为基带频谱。如果满足 $\Omega_s > 2\Omega_h$，或者用频率表示该式，即满足 $f_s > 2f_h$，基带谱与其他周期延拓形成的谱不重叠，如图 2.28(c) 所示，可以通过如图 2.29(c) 所示的理想低通滤波器从抽样信号中不失真地恢复出模拟信号。但如果抽样频率太低，或者说信号最高频率成分的频率（信号最高截止频率）太高，使得 $\Omega_s \leqslant 2\Omega_h$，$X_a(j\Omega)$ 按照抽样角频率 Ω_s 周期延拓时，将形成频谱混叠现象，如图 2.28(d) 所示。这种情况下，再用如图 2.29(c) 所示的理想低通滤波器 $H(j\Omega)$ 对 $\hat{x}_a(t)$ 进行滤波，得到的是失真的模拟信号。

需要注意，由于 $X_a(j\Omega)$ 一般是复数，所以混叠也是复数相加。为了说明原理方便，图 2.28 和图 2.29 仅是示意图，均假设 $X_a(j\Omega)$ 为正实谱。

图 2.28　时域抽样后频谱的周期延拓

将抽样频率之半（$\Omega_s/2$）称为折叠频率，即

$$\frac{\Omega_s}{2} = \frac{\pi}{T}$$

只有当信号最高频率不超过该频率时，才不会产生频率混叠现象，否则超过 $\Omega_s/2$ 的频谱会

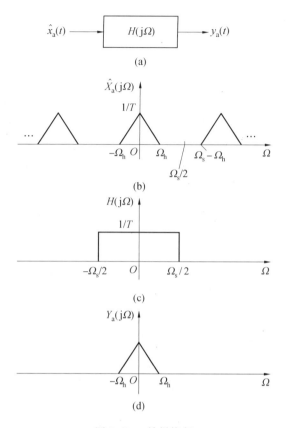

图 2.29 抽样恢复

折叠回来形成混叠现象。

由此得出结论:若 $x_a(t)$ 是频带宽度有限的,要想抽样后 $x(n) = x_a(nT)$ 能够不失真地还原出原信号 $x_a(t)$,则抽样频率必须大于两倍的最高频率,这就是奈奎斯特抽样定理,即

$$f_s > 2f_h$$

若 $x_a(t)$ 不是频带有限的,或者 $x_a(t)$ 最高频率太大而抽样频率 f_s 受限,为了避免混叠,一般在抽样前加入一个保护性的前置低通滤波器,称为抗混叠滤波器(anti-aliasing filter),其截止频率为 $f_s/2$,以便有效抑制高于 $f_s/2$ 的频率分量。

用同样方法可以证明,或利用傅里叶变换和拉普拉斯变换的关系令 $j\Omega = s$ 并代入式(2.19),理想抽样后,使信号的拉普拉斯变换在 s 平面上沿着虚轴周期延拓。也就是说,$\hat{X}_a(s)$ 在 s 平面虚轴上是周期函数,即有

$$\hat{X}_a(s) = \frac{1}{T} \sum_{k=-\infty}^{+\infty} X_a(s - jk\Omega_s)$$

式中

$$X_a(s) = \int_{-\infty}^{+\infty} x_a(t) e^{-st} \, dt$$

$$\hat{X}_a(s) = \int_{-\infty}^{+\infty} \hat{x}_a(t) e^{-st} \, dt$$

$X_a(s)$、$\hat{X}_a(s)$ 分别是 $x_a(t)$ 和 $\hat{x}_a(t)$ 的双边拉普拉斯变换。

2.5.3 抽样的内插恢复

如果理想抽样满足奈奎斯特抽样定理,即模拟信号谱的最高频率小于折叠频率,

$$X_a(j\Omega) = \begin{cases} X_a(j\Omega) & (\mid \Omega \mid < \dfrac{\Omega_s}{2}) \\ 0 & (\mid \Omega \mid \geqslant \dfrac{\Omega_s}{2}) \end{cases}$$

则抽样后不会产生频率混叠。由式(2.19)知

$$\hat{X}_a(j\Omega) = \frac{1}{T} X_a(j\Omega) \quad (\mid \Omega \mid < \frac{\Omega_s}{2})$$

理论上,只需将 $\hat{X}_a(j\Omega)$ 通过一个理想低通滤波器即可恢复出 $X_a(j\Omega)$。这个理想低通滤波器应该只让基带频谱通过,因而其带宽应该等于折叠频率,频率特性为

$$H(j\Omega) = \begin{cases} T & (\mid \Omega \mid \leqslant \dfrac{\Omega_s}{2}) \\ 0 & (\mid \Omega \mid > \dfrac{\Omega_s}{2}) \end{cases}$$

它的特性如图 2.29(c) 所示。抽样信号通过这个滤波器后,就可滤出原模拟信号的频谱

$$Y_a(j\Omega) = \hat{X}_a(j\Omega) H(j\Omega) = X_a(j\Omega)$$

因此,在理想低通滤波器的输出端可以得到原模拟信号 $y_a(t) = x_a(t)$。

理想低通滤波器虽然物理不可实现,但是在一定的精度范围内,可用一个可物理实现的滤波器进行逼近。

下面讨论如何由抽样值来恢复原来的模拟信号(连续时间信号),即 $\hat{x}_a(t)$ 通过 $H(j\Omega)$ 系统的响应特性。

理想低通滤波器的冲激响应为

$$h(t) = \frac{1}{2\pi} \int_{-\infty}^{\infty} H(j\Omega) \mathrm{e}^{j\Omega t} \mathrm{d}\Omega = \frac{1}{2\pi} \int_{-\Omega_s/2}^{\Omega_s/2} T \mathrm{e}^{j\Omega t} \mathrm{d}\Omega = \frac{T}{2\pi} \frac{1}{jt} \mathrm{e}^{j\Omega t} \bigg|_{-\Omega_s/2}^{\Omega_s/2} = \frac{\sin \dfrac{\Omega_s}{2} t}{\dfrac{\Omega_s}{2} t} = \frac{\sin \dfrac{\pi}{T} t}{\dfrac{\pi}{T} t}$$

由 $\hat{x}_a(t)$ 和 $h(t)$ 的卷积积分,即得理想低通滤波器的输出为

$$\begin{aligned} y_a(t) = x_a(t) &= \int_{-\infty}^{\infty} \hat{x}_a(\tau) h(t-\tau) \mathrm{d}\tau \\ &= \int_{-\infty}^{\infty} \Big[\sum_{n=-\infty}^{+\infty} x_a(nT) \delta(\tau - nT) \Big] h(t-\tau) \mathrm{d}\tau \\ &= \sum_{n=-\infty}^{+\infty} x_a(nT) \Big[\int_{-\infty}^{\infty} \delta(\tau - nT) h(t-\tau) \mathrm{d}\tau \Big] \\ &= \sum_{n=-\infty}^{+\infty} x_a(nT) h(t-nT) \end{aligned}$$

$$= \sum_{n=-\infty}^{+\infty} x_a(nT) \frac{\sin \frac{\pi}{T}(t-nT)}{\frac{\pi}{T}(t-nT)}$$

这就是信号重建的抽样内插公式,即由信号的抽样值 $x_a(nT)$ 经此公式而得到连续信号 $x_a(t)$,而 $\sin\left[\frac{\pi}{T}(t-nT)\right]\Big/\left[\frac{\pi}{T}(t-nT)\right]$ 称为内插函数。如图 2.30 所示,在抽样点 nT 上,函数值为1,在其余抽样点上,函数值为零。也就是说,$x_a(t)$ 等于各 $x_a(nT)$ 乘上对应的内插函数的总和。在每一个抽样点上,只有该点所对应的内插函数不为零,这使得各抽样点上信号值不变,而抽样点之间的信号则由各加权抽样函数波形的延伸叠加而成,如图 2.31 所示。这个公式说明,只要抽样频率大于两倍信号最高频率,则整个连续信号就可完全用它的抽样值来代表,而不会丢掉任何信息。这就是奈奎斯特抽样定理的意义。

图 2.30　内插函数

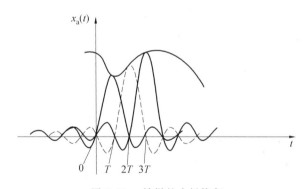

图 2.31　抽样的内插恢复

信号的抽样重构也可以从另外一个角度理解:对 $\forall n \in \mathbf{Z}, \sin\left[\frac{\pi}{T}(t-nT)\right]\Big/$ $\left[\frac{\pi}{T}(t-nT)\right]$ 的频谱覆盖了区间 $\left[-\frac{\Omega_s}{2}, \frac{\Omega_s}{2}\right]$,$\left\{\sin\left[\frac{\pi}{T}(t-nT)\right]\Big/\left[\frac{\pi}{T}(t-nT)\right], n \in \mathbf{Z}\right\}$ 是 $\left[-\frac{\Omega_s}{2}, \frac{\Omega_s}{2}\right]$ 信号空间中的一组基函数。对于满足奈奎斯特抽样定理的模拟信号 $x_a(t)$ 为 $\left[-\frac{\Omega_s}{2}, \frac{\Omega_s}{2}\right]$ 信号空间中的一个信号,可以用 $\left\{\sin\left[\frac{\pi}{T}(t-nT)\right]\Big/\left[\frac{\pi}{T}(t-nT)\right], n \in \mathbf{Z}\right\}$ 这组基函数表示,表示系数刚好为离散时间信号 $x(n)$。

2.6 本章部分内容涉及的 MATLAB 函数及例题

2.6.1 常用序列的 MATLAB 程序

1. 单位抽样序列

由于有限的存储空间限制，一个任意的无限长序列不能用 MATLAB 表示，所以在 MATLAB 中表示序列时一般要给出起止坐标。实现区间为 $n \in [n_1, n_2]$ 的单位抽样序列 $\delta(n-n_0)$ 可以用下面的 MATLAB 函数：

```
function [x,n]=impseq(n0,n1,n2)
% 生成单位抽样函数 x(n)=delta(n-n0)
%[x,n]=impseq(n0,n1,n2)
if((n0<n1)|(n0>n2)|(n1>n2))
    error('参数必须满足：n1<=n0<=n2')
end
n=n1:n2;
x=[(n-n0)==0];
```

图 2.32 所示为[x,n]=impseq(2,-3,5)得出的单位抽样序列 $\delta(n-2)$。

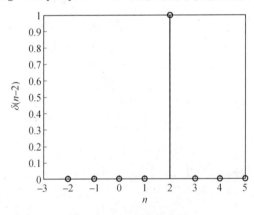

图 2.32 单位抽样序列

2. 单位阶跃序列

实现区间为 $n \in [n_1, n_2]$ 的阶跃序列 $u(n-n_0)$ 可以用下面的 MATLAB 函数：

```
function [x,n]=stepseq(n0,n1,n2)
% 生成一个阶跃序列 x(n)=u(n-n0)
%[x,n]=stepseq(n0,n1,n2)
if((n0<n1)|(n0>n2)|(n1>n2))
    error('参数必须满足：n1<=n0<=n2')
end
```

n＝n1:n2;

x＝[(n－n0)>=0];

例如,通过[x,n]＝stepseq(1,－1,6)可产生如图2.33所示的单位阶跃序列 $u(n-1)$。

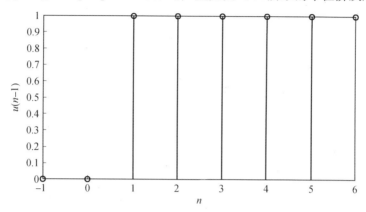

图 2.33　单位阶跃序列

3. 矩形序列

实现区间为 $n \in [n_1, n_2]$ 的矩形序列可以用下面的 MATLAB 函数:

function [x,n]＝recseq(n0,N,n1,n2)

% 生成一个矩形脉冲信号 x(n)＝RN(n)

%[x,n]＝recseq(n0,N,n1,n2)

n＝n1:n2;

if((n1>n0)|(n0>n2)|(n2－n0<N－1))

　error('参数必须满足:n1<=n0<=n2 且 n2－n0>=N－1')

end

x＝[(n－n0)>=0&(n－n0－N)<0];

例如,[x,n]＝recseq(0,6,－5,9)可以产生如图2.34所示的矩形序列 $R_N(n)$。

图 2.34　矩形序列

4. 实指数序列

在 MATLAB 中,可用运算符".^"来实现实指数序列。例如,为了产生 $x(n)=(0.9)^n$,$0 \leqslant n \leqslant 10$,则可以用下面的 MATLAB 程序:

$$n=[0:10];x=(0.9).^n;$$

5. 复指数序列

$$x(n)=\begin{cases} e^{(\sigma+j\omega)n} & (n \geqslant 0) \\ 0 & (n < 0) \end{cases}$$

当 $\omega=0$ 时,它就是实指数序列,是以 e 为底的实指数序列。

如果 $\sigma=0$,则是纯虚指数序列,$e^{j\omega n}=\cos \omega n + j\sin \omega n$,这一序列的实部为余弦序列,虚部为正弦序列。

在 MATLAB 中,可用函数 exp 产生指数序列。例如,为了产生 $x(n)=\exp[(1+j2)n]$,$0 \leqslant n \leqslant 10$,可以用如下 MATLAB 程序:

$$n=[0:10];x=\exp((1+2j) * n);$$

6. 正弦序列

$$x(n)=A\cos(\omega_0 n + \theta), \quad \forall n$$

其中,A 是幅度;θ 是相位(rad)。可用 MATLAB 函数 cos(或 sin)产生正弦序列。例如,为了产生 $x(n)=5\cos(0.2\pi n + \pi/6)$,$0 \leqslant n \leqslant 10$,则可以用下面的 MATLAB 程序:

$$n=[0:10];x=5 * \cos(0.2 * pi * n + pi/6);$$

7. 随机序列

很多实际序列无法用确定的数学表达式描述。这些序列称为随机序列,并用有关概率密度函数的参数来表征。在 MATLAB 中,有两种类型的(伪)随机序列可以利用:rand(1,N)产生一个长度 N,其值在[0,1]之间均匀分布的随机序列;randn(1,N)产生一个长度为 N、均值为 0、方差为 1 的高斯随机序列。利用上述函数的变换可以产生其他随机序列。

8. 周期序列

周期序列可以看作一个周期的非周期有限长序列的周期重复。现用 $\tilde{x}(n)$ 表示一周期序列,用 $x(n),0 \leqslant n \leqslant N$ 表示 $\tilde{x}(n)$ 中的一个周期。从一个周期的 $\{x(n),0 \leqslant n \leqslant N\}$ 产生周期序列 $\tilde{x}(n)$ 的 P 个周期的方法很多,这里主要介绍两种方法。

(1) 假设序列 $x(n)$ 用行向量表示,通过将 $x(n)$ 重复 P 次获得 $\tilde{x}(n)$,即

$$xtilde=[x,x,\cdots,x];$$

(2) 先将 $x(n)$ 转成列向量,利用 ones 函数和矩阵乘法将 $x(n)$ 扩展成 P 列重复的矩阵,然后利用结构(:)能将 P 行连成一个长的列向量,最后对该长列向量进行转置得到所需形式的周期序列 $\tilde{x}(n)$,其函数如下:

```
function [xc]=cirSeq(x,P)
% 生成一 P 个周期的周期序列 x(n)=cirSeq(x,P),x
    %[xc]=cirSeq(x,P)
xsize=size(x);
```

```
if(xsize(1) < xsize(2))    % 若给定的信号为行向量,则进行转置操作
  x = x';
end
xtilde = x * ones(1, P);
xtilde = xtilde(:);
if(xsize(1) > xsize(2))    % 若给定的信号为行向量,则进行转置操作
  xc = xtilde';
else
  xc = xtilde;
end
```

2.6.2　序列运算的 MATLAB 实现

1. 序列相加

将两个序列 x1、x2 位置序号相同的样值相加,必须使 x1、x2 的位置向量的起点、终点相同,因而序列的长度相同,故有可能要补"零值"。下面这个函数可以完成序列相加:

```
function [y, n] = sigadd(x1, n1, x2, n2)
% 求两个信号之和 y(n) = x1(n) + x2(n)
% —————————————————————————————————
% [y, n] = sigadd(x1, n1, x2, n2)
n = min(min(n1), min(n2)):max(max(n1), max(n2));  % 确定求和后 n 的范
                                                   % 围
y1 = zeros(1, length(n)); y2 = y1;  % 为把 x1、x2 拓长成相同长度的序列做准备
y1(find((n >= min(n1)) & (n <= max(n1)) == 1)) = x1;  % 通过 find 函数找到
                                                      % 原先 x 序列的起止
                                                      % 坐标,把 x1 拓长成 y1
y2(find((n >= min(n2)) & (n <= max(n2)) == 1)) = x2;  % 把 x2 拓长成 y2,原
                                                      % 理同上
y = y1 + y2;
```

下面给出利用该函数实现两个信号相加的例子。

例 2.23　假设 $x_1(n) = \{1, 2, \underline{3}, 4, 5, 6\}$,$x_2(n) = \{1, 2, \underline{1}, 2, 1, 2\}$,在 MATLAB 中求出 $x_1(n) + x_2(n)$。

解　实现的 MATLAB 程序代码如下:

```
n1 = -2:3;
x1 = [1, 2, 3, 4, 5, 6];
n2 = 0:5;
x2 = [1, 2, 1, 2, 1, 2];
[y, n] = sigadd(x1, n1, x2, n2);
```

subplot(3,1,1),stem(n1,x1),xlabel('n'),ylabel('x1(n)');
subplot(3,1,2),stem(n2,x2),xlabel('n'),ylabel('x2(n)');
subplot(3,1,1),stem(n,y),xlabel('n'),ylabel('x1(n)+x2(n)');

运行结果如图 2.35 所示。

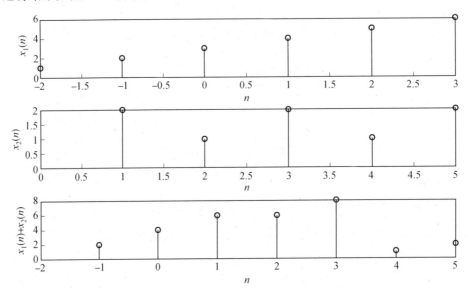

图 2.35　例 2.23 中的序列

2. 序列相乘

将两个序列 x1、x2 位置序号相同的样值相乘,必须使 x1、x2 的位置向量的起点、终点相同,因而序列的长度相同,故有可能要补"零值"。下面这个函数可以完成序列相乘:

```
function [y,n]=sigmult(x1,n1,x2,n2)
% 求两个序列之乘积 y(n)=x1(n)x2(n)
% ─────────────────────────────────
% [y,n]=sigmult(x1,n1,x2,n2)
n=min(min(n1),min(n2)):max(max(n1),max(n2));
y1=zeros(1,length(n));y2=y1;
y1(find((n>=min(n1))&(n<=max(n1))==1))=x1;
y2(find((n>=min(n2))&(n<=max(n2))==1))=x2;
y=y1.*y2;
```

例 2.24　假设 $x_1(n)=\{1,2,3,4,5,6\}$,$x_2(n)=\{1,2,1,2,1,2\}$,在 MATLAB 中求出 $x_1(n)x_2(n)$。

解　实现的 MATLAB 程序代码如下:

```
n1=-2:3;
x1=[1,2,3,4,5,6];
n2=0:5;
```

$x2 = [1,2,1,2,1,2];$

$[y,n] = sigmult(x1,n1,x2,n2);$

$subplot(3,1,1),stem(n1,x1),xlabel('n'),ylabel('x1(n)');$

$subplot(3,1,2),stem(n2,x2),xlabel('n'),ylabel('x2(n)');$

$subplot(3,1,3),stem(n,y),xlabel('n'),ylabel('x1(n)x2(n)');$

运行结果如图 2.36 所示。

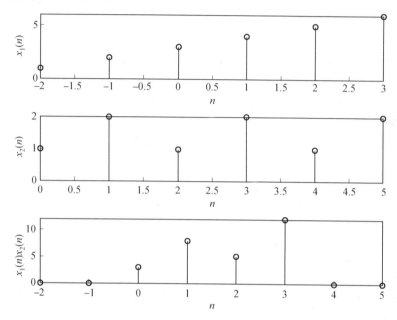

图 2.36　例 2.24 中的序列

3. 序列乘常数

$$y(n) = \alpha x(n)$$

序列乘常数相当于将序列放大常数倍。在 MATLAB 中可用乘法运算符 "*" 实现这一运算,如 $y = alpha * x$。

4. 序列移位

$$y(n) = x(n-k)$$

右移 k 取正号,左移 k 取负号。对序列的移位操作在 MATLAB 中可以用如下函数实现:

$function [y,n] = sigshift(x,n,k)$

% 求信号延时 $y(n) = x(n-k)$

%$[y,n] = sigshift(x,m,k)$

$n = n + k; y = x;$

例 2.25　假设 $x(n) = \{1,2,3,4,5,6,7,8,9,10\}$,在 MATLAB 中求出 $y(n) = x(n-3)$。

解　实现的 MATLAB 程序代码如下:

$n = 0:9;$

$x = [1,2,3,4,5,6,7,8,9,10];$

subplot$(2,1,1)$,stem(n,x), xlabel$('n')$,ylabel$('x(n)')$;

$[y,n]=$sigshift$(x,n,-3)$

subplot$(2,1,2)$,stem(n,y), xlabel$('n')$,ylabel$('x(n-3)')$;

程序运行结果如图 2.37 所示。

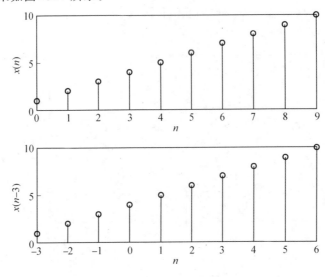

图 2.37   例 2.25 中的序列

5. 序列翻褶

$$y(n)=x(-n)$$

在 MATLAB 中可用 fliplr 函数实现对序列的翻褶操作,实现的 MATLAB 函数如下:

function $[y,n]=$sigfold(x,n)

% 求信号 x(n) 的翻褶 $y(n)=x(-n)$

% $[y,n]=$sigfold(x,n)

$y=$fliplr(x);$n=-$fliplr(n);

6. 序列的能量

$$E=\sum_{n=-\infty}^{\infty}|x(n)|^{2}=\sum_{n=-\infty}^{\infty}x(n)x^{*}(n)$$

可用 MATLAB 命令求得,有以下两种方法:

Ex$=$sum$(x.*$conj$(x))$;

Ex$=$sum$($abs$(x).\hat{ }n)$;

7. 序列的功率

周期为 N 的周期序列的平均功率为

$$P_{x}=\frac{1}{N}\sum_{n=0}^{N-1}|x(n)|^{2}$$

只需将序列在一个周期 N 内的能量除以 N。

2.6.3　序列的卷积和

序列的卷积和公式为

$$y(n) = \sum_{m=-\infty}^{\infty} x(m)h(n-m)$$

如果进行卷积和运算的任意一个序列是无限长的,那么就不能直接用 MATLAB 来计算卷积和。对于两个序列均为有限长序列,MATLAB 提供了内部函数 conv 计算两个序列的卷积和。应用 conv 函数计算卷积和时应注意的是,它假设进行卷积和运算的两个序列均从 $n=0$ 开始,调用方法为 $y=\text{conv}(x,h)$,不需要输入序列的位置信息,从而输出序列也从 $n=0$ 开始。也就是,conv 函数既不提供也不接收任何定位信息。如果求任意两个序列的卷积和,则需要对 conv 进行扩展。假设已知有限长序列 $x(n)$ 和 $h(n)$,且令 $\{x(n):n_{x1} \leqslant n \leqslant n_{x2}\}$ 和 $\{h(n):n_{h1} \leqslant n \leqslant n_{h2}\}$,根据例 2.9 的结论可知有 $\{y(n):n_{x1}+n_{h1} \leqslant n \leqslant n_{x2}+n_{h2}\}$。只需将 conv 函数简单地扩展为函数 conv_m,函数代码如下:

```
function [y,ny] = conv_m(x,nx,h,nh)
% 计算任意两个有限长序列的卷积和:y(n) = x(n) * h(n)
% ————————————————————————————————————
% [y,ny] = conv_m(x,nx,h,nh)
ny = (nx(1) + nh(1)):(nx(end) + nh(end));
y = conv(x,h);
```

例 2.26　用 conv_m 求解 $x(n)=R_5(n-1)$ 与 $y(n)=R_4(n)$ 的卷积。

解　实现的 MATLAB 程序代码如下:

```
% 用 conv 求解卷积和
clc; clear all
nx = [-1:3]; x = ones(1,5);
nh = [0:3]; h = ones(1,4);
[y,ny] = conv_m(x,nx,h,nh);
stem(ny,y);xlabel('n');ylabel('y(n)');grid;
```

程序运行结果如图 2.38 所示。

图 2.38　序列卷积和计算

2.6.4　求解差分方程

(1)MATLAB 中用 filter 函数实现差分方程的递推求解。

差分方程表示为

$$\sum_{k=0}^{N} a_k y(n-k) = \sum_{m=0}^{M} b_m x(n-m)$$

已知输入和差分方程系数,可利用 filter 函数对差分方程进行迭代法求解。利用 filter 求解差分方程时默认系统初始条件松弛,也即为系统的零状态响应。利用 filter 函数的最简单方式是

$$y = filter(b,a,x)$$

其中,b＝[b0,b1,…,bM];a＝[a0,a1,…,bN];x 为输入序列,y 为输出序列,x、y 有相同的长度,必须保证系数 a0 不为零。

例 2.27　已知系统的差分方程和输入信号分别为

$$y(n) + \frac{1}{2} y(n-1) = x(n) + 2x(n-2)$$

$$x(n) = \{1,2,3,3,2,1\}$$

用 filter 计算系统的零状态响应。

解　实现的 MATLAB 程序代码如下:

```
% 利用 filter 解差分方程 y(n)＋0.5y(n－1)＝x(n)＋2x(n－1)
clc;clear all
xn＝[1,2,3,3,2,1,zeros(1,10)]   % 对输入序列进行拓长,以显示更长的系统输出
B＝[1,0,2];A＝[1,0.5];% 差分方程系数
yn＝filter(B,A,xn);% 迭代求解差分方程,获得响应 yn,该响应即为零状态响应
n＝0:length(yn)－1;
stem(n,yn);xlabel('n');ylabel('y(n)');grid;
```

程序运行结果如图 2.39 所示。

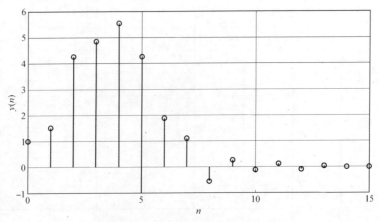

图 2.39　利用 filter 迭代求解系统的零状态响应

（2）求系统的单位抽样响应。

在 MATLAB 中求系统的单位抽样响应可以将输入设为单位抽样序列，通过 filter 函数求得。另外一种更方便的方法是用 impz 函数，可求 LSI 系统的单位抽样响应，调用方法为

$$[h,t]=impz(b,a,L)$$

其中，L 为待求的点数，即计算出的单位抽样响应的长度；t 为对应的时刻；h 为这些点上的单位抽样响应。运行时，程序自动选择 $h(n)$ 的长度，直到 $h(n)$ 的值可以忽略为止。

例 2.28　差分方程同上例，用 impz 函数求解。

解　实现的 MATLAB 程序代码如下：

```
clc;clear all
B=[1,0,2];A=[1,0.5];
n=[-5:20];
[h,t]=impz(B,A,n);
stem(t,h);xlabel('n');ylabel('h(n)');
```

程序运行结果如图 2.40 所示。

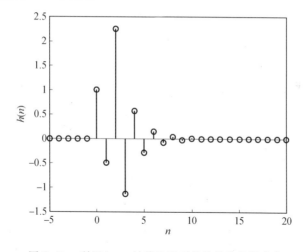

图 2.40　利用 impz 计算 LSI 系统的单位抽样响应

（3）求非松弛系统的全响应或全解。

当差分方程代表的系统初始状态不为零（即系统非松弛）时，求解差分方程除了要求上面（1）、（2）得到的零状态响应（初始状态为零），还需求出零输入响应，即由初始状态造成的输出响应，后者要利用 MATLAB 中的 filtic 函数。利用 filtic 函数求出零输入响应等效的零状态等效输入，然后将等效的零状态输入和输入序列（当 $n \geqslant 0$ 时的 $x(n)$）通过 filter 函数求出系统的全响应。

例 2.29　差分方程同例 2.27，假设差分方程的初始条件为 $y(-1)=1, x(-1)=1, x(-2)=1$，求系统的全响应。

解　实现的 MATLAB 程序代码如下：

```
clc;clear all
x=[1,2,3,3,2,1,zeros(1,10)];%n>=0 时的输入序列
```

$B = [1,0,2]; A = [1,0.5];$

$ys = [1]; xs = [1,1]; \%$ 初始条件

$xic = filtic(B,A,ys,xs); \%$ 计算由初始条件形成等效的因果输入序列

$yn = filter(B,A,x,xic); \%$ 求系统输出信号 $y(n), n >= 0$

$n = 0; length(yn) - 1;$

$stem(n,yn); xlabel('n'); ylabel('y(n)'); grid;$

程序运行结果如图 2.41 所示。

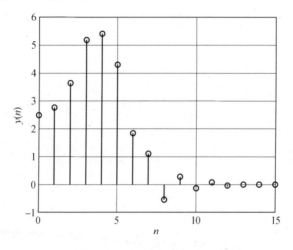

图 2.41   利用 filtic 和 filter 函数求系统全响应

习   题

2.1   已知线性时不变系统的输入 $x(n)$,系统的单位抽样响应 $h(n)$,试求系统的输出 $y(n)$,并画图。

(1) $x(n) = \alpha^n u(n), 0 < \alpha < 1$

    $h(n) = \beta^n[u(n) - u(n - N)], 0 < \beta < 1$

(2) $x(n) = u(n)$

    $h(n) = \delta(n) - \delta(n - 3)$

(3) $x(n) = R_3(n), 0 < \alpha < 1$

    $h(n) = R_4(n)$

(4) $x(n) = 0.5^n u(n)$

    $h(n) = R_5(n)$

(5) $x(n) = 2^n u(-n - 1)$

    $h(n) = 0.5^n u(n)$

(6) $x(n) = R_6(n - 3)$

    $h(n) = R_{12}(n - 4)$

2.2   假设

$$x(n) = \begin{cases} 1 & (0 \leqslant n \leqslant 9) \\ 0 & (\text{其他值}) \end{cases}$$

$$h(n) = \begin{cases} 1 & (0 \leqslant n \leqslant N) \\ 0 & (\text{其他值}) \end{cases}$$

式中,$N \leqslant 9$ 是一个整数。已知 $y(n) = x(n) * h(n)$,且有 $y(4) = 5$,$y(14) = 0$,试求 N 为多少?

2.3   已知 $x(n) = \{1, 2, 4, 3, 6\}$,$h(n) = \{2, 1, 5, 7\}$,试用对位相乘相加法求 $y(n) = x(n) * h(n)$。

2.4   用单位抽样序列 $\delta(n)$ 及其加权和表示图 P2.4 所示的序列 $x(n)$。

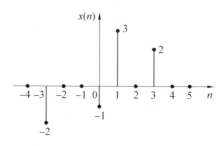

图 P2.4

2.5   判断下列各个序列是否是周期性的,若是周期性的,试确定其周期。

(1)$x(n) = e^{j7\pi n}$

(2)$x(n) = 3e^{j\frac{3}{5}(n+\frac{1}{2})}$

(3)$x(n) = A\cos\left(\frac{3\pi}{7}n - \frac{\pi}{8}\right)$

(4)$x(n) = \text{Re}[e^{j\frac{\pi}{6}n}] + \text{Im}[e^{j\frac{\pi}{18}n}]$

(5)$x(n) = \sin 0.125\pi n$

2.6   判断下列系统是否为线性、时不变、因果、稳定系统,并说明理由。其中 $x(n)$ 与 $y(n)$ 分别为系统的输入与输出。

(1)$y(n) = 2x(n) + 3$

(2)$y(n) = x(n)\sin\left(\frac{2\pi}{7}n + \frac{\pi}{6}\right)$

(3)$y(n) = [x(n)]^2$

(4)$y(n) = \sum\limits_{m=-\infty}^{n} x(m)$

(5)$y(n) = nx(n)$

(6)$y(n) = x(n+1) - x(n-1)$

(7)$y(n) = x(2n)$

(8)$y(n) = x(n^3)$

(9)$y(n) = e^{x(n)}$

(10)$y(n) = \sum\limits_{m=n-n_0}^{n+n_0} x(m)$

(11)$y(n) = x(-n)$

(12)$y(n) = \sum\limits_{m=-\infty}^{n} x(m)$

2.7   以下各序列是 LTI 系统的单位抽样响应 $h(n)$,试分别讨论各系统的因果性和稳定性。

(1)$\delta(n)$

(2)$\delta(n-5)$

(3)$\delta(n+3)$

(4)$u(n)$

$(5)\,u(3-n)$ $(6)\,2^n u(n)$

$(7)\,3^n(-n)$ $(8)\,2^n R_N(n)$

$(9)\,0.5^n u(n)$ $(10)\,0.5^n u(-n)$

$(11)\,\dfrac{1}{n}u(n)$ $(12)\,\dfrac{1}{n!}u(n)$

2.8 假设某系统为两个因果 LTI 系统级联,如图 P2.8 所示。第一个因果 LTI 系统(S1 系统)的差分方程为

$$w(n)=\frac{1}{2}w(n-1)+x(n)$$

第二个因果 LTI 系统(S2 系统)的差分方程为

$$y(n)=\alpha y(n-1)+\beta w(n)$$

整个系统 $x(n)$ 与 $y(n)$ 的关系由下面的差分方程给出:

$$y(n)=\frac{3}{4}y(n-1)-\frac{1}{8}y(n-2)+x(n)$$

(1)求 α 和 β;

(2)求整个级联系统的单位抽样响应 $h(n)$。

图 P2.8

2.9 列出如图 P2.9 系统的差分方程,并按初始条件 $y(n)=0, n<0$,求输入为 $x(n)=u(n)$ 时的输出响应 $y(n)$。

图 P2.9

2.10 假设系统由下面差分方程描述:

$$y(n)=0.5y(n-1)+x(n)+0.5x(n-1)$$

假设系统是因果的,试求:

(1)该系统的单位抽样响应;

(2)由(1)的结果,利用卷积和求输入 $x(n)=\mathrm{e}^{\mathrm{j}\omega_0 n}u(n)$ 的响应 $y(n)$。

2.11 假设系统的单位抽样响应 $h(n)=(3/8)0.5^n u(n)$,系统的输入 $x(n)$ 是一些观测数据,假设 $x(n)=\{x_0,x_1,x_2,x_3,\cdots\}$,试利用递推求系统的输出 $y(n)$。递推时假设系统满足初始松弛条件。

2.12 假设需设计一个 LTI 系统 $h(n)$,将信号

$$x(n)=a^n u(n)$$

处理为

$$y(n) = x(n) * h(n) = \left(\frac{1}{2}\right)^n \left[u(n+2) - u(n-2)\right]$$

求该 LTI 系统的单位抽样响应 $h(n)$。

2.13 有一理想抽样系统,抽样频率为 $\Omega_s = 6\pi$,抽样后经理想低通滤波器 $H_a(j\Omega)$ 还原,其中

$$H_a(j\Omega) = \begin{cases} \dfrac{1}{2} & (|\Omega| < 3\pi) \\ 0 & (|\Omega| \geqslant 3\pi) \end{cases}$$

今有两个输入 $x_{a1}(t) = \cos 2\pi t$,$x_{a2}(t) = \cos 5\pi t$。问输出信号 $y_{a1}(t)$、$y_{a2}(t)$ 是否有失真?

第 3 章

z 变换与离散时间傅里叶变换

3.1 概　　述

信号与系统的分析方法除了时域分析方法外,还有变换域分析方法。在连续时间信号与系统中,用傅里叶变换进行频域分析,拉普拉斯变换作为傅里叶变换的推广,对信号进行复频域分析。在离散时间信号与系统中,用序列的傅里叶变换进行频域分析,z 变换则是其推广,可以对序列进行复频域分析。因此,z 变换在离散时间信号处理中的地位与作用类似于拉普拉斯变换在连续时间信号处理中的地位与作用。如同拉普拉斯变换可用于求解常系数微分方程和估计一个信号经过 LTI 系统的响应等,z 变换可用于求解描述离散时间系统的模型 —— 常系数差分方程(将常系数差分方程转换为代数方程进行求解,简化分析计算),可估计一个输入给定的 LTI 系统的响应,以及设计滤波器等。

本章讨论 z 变换的定义、性质以及它与拉普拉斯变换、傅里叶变换的关系。从 z 变换与傅里叶变换之间的关系引出序列的傅里叶变换,即离散时间傅里叶变换 DTFT,并给出 DTFT 的一些性质。在这些基础上研究离散时间信号与系统的 z 域分析,给出离散系统的传递函数与频率响应的概念。必须指出,类似于连续时间系统的 s 域分析,在离散系统的 z 域分析中将看到,利用系统函数在 z 平面零点、极点分布特性研究系统的时域特性、频域特性以及稳定性的方法也具有同样重要的意义。

3.2 z 变换的定义及典型序列的 z 变换

3.2.1 z 变换的定义

z 变换的定义可以由抽样信号的拉普拉斯变换引出,也可以直接对离散时间信号给予定义。前一种引出方式给出了 z 变换与拉普拉斯变换之间的关系,将在 3.5 节"傅里叶变换、拉普拉斯变换和 z 变换的关系"中讨论,本节直接给出 z 变换的定义。

一个离散时间信号 $x(n)$ 的 z 变换定义为

$$X(z) = \sum_{n=-\infty}^{+\infty} x(n)z^{-n} \tag{3.1}$$

式中,z 是一个复变量,它所在的复平面称为 z 平面。为了方便,对序列 $x(n)$ 的 z 变换常用

$Z[x(n)]$ 表示,即 $X(z)=Z[x(n)]$。式(3.1)中是 n 在 $\pm\infty$ 之间求和,这种 z 变换称为双边 z 变换。还有一种称为单边 z 变换,其定义式为

$$X(z)=\sum_{n=0}^{+\infty}x(n)z^{-n} \tag{3.2}$$

这种单边 z 变换的求和限是从 0 到 ∞,因此,对于满足 $x(n)=x(n)u(n)$ 关系的因果序列,用两种 z 变换定义计算出的结果是一样的。单边 z 变换主要用于求解非松弛 LTI 系统的响应,即在需要关注初始储能造成的系统响应(零输入响应)情况下使用。本书中如不另外说明,均用双边 z 变换对信号进行分析和变换。

式(3.1)的 z 变换可以理解为:如果有一个解析函数 $X(z)$ 在其解析区域进行罗朗级数(Laurent Series)展开,并且其展开系数恰好为 $x(n)$,那么该解析函数 $X(z)$ 即为 $x(n)$ 的 z 变换或生成函数。

3.2.2　z 变换的收敛域

由式(3.1)可知,对于任何一个具体的序列 $x(n)$ 来说,可以想到对某些 z 幂级数收敛,而对另外一些 z 幂级数不收敛。对任意给定的序列 $x(n)$,能使 $X(z)=\sum\limits_{n=0}^{+\infty}x(n)z^{-n}$ 收敛的所有的 z 值之集合称为 z 变换的收敛域。收敛域用 ROC(Region of Convergence)来表示。收敛域本质为解析函数 $X(z)$ 的解析区域,故收敛域内没有不连续点——“极点”存在。很显然,一个序列只有存在收敛域,才会有有意义的 $X(z)$ 存在,z 变换才有意义。

根据级数理论,式(3.1)的级数收敛的充分必要条件是满足绝对可和的条件,即须满足

$$\sum_{n=-\infty}^{+\infty}|x(n)z^{-n}|<\infty \tag{3.3}$$

复数 z 用极坐标表示有 $z=re^{j\omega}$,则式(3.3)可写为

$$\sum_{n=-\infty}^{+\infty}|x(n)z^{-n}|=\sum_{n=-\infty}^{+\infty}|x(n)r^{-n}e^{-jn\omega}|=\sum_{n=-\infty}^{+\infty}|x(n)|r^{-n}<\infty \tag{3.4}$$

式(3.4)表明 z 变换收敛域仅取决于 r,与 ω 无关,收敛域一般用环状域表示,即

$$R_{x-}<|z|<R_{x+}$$

在某些情况下,收敛域的内圆边界可以向内延伸到原点,而在另一些情况下,外圆边界可以向外延伸到无穷远点。求 z 变换的收敛域就是求解 R_{x-} 和 R_{x+},通常有比值判别法和根值判别法两种方法。

1. 比值判别法

比值判别法又称为达朗贝尔判别法。假设有一个正项级数 $\sum\limits_{n=0}^{+\infty}a_n$,令

$$\lim_{n\to\infty}\left|\frac{a_{n+1}}{a_n}\right|=\rho$$

则 $\rho<1$ 时级数收敛,$\rho=1$ 时级数可能收敛也可能发散,$\rho>1$ 时级数发散。

应用达朗贝尔判别法,即可求得 z 变换收敛域。z 变换公式可以拆分成两项之和,即

$$\sum_{n=-\infty}^{+\infty}x(n)z^{-n}=\sum_{n=0}^{+\infty}x(n)z^{-n}+\sum_{n=-\infty}^{-1}x(n)z^{-n}$$

对第一项 $\sum\limits_{n=0}^{+\infty} x(n)z^{-n}$,应用达朗贝尔判别准则,有

$$\lim_{n\to\infty}\left|\frac{x(n+1)z^{-(n+1)}}{x(n)z^{-n}}\right|=\lim_{n\to\infty}\left|\frac{x(n+1)}{x(n)}\right|\,|\,z\,|^{-1}<1\Rightarrow|\,z\,|>\lim_{n\to\infty}\left|\frac{x(n+1)}{x(n)}\right|$$

即 $\sum\limits_{n=0}^{+\infty} x(n)z^{-n}$ 的收敛域为 $|\,z\,|>\lim\limits_{n\to\infty}\left|\dfrac{x(n+1)}{x(n)}\right|$,也就是 $R_{x-}=\lim\limits_{n\to\infty}\left|\dfrac{x(n+1)}{x(n)}\right|$。

对第二项 $\sum\limits_{n=-\infty}^{-1} x(n)z^{-n}\stackrel{\diamondsuit n=-n}{=}\sum\limits_{n=1}^{+\infty} x(-n)z^{n}$,应用达朗贝尔准则,有

$$\lim_{n\to\infty}\left|\frac{x(-n-1)z^{n+1}}{x(-n)z^{n}}\right|=\lim_{n\to\infty}\left|\frac{x(-n-1)}{x(-n)}\right|\,|\,z\,|<1\Rightarrow|\,z\,|<\frac{1}{\lim\limits_{n\to\infty}\left|\dfrac{x(-n-1)}{x(-n)}\right|}$$

即 $\sum\limits_{n=-\infty}^{-1} x(n)z^{-n}$ 的收敛域为 $|\,z\,|<\dfrac{1}{\lim\limits_{n\to\infty}\left|\dfrac{x(-n-1)}{x(-n)}\right|}$,也就是 $R_{x+}=\dfrac{1}{\lim\limits_{n\to\infty}\left|\dfrac{x(-n-1)}{x(-n)}\right|}$。

2. 根值判别法

根值判别法又称为柯西判别法。假设有一个正项级数 $\sum\limits_{n=0}^{+\infty} a_{n}$,令

$$\lim_{n\to\infty}\sqrt[n]{a_{n}}=\rho$$

则 $\rho<1$ 时级数收敛,$\rho=1$ 时级数可能收敛也可能发散,$\rho>1$ 时级数发散。

应用柯西判别法可求得 z 变换收敛域。z 变换公式可以拆分成两项之和,即

$$\sum_{n=-\infty}^{+\infty} x(n)z^{-n}=\sum_{n=0}^{+\infty} x(n)z^{-n}+\sum_{n=-\infty}^{-1} x(n)z^{-n}$$

对第一项 $\sum\limits_{n=0}^{+\infty} x(n)z^{-n}$,应用柯西判别法,有

$$\lim_{n\to\infty}\sqrt[n]{|\,x(n)z^{-n}\,|}=\lim_{n\to\infty}\sqrt[n]{|\,x(n)\,|}\,|\,z\,|^{-1}<1\Rightarrow|\,z\,|>\lim_{n\to\infty}\sqrt[n]{|\,x(n)\,|}$$

即 $\sum\limits_{n=0}^{+\infty} x(n)z^{-n}$ 的收敛域为 $|\,z\,|>\lim\limits_{n\to\infty}\sqrt[n]{|\,x(n)\,|}$,也就是 $R_{x-}=\lim\limits_{n\to\infty}\sqrt[n]{|\,x(n)\,|}$。

对第二项 $\sum\limits_{n=-\infty}^{-1} x(n)z^{-n}=\sum\limits_{n=1}^{+\infty} x(-n)z^{n}$,应用柯西判别法,有

$$\lim_{n\to\infty}\sqrt[n]{|\,x(-n)z^{n}\,|}=\lim_{n\to\infty}\sqrt[n]{|\,x(-n)\,|}\,|\,z\,|<1\Rightarrow|\,z\,|<\frac{1}{\lim\limits_{n\to\infty}\sqrt[n]{|\,x(-n)\,|}}$$

即 $\sum\limits_{n=-\infty}^{-1} x(n)z^{-n}$ 的收敛域为 $|\,z\,|<\dfrac{1}{\lim\limits_{n\to\infty}\sqrt[n]{|\,x(-n)\,|}}$,也就是 $R_{x+}=\dfrac{1}{\lim\limits_{n\to\infty}\sqrt[n]{|\,x(-n)\,|}}$。

3.2.3 4 种典型序列的 z 变换的收敛域

不同的序列可能具有不同的特性,而不同的序列特性决定了其 z 变换的收敛域。了解序列特性与收敛域的一些一般关系,对使用 z 变换乃至根据收敛域情况求解 z 反变换等都是非常有帮助的。

1. 有限长序列

如果序列 $x(n)$ 满足

$$x(n) = \begin{cases} x(n) & (n_1 \leqslant n \leqslant n_2) \\ 0 & (其他值) \end{cases}$$

即序列 $x(n)$ 在 $n_1 \leqslant n \leqslant n_2$ 范围的序列值不全为零,此范围之外序列值为零,这样的序列称为有限长序列。其 z 变换为

$$X(z) = \sum_{n=-\infty}^{+\infty} x(n) z^{-n} = \sum_{n=n_1}^{n_2} x(n) z^{-n}$$

假设 $x(n)$ 为有界序列,由于是有限项求和,除了 0 和 ∞ 两点是否收敛与 n_1、n_2 取值有关外,整个 z 平面均收敛,即收敛域至少包括有限 z 平面。如果 $n_1 < 0$,则收敛域不包括 ∞ 点;如果 $n_2 > 0$,则收敛域不包括 $z = 0$ 点;如果是因果序列,收敛域包括 $z = \infty$ 点。具体有限长序列的收敛域表示如下:

$n_1 < 0, n_2 \leqslant 0$ 时,$0 \leqslant |z| < \infty$;

$n_1 < 0, n_2 > 0$ 时,$0 < |z| < \infty$;

$n_1 \geqslant 0, n_2 > 0$ 时,$0 < |z| \leqslant \infty$。

例 3.1　求 $x(n) = R_3(n)$ 的 z 变换及其收敛域。

解　$X(z) = \sum_{n=-\infty}^{+\infty} x(n) z^{-n} = \sum_{n=-\infty}^{+\infty} R_3(n) z^{-n} = \sum_{n=0}^{2} z^{-n} = \dfrac{1 - z^{-3}}{1 - z^{-1}} = \dfrac{z^3 - 1}{z^2(z-1)}$

$\qquad = \dfrac{(z-1)(z^2 + z + 1)}{z^2(z-1)} = \dfrac{z^2 + z + 1}{z^2}$

这是一个因果的有限长序列,因此收敛域(ROC)为 $0 < |z| \leqslant \infty$,如图 3.1 所示。由结果的分式可知,$z = 0$ 是 $X(z)$ 的二阶极点,$z_{1,2} = \dfrac{-1 \pm \sqrt{3}j}{2}$ 是 $X(z)$ 的两个一阶零点。$X(z)$ 的零、极点个数始终相同。另外可以发现,收敛域不包括极点,且收敛域边界取决于极点的模,故可以推测出极点位置决定了序列 z 变换的收敛域。

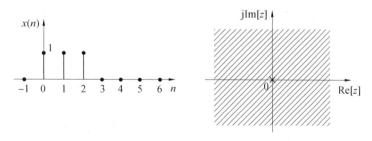

图 3.1　例 3.1 中有限长序列 $x(n)$ 及其 z 变换的收敛域

2. 右边序列

右边序列是指在 $n \geqslant n_1$ 时,序列值不全为零,而在 $n < n_1$ 时,序列值全为零。右边序列根据 n_1 是否大于零,可以分为两种情形:

(1)$n_1 \geqslant 0$ 时,右边序列为因果序列。根据比值判别法或根值判别法,可以求得一个半

径 R_{x-}。因果的右边序列 $x(n)$ 的 z 变换收敛域为 $R_{x-}<|z|\leqslant\infty$，即收敛域包括 $z=\infty$ 点（在 $z=\infty$ 解析或没有极点）。

（2）$n_1<0$ 时，右边序列 $x(n)$ 的 z 变换可以写为

$$X(z)=\sum_{n=-\infty}^{+\infty}x(n)z^{-n}=\sum_{n=n_1}^{+\infty}x(n)z^{-n}=\sum_{n=n_1}^{-1}x(n)z^{-n}+\sum_{n=0}^{+\infty}x(n)z^{-n}$$

式中第一项为有限长序列，其收敛域为 $0\leqslant|z|<\infty$。第二项为因果序列，其收敛域为 $R_{x-}<|z|\leqslant\infty$。将两收敛域相与，其收敛域为 $R_{x-}<|z|<\infty$。

例 3.2 求 $x(n)=a^nu(n)$ 的 z 变换及其收敛域。

解 这是一个右边序列，且为因果序列，其 z 变换为

$$X(z)=\sum_{n=-\infty}^{+\infty}x(n)z^{-n}=\sum_{n=-\infty}^{+\infty}a^nu(n)z^{-n}=\sum_{n=0}^{+\infty}a^nz^{-n}$$

$$=\sum_{n=0}^{+\infty}(az^{-1})^n=\frac{1}{1-az^{-1}}=\frac{z}{z-a}\quad(|z|>|a|)$$

这是一个无穷项的等比级数求和，只有在 $|az^{-1}|<1$ 即 $|z|>|a|$ 处收敛，如图 3.2 所示。$X(z)$ 在 $z=0$ 处有一阶零点，在 $z=a$ 处有一阶极点。同样可以发现，收敛域与极点有关。

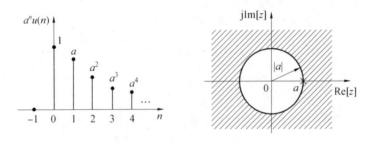

图 3.2 例 3.2 中因果序列 $x(n)$ 及其 z 变换的收敛域

例 3.3 求 $x(n)=7\left(\dfrac{1}{3}\right)^nu(n)-6\left(\dfrac{1}{2}\right)^nu(n)$ 的 z 变换及其收敛域。

解 序列 $x(n)$ 为两个因果子序列组合而成的因果序列，其 z 变换为

$$X(z)=\sum_{n=-\infty}^{+\infty}x(n)z^{-n}=\sum_{n=-\infty}^{+\infty}\left[7\left(\frac{1}{3}\right)^nu(n)-6\left(\frac{1}{2}\right)^nu(n)\right]z^{-n}$$

$$=7\sum_{n=-\infty}^{+\infty}\left(\frac{1}{3}\right)^nu(n)z^{-n}-6\sum_{n=-\infty}^{+\infty}\left(\frac{1}{2}\right)^nu(n)z^{-n}$$

$$=7\sum_{n=0}^{+\infty}\left(\frac{1}{3}\right)^nz^{-n}-6\sum_{n=0}^{+\infty}\left(\frac{1}{2}\right)^nz^{-n}$$

$$=7\frac{1}{1-\frac{1}{3}z^{-1}}-6\frac{1}{1-\frac{1}{2}z^{-1}}$$

$$=\frac{1-\frac{3}{2}z^{-1}}{\left(1-\frac{1}{3}z^{-1}\right)\left(1-\frac{1}{2}z^{-1}\right)}$$

$$= \frac{z\left(z - \frac{3}{2}\right)}{\left(z - \frac{1}{3}\right)\left(z - \frac{1}{2}\right)}$$

为保证 $X(z)$ 收敛,式中的两个和式必须收敛,这就要求 $|(1/3)z^{-1}| < 1$ 和 $|(1/2)z^{-1}| <$ 1。因此,收敛域为 $|z| > 1/2$,如图 3.3 所示。$X(z)$ 有 $z = 0$ 和 $z = 3/2$ 两个一阶零点,有 $z = 1/2$ 和 $z = 1/3$ 两个一阶极点。对比收敛域和极点可以发现,对由多个因果子序列构成的因果序列,其 z 变换收敛域为模最大的极点决定的半径的圆外。推广到一般情况,收敛域上函数必须是解析的,收敛域内不许有极点存在,所以,右边序列的 z 变换如果有 N 个有限极点 $\{z_1, z_2, \cdots, z_N\}$ 存在,那么收敛域一定在模值为最大的这个极点所在圆以外,即

$$R_{x-} = \max\{|z_1|, |z_2|, \cdots, |z_N|\}$$

另外,从例 3.2 和例 3.3 中可以得出一个结论:只要序列 $x(n)$ 是指数序列或指数序列的线性组合,其 z 变换 $X(z)$ 就一定是有理的,即为有理分式形式。

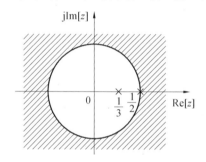

图 3.3　例 3.3 中序列 $x(n)$ 的 z 变换收敛域

3. 左边序列

左边序列是指在 $n \leqslant n_2$ 时,序列值不全为零,而在 $n > n_2$ 时,序列值全为零。当 $n_2 \leqslant 0$ 时,左边序列又称为反因果序列。左边序列 $x(n)$ 的 z 变换为

$$X(z) = \sum_{n=-\infty}^{n_2} x(n)z^{-n}$$

如果 $n_2 \leqslant 0$(即序列为反因果序列),$z = 0$ 点收敛,$z = \infty$ 点不收敛,其收敛域是在某个圆(假设半径为 R_{x+},可以用比值判别法或根值判别法求得)的圆内,收敛域为 $0 \leqslant |z| < R_{x+}$。如果 $n_2 > 0$,序列 $x(n)$ 可以分成一个非因果序列和一个因果有限长序列之和,故 $X(z)$ 在 $z = 0$ 点不收敛,所以 $X(z)$ 的收敛域为 $0 < |z| < R_{x+}$。

例 3.4　求 $x(n) = -a^n u(-n-1)$ 的 z 变换及其收敛域。

解　这是一个左边序列,当 $n > -1$ 时,$x(n) = 0$,为非因果序列,其 z 变换为

$$X(z) = \sum_{n=-\infty}^{+\infty} x(n)z^{-n} = \sum_{n=-\infty}^{+\infty} [-a^n u(-n-1)]z^{-n} = -\sum_{n=-\infty}^{-1} a^n z^{-n}$$

$$= -\sum_{n=1}^{+\infty} a^{-n} z^n = -\sum_{n=1}^{+\infty} (a^{-1}z)^n$$

这是一个无穷项的等比级数求和,在 $|a^{-1}z| < 1$ 时收敛,即 $X(z)$ 的收敛域为 $|z| < |a|$,

$$X(z) = \frac{a^{-1}z}{1 - a^{-1}z} = \frac{z}{z - a} \quad (\mid z \mid < \mid a \mid)$$

$X(z)$ 在 $z = 0$ 处有一阶零点，在 $z = a$ 处有一阶极点。$X(z)$ 的收敛域如图 3.4 所示。

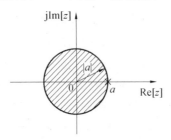

图 3.4   例 3.4 中左边序列 $x(n)$ 的 z 变换收敛域

对比例 3.2 和例 3.4 可以发现，两个不同序列的 $X(z)$ 可以一样，具有相同的零极点，但是收敛域不一样，因此进一步说明求一个信号的 z 变换必须同时给出收敛域。同时，例 3.4 中的序列也为指数序列，其 z 变换结果也为有理的，同前面得出的结论相符。

对左边序列，如果序列 z 变换有 N 个有限极点 $\{z_1, z_2, \cdots, z_N\}$ 存在，那么收敛域一定在模值为最小的这一个极点所在圆以内，这样 $X(z)$ 才能在整个圆内解析，也即

$$R_{x+} = \min\{\mid z_1 \mid, \mid z_2 \mid, \cdots, \mid z_N \mid\}$$

4. 双边序列

双边序列是指 n 为任意值时（正、负、零），$x(n)$ 皆有值的序列。一个双边序列可以看作是一个左边序列和一个右边序列之和，其 z 变换表示为

$$X(z) = \sum_{n=-\infty}^{+\infty} x(n) z^{-n} = \sum_{n=-\infty}^{-1} x(n) z^{-n} + \sum_{n=0}^{+\infty} x(n) z^{-n} = X_1(z) + X_2(z)$$

左边序列的 z 变换 $X_1(z)$ 的收敛域为 $\mid z \mid < R_{x+}$，右边序列的 z 变换 $X_2(z)$ 的收敛域为 $\mid z \mid > R_{x-}$。因而，$X(z)$ 的收敛域应该是左边序列和右边序列收敛域的重叠部分。若有 $R_{x-} < R_{x+}$，则存在公共收敛区域，$X(z)$ 的收敛域为 $R_{x-} < \mid z \mid < R_{x+}$，是一个环状域；若 $R_{x-} > R_{x+}$，则无公共收敛区域，$X(z)$ 不收敛，也即在 z 平面的任何地方都没有有界的 $X(z)$ 值，因此就不存在 z 变换的解析式，这种 z 变换就没有什么意义。

例 3.5 $x(n) = a^{\mid n \mid}$，a 为实数，求 $x(n)$ 的 z 变换及其收敛域。

解

$$X(z) = \sum_{n=-\infty}^{+\infty} x(n) z^{-n} = \sum_{n=-\infty}^{+\infty} a^{\mid n \mid} z^{-n} = \sum_{n=-\infty}^{-1} a^{-n} z^{-n} + \sum_{n=0}^{+\infty} a^n z^{-n}$$

$$= \sum_{n=1}^{+\infty} a^n z^n + \sum_{n=0}^{+\infty} a^n z^{-n}$$

第一部分要收敛则应满足 $\mid az \mid < 1$，得收敛域为 $\mid z \mid < \mid a \mid^{-1}$；第二部分要收敛则应满足 $\mid az^{-1} \mid < 1$，得收敛域 $\mid z \mid > \mid a \mid$。如果 $\mid a \mid < 1$，两部分的公共收敛域为 $\mid a \mid < \mid z \mid < \mid a \mid^{-1}$，其 z 变换为

$$X(z) = \frac{az}{1 - az} + \frac{1}{1 - az^{-1}} = \frac{az}{1 - az} + \frac{z}{z - a}$$

$$= \frac{z(1-a^2)}{(1-az)(z-a)} \quad (\mid a \mid < \mid z \mid < \mid a \mid^{-1})$$

如果 $\mid a \mid \geqslant 1$，则无公共收敛域，因此 $X(z)$ 不存在。当 $0 < a < 1$ 时，$X(z)$ 的收敛域如图 3.5 所示。

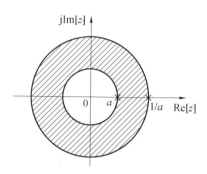

图 3.5　例 3.5 中双边序列 $x(n)$ 的 z 变换收敛域

3.3　z 反变换

已知函数 $X(z)$ 及其收敛域，反过来求序列的变换称为 z 反变换，表示为

$$x(n) = Z^{-1}\big[X(z)\big]$$

由序列 $x(n)$ 的 z 变换的定义式可以发现，求 z 反变换实质上是求 $X(z)$ 的幂级数（Laurent 级数）展开式的系数。假设 $x(n)$ 的 z 变换为幂级数

$$X(z) = \sum_{n=-\infty}^{+\infty} x(n)z^{-n} \quad (R_{x-} < \mid z \mid < R_{x+})$$

则 $X(z)$ 的 z 反变换的一般公式为围线积分

$$x(n) = \frac{1}{2\pi \mathrm{j}} \oint_c X(z)z^{n-1}\mathrm{d}z \quad (c \in (R_{x-}, R_{x+})) \tag{3.5}$$

围线 c 是在 $X(z)$ 的收敛域中环绕原点的一条逆时针旋转的闭合围线，如图 3.6 所示。

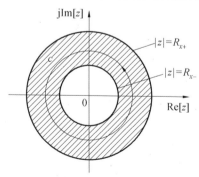

图 3.6　z 反变换积分围线的选择

下面从 z 变换定义表达式导出 z 反变换公式(3.5)。已知

$$X(z) = \sum_{n=-\infty}^{+\infty} x(n) z^{-n}$$

对此式两端分别乘 z^{m-1}，然后进行围线 c 积分，得到

$$\oint_c X(z) z^{m-1} \mathrm{d}z = \oint_c \Big[\sum_{n=-\infty}^{+\infty} x(n) z^{-n} \Big] z^{m-1} \mathrm{d}z$$

积分和求和顺序互换，有

$$\oint_c X(z) z^{m-1} \mathrm{d}z = \sum_{n=-\infty}^{+\infty} x(n) \oint_c z^{m-n-1} \mathrm{d}z \tag{3.6}$$

根据复变函数中的柯西积分定理

$$\oint_c z^{k-1} \mathrm{d}z = \begin{cases} 2\pi\mathrm{j} & (k=0) \\ 0 & (k \neq 0) \end{cases}$$

这样，式(3.6) 的右边只存在 $m=n$ 一项，其余均等于零。于是式(3.6) 变成

$$\oint_c X(z) z^{n-1} \mathrm{d}z = 2\pi\mathrm{j} x(n)$$

即

$$x(n) = \frac{1}{2\pi\mathrm{j}} \oint_c X(z) z^{n-1} \mathrm{d}z$$

对一般的 $X(z)$，通过直接计算围线积分求 z 反变换是很麻烦的，通常采用如下三种间接方法进行 z 反变换求解：围线积分法(留数法)、部分分式展开法和幂级数展开法(长除法)。

1. 围线积分法(留数法)

如果 $X(z) z^{n-1}$ 在围线 c 内的极点用 z_k 表示，根据留数定理

$$\frac{1}{2\pi\mathrm{j}} \oint_c X(z) z^{n-1} \mathrm{d}z = \sum_k \mathrm{Res}[X(z) z^{n-1}, z_k]$$

式中，$\sum_k \mathrm{Res}[X(z) z^{n-1}, z_k]$ 表示被积函数 $X(z) z^{n-1}$ 在极点 $z = z_k$ 处的留数，z 反变换则是围线 c 内所有的极点留数之和。

如果 z_k 是单阶极点，则

$$\mathrm{Res}[X(z) z^{n-1}, z_k] = (z - z_k) \cdot X(z) z^{n-1} \mid_{z=z_k}$$

如果 z_k 是 l 阶极点，则

$$\mathrm{Res}[X(z) z^{n-1}, z_k] = \frac{1}{(l-1)!} \frac{\mathrm{d}^{l-1}}{\mathrm{d}z^{l-1}} [(z - z_k)^l X(z) z^{n-1}] \mid_{z=z_k} \tag{3.7}$$

式(3.7) 表明，对于 l 阶极点，需要求 $l-1$ 次导数，这是比较麻烦的。另外，对双边序列的 z 变换 $X(z)$，当求 $n \to -\infty$ 的反变换 $x(n)$ 时，在 $z=0$ 处会出现无穷阶极点，几乎是不可能通过求导取留数求出反变换 $x(n)$ 的。

根据复变函数理论可知

$$\oint_c X(z) z^{n-1} \mathrm{d}z + \oint_c X(z) z^{n-1} \mathrm{d}z = 0$$

故

$$\oint_c X(z)z^{n-1}\,\mathrm{d}z = -\oint_c X(z)z^{n-1}\,\mathrm{d}z$$

因此，如果 c 内有高阶极点，而 c 外没有高阶极点，可以改求 c 外的所有极点留数之和，使问题简化。

假设被积函数用 $F(z)$ 表示，即

$$F(z) = X(z)z^{n-1}$$

$F(z)$ 在 z 平面上有 N 个极点，在收敛域内的封闭曲线 c 将 z 平面上极点分成两个部分：一部分是 c 内极点，假设有 N_1 个极点，用 z_{1k} 表示；另一部分是 c 外极点，假设有 N_2 个极点，用 z_{2k} 表示，$N = N_1 + N_2$。 根据留数辅助定理，下式成立：

$$\sum_{k=1}^{N_1}\mathrm{Res}\big[X(z)z^{n-1}, z_{1k}\big] = -\sum_{k=1}^{N_2}\mathrm{Res}\big[X(z)z^{n-1}, z_{2k}\big] \tag{3.8}$$

式（3.8）成立的条件是 $F(z) = X(z)z^{n-1}$ 的分母阶次比分子阶次高二阶以上。假设 $X(z) = P(z)/Q(z)$，$P(z)$ 与 $Q(z)$ 分别是 M 阶与 N 阶多项式。式（3.8）成立的条件是

$$N - M - n + 1 \geqslant 2$$

因此要求

$$N - M - n \geqslant 1$$

如果满足 $N - M - n \geqslant 1$，c 内极点中有多阶极点，而 c 外极点没有多阶极点，可以按照式（3.8），改求 c 外极点留数之和，最后加一个负号。

例 3.6　已知 $X(z) = \dfrac{1}{1 - az^{-1}}$，$|z| > a$，求其 z 反变换 $x(n)$。

解

$$x(n) = \frac{1}{2\pi\mathrm{j}}\oint_c X(z)z^{n-1}\,\mathrm{d}z = \frac{1}{2\pi\mathrm{j}}\oint_c \frac{1}{1-az^{-1}}z^{n-1}\,\mathrm{d}z = \frac{1}{2\pi\mathrm{j}}\oint_c \frac{z^n}{z-a}\,\mathrm{d}z$$

$$F(z) = \frac{z^n}{z-a}$$

c 为 $X(z)$ 的收敛域内的闭合围线，如图 3.7 所示。

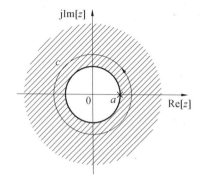

图 3.7　例 3.6 中 $X(z)$ 的收敛域及闭合围线

为了应用留数定理求解，先找出 $F(z)$ 的极点。当 $n \geqslant 0$ 时，$F(z)$ 有一个一阶极点 $z = a$；当 $n < 0$ 时，$F(z)$ 有两个极点 $z = a$（一阶）和 $z = 0$（阶数和 n 取值有关）。因此，对一般的 $F(z)$，根据在 $z = 0$ 会不会成为极点将 n 分成两段求 z 反变换。但对于本题，根据收敛域

$|z|>a$ 可知，$x(n)$ 应该为因果序列，故当 $n<0$ 时 $x(n)=0$，仅需求 $n\geqslant 0$ 时的反变换。当 $n\geqslant 0$ 时，$F(z)$ 仅有一个一阶极点 $z=a$，故有

$$x(n)=\text{Res}[F(z),a]$$

$$=(z-a)\left.\frac{z^n}{z-a}\right|_{z=a}$$

$$=a^n$$

综上，$X(z)$ 的反变换为 $x(n)=a^n u(n)$。

例 3.7 已知 $X(z)=\dfrac{1}{1-2z}$，$|z|<0.5$，求其 z 反变换 $x(n)$。

解

$$x(n)=\frac{1}{2\pi j}\oint_c X(z)z^{n-1}\mathrm{d}z=\frac{1}{2\pi j}\oint_c \frac{1}{1-2z}z^{n-1}\mathrm{d}z=\frac{1}{2\pi j}\oint_c \frac{z^{n-1}}{1-2z}\mathrm{d}z$$

$$F(z)=\frac{z^{n-1}}{1-2z}$$

c 为 $X(z)$ 的收敛域内的闭合围线，如图 3.8 所示。根据 $F(z)$ 分子多项式中 z 的幂次 $n-1$ 将反变换的求解分成两段（即 $n\geqslant 1$ 和 $n<1$）处理。但是，根据收敛域 $|z|<0.5$ 可知，$x(n)$ 为反因果序列，只需求 $n\leqslant 0$ 时的反变换。此时围线内有极点 $z=0$，且当 $n\to-\infty$ 时极点阶数趋于无穷，无法直接利用留数定理求反变换，而围线外只有一个一阶极点 $z=1/2$，故应用留数辅助定理进行反变换求解，有

$$x(n)=-\text{Res}\left[\frac{z^{n-1}}{1-2z},\frac{1}{2}\right]=-\left(z-\frac{1}{2}\right)\left.\frac{z^{n-1}}{1-2z}\right|_{z=\frac{1}{2}}=\left(\frac{1}{2}\right)^n$$

综上，$X(z)$ 的反变换为 $x(n)=\left(\dfrac{1}{2}\right)^n u(-n)$。

图 3.8 例 3.7 中 $X(z)$ 的收敛域及闭合围线

例 3.8 已知 $X(z)=\dfrac{0.99}{(1-0.1z^{-1})(1-0.1z)}$，$0.1<|z|<10$，求其 z 反变换 $x(n)$。

解

$$x(n)=\frac{1}{2\pi j}\oint_c X(z)z^{n-1}\mathrm{d}z=\frac{1}{2\pi j}\oint_c \frac{0.99}{(1-0.1z^{-1})(1-0.1z)}z^{n-1}\mathrm{d}z$$

$$=\frac{1}{2\pi j}\oint_c \frac{0.99z^n}{(z-0.1)(1-0.1z)}\mathrm{d}z$$

$$F(z)=\frac{0.99z^n}{(z-0.1)(1-0.1z)}$$

c 为 $X(z)$ 的收敛域内的闭合围线，如图 3.9 所示。

根据收敛域可知 $x(n)$ 为双边序列。当 $n \geqslant 0$ 时，被积函数 $F(z)$ 在围线 c 内只有 $z = 0.1$ 处的一个一阶极点，因此采用围线内部的极点求留数较方便，利用留数定理可得

$$x(n) = \mathrm{Res}\left[\frac{0.99z^n}{(z-0.1)(1-0.1z)}, 0.1\right] = (z-0.1)\left.\frac{0.99z^n}{(z-0.1)(1-0.1z)}\right|_{z=0.1} = 0.1^n$$

当 $n < 0$（即 $n \leqslant -1$）时，被积函数 $F(z)$ 在围线 c 内除了有 $z = 0.1$ 处的一个一阶极点外，还会在 $z = 0$ 处增加一个极点，并且 $z = 0$ 的极点在 $n \to -\infty$ 变化时阶数越来越高，几乎无法直接求其留数，而围线外仅有 $z = 10$ 处的一个一阶极点，所以采用围线 c 外部的极点较方便，利用留数辅助定理可得

$$x(n) = -\mathrm{Res}\left[\frac{0.99z^n}{(z-0.1)(1-0.1z)}, 10\right] = -(z-10)\left.\frac{0.99z^n}{(z-0.1)(1-0.1z)}\right|_{z=10} = 10^n$$

综合以上，可得

$$x(n) = \begin{cases} 0.1^n & (n \geqslant 0) \\ 10^n & (n \leqslant -1) \end{cases}$$

或写成

$$x(n) = 0.1^n u(n) + 10^n u(-n-1)$$

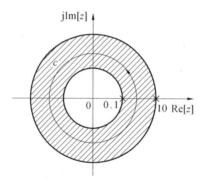

图 3.9　例 3.8 中 $X(z)$ 的收敛域及闭合围线

2. 部分分式展开法

在实际中，序列的 z 变换通常是 z 的有理分式，一般可以表示成

$$X(z) = \frac{B(z)}{A(z)} = \frac{b_0 + b_1 z + \cdots + b_{M-1} z^{M-1} + b_M z^M}{a_0 + a_1 z + \cdots + a_{N-1} z^{N-1} + a_N z^N}$$

对于因果序列，它的 z 变换收敛域为 $|z| > R_{x-}$，为了保证在 $z = \infty$ 处收敛，其分母多项式的阶次不能低于分子多项式的阶次，即需满足 $N \geqslant M$。

类似于拉普拉斯变换中的部分分式展开法，可先将 $X(z)$ 展开成一些简单而常见的部分分式之和，然后通过查表（表 3.1）求得各部分的 z 反变换（注意收敛域），再将各个反变换相加起来，就得到所求的 $x(n)$。

由表 3.1 看出，z 变换最基本的形式为 1 和 $\dfrac{z}{z-a}$，利用 z 变换的部分分式展开法时，通常先将 $\dfrac{X(z)}{z}$ 展开，然后每个分式乘 z，这样对于一阶极点，$X(z)$ 便可展成 $\dfrac{z}{z-z_k}$ 形式。

如果 $X(z)$ 只含有 N 个一阶极点,则 $\dfrac{X(z)}{z}$ 可以展开为

$$\frac{X(z)}{z} = \frac{A_0}{z} + \sum_{k=1}^{N} \frac{A_k}{z - z_k}$$

即

$$X(z) = A_0 + \sum_{k=1}^{N} \frac{A_k z}{z - z_k}$$

式中,z_k 为 $\dfrac{X(z)}{z}$ 的极点;A_k 是 z_k 的留数(即部分分式系数),它等于

$$A_k = \mathrm{Res}\left[\frac{X(z)}{z}, z_k\right] = (z - z_k)\left.\frac{X(z)}{z}\right|_{z=z_k}$$

而 A_0 是 $\dfrac{X(z)}{z}$ 的极点 $z=0$ 的留数,它等于

$$A_0 = X(z)\,|_{z=0} = \frac{b_0}{a_0}$$

倘若 $X(z)$ 的收敛域为 $|z| > R_{x-}$,则 $x(n)$ 为因果序列,通过查表 3.1 可以直接得到其逆变换为

$$x(n) = A_0 \delta(n) + \sum_{k=1}^{N} A_k\,(z_k)^n u(n)$$

倘若 $X(z)$ 的收敛域为 $|z| < R_{x+}$,则 $x(n)$ 为反因果序列,通过查表 3.1 可以直接得到其逆变换为

$$x(n) = A_0 \delta(n) - \sum_{k=1}^{N} A_k\,(z_k)^n u(-n-1)$$

如果 $X(z)$ 中含有高阶极点,假设 $X(z)$ 中除了含有 K 个一阶极点外,在 $z=z_i$ 处还含有一个 s 阶极点,此时 $X(z)$ 应展成

$$X(z) = A_0 + \sum_{k=1}^{K} \frac{A_k z}{z - z_k} + \sum_{j=1}^{s} \frac{B_j z}{(z - z_i)^j}$$

式中,A_0 和 A_k 的确定方法同前;而

$$B_j = \frac{1}{(s-j)!} \frac{\mathrm{d}^{s-j}}{\mathrm{d}z^{s-j}} \left.(z - z_i)^s \frac{X(z)}{z}\right|_{z=z_i}$$

在这种情况下,$X(z)$ 也可以展成

$$X(z) = A_0 + \sum_{k=1}^{K} \frac{A_k z}{z - z_k} + \sum_{j=1}^{s} \frac{C_j z^j}{(z - z_i)^j}$$

其中,系数 C_j 可以用待定系数法求解或通过下式求解

$$C_j = \frac{1}{(s-j)!} \frac{\mathrm{d}^{s-j}}{\mathrm{d}z^{s-j}} \left.(z - z_i)^s \frac{X(z)}{z^j}\right|_{z=z_i}$$

根据收敛域及极点位置情况,通过查表 3.1 可得各个部分的反变换,求和之后得到 $x(n)$。

例 3.9 已知 $X(z) = \dfrac{5z}{z^2 + z - 6}$,$2 < |z| < 3$,求 z 反变换 $x(n)$。

解

$$\frac{X(z)}{z} = \frac{5}{z^2 + z - 6} = \frac{5}{(z+3)(z-2)} = \frac{A_1}{z-2} + \frac{A_2}{z+3}$$

$$A_1 = \text{Res}\left[\frac{X(z)}{z}, 2\right] = (z-2)\left.\frac{X(z)}{z}\right|_{z=2} = \left.\frac{5}{z+3}\right|_{z=2} = 1$$

$$A_2 = \text{Res}\left[\frac{X(z)}{z}, -3\right] = (z+3)\left.\frac{X(z)}{z}\right|_{z=-3} = \left.\frac{5}{z-2}\right|_{z=-3} = -1$$

$$\frac{X(z)}{z} = \frac{1}{z-2} - \frac{1}{z+3}$$

$$X(z) = \frac{z}{z-2} - \frac{z}{z+3}$$

因为收敛域为 $2<|z|<3$，第一部分极点是 $z=2$，因此收敛域为 $|z|>2$；第二部分极点是 $z=-3$，收敛域应取 $|z|<3$。查表 3.1 可得

$$x(n) = 2^n u(n) - (-3)^n u(-n-1)$$

3. 幂级数展开法（长除法）

因为 $x(n)$ 的 z 变换定义为 z^{-1} 的幂级数

$$X(z) = \sum_{n=-\infty}^{+\infty} x(n) z^{-n}$$

所以，只要在给定的收敛域内把 $X(z)$ 展成幂级数，级数的系数就是序列 $x(n)$。

z 变换式一般是 z 的有理函数，可以表示为

$$X(z) = \frac{B(z)}{A(z)} = \frac{b_0 + b_1 z + \cdots + b_{M-1} z^{M-1} + b_M z^M}{a_0 + a_1 z + \cdots + a_{N-1} z^{N-1} + a_N z^N}$$

如果 $X(z)$ 的收敛域是 $|z|>R_{x-}$，则 $x(n)$ 必然是因果序列，此时 $A(z)$、$B(z)$ 按 z 的降幂（或 z^{-1} 的升幂）次序进行排列。如果 $X(z)$ 的收敛域是 $|z|<R_{x+}$，则 $x(n)$ 必然是左边序列，此时 $A(z)$、$B(z)$ 按 z 的升幂（或 z^{-1} 的降幂）次序进行排列。然后利用长除法，便可将 $X(z)$ 展成幂级数，从而得到 $x(n)$。

例 3.10　已知 $X(z) = \dfrac{1+2z^{-1}}{1-2z^{-1}+z^{-2}}$，$|z|>1$，求它的 z 反变换 $x(n)$。

解　对于收敛域 $|z|>1$，$X(z)$ 相应的序列 $x(n)$ 是因果序列。此时 $X(z)$ 按 z^{-1} 的升幂排列成以下形式

$$X(z) = \frac{1+2z^{-1}}{1-2z^{-1}+z^{-2}}$$

进行长除

$$
\begin{array}{r}
1 + 4z^{-1} + 7z^{-2} + \cdots \\
1-2z^{-1}+z^{-2} \overline{\smash{\big)}\ 1 + 2z^{-1}} \\
\underline{1 - 2z^{-1} + z^{-2}} \\
4z^{-1} - z^{-2} \\
\underline{4z^{-1} - 8z^{-2} + 4z^{-3}} \\
7z^{-2} - 4z^{-3} \\
\underline{7z^{-2} - 14z^{-3} + 7z^{-4}} \\
10z^{-3} - 7z^{-4} \\
\cdots
\end{array}
$$

所以

$$X(z) = 1 + 4z^{-1} + 7z^{-2} + \cdots = \sum_{n=0}^{+\infty} (3n+1)z^{-n}$$

这样得到

$$x(n) = (3n+1)u(n)$$

例 3.11 已知 $X(z) = \dfrac{1+2z^{-1}}{1-2z^{-1}+z^{-2}}$，$|z| < 1$，求它的 z 反变换 $x(n)$。

解 对于收敛域 $|z| < 1$，$X(z)$ 相应的序列 $x(n)$ 是左边序列。此时 $X(z)$ 按 z^{-1} 的降幂排列成下列形式

$$X(z) = \frac{2z^{-1}+1}{z^{-2}-2z^{-1}+1}$$

进行长除

$$
\begin{array}{r}
2z + 5z^2 + 8z^3 + \cdots \\
z^{-2}-2z^{-1}+1 \overline{)\ 2z^{-1}+1} \\
\underline{2z^{-1}-4+2z} \\
5-2z \\
\underline{5-10z+5z^2} \\
8z-5z^2 \\
\underline{8z-16z^2+8z^3} \\
11z^2-8z^3 \\
\cdots
\end{array}
$$

所以

$$X(z) = 2z + 5z^2 + 8z^3 + \cdots = \sum_{n=1}^{+\infty} (3n-1)z^n = -\sum_{n=-\infty}^{-1} (3n+1)z^{-n}$$

这样得到

$$x(n) = -(3n+1)u(-n-1)$$

表 3.1 常见序列的 z 变换

序列	z 变换	收敛域
$\delta(n)$	1	整个 z 平面
$u(n)$	$\dfrac{1}{1-z^{-1}}$	$|z| > 1$
$nu(n)$	$\dfrac{z^{-1}}{(1-z^{-1})^2}$	$|z| > 1$
$a^n u(n)$	$\dfrac{1}{1-az^{-1}}$	$|z| > |a|$
$(n+1)a^n u(n)$	$\dfrac{1}{(1-az^{-1})^2}$	$|z| > |a|$
$\dfrac{(n+1)(n+2)}{2!}a^n u(n)$	$\dfrac{1}{(1-az^{-1})^3}$	$|z| > |a|$

续表3.1

序列	z 变换	收敛域
$\dfrac{(n+1)(n+2)\cdots(n+m)}{m!}a^n u(n)$	$\dfrac{1}{(1-az^{-1})^{m+1}}$	$\|z\|>\|a\|$
$-a^n u(-n-1)$	$\dfrac{1}{1-az^{-1}}$	$\|z\|<\|a\|$
$-(n+1)a^n u(-n-1)$	$\dfrac{1}{(1-az^{-1})^2}$	$\|z\|<\|a\|$
$-\dfrac{(n+1)(n+2)}{2!}a^n u(-n-1)$	$\dfrac{1}{(1-az^{-1})^3}$	$\|z\|<\|a\|$
$-\dfrac{(n+1)(n+2)\cdots(n+m)}{m!}a^n u(-n-1)$	$\dfrac{1}{(1-az^{-1})^{m+1}}$	$\|z\|<\|a\|$
$R_N(n)$	$\dfrac{1-z^{-N}}{1-z^{-1}}$	$\|z\|>0$
$e^{-j\omega_0 n}u(n)$	$\dfrac{1}{1-e^{-j\omega_0}z^{-1}}$	$\|z\|>1$
$\sin(\omega_0 n)u(n)$	$\dfrac{z^{-1}\sin\omega_0}{1-2z^{-1}\cos\omega_0+z^{-2}}$	$\|z\|>1$
$\cos(\omega_0 n)u(n)$	$\dfrac{1-z^{-1}\cos\omega_0}{1-2z^{-1}\cos\omega_0+z^{-2}}$	$\|z\|>1$

3.4　z 变换的基本性质和定理

z 变换有很多重要的性质和定理,它们在数字信号处理中是极其有用的数学工具,本节进行详细介绍。

3.4.1　z 变换的基本性质

1. 线性

线性就是要满足比例性和可加性,即满足叠加原理,z 变换的线性也是如此,若

$$Z[x(n)]=X(z) \quad (R_{x-}<\|z\|<R_{x+})$$
$$Z[y(n)]=Y(z) \quad (R_{y-}<\|z\|<R_{y+})$$

且有

$$R_{x-}<R_{y+} \text{ 和 } R_{y-}<R_{x+}$$

则

$$Z[ax(n)+by(n)]=aX(z)+bY(z) \quad (R_-<\|z\|<R_+)$$

式中,a、b 为任意常数。

相加后序列的 z 变换收敛域至少为两个收敛域的重叠部分,即取

$$R_-=\max(R_{x-},R_{y-}) \quad (R_+=\min(R_{x+},R_{y+}))$$

所以相加后收敛域记为

$$R_- < |z| < R_+$$

如果这些线性组合中某些零点与极点相互抵消,则收敛域可能扩大。

例 3.12 已知 $x(n) = \sin(\omega_0 n)u(n)$,求它的 z 变换。

解

$$x(n) = \sin(\omega_0 n)u(n) = \frac{e^{j\omega_0 n} - e^{-j\omega_0 n}}{2j}u(n)$$

已知

$$Z[a^n u(n)] = \frac{1}{1 - az^{-1}} \quad (|z| > |a|)$$

所以

$$Z[e^{j\omega_0 n}u(n)] = \frac{1}{1 - e^{j\omega_0}z^{-1}} \quad (|z| > 1)$$

$$Z[e^{-j\omega_0 n}u(n)] = \frac{1}{1 - e^{-j\omega_0}z^{-1}} \quad (|z| > 1)$$

利用 z 变换的线性特性可得

$$\begin{aligned}
X(z) &= Z[\sin(\omega_0 n)u(n)] = Z\left[\frac{e^{j\omega_0 n} - e^{-j\omega_0 n}}{2j}u(n)\right] \\
&= \frac{1}{2j}Z[e^{j\omega_0 n}u(n)] - \frac{1}{2j}Z[e^{-j\omega_0 n}u(n)] \\
&= \frac{1}{2j}\left(\frac{1}{1 - e^{j\omega_0}z^{-1}} - \frac{1}{1 - e^{-j\omega_0}z^{-1}}\right) \\
&= \frac{1}{2j}\frac{(1 - e^{-j\omega_0}z^{-1}) - (1 - e^{j\omega_0}z^{-1})}{(1 - e^{j\omega_0}z^{-1})(1 - e^{-j\omega_0}z^{-1})} \\
&= \frac{z^{-1}\sin\omega_0}{1 - 2z^{-1}\cos\omega_0 + z^{-2}} \quad (|z| > 1)
\end{aligned}$$

在例 3.12 中,$x(n)$ 是实序列,$X(z)$ 有两个共轭极点 $z = e^{j\omega_0}$ 和 $z = e^{-j\omega_0}$。实际上,一个实序列的 z 变换的零极点如果有复数零极点,总是共轭成对出现的。

2. 序列的移位性质

移位性表示序列移位后的 z 变换与原序列 z 变换的关系。在实际中可能遇到序列的左移(超前)或右移(延时)两种不同情况。

若序列 $x(n)$ 的 z 变换为

$$Z[x(n)] = X(z) \quad (R_{x-} < |z| < R_{x+})$$

则有

$$Z[x(n-m)] = z^{-m}X(z) \quad (R_{x-} < |z| < R_{x+})$$

式中,m 为任意整数。若 m 为正,则为延时;若 m 为负,则为超前。

证明 根据 z 变换定义,有

$$\begin{aligned}
Z[x(n-m)] &= \sum_{n=-\infty}^{+\infty} x(n-m)z^{-n} \\
&= \sum_{k=-\infty}^{+\infty} x(k)z^{-(k+m)}
\end{aligned}$$

$$= z^{-m} \sum_{k=-\infty}^{+\infty} x(k) z^{-k}$$

$$= z^{-m} X(z)$$

序列移位只会使 z 变换在 $z=0$ 或 $z=\infty$ 处的零极点情况发生改变。对左边序列,如果序列右移,则可能增加 $z=0$ 处的极点和增加 $z=\infty$ 处的零点,因而收敛域可能随之改变。对右边序列,如果序列左移,则可能增加 $z=\infty$ 处的极点和增加 $z=0$ 处的零点,因而收敛域可能随之改变。对双边序列,左移和右移均可能改变 $z=0$ 或 $z=\infty$ 处的零极点情况,但收敛域不会发生改变。

例 3.13　求序列 $x(n)=a^n u(n)-a^n u(n-1)$ 的 z 变换。

解　已知 $x_1(n)=a^n u(n)$ 的 z 变换为

$$X_1(z)=\frac{1}{1-az^{-1}} \quad (|z|>|a|)$$

$X_1(z)$ 在 $z=a$ 处有一阶极点,在 $z=0$ 处有一阶零点。

利用 z 变换的移位性质及线性性质,可得 $x_2(n)=a^n u(n-1)=ax_1(n-1)$ 的 z 变换为

$$X_2(z)=Z[x_2(n)]=Z[ax_1(n-1)]=aZ[x_1(n-1)]$$

$$=az^{-1}X_1(z)=\frac{az^{-1}}{1-az^{-1}}$$

$$=\frac{a}{z-a} \quad (|z|>|a|)$$

$X_2(z)$ 在 $z=a$ 处有一阶极点,在 $z=\infty$ 处有一阶零点。对比 $X_1(z)$ 可发现,零点发生了改变。

利用 z 变换的线性性质,有

$$X(z)=Z[x(n)]=Z[a^n u(n)-a^n u(n-1)]=\frac{z}{z-a}-\frac{a}{z-a}=1$$

可见,线性叠加后零极点相互抵消,整个 z 平面没有零极点,收敛域从 $|z|>|a|$ 扩大为整个 z 平面。

从例 3.13 中可以得出如下结论:序列移位可能使 z 变换的零极点情况发生改变;利用 z 变换的线性性质求多个序列叠加的序列 z 变换时可能发生零极点相互抵消,如果抵消的极点是决定原序列 z 变换收敛域的极点,则收敛域发生扩大,否则收敛域不改变,仅仅改变零极点分布情况。另外,观察 $x_1(n)=a^n u(n)$ 和 $x_2(n)=a^n u(n-1)$ 都具有相同的子序列 $a^{n-1}u(n-1)$,而两个序列叠加之后子序列 $a^{n-1}u(n-1)$ 被叠加掉了,出现了零极点抵消情况。因此,多个序列叠加的 z 变换出现零极点抵消情况时,这些序列中应有相同的子序列且相互抵消。

3. 序列线性加权(z 域微分)

若 $X(z)=Z[x(n)](R_{x-}<|z|<R_{x+})$,则

$$Z[nx(n)]=-z\frac{dX(z)}{dz} \quad (R_{x-}<|z|<R_{x+})$$

证明　由于

$$X(z) = \sum_{n=-\infty}^{+\infty} x(n) z^{-n}$$

将上式两边对 z 求导,得

$$\begin{aligned}
\frac{\mathrm{d}X(z)}{\mathrm{d}z} &= \frac{\mathrm{d}}{\mathrm{d}z}\Big[\sum_{n=-\infty}^{+\infty} x(n) z^{-n} \Big] \\
&= \sum_{n=-\infty}^{+\infty} x(n) \frac{\mathrm{d}}{\mathrm{d}z}(z^{-n}) \\
&= \sum_{n=-\infty}^{+\infty} (-n) x(n) z^{-n-1} \\
&= -z^{-1} \sum_{n=-\infty}^{+\infty} n x(n) z^{-n} \\
&= -z^{-1} Z[n x(n)]
\end{aligned}$$

所以

$$Z[n x(n)] = -z \frac{\mathrm{d}X(z)}{\mathrm{d}z}$$

由 $Z[n x(n)]$ 定义式,根据比值判别法或根值判别法可得 $Z[n x(n)]$ 的收敛域同 $X(z)$,为 $R_{x-} < |z| < R_{x+}$。

推而广之,可以得到

$$Z[n^m x(n)] = \Big[-z \frac{\mathrm{d}}{\mathrm{d}z} \Big]^m X(z)$$

式中 $\Big[-z \dfrac{\mathrm{d}}{\mathrm{d}z} \Big]^m X(z)$ 表示

$$-z \frac{\mathrm{d}}{\mathrm{d}z}\Big[-z \frac{\mathrm{d}}{\mathrm{d}z}\Big(-z \frac{\mathrm{d}}{\mathrm{d}z} \cdots \Big(-z \frac{\mathrm{d}}{\mathrm{d}z} X(z) \Big) \Big) \Big]$$

共求导 m 次。

例 3.14　求斜变序列 $n u(n)$ 的 z 变换。

解　已知 $x(n) = u(n)$ 的 z 变换为 $X(z) = \dfrac{z}{z-1}(|z| > 1)$。

根据 z 域微分性质,有

$$Z[n u(n)] = -z \frac{\mathrm{d}}{\mathrm{d}z} X(z) = -z \frac{\mathrm{d}}{\mathrm{d}z}\Big[\frac{z}{z-1} \Big] = -z \Big[\frac{1}{z-1} - \frac{z}{(z-1)^2} \Big]$$

$$= \frac{z}{(z-1)^2} \quad (|z| > 1)$$

例 3.15　已知 $X(z) = \ln(1 + a z^{-1})$,$|z| > |a|$,求 z 反变换 $x(n)$。

解　对 $X(z)$ 两边求导,有

$$\frac{\mathrm{d}}{\mathrm{d}z} X(z) = -\frac{a z^{-2}}{1 + a z^{-1}} \quad (|z| > |a|)$$

两边同乘 $-z$,有

$$-z \frac{\mathrm{d}}{\mathrm{d}z} X(z) = \frac{a z^{-1}}{1 + a z^{-1}} \quad (|z| > |a|)$$

因为

$$(-a)^n u(n) \leftrightarrow \frac{1}{1+az^{-1}} \quad (\mid z \mid > \mid a \mid)$$

由移位性质,有

$$(-a)^{n-1} u(n-1) \leftrightarrow \frac{z^{-1}}{1+az^{-1}} \quad (\mid z \mid > \mid a \mid)$$

又根据线性性质,有

$$a(-a)^{n-1} u(n-1) \leftrightarrow \frac{az^{-1}}{1+az^{-1}} \quad (\mid z \mid > \mid a \mid)$$

所以, $-z\dfrac{\mathrm{d}}{\mathrm{d}z}X(z)$ 的反变换为 $a(-a)^{n-1}u(n-1)$。

根据 z 域微分性质,有

$$nx(n) = Z^{-1}\left[-z\frac{\mathrm{d}}{\mathrm{d}z}X(z)\right] = -(-a)^n u(n-1)$$

所以 $X(z)$ 的反变换 $x(n)$ 为

$$x(n) = \frac{1}{n}Z^{-1}\left[-z\frac{\mathrm{d}}{\mathrm{d}z}X(z)\right] = \frac{-(-a)^n}{n}u(n-1)$$

4. 序列指数加权(z 域尺度变换)

若 $X(z) = Z[x(n)](R_{x-} < \mid z \mid < R_{x+})$,则

$$Z[a^n x(n)] = X\left(\frac{z}{a}\right) \quad \left(R_{x-} < \left|\frac{z}{a}\right| < R_{x+}\right)$$

式中, a 为非零常数。

证明

$$
\begin{aligned}
Z[a^n x(n)] &= \sum_{n=-\infty}^{+\infty} a^n x(n) z^{-n} \\
&= \sum_{n=-\infty}^{+\infty} x(n)\left(\frac{z}{a}\right)^{-n} \\
&= \sum_{n=-\infty}^{+\infty} x(n) z^{-n} \Big|_{z=\frac{z}{a}} \\
&= X(z)\Big|_{z=\frac{z}{a}} \\
&= X\left(\frac{z}{a}\right) \quad \left(R_{x-} < \left|\frac{z}{a}\right| < R_{x+}\right)
\end{aligned}
$$

例 3.16　已知 $Z[u(n)] = \dfrac{1}{1-z^{-1}}$, $\mid z \mid > 1$,求 $x(n) = a^n u(n)$ 的 z 变换 $X(z)$。

解

$$X(z) = Z[x(n)] = Z[a^n u(n)] = \frac{1}{1-z^{-1}}\Big|_{z=\frac{z}{a}} = \frac{1}{1-az^{-1}} \quad \left(\left|\frac{z}{a}\right| > 1\right)$$

$Z[u(n)]$ 在 $z=1$ 处有一阶极点,而 $X(z)$ 在 $z=a$ 处有一阶极点,且有 $z = a \cdot 1 = \mid a \mid \mathrm{e}^{\mathrm{j}\varphi_a} \cdot$ $\mathrm{e}^{\mathrm{j}0} = \mid a \mid \mathrm{e}^{\mathrm{j}\varphi_a}$,说明尺度变换后极点幅值拉伸了 $\mid a \mid$ 倍,辐角旋转了 φ_a。

5. 复序列的共轭

若 $Z[x(n)] = X(z), R_{x-} < \mid z \mid < R_{x+}$,则

$$Z[x^*(n)] = X^*(z^*) \quad (R_{x-} < |z| < R_{x+})$$

式中,符号"＊"表示取共轭复数。

证明

$$Z[x^*(n)] = \sum_{n=-\infty}^{+\infty} x^*(n) z^{-n} = \sum_{n=-\infty}^{+\infty} [x(n)(z^*)^{-n}]^*$$

$$= \Big[\sum_{n=-\infty}^{+\infty} x(n)(z^*)^{-n}\Big]^* = X^*(z^*) \quad (R_{x-} < |z| < R_{x+})$$

若 $x(n)$ 是实序列,则

$$x(n) = x^*(n)$$

上式两边取 z 变换,有

$$X(z) = X^*(z^*)$$

因此,若 $X(z)$ 有一个 $z = z_0$ 的极点(或零点),那么就一定有一个与 z_0 共轭成对的 $z = z_0^*$ 的极点(或零点)。

6. 序列翻褶(时间反转)

若 $Z[x(n)] = X(z)$, $R_{x-} < |z| < R_{x+}$,则

$$Z[x(-n)] = X\Big(\frac{1}{z}\Big) \quad \Big(\frac{1}{R_{x+}} < |z| < \frac{1}{R_{x-}}\Big)$$

证明

$$Z[x(-n)] = \sum_{n=-\infty}^{+\infty} x(-n) z^{-n} = \sum_{n=-\infty}^{+\infty} x(n) z^n$$

$$= \sum_{n=-\infty}^{+\infty} x(n)(z^{-1})^{-n} = \sum_{n=-\infty}^{+\infty} x(n) z^{-n} \Big|_{z=\frac{1}{z}}$$

$$= X\Big(\frac{1}{z}\Big)$$

而收敛域为

$$R_{x-} < |z^{-1}| < R_{x+}$$

故可写成

$$\frac{1}{R_{x+}} < |z| < \frac{1}{R_{x-}}$$

3.4.2 z 变换的定理

1. 初值定理

对于因果序列,$x(n) = 0$, $n < 0$, $X(z) = Z[x(n)] = \sum_{n=0}^{+\infty} x(n) z^{-n}$,则

$$x(0) = \lim_{z \to \infty} X(z)$$

证明　由于 $x(n)$ 是因果序列,则有

$$X(z) = Z[x(n)] = \sum_{n=0}^{+\infty} x(n) z^{-n} = x(0) + x(1) z^{-1} + x(2) z^{-2} + \cdots$$

$$\lim_{z \to \infty} X(z) = x(0)$$

初值定理把 $X(z)$ 在 z 足够大时的动态特性与 $x(n)$ 的初值联系在一起。

例 3.17　已知 $X(z) = \dfrac{z^2 + 2z}{z^3 + 0.5z^2 - z + 7}$，求 $x(0)$。

解

$$x(0) = \lim_{z \to \infty} X(z) = \lim_{z \to \infty} \frac{z^2 + 2z}{z^3 + 0.5z^2 - z + 7} = 0$$

2. 终值定理

若 $x(n)$ 是因果序列，其 z 变换的极点除可以有一个一阶极点在 $z=1$ 处外，其他极点均在单位圆内，则

$$\lim_{n \to \infty} x(n) = \lim_{z \to 1} [(z-1)X(z)]$$

证明　根据序列的移位性质可得

$$(z-1)X(z) = \sum_{n=-\infty}^{+\infty} [x(n+1) - x(n)] z^{-n}$$

由于 $x(n)$ 是因果序列，即

$$x(n) = 0 \quad (n < 0)$$

故有

$$(z-1)X(z) = \lim_{n \to \infty} \Big[\sum_{m=-1}^{n} x(m+1) z^{-m} - \sum_{m=0}^{n} x(m) z^{-m} \Big]$$

因为 $(z-1)X(z)$ 在单位圆上无极点，上式两端对 $z \to 1$ 取极限可得

$$\begin{aligned}
\lim_{z \to 1}(z-1)X(z) &= \lim_{n \to \infty}\Big[\sum_{m=-1}^{n} x(m+1) - \sum_{m=0}^{n} x(m) \Big]\\
&= \lim_{n \to \infty}[x(0) + x(1) + \cdots + x(n) + x(n+1) - x(0) - x(1) - \cdots - x(n)]\\
&= \lim_{n \to \infty} x(n+1) = \lim_{n \to \infty} x(n)
\end{aligned}$$

终值定理也可用 $X(z)$ 在 $z=1$ 点的留数表示，由于

$$\lim_{z \to 1}(z-1)X(z) = \mathrm{Res}[X(z), 1]$$

因此

$$\lim_{n \to \infty} x(n) = \mathrm{Res}[X(z), 1]$$

如果 $X(z)$ 在单位圆上无极点，则 $\lim\limits_{n \to \infty} x(n) = 0$。

3. 时域卷积定理

假设

$$y(n) = x(n) * h(n)$$

$$X(z) = Z[x(n)] \quad (R_{x-} < |z| < R_{x+})$$

$$H(z) = Z[h(n)] \quad (R_{h-} < |z| < R_{h+})$$

则

$$Y(z) = Z[y(n)] = X(z)H(z) \quad (R_{y-} < |z| < R_{y+})$$

$$R_{y-} = \max[R_{x-}, R_{h-}]$$

$$R_{y+} = \min[R_{x+}, R_{h+}]$$

证明

$$Y(z) = Z[y(n)] = Z[x(n) * h(n)]$$

$$= \sum_{m=-\infty}^{+\infty} x(m)\Big[\sum_{n=-\infty}^{+\infty} h(n-m)z^{-n}\Big]$$

$$= \sum_{m=-\infty}^{+\infty} x(m)z^{-m}H(z)$$

$$= \Big[\sum_{m=-\infty}^{+\infty} x(m)z^{-m}\Big]H(z)$$

$$= X(z)H(z)$$

时域卷积定理说明:两个序列在时域中的卷积的 z 变换等于在 z 变换域中两个序列 z 变换的乘积,其收敛域至少是 $X(z)$ 和 $H(z)$ 两者收敛域的重叠区域 $\max[R_{x-},R_{h-}] < |z| < \min[R_{x+},R_{h+}]$。如果 $X(z)$ 和 $H(z)$ 的零极点出现抵消情况,且抵消掉的是收敛域边界上的极点,则收敛域将扩大。时域卷积定理给我们提供了一种求序列卷积和的有效途径,即

$$x(n) * h(n) = Z^{-1}[X(z)H(z)]$$

利用时域卷积定理求卷积和(或求一个信号经过一个 LTI 系统的响应)时,可以避免卷积运算,在很多情况下会更方便些,因此,这是一个很重要的、应用很广泛的定理。

例 3.18 已知 $x(n) = u(n)$,$h(n) = a^n u(n) - a^{n-1} u(n-1)$,$|a| < 1$,求 $y(n) = x(n) * h(n)$。

解

$$X(z) = Z[x(n)] = \frac{1}{1-z^{-1}} = \frac{z}{z-1} \quad (|z| > 1)$$

由 z 变换线性与移位性质可知

$$H(z) = Z[h(n)] = Z[a^n u(n)] - Z[a^{n-1} u(n-1)]$$

$$= \frac{z}{z-a} - z^{-1}\frac{z}{z-a} = \frac{z-1}{z-a} \quad (|z| > |a|)$$

根据时域卷积定理,有

$$Y(z) = Z[y(n)] = Z[x(n) * h(n)] = X(z)H(z)$$

$$= \frac{z}{z-1} \times \frac{z-1}{z-a} = \frac{z}{z-a} \quad (|z| > |a|)$$

由上式,$X(z)$ 的极点($z=1$)被 $H(z)$ 的零点所抵消,又因为 $|a| < 1$,$Y(z)$ 的收敛域比 $X(z)$ 与 $H(z)$ 的收敛域之重叠部分要大,即由于零极点出现抵消收敛域出现了变化。

求 $Y(z)$ 的逆变换为

$$y(n) = Z^{-1}[Y(z)] = a^n u(n)$$

4. 序列乘积(z 域复卷积定理)

若

$$Z[x(n)] = X(z) \quad (R_{x-} < |z| < R_{x+})$$

$$Z[h(n)] = H(z) \quad (R_{h-} < |z| < R_{h+})$$

则

$$Z[x(n)h(n)] = \frac{1}{2\pi \mathrm{j}} \oint_{c_1} X\left(\frac{z}{v}\right) H(v) v^{-1} \mathrm{d}v$$

或

$$Z[x(n)h(n)] = \frac{1}{2\pi \mathrm{j}} \oint_{c_2} X(v) H\left(\frac{z}{v}\right) v^{-1} \mathrm{d}v$$

式中，c_1 为 $X\left(\dfrac{z}{v}\right)$ 与 $H(v)$ 收敛域重叠部分内逆时针旋转的围线，即在 v 平面上，被积函数的收敛域为

$$\max\left(\frac{\mid z \mid}{R_{x+}}, R_{h-}\right) < \mid v \mid < \min\left(\frac{\mid z \mid}{R_{x-}}, R_{h+}\right)$$

c_2 为 $X(v)$ 与 $H\left(\dfrac{z}{v}\right)$ 收敛域重叠部分内逆时针旋转的围线，即在 v 平面上，被积函数的收敛域为

$$\max\left(R_{x-}, \frac{\mid z \mid}{R_{h+}}\right) < \mid v \mid < \min\left(R_{x+}, \frac{\mid z \mid}{R_{h-}}\right)$$

而 $Z[x(n)h(n)]$ 的收敛域一般为 $X\left(\dfrac{z}{v}\right)$ 与 $H(v)$ 或 $X(v)$ 与 $H\left(\dfrac{z}{v}\right)$ 的重叠部分，即

$$R_{x-}R_{h-} < \mid z \mid < R_{x+}R_{h+}$$

证明

$$\begin{aligned}
Z[x(n)h(n)] &= \sum_{n=-\infty}^{+\infty} [x(n)h(n)] z^{-n} \\
&= \sum_{n=-\infty}^{+\infty} x(n) \left[\frac{1}{2\pi \mathrm{j}} \oint_{c_1} H(v) v^{n-1} \mathrm{d}v\right] z^{-n} \\
&= \frac{1}{2\pi \mathrm{j}} \oint_{c_1} H(v) \left[\sum_{n=-\infty}^{+\infty} x(n) z^{-n} v^{n-1}\right] \mathrm{d}v \\
&= \frac{1}{2\pi \mathrm{j}} \oint_{c_1} H(v) v^{-1} \left[\sum_{n=-\infty}^{+\infty} x(n) \left(\frac{z}{v}\right)^{-n}\right] \mathrm{d}v \\
&= \frac{1}{2\pi \mathrm{j}} \oint_{c_1} X\left(\frac{z}{v}\right) H(v) v^{-1} \mathrm{d}v
\end{aligned}$$

例 3.19　已知 $x(n) = nu(n)$，$h(n) = a^n u(n)$，$\mid a \mid < 1$，求 $Y(z) = Z[x(n)h(n)]$。

解

$$X(z) = Z[x(n)] = Z[nu(n)] = \frac{z}{(z-1)^2} \quad (\mid z \mid > 1)$$

$$H(z) = Z[h(n)] = \frac{z}{z-a} \quad (\mid z \mid > \mid a \mid)$$

由 z 域复卷积定理可知

$$Y(z) = Z[x(n)h(n)] = \frac{1}{2\pi \mathrm{j}} \oint_{c} X(v) H\left(\frac{z}{v}\right) v^{-1} \mathrm{d}v$$

$$= \frac{1}{2\pi \mathrm{j}} \oint_{c} X(v) H\left(\frac{z}{v}\right) v^{-1} \mathrm{d}v$$

$$= \frac{1}{2\pi j} \oint_c \frac{v}{(v-1)^2} \frac{\frac{z}{v}}{\frac{z}{v}-a} v^{-1} \mathrm{d}v$$

$$= \frac{1}{2\pi j} \oint_c \frac{z}{(v-1)^2(z-av)} \mathrm{d}v$$

其收敛域为 $\mid v \mid > 1$ 与 $\mid \frac{z}{v} \mid > \mid a \mid$ 的重叠区域,即要求

$$\max\left(1, \frac{1}{\infty}\right) < \mid v \mid < \min\left(\infty, \left|\frac{z}{a}\right|\right)$$

因为 $\mid z \mid > 1, \mid a \mid < 1$,上述重叠区域不为空集,

$$1 < \mid v \mid < \left|\frac{z}{a}\right|$$

所以围线 c 只包围一个二阶极点 $v=1$,如图 3.10 所示。

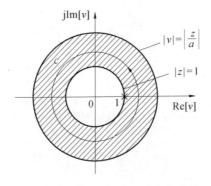

图 3.10 例 3.19 中 v 平面收敛域

这样

$$Y(z) = Z[x(n)h(n)]$$

$$= \frac{1}{2\pi j} \oint_c \frac{z}{(v-1)^2(z-av)} \mathrm{d}v$$

$$= \mathrm{Res}\left[\frac{z}{(v-1)^2(z-av)}, 1\right]$$

$$= \frac{\mathrm{d}}{\mathrm{d}v}\left[\frac{z}{z-av}\right]\Big|_{v=1}$$

$$= \frac{az}{(z-a)^2} \quad (\mid z \mid > \mid a \mid)$$

5. 帕塞瓦尔 (Parseval) 定理

假设

$$Z[x(n)] = X(z) \quad (R_{x-} < \mid z \mid < R_{x+})$$

$$Z[h(n)] = H(z) \quad (R_{h-} < \mid z \mid < R_{h+})$$

且

$$R_{x-}R_{h-} < 1 < R_{x+}R_{h+}$$

那么

$$\sum_{n=-\infty}^{\infty} x(n)h^*(n) = \frac{1}{2\pi\mathrm{j}} \oint_c X(v)H^*\left(\frac{1}{v^*}\right)v^{-1}\mathrm{d}v$$

v 平面上，c 所在的收敛域为

$$\max\left(R_{x-},\frac{1}{R_{h+}}\right) < |v| < \min\left(R_{x+},\frac{1}{R_{h-}}\right)$$

帕塞瓦尔定理可以利用复卷积定理证明。

证明　令

$$y(n) = x(n)h^*(n)$$

根据 z 域卷积定理，可得

$$Y(z) = Z[x(n)h^*(n)] = \frac{1}{2\pi\mathrm{j}} \oint_c X(v)H^*\left(\frac{z^*}{v^*}\right)v^{-1}\mathrm{d}v$$

其收敛域为

$$R_{x-}R_{h-} < |z| < R_{x+}R_{h+}$$

按照假设 $R_{x-}R_{h-} < 1 < R_{x+}R_{h+}$ 可知收敛域包括单位圆，所以 $Y(z)$ 在 $z=1$ 解析，即 $Y(z)$ 可以取 $Y(1)$，有

$$Y(1) = \sum_{n=-\infty}^{+\infty} [x(n)h^*(n)]z^{-n}\bigg|_{z=1} = \frac{1}{2\pi\mathrm{j}} \oint_c X(v)H^*\left(\frac{z^*}{v^*}\right)v^{-1}\mathrm{d}v\bigg|_{z=1}$$

即

$$Y(1) = \sum_{n=-\infty}^{+\infty} [x(n)h^*(n)]z^{-n}\big|_{z=1} = \sum_{n=-\infty}^{+\infty} x(n)h^*(n)$$

$$Y(1) = \frac{1}{2\pi\mathrm{j}} \oint_c X(v)H^*\left(\frac{z^*}{v^*}\right)v^{-1}\mathrm{d}v\bigg|_{z=1} = \frac{1}{2\pi\mathrm{j}} \oint_c X(v)H^*\left(\frac{1}{v^*}\right)v^{-1}\mathrm{d}v$$

因此

$$\sum_{n=-\infty}^{\infty} x(n)h^*(n) = \frac{1}{2\pi\mathrm{j}} \oint_c X(v)H^*\left(\frac{1}{v^*}\right)v^{-1}\mathrm{d}v$$

如果 $x(n)$ 和 $h(n)$ 都满足绝对可和，即两者的 z 变换在单位圆上收敛，在上式中令 $v = \mathrm{e}^{\mathrm{j}\omega}$，可得

$$\sum_{n=-\infty}^{\infty} x(n)h^*(n) = \frac{1}{2\pi} \int_{-\pi}^{\pi} X(\mathrm{e}^{\mathrm{j}\omega})H^*(\mathrm{e}^{\mathrm{j}\omega})\mathrm{d}\omega$$

令 $x(n) = h(n)$，可得

$$\sum_{n=-\infty}^{\infty} |x(n)|^2 = \frac{1}{2\pi} \int_{-\pi}^{\pi} |X(\mathrm{e}^{\mathrm{j}\omega})|^2\mathrm{d}\omega$$

上面得到的公式和离散时间傅里叶变换（或序列的傅里叶变换，见 3.5 节）中的帕塞瓦尔定理是相同的，说明时域中求信号能量与频域中用频谱密度来计算序列的能量是一致的。

3.5　傅里叶变换、拉普拉斯变换和 z 变换的关系

3.5.1　拉普拉斯变换与 z 变换

首先讨论序列的 z 变换与理想抽样信号的拉普拉斯变换的关系。假设连续信号为 $x_a(t)$，理想抽样后的抽样信号为 $\hat{x}_a(t)$，它们的拉普拉斯变换分别为

$$X_a(s) = \int_{-\infty}^{\infty} x_a(t) e^{-st} dt$$

$$\hat{X}_a(s) = \int_{-\infty}^{\infty} \hat{x}_a(t) e^{-st} dt$$

根据第 2 章可知，$x_a(t)$ 和 $\hat{x}_a(t)$ 有如下关系

$$\hat{x}_a(t) = x_a(t) \delta_T(t) = \sum_{n=-\infty}^{\infty} x_a(nT) \delta(t - nT)$$

则可得

$$
\begin{aligned}
\hat{X}_a(s) &= \int_{-\infty}^{\infty} \hat{x}_a(t) e^{-st} dt = \int_{-\infty}^{\infty} \left[\sum_{n=-\infty}^{\infty} x_a(nT) \delta(t - nT) \right] e^{-st} dt \\
&= \sum_{n=-\infty}^{\infty} \left[\int_{-\infty}^{\infty} x_a(nT) \delta(t - nT) e^{-st} dt \right] \\
&= \sum_{n=-\infty}^{\infty} x_a(nT) \left[\int_{-\infty}^{\infty} \delta(t - nT) e^{-st} dt \right] \\
&= \sum_{n=-\infty}^{\infty} x_a(nT) e^{-snT}
\end{aligned}
$$

抽样后的序列 $x(n) = x_a(nT)$ 的 z 变换为

$$X(z) = \sum_{n=-\infty}^{\infty} x(n) z^{-n}$$

对比 $\hat{X}_a(s)$ 和 $X(z)$ 两个公式可以看出，当 $z = e^{sT}$ 时，序列 $x(n)$ 的 z 变换就等于理想抽样信号的拉普拉斯变换

$$X(z) \big|_{z=e^{sT}} = X(e^{sT}) = \hat{X}_a(s) \tag{3.9}$$

这说明从理想抽样信号的拉普拉斯变换到抽样序列的 z 变换，就是由复变量 s 平面到复变量 z 平面的映射，其映射关系为

$$\begin{cases} z = e^{sT} \\ s = \dfrac{1}{T} \ln z \end{cases} \tag{3.10}$$

这种变换称为标准变换。3.2 节中从解析函数的角度引出 z 变换，而本节中 $\hat{X}_a(s)$ 到 $X(z)$ 的变换是引出 z 变换的另一种常用方式。下面来讨论 $s-z$ 的映射关系。将 s 平面用直角坐标表示，z 平面用极坐标表示，即

$$\begin{cases} s = \sigma + \mathrm{j}\Omega \\ z = r\mathrm{e}^{\mathrm{j}\omega} \end{cases} \tag{3.11}$$

将式(3.11)代入式(3.10),可得

$$r\mathrm{e}^{\mathrm{j}\omega} = \mathrm{e}^{(\sigma+\mathrm{j}\Omega)T}$$

于是,得到

$$\begin{cases} r = \mathrm{e}^{\sigma T} \\ \omega = \Omega T \end{cases} \tag{3.12}$$

这两个等式表明,z 的模 r 仅对应于 s 的实部 σ,z 的相角 ω 仅对应于 s 的虚部 Ω。

从式(3.12)可以看出,s 平面与 z 平面有如下的映射关系:

(1) 根据 r 和 σ 的关系 $r = \mathrm{e}^{\sigma T}$,有:当 $\sigma = 0$ 时,$r = 1$,即 s 平面的虚轴上的点会被映射到 z 平面的单位圆上;当 $\sigma > 0$ 时,$r > 1$,即 s 平面的右半平面上的点会被映射到 z 平面的单位圆外;当 $\sigma < 0$ 时,$r < 1$,即 s 平面的右半平面上的点会被映射到 z 平面的单位圆内。讨论 LTI 系统稳定性时将会用到这些关系。

(2) 根据关系 $\omega = \Omega T$,有:s 平面的实轴($\sigma = -\infty \to +\infty$,$\Omega = 0$)映射为 z 平面的正实轴($r = 0 \to +\infty$,$\omega = 0$);s 平面平行于实轴的直线($\sigma = -\infty \to +\infty$,$\Omega$ 为一个常数)映射为 z 平面始于原点的辐射线($r = 0 \to +\infty$,$\omega = \Omega T$);s 平面通过 $\mathrm{j}\dfrac{k\Omega_s}{2}$ 或 $\mathrm{j}\dfrac{k\pi}{T}(k = \pm 1, \pm 3, \pm 5, \cdots)$ 而平行于实轴的直线映射到 z 平面的负实轴。

(3) 对于 s 平面平行于实轴的线上的点(即 $\sigma = -\infty \to +\infty$),由于 $z = r\mathrm{e}^{\mathrm{j}\omega}$ 是周期的,因此:当 Ω 由 $-\pi/T$ 增长到 π/T 时,ω 由 $-\pi$ 增长到 π,辐角旋转了一周,映射了整个 z 平面(z 平面被扫过一次);同样,当 Ω 由 $k\pi/T$ 增长到 $(k+2)\pi/T$ 时($k = 0, \pm 1, \pm 2, \cdots$),$\omega$ 由 $k\pi$ 增长到 $(k+2)\pi$,辐角旋转了一周,映射了整个 z 平面;因此,Ω 每增加一个抽样频率 $\Omega_s = \pi/T$,ω 就增加一个 2π,也就是重复旋转一周,即 $s-z$ 映射并不是单值的,如图 3.11 所示。

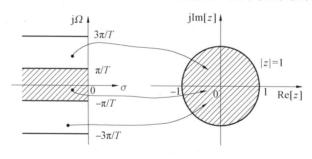

图 3.11　$s-z$ 映射关系

s 平面到 z 平面的多值映射正好体现了信号时域离散造成变换域的周期化,这可以为各种变换之间构建联系的桥梁。如果变换是傅里叶变换,则这种多值映射正好反映频谱的周期延拓,这正好与第 2 章信号抽样的结论相同,即离散时间信号或抽样信号 $\hat{x}_a(t)$ 的频谱为连续时间信号 $x_a(t)$ 频谱的周期延拓,可以用下式表示:

$$\hat{X}_a(\mathrm{j}\Omega) = \frac{1}{T} \sum_{k=-\infty}^{+\infty} X_a(\mathrm{j}\Omega - \mathrm{j}k\Omega_s)$$

假设某信号的傅里叶变换存在,那么其拉普拉斯变换必然存在。因为将该信号的拉普拉斯变换限定于虚轴即为其傅里叶变换,即傅里叶变换是拉普拉斯变换的特例,因此,令 $j\Omega = s$ 即可由傅里叶变换得到其拉普拉斯变换。同理可得,抽样信号的拉普拉斯变换与连续时间信号的拉普拉斯变换之间的关系为

$$\hat{X}_a(s) = \frac{1}{T} \sum_{k=-\infty}^{+\infty} X_a(s - jk\Omega_s) \tag{3.13}$$

将式(3.13)代入式(3.9),即可得到 $X(z)$ 与 $X_a(s)$ 之间的关系:

$$X(z) \mid_{z=e^{sT}} = \frac{1}{T} \sum_{k=-\infty}^{+\infty} X_a(s - jk\Omega_s) = \frac{1}{T} \sum_{k=-\infty}^{+\infty} X_a\left(s - j\frac{2\pi}{T}k\right) \tag{3.14}$$

式(3.13)和式(3.14)均说明抽样信号的拉普拉斯变换为其连续时间信号拉普拉斯变换的周期延拓。假设对连续时间信号抽样时满足奈奎斯特抽样定理,则 $X_a(s)$ 的定义域覆盖 s 平面的区域为一个 $\{(\sigma,\Omega) \mid \sigma \in [-\infty,\infty], \Omega \in [-\pi/T,\pi/T]\}$ 的带状区域,故 $\hat{X}_a(s)$ 在频率轴 Ω 每隔 $2\pi/T$ 重复一次 $X_a(s)$,其定义域不断地重复(或称为周期延拓),从而覆盖整个 s 平面。在 s 平面到 z 平面的映射中,s 平面每个 $\{(\sigma,\Omega) \mid \sigma \in [-\infty,\infty], \Omega \in [k\pi/T,(k+2)\pi/T]\}$ 的带状区域被映射为整个 z 平面,因此频域的周期延拓体现为 z 平面中的多次覆盖,也就是多值映射正好体现了抽样序列与连续信号各自的变换域关系。

3.5.2　连续时间信号的傅里叶变换与抽样序列的 z 变换

我们知道,傅里叶变换是拉普拉斯变换在虚轴上的特例,即 $s = j\Omega$,而拉普拉斯变换到 z 变换的映射关系为 $z = e^{sT}$,因而将 $z = e^{j\Omega T}$ 代入式(3.9)可得

$$X(z) \mid_{z=e^{j\Omega T}} = X(e^{j\Omega T}) = \hat{X}_a(j\Omega) = \frac{1}{T} \sum_{k=-\infty}^{+\infty} X_a\left(j\Omega - j\frac{2\pi}{T}k\right) \tag{3.15}$$

该式说明:抽样序列在单位圆上的 z 变换,就等于其理想抽样信号的傅里叶变换;频谱的周期延拓表现在 z 平面的单位圆上就是 $X(e^{j\Omega T})$ 是 Ω 的周期函数,即它在单位圆上循环出现。

3.5.3　数字角频率、频谱和离散时间傅里叶变换(DTFT)

从式(3.12)可知,z 平面的变量 ω 直接对应着 s 平面的频率变量 Ω,因此 ω 具有频率的意义,称为数字角频率,它与模拟域频率 Ω 的关系是

$$\omega = \Omega T = \frac{\Omega}{f_s} \tag{3.16}$$

可以看出,数字角频率是模拟角频率对抽样频率 f_s 的归一化值,它代表了序列值变化的速率,所以它只有相对的时间意义(相对于抽样周期 T),而没有绝对时间和频率的意义。

将式(3.16)代入式(3.15)可得

$$X(z) \mid_{z=e^{j\omega}} = X(e^{j\omega}) = \hat{X}_a(j\Omega) \mid_{\Omega=\omega/T} = \frac{1}{T} \sum_{k=-\infty}^{+\infty} X_a\left(j\frac{\omega}{T} - j\frac{2\pi}{T}k\right) \tag{3.17}$$

可见,单位圆上的 z 变换是和抽样信号的频谱相联系的,因而常称单位圆上序列的 z 变换为序列的傅里叶变换,也称为数字序列的频谱。同时,式(3.17)表明,数字频谱是其被抽样的连续时间信号频谱周期延拓后再对抽样频率的归一化。

定义单位圆上的 z 变换为序列的傅里叶变换。序列 $x(n)$ 的 z 变换公式为

$$X(z) = \sum_{n=-\infty}^{\infty} x(n) z^{-n}$$

令 $z = \mathrm{e}^{\mathrm{j}\omega}$，$|z| = 1$，即取单位圆上的 z 变换

$$X(\mathrm{e}^{\mathrm{j}\omega}) = X(z) \mid_{z=\mathrm{e}^{\mathrm{j}\omega}} = \sum_{k=-\infty}^{+\infty} x(n) \mathrm{e}^{-\mathrm{j}n\omega}$$

由此得出序列的傅里叶变换。从上式可以看出，序列的傅里叶变换相当于用 $\mathrm{e}^{\mathrm{j}\omega n}$ 去描述一个非周期离散时间信号，其描述系数 $X(\mathrm{e}^{\mathrm{j}\omega})$ 即为序列的数字频谱，描述过程即为序列的傅里叶变换或离散时间傅里叶变换。从 $X(\mathrm{e}^{\mathrm{j}\omega})$ 恢复出序列 $x(n)$ 的过程即为序列的傅里叶变换的反变换。

$$
\begin{aligned}
x(n) &= \frac{1}{2\pi\mathrm{j}} \oint_{|z|=1} X(z) z^{n-1} \mathrm{d}z \\
&= \frac{1}{2\pi\mathrm{j}} \int_{-\pi}^{\pi} X(\mathrm{e}^{\mathrm{j}\omega}) \mathrm{e}^{\mathrm{j}\omega(n-1)} \mathrm{d}(\mathrm{e}^{\mathrm{j}\omega}) \\
&= \frac{1}{2\pi\mathrm{j}} \int_{-\pi}^{\pi} X(\mathrm{e}^{\mathrm{j}\omega}) \mathrm{e}^{\mathrm{j}\omega(n-1)} \mathrm{e}^{\mathrm{j}\omega} \mathrm{j} \mathrm{d}\omega \\
&= \frac{1}{2\pi} \int_{-\pi}^{\pi} X(\mathrm{e}^{\mathrm{j}\omega}) \mathrm{e}^{\mathrm{j}\omega n} \mathrm{d}\omega
\end{aligned}
$$

序列的傅里叶变换又可以称为离散时间傅里叶变换（Discrete Time Fourier Transform，DTFT），通常用 DTFT[·] 和 IDTFT[·] 表示离散时间傅里叶变换的正变换和反变换，即

$$\mathrm{DTFT}[x(n)] = X(\mathrm{e}^{\mathrm{j}\omega}) = \sum_{n=-\infty}^{\infty} x(n) \mathrm{e}^{-\mathrm{j}n\omega}$$

$$\mathrm{IDTFT}[X(\mathrm{e}^{\mathrm{j}\omega})] = x(n) = \frac{1}{2\pi} \int_{-\pi}^{\pi} X(\mathrm{e}^{\mathrm{j}\omega}) \mathrm{e}^{\mathrm{j}n\omega} \mathrm{d}\omega$$

显然 DTFT 成立的条件是 $X(z)$ 在单位圆上必须收敛，即序列 $x(n)$ 必须绝对可和。其收敛条件为

$$\sum_{n=-\infty}^{\infty} |x(n)| < \infty$$

绝对可和是傅里叶变换存在的一个充分条件。也就是说，若序列 $x(n)$ 绝对可和，则它的傅里叶变换一定存在且连续。

我们知道，忽略抽样间隔 T 而只关心信号值前后的顺序，则有序列或离散信号的信号值 $x(n) = x_{\mathrm{a}}(nT)$。如果从信号角度，则有 $x(n) = \hat{x}_{\mathrm{a}}(t) = \sum_{n=-\infty}^{\infty} x_{\mathrm{a}}(t)\delta(t-nT)$。根据式 (3.17)，有

$$X(\mathrm{e}^{\mathrm{j}\omega}) = \hat{X}_{\mathrm{a}}(\mathrm{j}\Omega) \mid_{\Omega=\omega/T}$$

则

$$\mathrm{DTFT}[x(n)] = \mathrm{FT}[\hat{x}_{\mathrm{a}}(t)] \mid_{\Omega=\omega/T} = \mathrm{FT}\Big[\sum_{n=-\infty}^{\infty} x_{\mathrm{a}}(t)\delta(t-nT)\Big]\Big|_{\Omega=\omega/T}$$

可见,DTFT 和普通的傅里叶变换并无不同,只是一个是对离散时间信号进行傅里叶变换而另一个是对连续时间信号进行变换。DTFT 实质上是隐含了特殊函数(冲激函数及其序列)的连续时间信号的傅里叶变换。普通傅里叶变换是用 $e^{j\Omega}$ 去描述连续时间信号,而 DTFT 是用 $e^{j\omega n}$ 去描述离散时间信号。因为 $e^{j\omega n}=e^{j(\Omega T)n}$,相当于将 $e^{j\Omega}$ 进行离散化去描述离散时间信号,这时原先与实数集等势的基函数 $e^{j\Omega}$ 变成了与整数集等势的基函数 $e^{j\omega n}$,从而造成描述连续时间信号的非周期的描述系数(即傅里叶变换)$X_a(j\Omega)$ 变成了描述离散时间信号的周期描述系数(即 DTFT)$X(e^{j\omega})$。总之,$x_a(t) \rightarrow x(n)$ 和 $e^{j\Omega} \rightarrow e^{j\omega n}$(即时域的离散化)造成了频谱的周期化,而频谱的周期化正好体现了频谱的周期延拓。

如同应用傅里叶变换去分析信号的频谱或系统的频响,也可以应用 DTFT 去分析一个序列的频谱或一个 LTI 系统的频响。假设 $x(n)$ 的 DTFT 为 $X(e^{j\omega})$,显然 $X(e^{j\omega})$ 是 ω 的复函数,可表示为

$$X(e^{j\omega})=|X(e^{j\omega})|e^{j\varphi(\omega)}=\mathrm{Re}[X(e^{j\omega})]+j\mathrm{Im}[X(e^{j\omega})]$$

式中,$X(e^{j\omega})$ 表示 $x(n)$ 的频域特性,也称为 $x(n)$ 的频谱;$|X(e^{j\omega})|$ 为幅度谱;$\varphi(\omega)$ 为相位谱,二者都是 ω 的连续函数。由于 $e^{j\omega}$ 是 ω 以 2π 为周期的周期函数,因此 $X(e^{j\omega})$ 也是以 2π 为周期的周期函数。正因为这种周期性,在数字频谱中,高频、低频这些概念发生了改变,$2k\pi$ 附近代表低频,$(2k+1)\pi$ 附近代表高频。同样,对数字滤波器而言,高通、低通、带通、带阻这些概念相对模拟滤波器也发生了改变。

例 3.20 已知 $x(n)=a^n u(n)$,$0<a<1$,求 $x(n)$ 的 DTFT。

解 求 DTFT 的方法主要有两种:一种是先求其 z 变换,然后令 $z=e^{j\omega}$;另一种是直接利用 DTFT 定义式来求。这里不妨采用 DTFT 定义式求,有

$$X(e^{j\omega})=\mathrm{DTFT}[x(n)]=\sum_{k=-\infty}^{+\infty}x(n)e^{-jn\omega}$$

$$=\sum_{k=-\infty}^{+\infty}a^n e^{-jn\omega}=\frac{1}{1-ae^{-j\omega}}=\frac{1}{1-a\cos\omega+ja\sin\omega}$$

其中,幅频特性

$$|X(e^{j\omega})|=\left|\frac{1}{1-ae^{-j\omega}}\right|=\frac{1}{\sqrt{(1-a\cos\omega)^2+(a\sin\omega)^2}}=\frac{1}{\sqrt{1+a^2-2a\cos\omega}}$$

相频特性

$$\varphi(\omega)=-\arctan\frac{a\sin\omega}{1-a\cos\omega}$$

图 3.12 给出了 $x(n)$ 的幅频特性和相频特性。

既然序列的 DTFT 是单位圆上的 z 变换,是 z 变换的特例,它的一切特性都可以直接由 z 变换的特性得到,在 3.6 节仅详细讨论 DTFT 的一些对称性,其他 DTFT 的主要性质列入表 3.2 中。应该指出,序列的 DTFT 直接关系到序列和频谱的关系,因此在数字滤波器设计中是经常采用的。

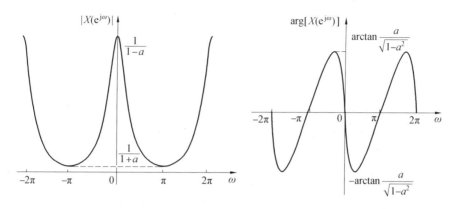

图 3.12　例 3.20 中 $x(n)$ 的幅频特性和相频特性

表 3.2　序列傅里叶变换的主要性质

序号	序列	离散时间傅里叶变换
1	$x(n)$	$X(e^{j\omega})$
2	$h(n)$	$H(e^{j\omega})$
3	$y(n)$	$Y(e^{j\omega})$
4	$ax(n) + by(n)$	$aX(e^{j\omega}) + bY(e^{j\omega})$
5	$x(n - n_0)$	$e^{-jn_0\omega}X(e^{j\omega})$
6	$a^n x(n)$	$X(\dfrac{1}{a}e^{j\omega})$
7	$e^{jn\omega_0} x(n)$	$X(e^{j(\omega-\omega_0)})$
8	$x(n) * h(n)$	$X(e^{j\omega}) H(e^{j\omega})$
9	$x(n)h(n)$	$\dfrac{1}{2\pi}\displaystyle\int_{-\pi}^{\pi} X(e^{j\theta}) H(e^{j(\omega-\theta)}) d\theta$
10	$x^*(n)$	$X^*(e^{-j\omega})$
11	$x(-n)$	$X(e^{-j\omega})$
12	$x^*(-n)$	$X^*(e^{j\omega})$
13	$\text{Re}[x(n)]$	$X_e(e^{j\omega}) = \dfrac{X(e^{j\omega}) + X^*(e^{-j\omega})}{2}$
14	$j\text{Im}[x(n)]$	$X_o(e^{j\omega}) = \dfrac{X(e^{j\omega}) - X^*(e^{-j\omega})}{2}$
15	$x_e(n) = \dfrac{x(n) + x^*(-n)}{2}$	$\text{Re}[X(e^{j\omega})]$
16	$x_o(n) = \dfrac{x(n) - x^*(-n)}{2}$	$j\text{Im}[X(e^{j\omega})]$

续表3.2

序号	序列	离散时间傅里叶变换
17	$x(n)$ 为实序列	$\begin{cases} X(\mathrm{e}^{\mathrm{j}\omega}) = X^*(\mathrm{e}^{-\mathrm{j}\omega}) \\ \mathrm{Re}[X(\mathrm{e}^{\mathrm{j}\omega})] = \mathrm{Re}[X(\mathrm{e}^{-\mathrm{j}\omega})] \\ \mathrm{Im}[X(\mathrm{e}^{\mathrm{j}\omega})] = -\mathrm{Im}[X(\mathrm{e}^{-\mathrm{j}\omega})] \\ \mid X(\mathrm{e}^{\mathrm{j}\omega}) \mid = \mid X(\mathrm{e}^{-\mathrm{j}\omega}) \mid \\ \arg[X(\mathrm{e}^{\mathrm{j}\omega})] = -\arg[X(\mathrm{e}^{-\mathrm{j}\omega})] \end{cases}$
18	$x_e(n) = \dfrac{x(n) + x(-n)}{2}$, $x(n)$ 为实序列	$\mathrm{Re}[X(\mathrm{e}^{\mathrm{j}\omega})]$
19	$x_o(n) = \dfrac{x(n) - x(-n)}{2}$, $x(n)$ 为实序列	$\mathrm{jIm}[X(\mathrm{e}^{\mathrm{j}\omega})]$
20	$\displaystyle\sum_{n=-\infty}^{\infty} x(n)h^*(n) = \frac{1}{2\pi}\int_{-\pi}^{\pi} X(\mathrm{e}^{\mathrm{j}\omega})H^*(\mathrm{e}^{\mathrm{j}\omega})\mathrm{d}\omega$（帕塞瓦尔公式）	
21	$\displaystyle\sum_{n=-\infty}^{\infty} \mid x(n) \mid^2 = \frac{1}{2\pi}\int_{-\pi}^{\pi} \mid X(\mathrm{e}^{\mathrm{j}\omega}) \mid^2 \mathrm{d}\omega$（帕塞瓦尔公式）	

综上，傅里叶变换、拉普拉斯变换、z 变换和离散时间傅里叶变换之间可以归纳为图 3.13 所示的关系。

图 3.13　傅里叶变换、拉普拉斯变换、z 变换和离散时间傅里叶变换之间关系

3.6　离散时间傅里叶变换(DTFT) 的对称性

3.5 节表 3.2 中的性质 13 ～ 19 给出了 DTFT 的一些对称性，这些对称性可以简化 DTFT 和 IDTFT 的运算。而且，这些性质可以推广到第 4 章中的离散傅里叶变换（DFT）中，对 DFT 的计算也可以起很大作用。为此，单独采用一节讨论序列傅里叶变换的对称性。

3.6.1　序列的共轭对称、共轭反对称及其性质

假设序列 $x_e(n)$ 满足

$$x_e(n) = x_e^*(-n)$$

即一个序列共轭翻褶后等于其本身，则称 $x_e(n)$ 为共轭对称序列。为研究共轭对称序列有什么性质，将 $x_e(n)$ 用其用实部序列和虚部序列表示为

$$x_e(n) = x_{er}(n) + jx_{ei}(n)$$

将上式中的 n 用 $-n$ 代替（即序列进行翻褶），并取共轭，得到

$$x_e^*(-n) = x_{er}(-n) - jx_{ei}(-n)$$

对比上面两个式子，两个复序列 $x_e(n)$ 和 $x_e^*(-n)$ 要相等，则两者的实部序列相等、虚部序列相等，即

$$x_{er}(n) = x_{er}(-n)$$

$$x_{ei}(-n) = -x_{ei}(-n)$$

由上面两式得到共轭对称序列的实部序列是偶对称序列（或偶函数），而虚部序列是奇对称序列（或奇函数）。

类似地，可以定义满足下式的序列为共轭反对称序列：

$$x_o(n) = -x_o^*(-n)$$

即共轭反对称序列 $x_o(n)$ 共轭翻褶后等于原序列取反。将 $x_o(n)$ 表示成实部与虚部，即

$$x_o(n) = x_{or}(n) + jx_{oi}(n)$$

可以得到

$$x_{or}(n) = -x_{or}(-n)$$

$$x_{oi}(-n) = x_{oi}(-n)$$

即共轭反对称序列的实部序列是奇对称序列（或奇函数），而虚部序列为偶对称序列（或偶函数）。

例 3.21　试分析 $x(n) = \delta(n) + e^{j\omega n}$ 的对称性。

解　将 $x(n)$ 的 n 用 $-n$ 代替（即对序列进行翻褶），再取共轭得到

$$x^*(-n) = \delta(-n) + e^{j\omega n} = \delta(n) + e^{j\omega n}$$

因此有 $x(n) = x^*(-n)$，满足共轭对称条件，$x(n)$ 是共轭对称序列，如果展成实部序列和虚部序列，得到

$$x(n) = \delta(n) + \cos \omega n + j\sin \omega n$$

上式表明，共轭对称序列的实部序列是偶函数，虚部序列是奇函数。

一般序列可用共轭对称与共轭反对称序列之和表示，即

$$x(n) = x_e(n) + x_o(n) \tag{3.18}$$

式中，$x_e(n)$ 和 $x_o(n)$ 可以分别用原序列 $x(n)$ 求出，将上式中的 n 用 $-n$ 代替，再取共轭得到

$$x^*(-n) = x_e(n) - x_o(n) \tag{3.19}$$

由式（3.18）和式（3.19）可得

$$x_e(n) = \frac{x(n) + x^*(-n)}{2}$$

$$x_o(n) = \frac{x(n) - x^*(-n)}{2}$$

利用上两式可以分别计算出共轭对称序列 $x_{\mathrm{e}}(n)$ 和共轭反对称序列 $x_{\mathrm{o}}(n)$。

对于序列 $x(n)$ 的离散时间傅里叶变换 $X(\mathrm{e}^{\mathrm{j}\omega})$，它是自变量 ω 的频域函数，也有上面类似的概念和结论：

$$X(\mathrm{e}^{\mathrm{j}\omega}) = X_{\mathrm{e}}(\mathrm{e}^{\mathrm{j}\omega}) + X_{\mathrm{o}}(\mathrm{e}^{\mathrm{j}\omega})$$

同样有下面公式满足：

$$X_{\mathrm{e}}(\mathrm{e}^{\mathrm{j}\omega}) = \frac{1}{2}\left[X(\mathrm{e}^{\mathrm{j}\omega}) + X^*(\mathrm{e}^{-\mathrm{j}\omega})\right]$$

$$X_{\mathrm{o}}(\mathrm{e}^{\mathrm{j}\omega}) = \frac{1}{2}\left[X(\mathrm{e}^{\mathrm{j}\omega}) - X^*(\mathrm{e}^{-\mathrm{j}\omega})\right]$$

3.6.2　离散时间傅里叶变换的对称性

下面研究离散傅里叶变换的对称性，先分两部分进行分析：一是把序列按实部序列和虚部序列进行分解，研究实部序列或虚部序列与原序列 DTFT 之间的关系；二是把序列按共轭对称序列和共轭反对称序列进行分解，研究共轭对称序列或共轭反对称序列与原序列 DTFT 之间的关系。然后，对作为复序列特例的实序列进行分析。

1. 序列分解为实部序列和虚部序列情形

先探讨序列的实部序列的 DTFT 与原序列 DTFT 之间的关系。序列 $x(n)$ 的实部序列可以表示为

$$\mathrm{Re}[x(n)] = \frac{1}{2}[x(n) + x^*(n)]$$

则有

$$
\begin{aligned}
\mathrm{DTFT}\{\mathrm{Re}[x(n)]\} &= \mathrm{DTFT}\left\{\frac{1}{2}[x(n) + x^*(n)]\right\} \\
&= \frac{1}{2}\{\mathrm{DTFT}[x(n)] + \mathrm{DTFT}[x^*(n)]\} \\
&= \frac{1}{2}[X(\mathrm{e}^{\mathrm{j}\omega}) + X^*(\mathrm{e}^{-\mathrm{j}\omega})] \\
&= X_{\mathrm{e}}(\mathrm{e}^{\mathrm{j}\omega})
\end{aligned}
$$

即序列实部的离散时间傅里叶变换等于序列离散时间傅里叶变换的共轭对称分量，为表3.2中的性质13。

与序列实部一样，序列的虚部序列可以表示成

$$\mathrm{Im}[x(n)] = \frac{1}{2\mathrm{j}}[x(n) - x^*(n)]$$

即

$$\mathrm{j}\,\mathrm{Im}[x(n)] = \frac{1}{2}[x(n) - x^*(n)]$$

则有

$$\mathrm{DTFT}\{\mathrm{j}\,\mathrm{Im}[x(n)]\} = \mathrm{DTFT}\left\{\frac{1}{2}[x(n) - x^*(n)]\right\}$$

$$= \frac{1}{2}\{\text{DTFT}[x(n)] - \text{DTFT}[x^*(n)]\}$$

$$= \frac{1}{2}[X(e^{j\omega}) - X^*(e^{-j\omega})]$$

$$= X_o(e^{j\omega})$$

即序列的虚部序列乘 j 的离散时间傅里叶变换等于序列离散时间傅里叶变换的共轭反对称分量,为表 3.2 中的性质 14。

2. 序列分解为共轭对称序列和共轭反对称序列情形

序列的共轭对称序列为

$$x_e(n) = \frac{x(n) + x^*(-n)}{2}$$

对上式两边进行 DTFT,有

$$\text{DTFT}[x_e(n)] = \text{DTFT}\left[\frac{x(n) + x^*(-n)}{2}\right]$$

$$= \frac{1}{2}\{\text{DTFT}[x(n)] + \text{DTFT}[x^*(-n)]\}$$

$$= \frac{1}{2}[X(e^{j\omega}) + X^*(e^{j\omega})]$$

$$= \text{Re}[X(e^{j\omega})]$$

上式说明,序列的共轭对称序列的傅里叶变换等于原序列傅里叶变换的实部,为表 3.2 中的性质 15。

序列的共轭反对称序列为

$$x_o(n) = \frac{x(n) - x^*(-n)}{2}$$

对上式两边进行 DTFT,有

$$\text{DTFT}[x_o(n)] = \text{DTFT}\left[\frac{x(n) - x^*(-n)}{2}\right]$$

$$= \frac{1}{2}\{\text{DTFT}[x(n)] - \text{DTFT}[x^*(-n)]\}$$

$$= \frac{1}{2}[X(e^{j\omega}) - X^*(e^{j\omega})]$$

$$= j\text{Im}[X(e^{j\omega})]$$

上式说明,序列的共轭反对称序列的傅里叶变换等于序列傅里叶变换的虚部乘 j,为表 3.2 中的性质 16。

3. 应用离散时间傅里叶变换分析实因果序列的对称性

下面利用 DTFT 的对称性分析实因果序列 $x(n)$ 的对称性,并导出其偶函数 $x_e(n)$ 和奇函数 $x_o(n)$ 与 $x(n)$ 之间的关系。

因为 $x(n)$ 是实序列,则

$$x(n) = \text{Re}[x(n)]$$

因此,应用表 3.2 中的性质 13 可知其 DTFT 只有共轭对称部分 $X_e(e^{j\omega})$,共轭反对称部分为

零,即

$$X(\mathrm{e}^{\mathrm{j}\omega}) = X_{\mathrm{e}}^{*}(\mathrm{e}^{-\mathrm{j}\omega})$$

因此,实序列的 DTFT 的实部是偶函数,虚部是奇函数,用公式表示为

$$\mathrm{Re}[X(\mathrm{e}^{\mathrm{j}\omega})] = \mathrm{Re}[X_{\mathrm{e}}(\mathrm{e}^{-\mathrm{j}\omega})]$$

$$\mathrm{Im}[X(\mathrm{e}^{\mathrm{j}\omega})] = -\mathrm{Im}[X_{\mathrm{e}}(\mathrm{e}^{-\mathrm{j}\omega})]$$

另外,因为 $x(n)$ 是实序列,则

$$x(n) = x^{*}(n)$$

两边进行 DTFT,有

$$X(\mathrm{e}^{\mathrm{j}\omega}) = X^{*}(\mathrm{e}^{-\mathrm{j}\omega})$$

则有

$$\mathrm{Re}[X(\mathrm{e}^{\mathrm{j}\omega})] = \mathrm{Re}[X(\mathrm{e}^{-\mathrm{j}\omega})]$$

$$\mathrm{Im}[X(\mathrm{e}^{\mathrm{j}\omega})] = -\mathrm{Im}[X(\mathrm{e}^{-\mathrm{j}\omega})]$$

同样说明实序列的 DTFT 的实部是偶函数,虚部是奇函数。

如果将 $X(\mathrm{e}^{\mathrm{j}\omega})$ 写成极坐标形式,则

$$X(\mathrm{e}^{\mathrm{j}\omega}) = |X(\mathrm{e}^{\mathrm{j}\omega})| \exp\{\mathrm{jarg}[X(\mathrm{e}^{\mathrm{j}\omega})]\}$$

$$= \sqrt{\{\mathrm{Re}[X(\mathrm{e}^{\mathrm{j}\omega})]\}^{2} + \{\mathrm{Im}[X(\mathrm{e}^{\mathrm{j}\omega})]\}^{2}} \exp\left\{\mathrm{jarctan}\frac{\mathrm{Im}[X(\mathrm{e}^{\mathrm{j}\omega})]}{\mathrm{Re}[X(\mathrm{e}^{\mathrm{j}\omega})]}\right\}$$

$$= \sqrt{\{\mathrm{Re}[X^{*}(\mathrm{e}^{-\mathrm{j}\omega})]\}^{2} + \{\mathrm{Im}[X^{*}(\mathrm{e}^{-\mathrm{j}\omega})]\}^{2}} \exp\left\{\mathrm{jarctan}\frac{\mathrm{Im}[X^{*}(\mathrm{e}^{-\mathrm{j}\omega})]}{\mathrm{Re}[X^{*}(\mathrm{e}^{-\mathrm{j}\omega})]}\right\}$$

$$= \sqrt{\{\mathrm{Re}[X(\mathrm{e}^{-\mathrm{j}\omega})]\}^{2} + \{\mathrm{Im}[X(\mathrm{e}^{-\mathrm{j}\omega})]\}^{2}} \exp\left\{-\mathrm{jarctan}\frac{\mathrm{Im}[X(\mathrm{e}^{-\mathrm{j}\omega})]}{\mathrm{Re}[X(\mathrm{e}^{-\mathrm{j}\omega})]}\right\}$$

$$= |X(\mathrm{e}^{-\mathrm{j}\omega})| \exp\{-\mathrm{jarg}[X(\mathrm{e}^{-\mathrm{j}\omega})]\}$$

所以,对实序列 $x(n)$ 来说,必有幅度是 ω 的偶函数,相角是 ω 的奇函数,为表 3.2 中的性质 17。

假设 $x(n)$ 为实因果序列,同样可以将其分解为

$$x(n) = x_{\mathrm{e}}(n) + x_{\mathrm{o}}(n)$$

$$x_{\mathrm{e}}(n) = \frac{1}{2}[x(n) + x(-n)]$$

$$x_{\mathrm{o}}(n) = \frac{1}{2}[x(n) - x(-n)]$$

因为 $x(n)$ 是因果的,即有

$$x(n) = 0 \quad (n < 0)$$

很容易得到

$$x_{\mathrm{e}}(n) = \begin{cases} x(0) & (n = 0) \\ \dfrac{1}{2}x(n) & (n > 0) \\ \dfrac{1}{2}x(-n) & (n < 0) \end{cases}$$

$$x_{\circ}(n) = \begin{cases} 0 & (n=0) \\ \dfrac{1}{2}x(n) & (n>0) \\ -\dfrac{1}{2}x(-n) & (n<0) \end{cases}$$

按上面两式,实因果序列 $x(n)$ 可以分别用 $x_{e}(n)$ 和 $x_{\circ}(n)$ 表示为

$$\begin{cases} x(n) = x_{e}(n)u_{+}(n) \\ x(n) = x_{\circ}(n)u_{+}(n) + x(0)\delta(n) \end{cases} \tag{3.20}$$

式中

$$u_{+}(n) = \begin{cases} 2 & (n>0) \\ 1 & (n=0) \\ 0 & (n<0) \end{cases}$$

因为 $x(n)$ 是实序列,$x_{e}(n)$ 为偶函数,$x_{\circ}(n)$ 为奇函数。由式(3.20),实因果序列完全可以仅仅由其偶序列恢复,而 $x_{\circ}(n)$ 缺少 $n=0$ 点 $x(n)$ 的信息。由 $x_{\circ}(n)$ 只能恢复 $n>0$ 时的 $x(n)$,必须知道 $n=0$ 点 $x(n)$ 的信息才能完全恢复 $x(n)$。因为 $x_{e}(n)$ 的 DTFT 为 $x(n)$ 的 DTFT 的实部,$x_{\circ}(n)$ 的 DTFT 为 $x(n)$ 的 DTFT 的虚部,而 $x_{e}(n)$ 或 $x_{\circ}(n)$ 加上 $x(0)$ 可以恢复出 $x(n)$,因此,实因果序列 $x(n)$ 的 DTFT 所含的信息是冗余的。也就是,通过 $X(e^{j\omega})$ 的实部或虚部就可以恢复 $x_{e}(n)$ 或 $x_{\circ}(n)$,而 $x_{e}(n)$ 可以直接恢复出实因果序列 $x(n)$,$x_{\circ}(n)$ 加上 $x(0)$ 也可以恢复出实因果序列 $x(n)$。

例 3.22　已知 $x(n) = \delta(n) + 2\delta(n-1) - \delta(n-2)$,求其偶函数 $x_{e}(n)$ 和奇函数 $x_{\circ}(n)$。

解　因为 $x(n)$ 为因果序列,则

$$x_{e}(n) = \begin{cases} x(0) & (n=0) \\ \dfrac{1}{2}x(n) & (n>0) \\ \dfrac{1}{2}x(-n) & (n<0) \end{cases}$$

$$= -\frac{1}{2}\delta(n+2) + \delta(n+1) + \delta(n) + \delta(n-1) - \frac{1}{2}\delta(n-2)$$

$$x_{\circ}(n) = \begin{cases} 0 & (n=0) \\ \dfrac{1}{2}x(n) & (n>0) \\ -\dfrac{1}{2}x(-n) & (n<0) \end{cases}$$

$$= \frac{1}{2}\delta(n+2) - \delta(n+1) + \delta(n-1) - \frac{1}{2}\delta(n-2)$$

$x(n)$、$x_{e}(n)$ 和 $x_{\circ}(n)$ 的波形如图 3.14 所示。

例 3.23　若序列 $x(n)$ 是实因果序列,它的离散时间傅里叶变换的实部为

$$\mathrm{Re}[X(e^{j\omega})] = \frac{1 - a\cos\omega}{1 + a^2 - 2a\cos\omega} \quad (0 < a < 1)$$

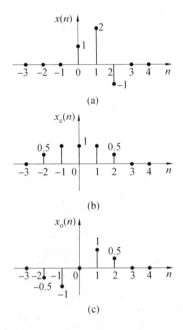

图 3.14   例 3.22 中 $x(n)$、$x_e(n)$ 和 $x_o(n)$ 的波形

求序列 $x(n)$ 及 $X(e^{j\omega})$。

解   因为在单位圆上进行 z 变换即为 DTFT,故可以将 $\mathrm{Re}[X(e^{j\omega})]$ 转换为相应的 z 变换形式

$$X_R(z) = \mathrm{Re}[X(e^{j\omega})]\mid_{e^{j\omega}=z} = \frac{1-a\dfrac{1}{2}(e^{j\omega}+e^{-j\omega})}{1+a^2-a(e^{j\omega}+e^{-j\omega})}\bigg|_{e^{j\omega}=z} = \frac{1-a\dfrac{1}{2}(z+z^{-1})}{(1-az^{-1})(1-az)}$$

求上式的 z 反变换,得到序列 $x_e(n)$ 为

$$x_e(n) = \frac{1}{2\pi j}\oint_c X_R(z)z^{n-1}dz = \frac{1}{2\pi j}\oint_c F(z)dz$$

$$F(z) = \frac{1-a\dfrac{1}{2}(z+z^{-1})}{(1-az^{-1})(1-az)}z^{n-1} = \frac{z-a\dfrac{1}{2}(z^2+1)}{(z-a)(1-az)}z^{n-1}$$

因为 $x(n)$ 为因果序列,$x_e(n)$ 必为双边序列,故 $X_R(z)$ 的收敛域为 $a<|z|<a^{-1}$。

当 $n=0$ 时 $F(z)$ 在围线 c 内有 $z=0$ 和 $z=a$ 两个一阶极点,则

$$x_e(0) = \mathrm{Res}[F(z), z=0] + \mathrm{Res}[F(z), z=a]$$

$$= \frac{z-a\dfrac{1}{2}(z^2+1)}{(z-a)(1-az)}\bigg|_{z=0} + \frac{z-a\dfrac{1}{2}(z^2+1)}{z(1-az)}\bigg|_{z=a}$$

$$= \frac{1}{2} + \frac{1}{2} = 1$$

当 $n \geqslant 1$ 时 $F(z)$ 在围线 c 内仅有 $z=a$ 一个一阶极点,则

$$x_e(0) = \mathrm{Res}[F(z), z=a]$$

$$= \frac{z-a\dfrac{1}{2}(z^2+1)}{(1-az)}z^{n-1}\bigg|_{z=a}$$

$$= \frac{a - a\dfrac{1}{2}(a^2 + 1)}{1 - a^2} a^{n-1} = \frac{1}{2}a^n$$

因为 $x_e(n)$ 为偶对称序列，有 $x_e(n) = x_e(-n)$，所以

$$x_e(n) = \begin{cases} 1 & (n = 0) \\ \dfrac{1}{2}a^n & (n > 0) \\ \dfrac{1}{2}a^{-n} & (n < 0) \end{cases}$$

根据 $x_e(n)$ 与 $x(n)$ 的关系，可得

$$x(n) = \begin{cases} x_e(0) = 1 & (n = 0) \\ 2x_e(n) = a^n & (n > 0) = a^n u(n) \\ 0 & (n < 0) \end{cases}$$

对上式进行 DTFT 可得

$$X(e^{j\omega}) = \text{DTFT}[x(n)] = \sum_{n=-\infty}^{\infty} [a^n u(n)] e^{-jn\omega} = \sum_{n=0}^{\infty} a^n e^{-jn\omega} = \frac{1}{1 - a e^{-j\omega}}$$

3.7　离散线性时不变(LTI) 系统的变换域表征

3.7.1　LTI 系统的系统函数

一个线性时不变系统在时域可以用常系数线性差分方程或卷积和来描述。对于一个 LTI 系统，其输入输出满足如下常系数线性差分方程

$$\sum_{k=0}^{N} a_k y(n-k) = \sum_{m=0}^{M} b_m x(n-m) \tag{3.21}$$

系统的特性由各系数 a_k 和 b_m 决定。若系统初始状态为零，即系统无初始储能或系统为松弛系统，对式(3.21)两边进行 z 变换，并利用线性和时移性质可得

$$Y(z)\sum_{k=0}^{N} a_k z^{-k} = X(z)\sum_{m=0}^{M} b_m z^{-m} \tag{3.22}$$

这样就有

$$H(z) = \frac{Y(z)}{X(z)} = \frac{\displaystyle\sum_{m=0}^{M} b_m z^{-m}}{\displaystyle\sum_{k=0}^{N} a_k z^{-k}} \tag{3.23}$$

把 $H(z)$ 称为 LTI 系统的系统函数或传递函数，它表示系统响应 $y(n)$ 与激励 $x(n)$ 的 z 变换之比值。需要特别注意的是，一个满足常系数线性差分方程的系统，其系统函数总是有理的。式(3.23)的分子分母多项式经因式分解可以改写为

$$H(z) = A \frac{\displaystyle\prod_{m=1}^{M} (1 - c_m z^{-1})}{\displaystyle\prod_{k=1}^{N} (1 - d_k z^{-1})} \tag{3.24}$$

式中,c_m 为 $H(z)$ 的零点;d_k 为 $H(z)$ 的极点,它们由差分方程的系数 a_k 和 b_m 决定。除了比例常数 A 以外,系统函数完全由它的全部零点、极点来确定。需要指出的是,任意一个系数 a_k 或 b_m 的改变将改变所有的极点或零点,即改变系数 a_k 或 b_m 不能精确改变某个极零点。这点在实际的系统设计中是非常有用的。

由第 2 章已经知道,一个 LTI 系统时域上可以由其冲激响应 $h(n)$ 唯一表征,其系统的零状态响应 $y(n)$ 可以用激励 $x(n)$ 与单位抽样响应的卷积表示,即

$$y(n) = x(n) * h(n)$$

由时域卷积定理,得到

$$Y(z) = X(z)H(z)$$

其中

$$H(z) = Z[h(n)] = \sum_{n=-\infty}^{\infty} h(n)z^{-n}$$

可见,系统函数 $H(z)$ 与单位抽样响应 $h(n)$ 是一对 z 变换。在实际中,既可以用卷积运算求松弛系统的响应(即零状态响应),又可以利用系统函数 z 反变换求该响应。

在单位圆上 $(z = e^{j\omega})$ 的系统函数就是系统的频率响应 $H(e^{j\omega})$,即

$$H(e^{j\omega}) = DTFT[h(n)] = \sum_{n=-\infty}^{\infty} h(n)e^{-jn\omega}$$

3.7.2 系统函数极点分布对系统特性的影响

1. 极点分布与系统的因果性

根据第 2 章内容可知,对于一个 LTI 系统,如果该系统是因果的,则有

$$h(n) = 0 \quad (n < 0)$$

即因果系统的单位抽样响应为因果序列。对 $h(n)$ 进行 z 变换,得系统函数为

$$H(z) = \sum_{n=0}^{\infty} h(n)z^{-n}$$

其收敛域为

$$R_{h-} \leqslant |z| \leqslant \infty$$

可见,一个系统是因果的意味着系统函数在无穷远点无极点或在无穷远点解析。

2. 极点分布与系统的稳定性

根据第 2 章内容可知,一个 LTI 系统如果是稳定的,则有

$$\sum_{n=-\infty}^{\infty} |h(n)| < \infty$$

对照系统函数定义式

$$H(z) = \sum_{n=0}^{\infty} h(n)z^{-n}$$

可知,系统稳定性要求系统函数 $H(z)$ 的收敛域包含单位圆。显然,一个稳定的系统其单位抽样响应的 DTFT 存在,可以去分析系统的频响 $H(e^{j\omega})$,分析复指数序列经系统之后的稳态响应才有意义。

如果一个 LTI 系统因果且稳定,收敛域包含 ∞ 点和单位圆,那么收敛域可以表示为

$$R_{h-} \leqslant \mid z \mid \leqslant \infty \quad (0 < R_{h-} < 1)$$

这样的系统极点全部集中在单位圆内部。具体系统的因果性和稳定性可由系统函数的极点分布确定,下面通过例题说明。

例 3.24　已知 $H(z) = \dfrac{z}{z^2 - z - 1}$,分析其因果性和稳定性。

解　$H(z)$ 的极点为 $z = \dfrac{1 + \sqrt{5}}{2}$ 和 $z = \dfrac{1 - \sqrt{5}}{2}$。

(1) 若收敛域为 $\dfrac{1 + \sqrt{5}}{2} < \mid z \mid < \infty$,则对应的系统为因果系统,但由于收敛域不包含单位圆,因此系统是不稳定系统。求 $H(z)$ 反变换得单位抽样响应为

$$h(n) = \frac{1}{\sqrt{5}} \left[\left(\frac{1 + \sqrt{5}}{2} \right)^n - \left(\frac{1 - \sqrt{5}}{2} \right)^n \right] u(n)$$

(2) 若收敛域为 $\dfrac{\sqrt{5} - 1}{2} < \mid z \mid < \dfrac{1 + \sqrt{5}}{2}$,则对应的系统为非因果系统,但收敛域包含单位圆,因此系统为稳定系统。求 $H(z)$ 反变换得单位抽样响应为

$$h(n) = -\frac{1}{\sqrt{5}} \left(\frac{1 - \sqrt{5}}{2} \right)^n u(n) - \frac{1}{\sqrt{5}} \left(\frac{1 + \sqrt{5}}{2} \right)^n u(-n-1)$$

(3) 若收敛域为 $\mid z \mid < \dfrac{\sqrt{5} - 1}{2}$,则对应的系统为反因果系统,且收敛域不包含单位圆,因此系统为不稳定系统。求 $H(z)$ 反变换得单位抽样响应为

$$h(n) = \frac{1}{\sqrt{5}} \left[\left(\frac{1 - \sqrt{5}}{2} \right)^n - \left(\frac{1 + \sqrt{5}}{2} \right)^n \right] u(-n-1)$$

3.7.3　LTI 系统的频率响应的物理意义

为了研究离散线性系统对输入频谱的处理作用,有必要研究线性系统对复指数或正弦序列的稳态响应,这就是系统的频域表示法。

假设一个稳定的 LTI 系统,其单位抽样响应为 $h(n)$。如果输入序列是一个频率为 ω 的复指数序列

$$e^{jn\omega} \quad (-\infty < n < \infty)$$

则 LTI 系统的响应为

$$
\begin{aligned}
y(n) = h(n) * x(n) &= \sum_{k=-\infty}^{\infty} h(k) x(n-k) \\
&= \sum_{k=-\infty}^{\infty} h(k) e^{j(n-k)\omega} = \left[\sum_{k=-\infty}^{\infty} h(k) e^{-jk\omega} \right] e^{jn\omega} \\
&= H(e^{j\omega}) e^{jn\omega}
\end{aligned}
\tag{3.25}
$$

式(3.25)表明,当线性时不变系统输入频率为 ω 的复指数序列 $e^{jn\omega}$ 时,输出 $y(n)$ 为同频率的复指数序列,只不过被一个复值函数 $H(e^{j\omega})$ 加权。把 LTI 系统看作一个线性算子,则可以发现,这个加权的复值函数 $H(e^{j\omega})$ 为系统的特征值,而复指数序列 $e^{jn\omega}$ 为特征向量或特征

函数。

$H(e^{j\omega})$ 的表达式是

$$H(e^{j\omega}) = \sum_{n=-\infty}^{\infty} h(n)e^{-jn\omega}$$

可以看出，$H(e^{j\omega})$ 是系统单位抽样响应 $h(n)$ 的离散时间傅里叶变换。显然，$H(e^{j\omega})$ 描述了复指数序列通过线性时不变系统后，幅度和相位随频率 ω 的变换。也就是，系统对复指数序列的响应完全由 $H(e^{j\omega})$ 决定，故称 $H(e^{j\omega})$ 为线性时不变系统的频率响应。

线性时不变系统的频率响应 $H(e^{j\omega})$ 是以 2π 为周期的连续周期函数，是复函数，可以写成极坐标的形式，即

$$H(e^{j\omega}) = |H(e^{j\omega})| e^{j \cdot \arg[H(e^{j\omega})]}$$

式中，频率响应的模 $|H(e^{j\omega})|$ 称为幅度响应或幅频特性、幅度特性；频率响应的相位 $\arg[H(e^{j\omega})]$ 称为系统的相位响应或相频特性、相位特性。

对任意输入情况，线性时不变系统的响应为

$$y(n) = x(n) * h(n)$$
$$\mathrm{DTFT}[y(n)] = \mathrm{DTFT}[x(n) * h(n)]$$

即

$$Y(e^{j\omega}) = X(e^{j\omega})H(e^{j\omega})$$

若用极坐标表示，则

$$|Y(e^{j\omega})| e^{j \cdot \arg[Y(e^{j\omega})]} = |X(e^{j\omega})| |H(e^{j\omega})| e^{j\{\arg[X(e^{j\omega})] + \arg[X(e^{j\omega})]\}} \tag{3.26}$$

即

$$|Y(e^{j\omega})| = |X(e^{j\omega})| |H(e^{j\omega})| \tag{3.27}$$
$$\arg[Y(e^{j\omega})] = \arg[X(e^{j\omega})] + \arg[H(e^{j\omega})] \tag{3.28}$$

式 $(3.26) \sim (3.28)$ 表明，对任意一个输入信号，LTI 系统对输入信号中的每一个频率为 ω 的复指数序列分量放大 $|H(e^{j\omega})|$ 倍并进行 $\arg[X(e^{j\omega})]$ 相移形成系统对该频率 ω 输入信号分量的响应。

例 3.25 已知一因果 LTI 系统，其差分方程为

$$y(n) + \frac{1}{2}y(n-1) = x(n)$$

(1) 求该系统的频率响应 $H(e^{j\omega})$；

(2) 求输入 $x(n) = e^{j3n}$ 时的系统响应 $y(n)$。

解 (1) 对该 LTI 系统差分方程两端进行 z 变换有

$$Y(z) + \frac{1}{2}z^{-1}Y(z) = X(z)$$

则可得该系统的传递函数为

$$H(z) = \frac{Y(z)}{X(z)} = \frac{1}{1 + \frac{1}{2}z^{-1}}$$

故系统的频响为

$$H(e^{j\omega}) = H(z) \mid_{z=e^{j\omega}} = \frac{1}{1 + \frac{1}{2}e^{-j\omega}}$$

（2）当 $x(n) = e^{j3n}$ 输入系统时，响应 $y(n)$ 为

$$y(n) = e^{j3n} H(e^{j\omega}) \mid_{\omega=3} = \frac{1}{1 + \frac{1}{2}e^{-j3}} e^{j3n}$$

3.7.4　利用系统的零极点分布分析系统的频率响应

由 3.7.1 节已知，系统函数 $H(z)$ 完全可以用它在 z 平面上的零极点确定。由于 $H(z)$ 在单位圆上的 z 变换即是系统的频率响应，因此系统的频率响应也完全可以由 $H(z)$ 的零极点确定。下面采用几何方法研究系统零极点分布对系统频率特性的影响。

将式（3.24）分子、分母同乘 z^N，得到

$$H(z) = A z^{N-M} \frac{\prod\limits_{m=1}^{M}(z - c_m)}{\prod\limits_{k=1}^{N}(z - d_k)} \tag{3.29}$$

假设系统稳定，将 $z = e^{j\omega}$ 代入式（3.29），得到频率响应

$$H(e^{j\omega}) = A e^{j\omega(N-M)} \frac{\prod\limits_{m=1}^{M}(e^{j\omega} - c_m)}{\prod\limits_{k=1}^{N}(e^{j\omega} - d_k)} = \mid H(e^{j\omega}) \mid e^{j\arg[H(e^{j\omega})]} \tag{3.30}$$

其模等于

$$\mid H(e^{j\omega}) \mid = \mid A \mid \frac{\prod\limits_{m=1}^{M} \mid e^{j\omega} - c_m \mid}{\prod\limits_{k=1}^{N} \mid e^{j\omega} - d_k \mid} \tag{3.31}$$

其相角为

$$\arg[H(e^{j\omega})] = \arg[A] + (N-M)\omega + \sum_{m=1}^{M} \arg[e^{j\omega} - c_m] - \sum_{k=1}^{N} \arg[e^{j\omega} - d_k] \tag{3.32}$$

在 z 平面上，$z = c_m (m = 1, 2, \cdots, M)$ 表示 $H(z)$ 的零点（图上用"o"表示），而 $z = d_k (k = 1, 2, \cdots, N)$ 表示 $H(z)$ 的极点（图上用"×"表示），如图 3.15 所示。当然，零点 $z = c_m$ 也可以看作一个原点到 c_m 的矢量 $\overrightarrow{Oc_m}$，极点 $z = d_k$ 可以看作一个原点到 d_k 的矢量 $\overrightarrow{Od_k}$。$e^{j\omega} - c_m$ 可以由零点 c_m 指向单位圆上 $e^{j\omega}$ 点 D 的矢量 $\overrightarrow{c_m D}$ 来表示，即

$$\overrightarrow{c_m D} = e^{j\omega} - c_m = \rho_m e^{j\theta_m} \tag{3.33}$$

同样，$e^{j\omega} - d_k$ 可以由极点 d_k 指向单位圆上 $e^{j\omega}$ 点 D 的矢量 $\overrightarrow{d_k D}$ 来表示，即

$$\overrightarrow{d_k D} = e^{j\omega} - d_k = l_k e^{j\varphi_k} \tag{3.34}$$

当 $M < N$ 时系统在原点有 $N - M$ 阶零点，而当 $M > N$ 时系统在原点有 $M - N$ 阶极点。无论系统在原点上有零点还是极点，都可以用原点到圆上 $e^{j\omega}$ 点 D 的矢量 $\overrightarrow{OD}$ 来表示，即

$$\overrightarrow{OD} = \mathrm{e}^{\mathrm{j}\omega} - 0 = \mathrm{e}^{\mathrm{j}\omega} \tag{3.35}$$

将式(3.33)～(3.35)代入式(3.31)得到幅频特性为

$$\mid H(\mathrm{e}^{\mathrm{j}\omega}) \mid = \mid A \mid \frac{\prod\limits_{m=1}^{M} \rho_m}{\prod\limits_{k=1}^{N} l_k} \tag{3.36}$$

也就是,频率响应的幅度函数(即幅频响应)就等于各零点至 $\mathrm{e}^{\mathrm{j}\omega}$ 点矢量长度之积除以各极点至 $\mathrm{e}^{\mathrm{j}\omega}$ 点矢量长度之积,再乘 $\mid A \mid$。将式(3.33)～(3.35)代入式(3.32)得到相位特性为

$$\arg[H(\mathrm{e}^{\mathrm{j}\omega})] = \arg[A] + (N-M)\omega + \sum_{m=1}^{M} \theta_m - \sum_{k=1}^{N} \varphi_k \tag{3.37}$$

也就是,频率响应的相位函数等于各零点至 $\mathrm{e}^{\mathrm{j}\omega}$ 点矢量的相角之和减去各极点至 $\mathrm{e}^{\mathrm{j}\omega}$ 点矢量的相角之和加上常数 A 的相角 $\arg[A]$,再加上线性相移分量 $(N-M)\omega$。当频率 ω 变化时,单位圆上的点 D 位置发生变化,$\overrightarrow{c_m D}$ 和 $\overrightarrow{d_k D}$ 的长度 ρ_m 和 l_k 均随之改变,故 $\mid H(\mathrm{e}^{\mathrm{j}\omega}) \mid$ 随频率 ω 变化而变化。对不同频率成分的信号,若其增益 $\mid H(\mathrm{e}^{\mathrm{j}\omega}) \mid$ 较大,则该频率成分输出较大,该频率成分能"顺利通过"系统,该频率位于系统通带;若其增益 $\mid H(\mathrm{e}^{\mathrm{j}\omega}) \mid$ 较小,则该频率成分输出较小,该频率成分不能"顺利通过"系统,该频率位于系统的阻带。不同频率成分相对增益大小的变化,可以实现对不需要的频率成分的抑制,从而实现对信号的滤波之目的。同样地,当频率 ω 变化时,$\overrightarrow{c_m D}$ 和 $\overrightarrow{d_k D}$ 的辐角 θ_m 和 φ_k 均随之改变,故 $\arg[H(\mathrm{e}^{\mathrm{j}\omega})]$ 随频率 ω 变化而变化,不同频率信号经系统后产生 $\arg[H(\mathrm{e}^{\mathrm{j}\omega})]$ 相移。当频率 ω 由 0 到 2π 时,这些矢量的终端点沿单位圆逆时针方向旋转一圈,从而可以估算出整个系统的频率响应。例如,图 3.15 表示了两个零点和两个共轭极点的系统以及它的幅度函数(幅频响应)。

图 3.15　频响的几何确定法

根据式(3.36)和式(3.37),知道零极点的分布后,可以很容易地确定零极点位置对系统特性的影响。频率响应的形状取决于 $H(z)$ 的零极点,也就是说,取决于离散系统的形式及差分方程各系数的大小。不难看出,位于 $z=0$ 处的零点或极点对幅度响应不产生作用,因而在 $z=0$ 处加入或去除零极点,不会使幅度响应发生变化,而只会影响相位响应,只会产

生一个相位超前或滞后。当 $e^{j\omega}$（即 D 点）旋转到某个极点 d_k 附近时,极点矢量 $\overrightarrow{d_k D}$ 长度最短,因而幅度特性可能出现峰值,且极点越靠近单位圆,极点矢量长度越短,峰值越高越尖锐。如果极点在单位圆上,则幅度特性为 ∞,系统在该频率处出现谐振,系统不稳定。对稳定的系统(尤其是全极点系统),极点位置可以用来配置通带位置。极点位置主要影响频响的峰值位置及尖锐程度,零点位置主要影响频响的谷点位置及形状。系统通过合理配置零极点,可以设计出需要的通带和阻带位置,从而实现需要的滤波功能。

通过零极点位置分布分析系统频响的几何方法为人们提供了一个直观的概念,对于分析和设计系统是十分有用的。

例 3.26　已知一阶系统的差分方程为
$$y(n) = 0.8y(n-1) + x(n)$$
用几何法分析其幅频特性。

解　对系统的差分方程两边进行 z 变换,有
$$Y(z) = 0.8z^{-1}Y(z) + X(z)$$
整理可得系统函数为
$$H(z) = \frac{1}{1 - 0.8z^{-1}} = \frac{z}{z - 0.8}$$

系统极点 $z = 0.8$,零点 $z = 0$。可以看出,系统只有非零极点而没有非零零点,所以系统为全极点系统。当 $e^{j\omega}$ 点从 $\omega = 0$ 逆时针旋转时,在 $\omega = 0$ 点,由于极点矢量长度最短,因此形成波峰;在 $\omega = \pi$ 点,由于极点矢量长度最长,因此形成波谷;$z = 0$ 处的零点不影响频响。零极点分布及幅频特性如图 3.16 所示。由图 3.16 可知,该系统滤波性能完全由极点决定,由于极点位于正实轴,所以系统呈"低通"特性。

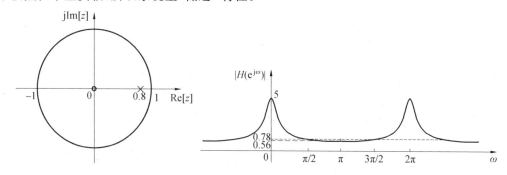

图 3.16　例 3.26 中的系统零极点分布及幅频特性

对类似于例 3.26 的全极点系统,可以得出如下结论:若极点位于正实轴附近,则可以实现"低通"特性;若极点位于虚轴附近,则可以实现"带通"特性;若极点位于负实轴附近,则可以实现"高通"特性。对全零点系统,也可以得出类似结论:若零点位于正实轴附近,则可以实现"低阻"特性;若零点位于虚轴附近,则可以实现"带阻"特性;若零点位于负实轴附近,则可以实现"高阻"特性。可见,通过零极点配合,可以设计出任何想要的频率特性的滤波器。

3.7.5 无限长单位冲激响应(IIR)系统与有限长单位冲激响应(FIR)系统

我们知道,离散线性时不变系统的差分方程一般表示式为

$$\sum_{k=0}^{N} a_k y(n-k) = \sum_{m=0}^{M} b_m x(n-m)$$

通常选择或归一化 a_0 为 $a_0 = 1$,且令 $a_k = -a_k$,这样上式可以写作

$$y(n) - \sum_{k=1}^{N} a_k y(n-k) = \sum_{m=0}^{M} b_m x(n-m) \tag{3.38}$$

于是,系统函数为有理分式

$$H(z) = \frac{\displaystyle\sum_{m=0}^{M} b_m z^{-m}}{1 - \displaystyle\sum_{k=1}^{N} a_k z^{-k}} \tag{3.39}$$

只要式(3.39)中分母多项式有一个系数 $a_k \neq 0$,则在有限 z 平面内就会有极点出现。不妨假设系统为因果系统,则该系统的单位抽样响应满足:当 $n \rightarrow \infty$ 时,$h(n) \neq 0$。这样的系统称为无限长单位冲激响应(Infinite Impulse Response,IIR)系统。IIR 系统又分两种情况:一种是分子只有 $b_0 \neq 0$,此时在有限 z 平面只有极点没有零点,即零点只能出现在原点或无穷远点,称为全极点系统,或称自回归系统(AR 系统);另一种是 $H(z)$ 为有理函数,在有限 z 平面既有极点也有零点,称为零极点系统或自回归滑动平均系统(ARMA 系统)。如果全部 $a_k = 0 (k=1,2,\cdots,N)$,则系统函数为

$$H(z) = \sum_{m=0}^{M} b_m z^{-m}$$

则 $h(n) = \{b_0, b_1, \cdots, b_M\}$,即单位抽样响应 $h(n)$ 为有限长序列,该系统称为有限长冲激响应(Finite Impulse Response,FIR)系统。根据前面 3.2 节可知,有限长序列 $h(n)$ 的 z 变换 $H(z)$ 在有限 z 平面 $0 < |z| < \infty$,也就是说,$H(z)$ 在有限 z 平面不能有极点,只存在零点,因此又称为全零点系统,或称为滑动平均系统(MA 系统)。

由式(3.38),IIR 系统至少有一个 $a_k \neq 0$,其差分方程表达式为

$$y(n) = \sum_{k=1}^{N} a_k y(n-k) + \sum_{m=0}^{M} b_m x(n-m)$$

可见,$a_k \neq 0$,求 $y(n)$ 时,需要将 $y(n)$ 延时 k 时间单元的各历史值 $y(n-k)$ 反馈回来,用 a_k 加权后和各 $b_m x(n-m)$ 相加(即"信号比较"),因而 IIR 系统具有反馈环路,这种结构称为"递归型"结构。反馈部分 $\sum_{k=1}^{N} a_k y(n-k)$ 是将 $y(n)$"自己的"历史值进行加权求和或回归,形成输出 $y(n)$ 的一部分,故称为"自回归"(AR)。前馈部分 $\sum_{m=0}^{M} b_m x(n-m)$ 相当于对输入序列 $x(n)$ 加一个"滑动的"矩形窗,对窗内的数据进行加权平均后作为输出 $y(n)$ 的一部分,故称为"滑动平均"(MA)。

如果 $a_k = 0 (k=1,2,\cdots,N)$,则没有反馈,称为"非递归"结构。也可以看出,FIR 系统的输出只与各输入 $x(n-m)$ 有关。

IIR 系统只能采用递归型结构,FIR 系统大多采用非递归型结构,但是用零极点互相抵消的方法,则也可以采用递归型结构。

IIR 系统和 FIR 系统在特性和设计方法上都有很大的差异,而递归型与非递归型结构在量化运算中误差效果上的差别也是很大的,因此,它们构成了数字滤波器的两大类型,在后边章节中将分别对这两类滤波器加以分析和讨论。

3.8　本章部分内容涉及的 MATLAB 函数及例题

1. 使用 MATLAB 符号计算工具箱求 z 变换

与拉普拉斯变换类似,z 变换的计算可以使用 MATLAB 符号计算工具箱。利用符号计算工具箱中的 ztrans() 函数可以实现对序列的 z 变换。

例 3.27　利用 MATLAB 符号计算工具箱求 $x(n) = 0.9^n u(n)$ 的 z 变换。

解　MATLAB 程序代码如下:

%MATLAB 符号计算工具箱求 z 变换

syms n w0

h = 0.9.^n; H = ztrans(h)

该程序运行结果如下:

H1 = z/(z − 9/10)

2. 计算 z 反变换

(1) 使用 MATLAB 符号计算 z 反变换。

MATLAB 符号计算可以通过 iztrans() 函数计算逆单边 z 变换。

例 3.28　利用 MATLAB 符号计算工具箱求 $X(z) = \dfrac{z(z+1)}{(z+0.5)(z-0.5)}, |z| > 0.5$
的 z 反变换。

解　MATLAB 程序代码如下:

%MATLAB 符号计算工具箱求 z 反变换

syms n z

x = iztrans((z * (z + 1))/((z + 0.5) * (z − 0.5)))

该程序运行结果如下:

x = (3 * (1/2)^n)/2 − (−1/2)^n/2

(2) 利用部分分式法计算 z 反变换。

部分分式法求 z 反变换是先求 $X(z)$ 的部分分式分解,然后通过查表求各个部分分式对应的序列,从而实现求 z 反变换。因此,部分分式分解是关键。MATLAB 中有两个函数可用来对此 z 变换函数 $X(z)$ 做部分分式展开,第一个函数是 residuez(),第二个函数是 residue(),分别讨论如下:

第一个函数:[r,p,c] = residuez(b,a)

residuez() 可用来计算一个 z^{-1} 有理多项式的留数部分和直接(或多项式)项,即适用于

z^{-1} 的升幂表示的有理系统函数。令

$$X(z) = \frac{B(z)}{A(z)} = \frac{b_0 + b_1 z^{-1} + \cdots + b_M z^{-M}}{a_0 + a_1 z^{-1} + \cdots + a_{N-1} z^{-(N-1)} + a_N z^{-N}}$$

$$= \sum_{k=1}^{N} \frac{r_k}{1 - p_k z^{-1}} + \underbrace{\sum_{k=0}^{M-N} c_k z^{-k}}_{M \geqslant N}$$

是一有理函数,其中分子和分母多项式均以 z^{-1} 的升幂排列。那么分子和分母多项式分别用两个行向量 $\boldsymbol{b}$ 和 $\boldsymbol{a}$ 给出(即 $\boldsymbol{b} = [b_0, b_1, \cdots, b_M]$ 和 $\boldsymbol{a} = [a_0, a_1, \cdots, a_N]$)时,$[r, p, c] =$ residuez(b, a) 求出 $X(z)$ 的留数、极点和直接项。得到的列向量 r 含有留数,列向量 p 是极点位置,而行向量 c 则包含直接项。如果 p_k 是阶次为 s 的极点,那么展开式中含有下面形式的项:

$$\frac{r_k}{1 - p_k z^{-1}} + \frac{r_{k+1}}{1 - p_k z^{-1}} + \cdots + \frac{r_{k+s-1}}{(1 - p_k z^{-1})^s}$$

列向量 r 含有留数 $r_k, r_{k+1}, \cdots, r_{k+s-1}$。需特别注意的是 $\boldsymbol{b}$ 和 $\boldsymbol{a}$ 系数中必须有 z^0 项系数,如果无此项存在,则应用"0"(零)表示,若 $\boldsymbol{b}$ 和 $\boldsymbol{a}$ 中任何中间 z^{-i} 的系数为零,则在其矢量位置上应标为"0",不能省略。

函数 residuez() 也可以反过来使用,将多个部分分式整理为有理分式形式,用法为 $[b, a] =$ residuez(r, p, c)。

第二个函数:$[r, p, c] =$ residue(b, a)

residue() 函数适用于 z 的降幂表示的有理系统函数,它将此系统函数转换为部分分式形式,输入 $\boldsymbol{b}$、$\boldsymbol{a}$ 为行向量,输出 r、p 为列向量,c 为行向量。与利用 residuez() 函数求 z 反变换时相同,$\boldsymbol{b}$ 和 $\boldsymbol{a}$ 系数中必须有 z^0 项系数,如果无此项存在,则应用"0"(零)表示,$\boldsymbol{b}$ 和 $\boldsymbol{a}$ 中任何中间 z^{-i} 的系数若为零,则在其矢量位置上应标为"0",不能省略。

同样,函数 residue() 也可以反过来使用,将多个部分分式整理成有理分式的形式,用法为 $[b, a] =$ residuez(r, p, c)。

例 3.29 已知一个因果线性时不变系统的系统函数为 $H(z) = \dfrac{z}{3z^2 - 4z + 1}$,试用 MATLAB 将它展开成部分分式,并写出 $h(n) = Z^{-1}[H(z)]$。

解 假设使用 residuez() 函数实现部分分式分解。首先,需将系统函数写成 z^{-1} 的升幂表示的有理函数,即

$$H(z) = \frac{z^{-1}}{3 - 4z^{-1} + z^{-2}} = \frac{0 + z^{-1}}{3 - 4z^{-1} + z^{-2}}$$

然后,利用 residuez() 函数即可求取部分分式分解系数(即留数)、极点等。MATLAB 程序如下:

```
clear, clc, close all
b = [0, 1];
a = [3, -4, 1];
[r, p, c] = residuez(b, a)
```

程序运行结果如下:

r ＝

　0.5000

　－0.5000

p ＝

　1.0000

　0.3333

c ＝

　[]

由此得出 $H(z)$ 的部分分式分解为 $H(z)=\dfrac{\frac{1}{2}}{1-z^{-1}}-\dfrac{\frac{1}{2}}{1-\frac{1}{3}z^{-1}}$，$|z|>\dfrac{1}{3}$。

查表 3.1 可得

$$h(n)=Z^{-1}[H(z)]=\frac{1}{2}u(n)-\frac{1}{2}\left(\frac{1}{3}\right)^{n}u(n)$$

（3）利用幂级数展开法（长除法）求 z 反变换。

MATLAB 中除法的函数名为 deconv（ ），它是乘法 conv（ ）的逆运算，其调用方式如下：

　　[q,r]＝deconv(b,a)

其中，b 为分子系数向量；a 为分母系数向量；q 为商的系数向量；r 为余数的系数向量，它们都按 z^{-1} 的升幂排列，如果左端只有一个输出变量，即商 q。

假设分子系数向量 b 的长度为 M，分母系数向量 a 的长度为 N。长除法适用于只要数值结果的情况，所给除法结果只算到余数的长度小于除数的长度 1 位为止，即余数长度为 $N-1$，而商 q 的长度为 $M-N+1$。例如，$u=[2\ 7\ 4\ 9]$，$v=[1\ 0\ 1]$，即 $M=4$，$N=3$，利用长除法 [q,r]＝deconv(u,v) 得 $q=[2\ 7]$，$r=[0\ 0\ 2\ 2]$，余数长度（不为零值的个数）为 $N-1=2$，商的长度为 $M-N+1=2$。然而，在许多情况下希望商的长度长些，以期能发现序列变化规律，因此需要对分子系数向量 b 的长度 M 进行拓长，即通过对分子系数向量 b 进行补零扩展向量。假设希望商的长度为 L，则对分子系数向量 b 应补 $L+N-M-1$ 个零。

例 3.30　已知某序列 $x(n)$ 的 z 变换为 $X(z)=\dfrac{1}{1-0.5z^{-1}}$，$|z|>0.5$，试用长除法求 $X(z)$ 的 9 点反变换结果。

解　实现的 MATLAB 程序代码如下：

```
clc;clearall
b＝1;a＝[1,－0.5];
[q,r]＝deconv([b,zeros(1,9＋2－1－1)],a)
q＝[1.0000,0.5000,0.2500,0.1250,0.0625,0.0313,0.0156,0.0078,0.0039]
r＝[0,0,0,0,0,0,0,0,0,0.0020]
```

这里商（反变换）的长度为 9，b 的长度为 1，a 的长度为 2，故增加的零点为 $9+2-1-1=9$。

3. 计算序列的离散时间傅里叶变换（DTFT）

MATLAB 中仅能实现有限长序列的 DTFT 计算。实现对有限长序列的 DTFT 计算方法有多种,其中最简单的方法是利用 MATLAB 信号处理工具箱中的专用函数 freqz() 来计算 DTFT。利用 MATLAB 信号处理工具箱中的专用函数 freqz() 来计算 DTFT 时,调用方式如下:

$$[H,w] = freqz(b,a,N);$$

其中,H 表示频谱特性 $X(e^{j\omega})$;w 表示频率向量 ω,返回值为 $0 \leqslant \omega < \pi$;b 表示样值向量 x(位置向量 n 限定从零开始);a 限定为 1;N 表示把区间 $\omega:[0,\pi)$ 等分的份数,即用该函数计算出的是半个周期的频谱特性。如果省略 N,则程序默认为 512。而若要计算出整个周期的频谱特性,则可以采用如下调用方式:

$$[H,w] = freqz(b,a,N,'whole');$$

此时,w 返回值为 $0 \leqslant \omega < 2\pi$。

例 3.31　已知某序列 $x(n) = [1,1,1,1,0,0,0,0]$,试求其 DTFT $X(e^{j\omega})$,并画出其幅频特性及相频特性。

解　实现的 MATLAB 程序代码如下:

```
clc;clearall
n=0:7;x=[1,1,1,1,1,1,1,1];a=1;N=1024;
[X,w]=freqz(x,a,N,'whole');
subplot(3,1,1);stem(n,x,'.');
title('例3.31的序列图');xlabel('n');ylabel('x(n)');grid
subplot(3,1,2);plot(w/pi,abs(X));
title('幅频特性');xlabel('\omega/\pi'); ylabel('|X(e^j\omega)|');grid
subplot(3,1,3);plot(w/pi,arg(X));
title('相频特性');xlabel('\omega/\pi'); ylabel('arg[X(e^j\omega)]');grid
```

程序运行结果如图 3.17 所示。

(a) 序列图

(b) 幅频特性

(c) 相频特性

图 3.17　例 3.31 中序列 $x(n)$ 的幅频特性和相频特性

4. 由系统函数 $H(z)$ 求系统的频率响应 $H(e^{j\omega})$

根据 z 变换与 DTFT 之间关系可知,若已知系统函数 $H(z)$ 且收敛域包括单位圆 $|z|=1$ 时,只需令 $z=e^{j\omega}$ 即可得到系统频率响应 $H(e^{j\omega})$,即

$$H(e^{j\omega}) = H(z) \mid_{z=e^{j\omega}}$$

假设 $H(z)$ 用如下的有理分式表示:

$$H(z) = \frac{\sum_{m=0}^{M} b_m z^{-m}}{\sum_{k=0}^{N} a_k z^{-k}} = \frac{b_0 + b_1 z^{-1} + \cdots + b_M z^{-M}}{a_0 + a_1 z^{-1} + \cdots + a_N z^{-N}}$$

则系统的频率响应可以表示为

$$H(e^{j\omega}) = \frac{b_0 + b_1 e^{-j\omega} + \cdots + b_M e^{-jM\omega}}{a_0 + a_1 e^{-j\omega} + \cdots + a_N e^{-jN\omega}} \tag{3.40}$$

对上式所示的频率响应表达式,MATLAB 提供了求频率响应的 freqz 函数,其调用格式为

$$[H, w] = freqz(b, a, N)$$

其中,b 和 a 为式(3.40)所示分子多项式和分母多项式的系数向量;H 和 w 为返回的在区间 $[0, \pi]$ 上的 N 点复频率响应向量和 N 点频率向量,N 省略时,默认值为 512。当 $a=[1]$ 或 $a=1$ 时,即式(3.40)中除了 $a_0=1$ 外其他分母多项式系数值为零,所求系统的频率响应为 FIR 系统的频率响应。对比利用 freqz() 函数求解有限长序列的 DTFT,可以发现 FIR 系统频率响应求解和有限长序列 DTFT 求解方法相同,本质上为求解 IIR 系统频率响应的特例。下面通过一个例子说明如何使用 freqz() 函数求解系统的频率响应。

例 3.32 已知系统函数为 $H(z) = \dfrac{1}{1 - 0.8z^{-1} + 0.15z^{-2}}$,$|z| > 0.5$,绘出频率响应曲线。

解 实现的 MATLAB 程序代码如下:

```
clear all; close all; clc;
b = [1]; a = [1, -0.8, 0.15]; w = -3 * pi:0.01:3 * pi; H = freqz(b, a, w);
subplot(211), plot(w/pi, abs(H), 'LineWidth', 2);
xlabel('\omega/\pi'); ylabel('|H(e^j\omega)|');
title('幅频特性'); axis([-3.2, 3.2, -0.2, 3]); grid;
subplot(212), plot(w/pi, arg(H), 'LineWidth', 2);
xlabel('\omega/\pi'); ylabel('|H(e^j\omega)|');
title('相频特性'); axis([-3.2, 3.2, -1, 1]); grid;
```

程序运行结果如图 3.18 所示。

5. 系统函数 $H(z)$ 零极点位置对系统特性的影响

(1) 系统函数零极点的 MATLAB 求解及系统稳定性判断。

系统函数 $H(z)$ 的零极点可以通过调用 MATLAB 中的 roots() 函数求出,其调用格式为

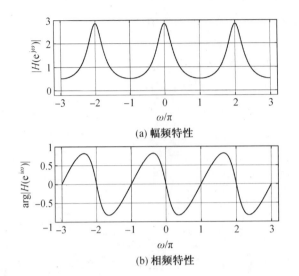

(a) 幅频特性

(b) 相频特性

图 3.18　例 3.32 中系统的幅频特性和相频特性

$$r = \text{roots}(A)$$

其中参数 A 是多项式的系数向量。

另外,系统函数的零极点图则可由 zplane( ) 函数实现,其调用格式为

$$\text{zplane}(z, p) \quad \text{或 zplane}(b, a)$$

其中,z 和 p 分别为系统函数的零点向量和极点向量;b 和 a 分别为系统函数的分子多项式和分母多项式的系数向量。绘出图形以单位圆作基准,零点用"o"表示,极点用"×"表示。需注意的是,zplane( ) 函数只绘出有限 z 平面上的零极点,$z = 0$ 或 $z = \infty$ 处的零极点不绘出或无法绘出。

系统函数的零点向量 z 与极点向量 p 和系统函数的分子多项式系数向量 b 与分母多项式系数向量 a 之间的转换可通过 ploy( ) 和 roots( ) 函数完成,即有

$$b = \text{ploy}(z); a = \text{ploy}(p); \quad \text{或 } z = \text{roots}(b); p = \text{roots}(a)$$

由 3.7.2 节可知,系统函数 $H(z)$ 的收敛域包含单位圆 $|z| = 1$ 时,系统是稳定的。对任意一个系统,若没有因果性约束,总是可以设计为稳定的。但是,若系统有因果性要求,系统就不一定能同时满足稳定性要求了。因果性是非常重要的系统特性,它决定了系统最后能否被物理实现。系统最终能否被设计为一个因果且稳定的系统取决于系统函数 $H(z)$ 的零极点分布情况。

例 3.33　已知某因果系统的系统函数为 $H(z) = \dfrac{1 + z^{-1} + z^{-2}}{1 - 1.5z^{-1} + 0.56z^{-2}}$,$|z| > 0.8$,调用 roots( ) 函数求出零极点,判断该系统是否稳定,并绘出其零极点分布图。

解　实现的 MATLAB 程序代码如下:

```
clear all; close all; clc;
b = [1,1,1]; a = [1,-1.5,0.56];
z = roots(b); p = roots(a);
zplane(z,p);
```

程序的运行结果如下：

z =

    − 0.5000 + 0.8660i

    − 0.5000 − 0.8660i

p =

    0.8000

    0.7000

零极点分布图如图 3.19 所示。

图 3.19　例 3.33 中系统的零极点分布

根据零极点分布情况可知，系统要设计为因果系统，则该系统的收敛域应该为 |z|> 0.8。此时，收敛域包括了单位圆，因此系统为稳定系统。

（2）零极点位置对系统特性的影响。

下面通过两个例子说明零极点位置对系统特性的影响。

例 3.34　已知某 IIR 系统的系统函数为 $H(z) = \dfrac{1}{1 - az^{-1}}$，$|z| > |a|$，参数 a 分别为

0.5、0.9、0.9j 和 − 0.9 时，绘出系统的零极点分布图和幅频率响应应曲线。

解　实现的 MATLAB 程序代码如下：

```
clear all; close all;clc;
b = [1];a = [1, − 0.5];
z = roots(b);p = roots(a);
subplot(421),zplane(z,p);title("a = 0.5 时零极点图");
w = − 3 * pi:0.01:3 * pi;H = freqz(b,a,w);
subplot(422),
plot(w/pi,abs(H),'LineWidth',1);xlabel('\omega/\pi');
ylabel('| H(e^j^\omega) |');
title("a = 0.5 时系统幅频响应");
b = [1];a = [1, − 0.9];
z = roots(b);p = roots(a);
subplot(423),zplane(z,p);title("a = 0.9 时零极点图");
```

```
w=-3*pi:0.01:3*pi;H=freqz(b,a,w);
subplot(424),plot(w/pi,abs(H),'LineWidth',1);xlabel('\omega/\pi');
ylabel('|H(e^j^\omega)|');
title("a=0.9 时系统幅频响应");
b=[1];a=[1,-0.9j];
z=roots(b);p=roots(a);
subplot(425),zplane(z,p);title("a=0.9j 时零极点图");
w=-3*pi:0.01:3*pi;H=freqz(b,a,w);
subplot(426),
plot(w/pi,abs(H),'LineWidth',1);xlabel('\omega/\pi');
ylabel('|H(e^j^\omega)|');title("a=0.9j 时系统幅频响应");
b=[1];a=[1,0.9];
z=roots(b);p=roots(a);
subplot(427),zplane(z,p);title("a=-0.9 时零极点图");
w=-3*pi:0.01:3*pi;H=freqz(b,a,w);
subplot(428),plot(w/pi,abs(H),'LineWidth',1);
xlabel('\omega/\pi');ylabel('|H(e^j^\omega)|');
title("a=-0.9 时系统幅频响应");
```

程序运行结果如图 3.20 所示。

图 3.20　例 3.34 中系统的零极点分布及幅频响应

例 3.34 中系统在有限 *z* 平面只有极点(1 阶),系统性能完全取决于极点位置。当极点位于正实轴或正实轴附近时,系统可以实现低通滤波功能(如图 3.20 中 $a=0.5$ 及 $a=0.9$ 时的情形)。当极点位于虚轴附近时,系统可以实现带通滤波功能(如图 3.20 中 $a=0.9j$ 时的情形)。当极点位于负实轴附近时,系统可以实现高通滤波功能(如图 3.20 中 $a=-0.9$ 时的情形)。同时可以发现,当极点越接近单位圆,则通带增益越大且通带带宽越窄。

例 3.35 已知某系统的系统函数为 $H(z)=1-az^{-1}$,$|z|>0$,参数 *a* 分别 0.5、0.9、0.9j 和 -0.9 时,绘出系统的零极点分布图和幅频响应曲线。

解 实现的 MATLAB 程序代码如下:

```
clear all; close all;clc;
b=[1,-0.5];a=[1];
z=roots(b);p=roots(a);
subplot(421),zplane(z,p);title("a=0.5 时零极点图");
w=-3*pi:0.01:3*pi;H=freqz(b,a,w);
subplot(422),
plot(w/pi,abs(H),'LineWidth',1);xlabel('\omega/\pi');
ylabel('|H(e^j^\omega)|');title("a=0.5 时系统幅频响应");
b=[1 -0.9];a=[1];
z=roots(b);p=roots(a);
subplot(423),zplane(z,p);title("a=0.9 时零极点图");
w=-3*pi:0.01:3*pi;H=freqz(b,a,w);
subplot(424),
plot(w/pi,abs(H),'LineWidth',1);xlabel('\omega/\pi');
ylabel('|H(e^j^\omega)|');title("a=0.9 时系统幅频响应");
b=[1 -0.9j];a=[1];
z=roots(b);p=roots(a);
subplot(425),zplane(z,p);title("a=0.9j 时零极点图");
w=-3*pi:0.01:3*pi;H=freqz(b,a,w);
subplot(426),
plot(w/pi,abs(H),'LineWidth',1);xlabel('\omega/\pi');
ylabel('|H(e^j^\omega)|');title("a=0.9j 时系统幅频响应");
b=[1 0.9];a=[1];
z=roots(b);p=roots(a);
subplot(427),zplane(z,p);title("a=-0.9 时零极点图");
w=-3*pi:0.01:3*pi;H=freqz(b,a,w);
subplot(428),
plot(w/pi,abs(H),'LineWidth',1);xlabel('\omega/\pi');
ylabel('|H(e^j^\omega)|');title("a=-0.9 时系统幅频响应");
```

程序运行结果如图 3.21 所示。

图 3.21　例 3.35 中系统的零极点分布及幅频响应

例 3.35 中系统在有限 z 平面只有零点(1 阶),系统性能完全取决于零点位置。当零点位于正实轴或正实轴附近时,系统可以实现高通滤波功能(如图 3.21 中 $a=0.5$ 及 $a=0.9$ 时的情形)。当零点位于虚轴附近时,系统可以实现带阻滤波功能(如图 3.21 中 $a=0.9j$ 时的情形)。当零点位于负实轴附近时,系统可以实现低通滤波功能(如图 3.21 中 $a=-0.9$ 时的情形)。同时可以发现,零点越接近单位圆,则阻带增益越小且阻带带宽越窄(如图 3.21 中 $a=0.5$ 及 $a=0.9$ 时的情形)。

通过例 3.34 和例 3.35 可知,系统特性与零极点位置有关,极点位置可以控制系统通带,零点位置可以控制系统阻带。通过合理配置系统的零极点位置,可以设计出所需的系统性能。

习　　题

3.1　求下列序列的 z 变换 $X(z)$,并标明收敛域,绘出 $X(z)$ 的零极点图。

(1) $x(n)=a^{|n|}$

(2) $x(n)=\left(\dfrac{1}{3}\right)^{n}u(n)$

(3) $x(n)=3^{n}u(-n-1)$

(4) $x(n)=\delta(n+1)$

(5) $x(n)=3^{n}u(n)$

(6) $x(n)=\left(\dfrac{1}{2}\right)^{n}u(n)+\left(\dfrac{1}{3}\right)^{n}u(n)$

$(7) x(n) = n a^n u(n)$ 　　　　$(8) x(n) = \cos(n\omega_0) u(n)$

$(9) x(n) = A r^n \cos(n\omega_0 + \varphi) u(n)$ 　$(10) x(n) = \dfrac{1}{n} u(n-1)$

3.2　假设信号 $x(n)$ 为

$$x(n) = (-1)^n u(n) + \alpha^n u(-n - n_0)$$

已知它的 z 变换收敛域是

$$1 < |z| < 2$$

试确定在复数 α 和整数 n_0 上的限制。

3.3　考虑如图 P3.3 所示序列:当 $n \geqslant 0$ 时序列以 $N = 4$ 周期重复,$n < 0$ 时序列值为零。求该序列的 z 变换及其收敛域。

图 P3.3

3.4　假设 $x(n)$ 的 z 变换表达式为

$$X(z) = \frac{5 - 7z^{-1}}{\left(1 - \dfrac{1}{2} z^{-2}\right)(1 - 2z^{-2})}$$

问 $X(z)$ 可能有多少不同的收敛域,它们分别对应什么序列?

3.5　假设 $x(n)$ 是一个绝对可和的信号,其 z 变换 $X(z)$ 为有理分式。若已知 $X(z)$ 在 $z = \dfrac{1}{2}$ 有一个极点,则 $x(n)$ 可以为

(1) 有限长信号吗?

(2) 左边信号吗?

(3) 右边信号吗?

(4) 双边信号吗?

3.6　求下列 $X(z)$ 的反变换:

$(1) X(z) = \dfrac{1}{1 + 0.6z^{-1}}, |z| > 0.6$

$(2) X(z) = \dfrac{1 - 2z^{-1}}{1 - \dfrac{1}{4} z^{-1}}, |z| < \dfrac{1}{4}$

$(3) X(z) = \dfrac{1}{1 + 3z^{-1} + 2z^{-2}}, |z| > 2$

$(4) X(z) = \dfrac{1}{(1 - z^{-1})(1 - z^{-2})}, |z| > 1$

$(5) X(z) = \dfrac{1 - \dfrac{1}{4} z^{-1}}{1 - \dfrac{8}{15} z^{-1} + \dfrac{1}{15} z^{-2}}, \dfrac{1}{5} < |z| < \dfrac{1}{3}$

(6) $X(z) = 4 + 3(z^2 + z^{-2}), 0 < |z| < \infty$

(7) $X(z) = \ln(1 + az^{-1}), |z| > |a|$

3.7 已知因果序列的 z 变换,求下列序列的初值 $x(0)$ 与终值 $x(\infty)$:

(1) $X(z) = \dfrac{1}{(1 - 0.5z^{-1})(1 + 0.5z^{-1})}$

(2) $X(z) = \dfrac{1 - \dfrac{1}{2}z^{-1}}{1 - \dfrac{5}{2}z^{-1} + z^{-2}}$

3.8 有一信号 $y(n)$,它与另两个信号 $x_1(n)$ 和 $x_2(n)$ 的关系是
$$y(n) = x_1(n+3) * x_2(-n+1)$$
其中 $x_1(n) = \left(\dfrac{1}{2}\right)^n u(n), x_1(n) = \left(\dfrac{1}{3}\right)^n u(n)$,利用 z 变换性质求 $y(n)$。

3.9 求以下序列 $x(n)$ 的频谱 $X(e^{j\omega})$:

(1) $\delta(n - n_0)$ (2) $e^{-an}u(n)$

(3) $\left(\dfrac{1}{2}\right)^{-n} u(-n-1)$ (4) $e^{-an}\cos(\omega_0 n)u(n)$

(5) $u(n-2) - u(n-6)$ (6) $nR_7(n-3)$

3.10 下列是各序列的离散时间傅里叶变换 $X(e^{j\omega})$,求相应的序列 $x(n)$。

(1) $X(e^{j\omega}) = 1 + 3e^{-j\omega} + 2e^{-j2\omega} - 4e^{-j3\omega} + e^{-j10\omega}$

(2) $X(e^{j\omega}) = \cos^2\omega + \sin^3(3\omega)$

(3) $X(e^{j\omega}) = \dfrac{e^{-j\omega} - \dfrac{1}{5}}{1 - \dfrac{1}{5}e^{-j\omega}}$

(4) $X(e^{j\omega}) = \dfrac{1 - \dfrac{1}{3}e^{-j\omega}}{1 - \dfrac{1}{4}e^{-j\omega} - \dfrac{1}{8}e^{-j2\omega}}$

3.11 若 $x_1(n)$、$x_2(n)$ 是因果稳定的实序列,求证:
$$\frac{1}{2\pi}\int_{-\pi}^{\pi} X_1(e^{j\omega})X_2(e^{j\omega})d\omega = \left[\frac{1}{2\pi}\int_{-\pi}^{\pi} X_1(e^{j\omega})d\omega\right]\left[\frac{1}{2\pi}\int_{-\pi}^{\pi} X_2(e^{j\omega})d\omega\right]$$

3.12 假设 $x(n)$ 为序列
$$x(n) = 2\delta(n+2) - \delta(n+1) + 3\delta(n) - \delta(n-1) + 2\delta(n-2)$$
不必求出 $X(e^{j\omega})$,试完成下列计算:

(1) $X(e^{j0})$ (2) $X(e^{j\pi})$

(3) $\int_{-\pi}^{\pi} X(e^{j\omega})d\omega$ (4) $\int_{-\pi}^{\pi} |X(e^{j\omega})|^2 d\omega$

(5) $\int_{-\pi}^{\pi} \left|\dfrac{dX(e^{j\omega})}{d\omega}\right|^2 d\omega$

(6) 确定并画出傅里叶变换实部 $\mathrm{Re}[X(e^{j\omega})]$ 的时间序列 $x_e(n)$。

3.13 已知 $x(n)$ 有傅里叶变换 $X(e^{j\omega})$,用 $X(e^{j\omega})$ 表示下列信号的傅里叶变换:

$(1)\, x_1(n) = x(1-n) + x(-1-n)$

$(2)\, x_2(n) = \dfrac{x^*(-n) + x(n)}{2}$

$(3)\, x_3(n) = (n-1)^2 x(n)$

$(4)\, x_4(n) = x(2n)$

$(5)\, x_5(n) = \begin{cases} x\left(\dfrac{n}{2}\right) & (n\ \text{为偶数}) \\ 0 & (n\ \text{为奇数}) \end{cases}$

$(6)\, x_6 = x^2(n)$

$(7)\, x_7(n) = e^{j\omega_0 n} x(n)$

$(8)\, x_8(n) = x(n) R_5(n)$

$(9)\, x_9(n) = x^*(-n)$

$(10)\, x_{10}(n) = x(n) * x^*(-n)$

3.14　已知 $x(n) = R_3(n)$，试求 $x(n)$ 的共轭对称序列 $x_e(n)$ 和共轭反对称序列 $x_o(n)$，并分别求出两个分量的离散时间傅里叶变换。

3.15　若序列 $x(n)$ 是实的并且是因果的，如果

$$X_R(e^{j\omega}) = \text{Re}[X(e^{j\omega})] = 1 + a\cos 2\omega$$

求 $x(n)$ 及 $X(e^{j\omega})$。

3.16　若序列 $x(n)$ 是因果序列，$x(0) = 1$，其傅里叶变换的虚部为

$$X_I(e^{j\omega}) = \text{Im}[X(e^{j\omega})] = \frac{-a\sin\omega}{1 + a^2 - 2a\cos\omega} \quad (\,|a| < 1)$$

求序列 $x(n)$ 及其傅里叶变换 $X(e^{j\omega})$。

3.17　已知一阶因果离散系统的差分方程为

$$y(n) + 3y(n-1) = x(n)$$

试求系统函数 $H(z)$ 和单位抽样响应 $h(n)$。

3.18　已知因果系统由下面差分方程描述：

$$y(n) - \frac{1}{2} y(n-1) + \frac{1}{4} y(n-2) = x(n)$$

(1) 求系统的系统函数 $H(z)$，并画出零极点分布图；

(2) 求系统的单位抽样响应 $h(n)$；

(3) 若 $x(n)$ 为

$$x(n) = \left(\frac{1}{2}\right)^{-n} u(n)$$

用 z 变换求 $y(n)$。

3.19　已知某系统满足下列差分方程：

$$y(n) - \frac{5}{2} y(n-1) + y(n+1) = x(n)$$

该系统不限定为因果、稳定系统。利用系统的零极点图，试求系统单位冲激响应的三种可能选择方案。

3.20 已知因果线性时不变系统满足下列差分方程：

$$y(n) - 0.9y(n-1) = x(n) + 0.9x(n-1)$$

(1) 求该系统的系统函数 $H(z)$ 及单位抽样响应 $h(n)$；

(2) 求系统的频率响应 $H(e^{j\omega})$，并定性画出其幅频响应 $|H(e^{j\omega})|$；

(3) 已知输入为 $x(n) = 10 + 5\cos\omega_0 n$，求输出 $y(n)$。

3.21 对于图 P3.21 所示的一阶 LTI 系统（假设 a 为实数），

(1) 假设输入为 $x(n) = u(n)$，求该系统的响应 $y(n)$；

(2) 求系统的频率响应 $H(e^{j\omega})$；

(3) 要将系统设计为高通滤波器，求 a 的取值范围。

图 P3.21

3.22 已知一个线性时不变系统具有如下频率响应：

$$H(e^{j\omega}) = e^{j\omega} \frac{1}{1.1 + \cos\omega}$$

求表示输入输出关系的常系数线性差分方程。

第 4 章

离散傅里叶变换(DFT)

4.1 概　　述

前面讨论了序列傅里叶变换和 z 变换。序列在有些时候只有有限个非零值,此类型序列即为有限长序列。有限长序列可用 z 变换和离散时间傅里叶变换(DTFT)来研究它,但这两种变换都不能用计算机直接进行计算。目前,计算机已经普及,而且其计算性能也不断提升,因此人们需要发挥计算机的长处,应用其进行信号分析处理。在特殊情况下,可以推导出一种针对序列"有限长"特点的变换 —— 离散傅里叶变换,并利用计算机进行运算。

有限长序列的离散傅里叶变换,是其傅里叶表示法的一种,在理论上十分重要。不仅如此,由于存在计算傅里叶变换的快速有效算法 —— 快速傅里叶变换,因而离散傅里叶变换在实现各种数字信号处理算法时发挥着核心作用。此种算法将在下一章详细讨论。

本章先引入几种典型的傅里叶变换,之后选择有限长序列和周期序列的关系作为着眼点推导离散傅里叶变换定义式,因此应讨论周期序列的傅里叶级数表示式及其性质。

4.2 几种可能形式的傅里叶变换

傅里叶变换就是建立以时间为自变量的"信号"与以频率为自变量的"频谱函数"之间的某种变换关系。因此,当自变量"时间"或"频率"取不同状态的值时,便形成各种类型相异的傅里叶变换对。

4.2.1 连续时间、连续频率 —— 傅里叶变换

图 4.1(a) 所示为连续时间函数 $x(t)$ 及其傅里叶变换。在"信号与系统"这门课中,已知其正、反变换的数学表示式分别为

$$X(\omega) = \int_{-\infty}^{\infty} x(t) e^{-j\omega t} dt \tag{4.1}$$

$$x(t) = \frac{1}{2\pi} \int_{-\infty}^{\infty} X(\omega) e^{j\omega t} d\omega \tag{4.2}$$

本书引入了数字角频率,通常用 ω 来表示,因此,为了避免混淆,可用 Ω 代替 ω 表示模拟角频率,则式(4.1)、式(4.2)可表示为

$$X(j\Omega) = \int_{-\infty}^{\infty} x(t) e^{-j\Omega t} dt \tag{4.3}$$

$$x(t) = \frac{1}{2\pi} \int_{-\infty}^{\infty} X(j\Omega) e^{j\Omega t} \, d\omega \qquad (4.4)$$

从式(4.3)、式(4.4)及图4.1(a)中可以看到,时间函数和频率函数都是连续的,也都是非周期的。

4.2.2 连续时间、离散频率 —— 傅里叶级数

如图4.1(b)所示,设 $x_p(t)$ 为一个周期是 T_0 的周期性连续时间函数,根据周期信号的傅里叶级数的理论,其傅里叶级数展开式为

$$x_p(t) = \sum_{k=-\infty}^{\infty} c_k e^{jk\Omega_0 t} \qquad (4.5)$$

式中,c_k 为傅里叶级数的系数,一般是频率的复函数,$c_k = \frac{1}{T_0} \int_{T_0} x(t) e^{-jk\Omega_0 t} \, dt$,此处 c_k 可以写作 $X(jk\Omega_0)$,它是由各次谐波分量组成的非周期离散频率函数,为 $x_p(t)$ 的频谱;Ω_0 为离散频谱相邻两谱线之间的角频率间隔,$\Omega_0 = \frac{2\pi}{T_0} = 2\pi F_0$;$k$ 为谐波序号。此时变换对可表示为

$$X(jk\Omega_0) = \frac{1}{T_0} \int_{-T_0/2}^{T_0/2} x_p(t) e^{-jk\Omega_0 t} \, dt \qquad (4.6)$$

$$x_p(t) = \sum_{k=-\infty}^{\infty} X(jk\Omega_0) e^{jk\Omega_0 t} \qquad (4.7)$$

(a)

(b)

(c)

(d)

图4.1 傅里叶变换的各种形式

4.2.3　离散时间、连续频率 —— 序列的傅里叶变换

此类型傅里叶变换是前面章节所讨论过的序列(离散傅里叶变换)的傅里叶变换对,其傅里叶变换对的表达式为

$$X(\mathrm{e}^{\mathrm{j}\omega}) = \sum_{n=-\infty}^{\infty} x(n)\mathrm{e}^{-\mathrm{j}\omega n} \tag{4.8}$$

$$x(n) = \frac{1}{2\pi}\int_{-\pi}^{\pi} X(\mathrm{e}^{\mathrm{j}\omega})\mathrm{e}^{\mathrm{j}\omega n}\,\mathrm{d}\omega \tag{4.9}$$

式中,$x(n)$ 为离散非周期序列,其频谱是周期的连续函数 $X(\mathrm{e}^{\mathrm{j}\omega})$,相当于抽样信号频谱的情况。$\omega$ 为数字角频率,它和模拟角频率 Ω 的关系为 $\omega = \Omega T$,其中 T 为抽样间隔。

若把序列 $x(n)$ 看作是模拟信号的抽样,可表示成 $x(n) = x(nT)$,抽样频率为 $f_\mathrm{s} = 1/T$,$\Omega_\mathrm{s} = 2\pi/T$,则式(4.8)、式(4.9)也可以写成下面的形式

$$X(\mathrm{e}^{\mathrm{j}\Omega T}) = \sum_{n=-\infty}^{\infty} x(nT)\mathrm{e}^{-\mathrm{j}n\Omega T} \tag{4.10}$$

$$x(nT) = \frac{1}{\Omega_\mathrm{s}}\int_{-\Omega_\mathrm{s}/2}^{\Omega_\mathrm{s}/2} X(\mathrm{e}^{\mathrm{j}\Omega T})\mathrm{e}^{\mathrm{j}n\Omega T}\,\mathrm{d}\Omega \tag{4.11}$$

式(4.10)和式(4.11)可由离散系统的频率响应推演得出,同样利用频域的周期性,采用频域的傅里叶级数都可以推导上面两式。这一变换对的描述如图 4.1(c)所示。

4.2.4　离散时间、离散频率 —— 离散傅里叶变换

比较图 4.1(a)、(b)和(c)可以得出以下结论:若信号的频谱函数是离散的,则其在时域表现为周期性;如果信号在时域是离散的,则其频谱函数表现为周期性。以上 3 种傅里叶变换至少在一个域(时域或频域)中函数是连续的,因而都不适合在计算机上运算。可以推断,一个周期性的离散时间序列,其频谱函数既是离散的又是周期的,如图 4.1(d)所示,这正是适合利用计算机进行运算的理想情况 —— 时域和频域都是离散的。因此可以给出一般规律:一个域的离散必然对应另一个域的周期延拓,一个域的连续必然对应另一个域的非周期。表 4.1 对以上 4 种傅里叶变换形式的规律进行了归纳。

表 4.1　4 种傅里叶变换形式的归纳

时间函数	频率函数
连续和非周期	非周期和连续
连续和周期	非周期和离散
离散和非周期	周期和连续
离散和周期	周期和离散

4.3 离散傅里叶级数

4.3.1 周期序列离散傅里叶级数的引入

考察一个周期序列 $\tilde{x}(n)$，其周期为 N，那么对于一个任意整数 r，有

$$\tilde{x}(n) = \tilde{x}(n+rN) \tag{4.12}$$

此序列不能用 z 变换表示，因为任何 z 值下其 z 变换 $X(z)$ 都不收敛，但却可以用傅里叶级数来表示，即可以用正弦及余弦序列或复指数序列之和表示 $\tilde{x}(n)$，而它们的频率等于周期序列基频 $2\pi/N$ 的整数倍。上述表示方法与表示连续周期信号的复指数序列在形式上相似，但二者的频谱分量有着本质的区别。连续周期信号的傅里叶级数有无穷多个谐波成分，而离散周期序列的傅里叶级数只有 N 个独立的谐波成分。这是由于复指数

$$e_k(n) = e^{j\frac{2\pi}{N}kn} = e_{k+rN}(n) \tag{4.13}$$

是 k 的周期函数，周期为 N。于是 $e_0(n) = e_N(n)$，$e_1(n) = e_{N+1}(n)$，$\cdots$，因此式(4.13)中 $k=0$，$1,2,\cdots,N-1$ 的 N 个复指数构成的集合定义了频率为 $2\pi/N$ 的整数倍的所有复指数。所以一个周期序列 $\tilde{x}(n)$ 的傅里叶级数表达式为

$$\tilde{x}(n) = \frac{1}{N} \sum_{k=0}^{N-1} \tilde{X}(k) e^{j\frac{2\pi}{N}nk} \tag{4.14}$$

这里的 $1/N$ 是一个常数，使用它是为了下面推导的 $\tilde{X}(k)$ 表达式成立的需要。

4.3.2 $\tilde{x}(n)$ 的 k 次谐波系数 $\tilde{X}(k)$ 的求法

由式(4.13)可知，$\tilde{X}(k)$ 是 k 次谐波的系数，下面来求解它的表达式。这里要利用以下性质：

$$\sum_{n=0}^{N-1} e^{j\frac{2\pi}{N}rn} = \begin{cases} N & (r=mN, m \text{ 为任意整数}) \\ 0 & (\text{其他 } r) \end{cases} \tag{4.15}$$

用 $e^{-j\frac{2\pi}{N}nr}$ 乘式(4.15)的两边，然后从 $n=0$ 到 $N-1$ 求和，且利用式(4.15)，则得到

$$\sum_{n=0}^{N-1} \tilde{x}(n) e^{-j\frac{2\pi}{N}kn} = \frac{1}{N} \sum_{n=0}^{N-1} \sum_{k=0}^{N-1} \tilde{X}(k) e^{j\frac{2\pi}{N}(k-r)n}$$

$$= \sum_{k=0}^{N-1} \tilde{X}(k) \left[\frac{1}{N} \sum_{n=0}^{N-1} e^{j\frac{2\pi}{N}(k-r)n} \right]$$

$$= \tilde{X}(r)$$

将 r 换成 k，则式(4.14)的系数 $\tilde{X}(k)$ 可以利用如下关系式表达

$$\tilde{X}(k) = \sum_{n=0}^{N-1} \tilde{x}(n) e^{-j\frac{2\pi}{N}kn} \tag{4.16}$$

式(4.16)便是求 $k=0$ 到 $N-1$ 的 N 个谐波系数 $\tilde{X}(k)$ 的公式。可以证明 $\tilde{X}(k)$ 也是一个以 N 为周期的周期序列，即时域周期序列 $\tilde{x}(n)$ 的离散傅里叶级数系数 $\tilde{X}(k)$ 也是一个与 $\tilde{x}(n)$

同周期的周期序列。

傅里叶级数的系数 $\tilde{X}(k)$ 可以认为是一个在 $k=0,1,2,\cdots,N-1$ 时由式(4.16)给定,而对于其他 k 值为零的有限长序列,也可以将 $\tilde{X}(k)$ 描述为一个对所有自变量 k 都是由式(4.16)表示的周期序列。通常都采用后一种解释更方便,因为采用此种解释方法,周期序列的傅里叶级数表达式在时域和频域之间存在对偶关系。式(4.16)和式(4.14)互为变换对,分别称为周期序列离散傅里叶级数从时域到频域的正变换和周期序列离散傅里叶级数从频域到时域的反变换。

为了表示方便,引入符号 $W_N=\mathrm{e}^{-\mathrm{j}\frac{2\pi}{N}}$,则周期序列离散傅里叶级数的正变换和反变换可分别表示为

$$\tilde{X}(k)=\mathrm{DFS}\big[\tilde{x}(n)\big]=\sum_{n=0}^{N-1}\tilde{x}(n)\mathrm{e}^{-\mathrm{j}\frac{2\pi}{N}nk}=\sum_{n=0}^{N-1}\tilde{x}(n)W_N^{nk} \tag{4.17}$$

$$\tilde{x}(n)=\mathrm{IDFS}\big[\tilde{X}(k)\big]=\frac{1}{N}\sum_{k=0}^{N-1}\tilde{X}(k)\mathrm{e}^{\mathrm{j}\frac{2\pi}{N}nk}=\frac{1}{N}\sum_{k=0}^{N-1}\tilde{X}(k)W_N^{-nk} \tag{4.18}$$

由式(4.17)和式(4.18)可以看出,只需知道周期序列一个周期的内容,其他周期的内容也就清楚了。虽然 $\tilde{x}(n)$ 和 $\tilde{X}(k)$ 都是无限长的周期序列,但实际上只有一个周期的 N 个点有信息。所以周期序列和其对应的有限长序列有着紧密的联系。

DFT 变换和反变换可以写成矩阵形式,即

$$\begin{bmatrix} X(0) \\ X(1) \\ \vdots \\ X(N-1) \end{bmatrix} = \begin{bmatrix} W_N^0 & W_N^0 & \cdots & W_N^0 \\ W_N^0 & W_N^{1\times1} & \cdots & W_N^{1\times(N-1)} \\ \vdots & \vdots & & \vdots \\ W_N^0 & W_N^{(N-1)\times1} & \cdots & W_N^{(N-1)(N-1)} \end{bmatrix} \begin{bmatrix} x(0) \\ x(1) \\ \vdots \\ x(N-1) \end{bmatrix}$$

$$\begin{bmatrix} x(0) \\ x(1) \\ \vdots \\ x(N-1) \end{bmatrix} = \frac{1}{N}\begin{bmatrix} W_N^0 & W_N^0 & \cdots & W_N^0 \\ W_N^0 & W_N^{-1\times1} & \cdots & W_N^{-1\times(N-1)} \\ \vdots & \vdots & & \vdots \\ W_N^0 & W_N^{-(N-1)\times1} & \cdots & W_N^{-(N-1)(N-1)} \end{bmatrix} \begin{bmatrix} X(0) \\ X(1) \\ \vdots \\ X(N-1) \end{bmatrix}$$

简写作

$$\overline{X}(k)=\overline{W_N^{nk}}\,\overline{x}(n)$$

$$\overline{x}(n)=\frac{1}{N}\overline{W_N^{-nk}}\,\overline{X}(k)$$

此处 $\overline{X}(k)$ 和 $\overline{x}(n)$ 代表 N 重的列向量;$\overline{W_N^{nk}}$ 与 $\overline{W_N^{-nk}}$ 分别为 N 阶对称方阵。

下面看一些关于周期序列傅里叶级数的实际例子。

例 4.1　设 $\tilde{x}(n)$ 为周期脉冲串,即

$$\tilde{x}(n)=\sum_{r=-\infty}^{\infty}\delta(n+rN)$$

因为对于 $0\leqslant n\leqslant N-1,\tilde{x}(n)=\delta(n)$,所以利用式(4.17)求出 $\tilde{x}(n)$ 的离散傅里叶级数系数 $\tilde{X}(k)$ 为

$$\widetilde{X}(k) = \sum_{n=0}^{N-1} \widetilde{x}(n) W_N^{nk} = \sum_{n=0}^{N-1} \delta(n) W_N^{nk} = 1$$

在这种情况下,对于所有的 k 值,$\widetilde{X}(k)$ 均相同。于是将上式代入式(4.18),得

$$\widetilde{x}(n) = \sum_{r=-\infty}^{\infty} \delta(n+rN) = \frac{1}{N} \sum_{k=0}^{N-1} W_N^{-nk} = \frac{1}{N} \sum_{k=0}^{N-1} e^{j\frac{2\pi}{N}nk}$$

例 4.2 已知周期序列 $\widetilde{x}(n)$ 如图 4.2 所示,其周期 $N=10$,试求解它的傅里叶级数系数 $\widetilde{X}(k)$。

图 4.2 周期序列 $\widetilde{x}(n)$ 的图形(周期 $N=10$)

解 由式(4.18),得

$$\widetilde{X}(k) = \sum_{n=0}^{10-1} \widetilde{x}(n) W_{10}^{nk} = \sum_{n=0}^{4} e^{-j\frac{2\pi}{10}nk}$$

根据上式,可画出 $\widetilde{X}(k)$ 的幅值图形如图 4.3 所示。

图 4.3 周期序列 $\widetilde{x}(n)$ 的傅里叶级数系数的幅值图形

4.3.3 利用 z 变换、傅里叶变换求 $\widetilde{X}(k)$

先回顾一下 $\widetilde{X}(k)$ 的周期性,若 m 为整数,则

$$\begin{aligned}
\widetilde{X}(k+mN) &= \sum_{n=0}^{N-1} \widetilde{x}(n) e^{-j\frac{2\pi}{N}(k+mN)n} \\
&= \sum_{n=0}^{N-1} \widetilde{x}(n) e^{-j\frac{2\pi}{N}kn} \cdot e^{-j2\pi mn} \\
&= \sum_{n=0}^{N-1} \widetilde{x}(n) e^{-j\frac{2\pi}{N}kn} = \widetilde{X}(k)
\end{aligned}$$

所以 $\widetilde{X}(k)$ 为周期函数,且 $\widetilde{X}(k)$ 只有 N 个不同值。

下面用 z 变换的方法求 $\widetilde{X}(k)$。将 $\widetilde{x}(n)$ 的一个周期内的序列记为 $x(n)$,且

$$x(n) = \begin{cases} \widetilde{x}(n) & (0 \leqslant n \leqslant N-1) \\ 0 & (\text{其他}) \end{cases} \tag{4.19}$$

观察式(4.19),通常将 $x(n)$ 称为 $\widetilde{x}(n)$ 的主值序列。对 $\widetilde{x}(n)$ 进行 z 变换,得

$$X(z) = \sum_{n=-\infty}^{\infty} x(n) z^{-n} = \sum_{n=0}^{N-1} x(n) z^{-n} \tag{4.20}$$

令 $z = \mathrm{e}^{\mathrm{j}\frac{2\pi}{N}k}$，则有 $X(\mathrm{e}^{\mathrm{j}\frac{2\pi}{N}k}) = \sum_{n=0}^{N-1} x(n) \mathrm{e}^{-\mathrm{j}\frac{2\pi}{N}kn} = \widetilde{X}(k)$。

可见，当 $0 \leqslant k \leqslant N-1$ 时，$\widetilde{X}(k)$ 是 z 变换 $X(z)$ 在单位圆上的抽样，抽样点在单位圆上的 N 个等分点上，且第一个抽样点为 $k=0$。在此区间之外随着 k 的变化，$\widetilde{X}(k)$ 的值呈周期性变化。

由序列傅里叶变换的公式

$$X(\mathrm{e}^{\mathrm{j}\omega}) = \sum_{n=0}^{N-1} x(n) \mathrm{e}^{-\mathrm{j}\omega n} = \sum_{n=0}^{N-1} \widetilde{x}(n) \mathrm{e}^{-\mathrm{j}\omega n} \tag{4.21}$$

比较式(4.21)和式(4.17)，可以看出

$$\widetilde{X}(k) = X(\mathrm{e}^{\mathrm{j}\omega}) \mid_{\omega = 2\pi k/N} \tag{4.22}$$

这相当于以 $2\pi/N$ 的频率间隔对傅里叶变换进行抽样。

为了说明傅里叶级数系数 $\widetilde{X}(k)$ 和周期信号 $\widetilde{x}(n)$ 的一个周期的傅里叶变换之间的关系，再列举一道例题进行说明。

例 4.3　再次研究图 4.2 所示的序列 $\widetilde{x}(n)$ 可知，在序列 $\widetilde{x}(n)$ 的一个周期中，

$$x(n) = \begin{cases} 1 & (0 \leqslant n \leqslant 4) \\ 0 & (\text{其他}) \end{cases}$$

则 $\widetilde{x}(n)$ 的一个周期的傅里叶变换是

$$X(\mathrm{e}^{\mathrm{j}\omega}) = \sum_{n=0}^{4} \mathrm{e}^{-\mathrm{j}\omega n} = \frac{1 - \mathrm{e}^{-\mathrm{j}5\omega}}{1 - \mathrm{e}^{-\mathrm{j}\omega}} = \mathrm{e}^{-\mathrm{j}2\omega} \frac{\sin(5\omega/2)}{\sin(5\omega/2)}$$

可以证明，若将 $\omega = 2\pi k/10$ 代入式(4.22)，即

$$\widetilde{X}(k) = X(\mathrm{e}^{\mathrm{j}\omega}) \mid_{\omega = 2\pi k/10} = \mathrm{e}^{-\mathrm{j}\frac{4\pi}{10}k} \frac{\sin(5\pi k/10)}{\sin(\pi k/10)}$$

4.3.4　离散傅里叶级数的性质

正如连续时间信号的傅里叶变换、拉普拉斯变换和离散非周期时间信号的 z 变换一样，离散傅里叶级数(DFS)的一些性质对于其成功地应用于信号处理也是十分重要的，而且这些性质的许多基本特性与 z 变换的性质十分相似。然而，由于 $\widetilde{x}(n)$ 和 $\widetilde{X}(k)$ 的周期性，DFS 的性质与 z 变换的性质还有一些比较大的差别。而且 DFS 表达式在时域和频域之间具有严格的对偶关系，而 z 变换并不具备这样的特性。

设 $\widetilde{x}_1(n)$ 和 $\widetilde{x}_2(n)$ 均是周期为 N 的周期序列，其 DFS 分别为

$$\widetilde{X}_1(k) = \mathrm{DFS}[\widetilde{x}_1(n)]$$

$$\widetilde{X}_2(k) = \mathrm{DFS}[\widetilde{x}_2(n)]$$

1. 线性关系

DFS 的线性关系性质如下式所述：

$$\mathrm{DFS}[a\tilde{x}_1(n)+b\tilde{x}_2(n)]=a\tilde{X}_1(k)+b\tilde{X}_2(k) \tag{4.23}$$

式中,a 和 b 为任意常数,所得到的频域序列也是周期序列,周期为 N。此性质可由 DFS 的定义直接证明。

2. 周期序列的移位

若 $\mathrm{DFS}[\tilde{x}(n)]=\tilde{X}(k)$,则

$$\mathrm{DFS}[\tilde{x}(n+m)]=W_N^{-mk}\tilde{X}(k)=\mathrm{e}^{\mathrm{j}\frac{2\pi}{N}mk}\tilde{X}(k) \tag{4.24}$$

$$\mathrm{DFS}[W_N^{nl}\tilde{x}(n)]=\tilde{X}(k+l) \tag{4.25}$$

或

$$\mathrm{IDFS}[\tilde{X}(k+l)]=W_N^{nl}\tilde{x}(n)=\mathrm{e}^{-\mathrm{j}\frac{2\pi}{N}nl}\tilde{x}(n) \tag{4.26}$$

式中,$\tilde{x}(n+m)$ 和 $\tilde{X}(k+l)$ 分别为 $\tilde{x}(n)$ 和 $\tilde{X}(k)$ 的移位。其中式(4.25)被称为调制特性。

证明

$$\mathrm{DFS}[\tilde{x}(n+m)]=\sum_{n=0}^{N-1}\tilde{x}(n+m)W_N^{nk}$$

令 $i=m+n$,则 $n=i-m$。$n=0$ 时,$i=m$;$m=N-1$ 时,$i=N-1+m$。所以

$$\mathrm{DFS}[\tilde{x}(n+m)]=\sum_{i=m}^{N-1+m}\tilde{x}(i)W_N^{ik}\cdot W_N^{-mk}=W_N^{-mk}\sum_{i=0}^{N-1}\tilde{x}(i)W_N^{ik}=W_N^{-mk}\tilde{x}(k)$$

式中,$\tilde{x}(i)$ 和 W_N^{ik} 都是以 N 为周期的周期函数。

3. 对偶性

通过信号与系统的相关知识点可知,连续时间信号的傅里叶变换在时域、频域间存在着对偶性,但非周期序列和其离散时间傅里叶变换(DTFT)是两类不同的函数:时域是离散的序列,频域是连续周期的函数,所以二者之间不存在对偶性。观察 DFS 和 IDFS 变换式,它们的差别仅在于 $1/N$ 因子和符号 W_N 的指数的正负号,所以周期序列 $\tilde{x}(n)$ 和它的 DFS 的系数 $\tilde{X}(k)$ 是同一类函数,都具有离散周期性的特点,因此也必然存在时域与频域的对偶关系。

根据式(4.18)可得

$$N\tilde{x}(-n)=\sum_{k=0}^{N-1}\tilde{X}(k)\mathrm{e}^{-\mathrm{j}\frac{2\pi}{N}nk}=\sum_{k=0}^{N-1}\tilde{X}(k)W_N^{nk} \tag{4.27}$$

观察式(4.27)可知,其等式右边是与式(4.18)相同的正变化的表达式,将其中的 n 和 k 互换,可得

$$N\tilde{x}(-k)=\sum_{k=0}^{N-1}\tilde{X}(n)W_N^{kn} \tag{4.28}$$

式(4.28)与式(4.17)形式相似,也就是周期序列 $\tilde{X}(n)$ 的 DFS 系数是 $N\tilde{x}(-k)$,因而有以下的对偶关系:

$$\mathrm{DFS}[\tilde{x}(n)]=\tilde{X}(k) \tag{4.29}$$

$$\mathrm{DFS}[\tilde{X}(n)] = N\tilde{x}(-k) \tag{4.30}$$

4. 对称性

与上节傅里叶变换的一些对称性质类似,周期序列的离散傅里叶级数的离散时域与离散频域也有对称关系,这里不详细讨论这些对称性质,而将在后面的离散傅里叶变换一节中详细讨论这些对称性,之后把那里讨论的结果进行周期延拓,便得到周期性序列的离散傅里叶级数的对称性。

5. 周期卷积和

若

$$\tilde{Y}(k) = \tilde{X}_1(k)\tilde{X}_2(k)$$

则

$$\tilde{y}(n) = \mathrm{IDFS}[\tilde{Y}(k)] = \sum_{m=0}^{N-1} \tilde{x}_1(m)\tilde{x}_2(n-m) = \sum_{m=0}^{N-1} \tilde{x}_2(m)\tilde{x}_1(n-m) \tag{4.31}$$

式(4.31)称为时域卷积定理。

证明

将 $\tilde{X}_1(k) = \sum\limits_{m=0}^{N-1} \tilde{x}_1(m)W_N^{mk}$ 代入

$$\tilde{y}(n) = \mathrm{IDFS}[\tilde{X}_1(k)\tilde{X}_2(k)] = \frac{1}{N}\sum_{k=0}^{N-1} \tilde{X}_1(k)\tilde{X}_2(k)W_N^{-kn}$$

中,则

$$\tilde{y}(n) = \frac{1}{N}\sum_{k=0}^{N-1}\sum_{m=0}^{N-1} \tilde{x}_1(m)\tilde{X}_2(k)W_N^{-(n-m)k} = \sum_{m=0}^{N-1} \tilde{x}_1(m)\left[\frac{1}{N}\sum_{k=0}^{N-1} \tilde{X}_2(k)W_N^{-(n-m)k}\right]$$

$$= \sum_{m=0}^{N-1} \tilde{x}_1(m)\tilde{x}_2(n-m)$$

将变量进行简单换元,即可得等价的表示式

$$\tilde{y}(n) = \sum_{m=0}^{N-1} \tilde{x}_2(m)\tilde{x}_1(n-m)$$

式(4.31)是一个卷积公式,但是它与非周期序列的线性卷积(和)不同。 首先,$\tilde{x}_1(m)$ 和 $\tilde{x}_2(n-m)$(或 $\tilde{x}_2(m)$ 和 $\tilde{x}_1(n-m)$)都是变量 m 的周期序列,周期为 N,故乘积也是周期为 N 的周期序列;其次,求和只在一个周期上进行,即 $m=0$ 到 $N-1$,所以称为周期卷积。

周期卷积的过程可以用图 4.4 来说明,这是一个 $N=7$ 的周期卷积。$\tilde{x}_1(n)$ 每一个周期里有一个宽度为 4 的矩形脉冲,$\tilde{x}_2(n)$ 有一个宽度为 3 的矩形脉冲,图中画出了对应于 $n=0$,$1,2$ 的 $\tilde{x}_2(n-m)$。

周期卷积过程中一个周期的某一序列值移出计算区间时,相邻的同一位置的序列值就移入计算区间。运算在 $m=0$ 到 $N-1$ 区间内进行,即在一个周期内将 $\tilde{x}_2(n-m)$ 与 $\tilde{x}_1(m)$ 逐点相乘后求和,先计算出 $n=0,1,\cdots,N-1$ 的结果,然后将所得结果周期延拓,就得到所求的整个周期序列 $\tilde{y}(n)$。

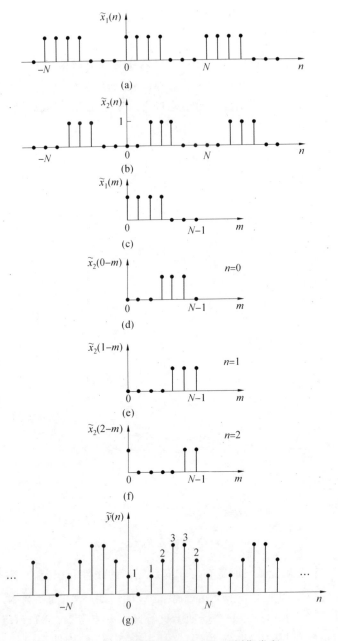

图 4.4　两个周期序列 $(N = 7)$ 的周期卷积

若 $\tilde{y}(n) = \tilde{x}_1(n)\tilde{x}_2(n)$，则

$$\tilde{Y}(k) = \mathrm{DFS}[\tilde{y}(n)] = \sum_{n=0}^{N-1} \tilde{y}(n) W_N^{nk} = \frac{1}{N} \sum_{l=0}^{N-1} \tilde{X}_1(l)\tilde{X}_2(k-l) = \frac{1}{N} \sum_{l=0}^{N-1} \tilde{X}_2(l)\tilde{X}_1(k-l)$$

$$(4.32)$$

式(4.32)称为频域卷积定理。

4.4　离散傅里叶变换 —— 有限长序列的傅里叶表示

前面讨论了周期序列的离散傅里叶级数表示式,并且这个表示式也适用于有限长序列,将这样得到的有限长序列的傅里叶表示称为离散傅里叶变换(DFT)。

对于有限长序列的傅里叶表示一般有两种观点。第一种观点是利用周期为 N 的周期序列来表示长度为 N 的有限长序列,周期序列的周期与有限长序列的长度相同,周期序列的离散傅里叶级数表示是唯一的,这意味着原始的有限长序列的傅里叶表示也应该是唯一的,这是因为可以从离散傅里叶级数计算出周期序列的一个周期,即计算出了有限长序列。第二种观点是,有限长序列可以严格地利用其 z 变换的等间隔抽样来表示。由前面所述已知,在单位圆的 N 个等分点上对 z 变换进行抽样所得到的周期序列,与根据上面办法所形成的离散傅里叶级数的系数相同,而且与这些 z 变换抽样相对应的序列是原始序列的周期性重复,当采用 N 个 z 变换抽样时,不会出现混叠。

4.4.1　有限长序列 $x(n)$ 和周期序列 $\tilde{x}(n)$ 的关系

根据以上两个观点,可以将有限长序列表示为周期序列的一个周期,如式(4.19)所示,而且式(4.19)可以表示成周期序列与矩形序列相乘,即

$$x(n) = \tilde{x}(n)R_N(n) \tag{4.33}$$

对于一个长度为 N 的有限长序列 $x(n)$,除了主值区间 $0 \leqslant n \leqslant N-1$ 之外,其余点的值均为 0。显而易见长度为 $M(M < N)$ 的序列也可以看成长度为 N 的序列,只是在后 $N-M$ 点进行补零操作。与式(4.19)相似,用 $\tilde{x}(n)$ 表示一个周期为 N 的周期序列,并令 $x(n)$ 为其一个周期内的序列,则可以用 $x(n)$ 来表示 $\tilde{x}(n)$,即

$$\tilde{x}(n) = \sum_{r=-\infty}^{\infty} x(n+rN) \tag{4.34}$$

因为 $x(n)$ 的长度限定为 N,所以对于不同的 r 值,各项 $x(n+rN)$ 之间彼此不重叠。

如果 $n = n_1 + mN, 0 \leqslant n_1 \leqslant N-1$,且 m 为整数,则有

$$((n))_N = (n_1)$$

此运算符表示 n 被 N 除,商为 m,余数为 n_1。n_1 是 $((n))_N$ 的解,或称为取余数,或称为 n 对 N 取模值,或简称为取模值,n 模 N。

例如:

(1)

$$n = 25, N = 9$$
$$n = 25 = 2 \times 9 + 7 = 2N + n_1$$
$$((25))_9 = 7$$

(2)

$$n = -4, N = 9$$
$$n = -4 = -9 + 5 = -N + 5$$
$$((-4))_9 = 5$$

可见，$x((n))_N = x(n_1)$ 的含义相当于将 $x(n)$ 进行周期延拓。所以式(4.34)可以改写成

$$\tilde{x}(n) = x(n \bmod N) = x((n))_N \tag{4.35}$$

$\tilde{x}(n)$ 与 $x(n)$ 的关系如图 4.5 所示。

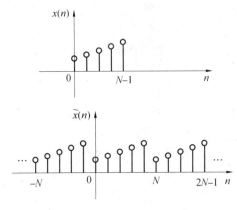

图 4.5　有限长序列的延拓

4.4.2　有限长序列 $X(k)$ 和周期序列 $\tilde{X}(k)$ 的关系

与前面在时域中的情况类似，频域的周期序列 $\tilde{X}(k)$ 也可视为对有限长序列 $X(k)$ 的周期延拓，而有限长序列 $X(k)$ 也可看作周期序列 $\tilde{X}(k)$ 的主值序列，即

$$\tilde{X}(k) = X((k))_N \tag{4.36}$$

$$X(k) = \tilde{X}(k) R_N(k) \tag{4.37}$$

4.4.3　有限长序列的离散傅里叶变换

由式(4.17)和式(4.18)的 DFS 及 IDFS 的表示式可以看出，求和只限定在从 $n=0$ 到 $N-1$ 及 $k=0$ 到 $N-1$ 的主值区间进行，它们完全适用于主值序列 $x(n)$ 与 $X(k)$，因此可得到新的定义，即有限长序列的离散傅里叶变换(DFT)的定义。

正变换

$$X(k) = \text{DFT}[x(n)] = \sum_{n=0}^{N-1} x(n) W_N^{nk} \quad (0 \leqslant k \leqslant N-1) \tag{4.38}$$

反变换

$$x(n) = \text{IDFT}[X(k)] = \frac{1}{N} \sum_{k=0}^{N-1} X(k) W_N^{-nk} \quad (0 \leqslant n \leqslant N-1) \tag{4.39}$$

或者表示为

$$X(k) = \tilde{X}(k) R_N(k) \tag{4.40}$$

$$x(n) = \tilde{x}(n) R_N(n) \tag{4.41}$$

式(4.38)、式(4.39)是有限长序列的离散傅里叶变换对。式(4.38)为 $x(n)$ 的 N 点离散傅里叶变换(DFT)，式(4.39)为 $X(k)$ 的 N 点离散傅里叶反变换(IDFT)。已知其中一个序

列,就可以唯一地确定另一个序列。这是因为 $x(n)$ 与 $X(k)$ 都是点数为 N 的序列,都有 N 个独立值,所以信息也是等量的。

需要注意的是,离散傅里叶变换所处理的有限长序列都是用周期序列的一个周期来表示的,即离散傅里叶变换隐含着周期性。

例 4.4　已知序列 $x(n)=\delta(n)$,求它的 N 点 DFT。

解　单位抽样序列的 DFT 很容易由 DFT 的定义式(4.38)得到

$$X(k)=\sum_{n=0}^{N-1}\delta(n)W_N^{nk}=W_N^0=1 \quad (k=0,1,\cdots,N-1)$$

$\delta(n)$ 对应的 $X(k)$ 如图 4.6 所示。这是一个很特殊的例子,它表明对序列 $\delta(n)$ 来说,不论对它进行多少点的 DFT,所得结果都是一个离散矩形序列。

图 4.6　序列 $\delta(n)$ 及其离散傅里叶变换

例 4.5　已知 $x(n)=\cos(n\pi/6)$ 是一个长度 $N=12$ 的有限长序列,求它的 N 点 DFT。

解　由 DFT 的定义式,得

$$X(k)=\sum_{n=0}^{11}\cos\frac{n\pi}{6}W_{12}^{nk}=\sum_{n=0}^{11}\frac{1}{2}(e^{j\frac{n\pi}{6}}+e^{-j\frac{n\pi}{6}})e^{-j\frac{2\pi}{12}nk}$$

$$=\frac{1}{2}\left(\sum_{n=0}^{11}e^{-j\frac{2\pi}{12}n(k-1)}+\sum_{n=0}^{11}e^{-j\frac{2\pi}{12}n(k+1)}\right)$$

利用复正弦序列的正交特性式(4.15),再考虑到 k 的取值区间,可得

$$X(k)=\begin{cases}6 & (k=1,11)\\0 & (k\in(0,11))\end{cases}$$

$x(n)$ 及其离散傅里叶变换如图 4.7 所示。

图 4.7　有限长序列 $x(n)=\cos(n\pi/6)$ 及其离散傅里叶变换

例 4.6　已知 $x(n)$ 的 10 点 DFT 为 $X(k)$,其表示式如下

$$X(k)=\begin{cases}5 & (k=0)\\1 & (1\leqslant k\leqslant 9)\end{cases}$$

求 $x(n)$。

解　可将 $X(k)$ 由分段表示形式合并成一个表达式

$$X(k) = R_N(k) + 5\delta(k) \quad (0 \leqslant k \leqslant 9)$$

令 $X_1(k) = R_N(k)$，$X_2(k) = 5\delta(k)$，可分别求 $X_1(k)$ 和 $X_2(k)$ 的 10 点 IDFT $x_1(n)$ 和 $x_2(n)$，之后再将它们合并即为所求，这也是后面将要学习的 N 点 DFT 的线性性质。

利用例 4.4 的结论，结合 DFS 的对偶性质以及 DFS 和 DFT 的关系，可得

$$X_1(k) = \text{DFT}[x_1(n)] = R_N(k) \overset{N\text{点}}{\Longleftrightarrow} x_1(n) = \delta(n)$$

由

$$\text{DFT}[X(n)] = Nx(-k)$$

$$\text{DFT}[X_2(n)] = 5\text{DFT}[\delta(n)] = 10x_2(10-n) \overset{N\text{点}}{\Longleftrightarrow} x_2(n) = \frac{1}{2}R_N(n)$$

所以

$$x(n) = x_1(n) + x_2(n) = \delta(n) + \frac{1}{2}R_N(n) \quad (0 \leqslant n \leqslant 9)$$

4.4.4　DFT 与 z 变换、DTFT 的关系

1. DFT 与 z 变换的关系

令 $x(n)$ 是一个有限长序列，长度为 N，对其进行 z 变换

$$X(z) = \sum_{n=0}^{N-1} x(n)z^{-n}$$

将 z 变换表示式与 DFT 进行比较，可以看到，当 $z = e^{j\frac{2\pi}{N}k} = W_N^{-k}$ 时

$$X(z)\big|_{z=W_N^{-k}} = \sum_{n=0}^{N-1} x(n)W_N^{nk} = \text{DFT}[x(n)]$$

即

$$X(k) = X(z)\big|_{z=W_N^{-k}} \tag{4.42}$$

$z = W_N^{-k} = e^{j\frac{2\pi}{N}k}$ 表明 W_N^{-k} 是 z 平面单位圆上辐角为 $\omega = \frac{2\pi}{N}k$ 的点，也就是将 z 平面单位圆 N 等分之后的第 k 个点，因此 $X(k)$ 也就是对 $X(z)$ 在 z 平面单位圆上 N 点等间隔抽样值，如图 4.8(a) 所示。

2. DFT 与 DTFT 的关系

因为离散时间傅里叶变换 (DTFT) $X(e^{j\omega})$ 便是单位圆上的 z 变换，长度为 N 的有限长序列 DTFT 表达式为

$$X(z) = \sum_{n=0}^{N-1} x(n)e^{-j\omega n}$$

将上式与 DFT 进行比较，可得当 $\omega = \frac{2\pi}{N}k$ 时

$$X(e^{j\omega})\big|_{\omega=\frac{2\pi}{N}k} = X(e^{jk\omega_N}) = X(k) \tag{4.43}$$

$$\omega_N = \frac{2\pi}{N}$$

(a) DFT 与 z 变换的关系　　　　　(b) DFT 与 DTFT 的幅度关系

图 4.8　DFT 与 z 变换、DTFT 的关系

式(4.43)表明 $X(k)$ 也可以看作是序列 $x(n)$ 的傅里叶变换 $X(\mathrm{e}^{\mathrm{j}\omega})$ 在区间 $[0,2\pi)$ 上的等间隔抽样,其抽样间隔为 $\omega_N=2\pi/N$,这就是 DFT 的物理意义。图 4.8(b)给出了 $|X(\mathrm{e}^{\mathrm{j}\omega})|$ 和 $|X(k)|$ 的关系。显然,DFT 的变换区间长度 N 不同,表示对 $X(\mathrm{e}^{\mathrm{j}\omega})$ 在区间 $[0,2\pi)$ 上的抽样间隔和抽样点数不同,所以 DFT 的变换结果也不同。

例 4.7　设 $x(n)=R_5(n)$,求:(1)$X(\mathrm{e}^{\mathrm{j}\omega})$;(2)$N=5$ 的 $X(k)$;(3)$N=10$ 的 $X(k)$。

解　(1)

$$X(\mathrm{e}^{\mathrm{j}\omega})=\sum_{n=0}^{4}\mathrm{e}^{-\mathrm{j}\omega n}=\frac{1-\mathrm{e}^{-\mathrm{j}5\omega}}{1-\mathrm{e}^{-\mathrm{j}\omega}}=\frac{\mathrm{e}^{-\mathrm{j}5\omega/2}(\mathrm{e}^{\mathrm{j}5\omega/2}-\mathrm{e}^{-\mathrm{j}5\omega/2})}{\mathrm{e}^{-\mathrm{j}\omega/2}(\mathrm{e}^{\mathrm{j}\omega/2}-\mathrm{e}^{-\mathrm{j}\omega/2})}$$

$$=\mathrm{e}^{-\mathrm{j}2\omega}\frac{\sin(5\omega/2)}{\sin(5\omega/2)}$$

(2)$N=5$ 时,$X(k)$ 可直接用 DFT 的定义式求解,因为已知 $X(\mathrm{e}^{\mathrm{j}\omega})$,所以用 $X(\mathrm{e}^{\mathrm{j}\omega})$ 来求解更为简便。

$$X(k)=X(\mathrm{e}^{\mathrm{j}\omega})\Big|_{\omega=\frac{2\pi}{N}k}=X(\mathrm{e}^{\mathrm{j}\omega})\Big|_{\omega=\frac{2\pi}{5}k}$$

$$=\mathrm{e}^{-\mathrm{j}4\pi k/5}\frac{\sin(\pi k)}{\sin(\pi k/5)}=\begin{cases}5&(k=0)\\0&(k=1,2,3,4)\end{cases}$$

(3)$N=10$ 时,则需要将 $x(n)$ 后面补上 5 个零值,即

$$x(n)=\begin{cases}1&(0\leqslant n\leqslant 4)\\0&(5\leqslant n\leqslant 9)\end{cases}$$

由于 $x(n)$ 的数值没有变化,所以 $X(\mathrm{e}^{\mathrm{j}\omega})$ 的表达式与上面的完全一样,可得 $N=10$ 的 $X(k)$ 为

$$X(k)=X(\mathrm{e}^{\mathrm{j}\omega})\Big|_{\omega=\frac{2\pi}{N}k}=X(\mathrm{e}^{\mathrm{j}\omega})\Big|_{\omega=\frac{2\pi}{10}k}$$

$$=\mathrm{e}^{-\mathrm{j}2\pi k/5}\frac{\sin(\pi k/2)}{\sin(\pi k/10)}=\begin{cases}5&(k=0)\\0&(k=1,2,\cdots,9)\end{cases}$$

4.4.5　DFT 变换的性质

有限长序列和它的 DFT 表达式具有隐含的周期性,而且前面提及,DFT 本质上和 DFS 的概念有关。下面将要讨论 DFT 的性质,所涉及的序列 $x(n)$ 和 $x(n)$ 的有效长度定为常数 N,用 DFT[·] 表示 N 点 DFT,且

$$X_1(k)=\mathrm{DFT}[x_1(n)], \quad X_2(k)=\mathrm{DFT}[x_2(n)]$$

1. 线性

$$\mathrm{DFT}[ax_1(n)+bx_2(n)]=aX_1(k)+bX_2(k) \tag{4.44}$$

式中,a、b 为任意常数。该式可根据 DFT 定义证明。

2. 圆周移位

(1) 定义。

一个长度为 N 的有限长序列 $x(n)$ 的圆周移位定义为

$$y(n)=x_m(n)=x((n+m))_N R_N(n) \tag{4.45}$$

这里包括 3 个步骤:

a. 先将 $x(n)$ 进行周期延拓 $\tilde{x}(n)=x((n))_N$;

b. 再进行移位 $\tilde{x}(n+m)=x((n+m))_N$;

c. 对移位的周期序列 $\tilde{x}(n+m)$ 取主值区间($n=0$ 到 $N-1$)上的序列值 $y(n)=x_m(n)=x((n+m))_N R_N(n)$。

所以,一个有限长序列 $x(n)$ 的圆周移位序列 $y(n)$ 仍是一个长度为 N 的有限长序列,这一过程用图 4.9(a)、(b)、(c)、(d) 来表达。

由图可见,因为是周期序列的移位,当仅观察主值区间 $0 \leqslant n \leqslant N-1$ 时,某个抽样值从该区间的一端移出时,相同值的抽样又从该区间的另一端循环移动进来。所以,上面的过程可以等价成 $x(n)$ 排列在一个 N 等分的圆周上,序列 $x(n)$ 的圆周移位相当于其在圆上旋转,如图 4.9(e)、(f)、(g) 所示。当 $x(n)$ 向左圆周移位时,此圆为顺时针旋转;当 $x(n)$ 向右圆周移位时,此圆为逆时针旋转。若围绕圆周观察若干圈,则看到的是周期序列 $\tilde{x}(n)$。

(2) 性质。

设 $x(n)$ 是长度为 N 的有限长序列($0 \leqslant n \leqslant N-1$),且 $X(k)=\mathrm{DFT}[x(n)]$ 为 N 点 DFT,$y(n)$ 为 $x(n)$ 的 m 点圆周移位,即

$$y(n)=x((n+m))_N R_N(n)$$

则圆周移位后 $y(n)$ 的 DFT 为

$$Y(k)=\mathrm{DFT}[y(n)]=\mathrm{DFT}[x((n+m))_N R_N(n)]=W_N^{-mk}X(k) \tag{4.46}$$

证明 利用周期序列的移位性质加以证明

$$\mathrm{DFS}[x((n+m))_N]=\mathrm{DFS}[\tilde{x}(n+m)]=W_N^{-mk}\tilde{X}(k)$$

再利用 DFS 和 DFT 关系

$$\mathrm{DFT}[x(R_N(n))]=\mathrm{DFT}[\tilde{x}(n+m)R_N(n)]$$

$$=W_N^{-mk}\tilde{X}(k)R_N(k)$$

$$=W_N^{-mk}X(k)$$

这表明,有限长序列的圆周移位在离散频域中引入一个和频率成正比的线性相移 $W_N^{-km}=\mathrm{e}^{(\frac{\mathrm{j}2\pi}{N}k)m}$,而对频谱的幅度没有影响。

同样,对于有限长 N 点 $X(k)$ 序列,也可看成是分布在一个 N 等分的圆周上,利用频域与时域的对偶关系,若其圆周移位 l 点的序列为 $X((k+l))_N R_N(k)$,则有

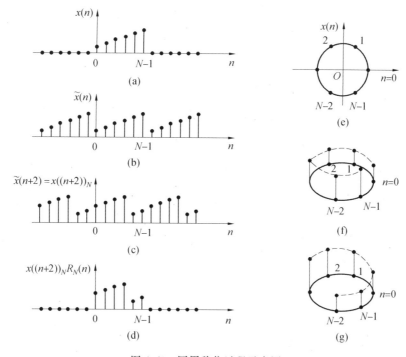

图 4.9　圆周移位过程示意图

$$\text{IDFT}[X((k+l))_N R_N(k)] = W_N^{nl} x(n) = \mathrm{e}^{-\mathrm{j}\frac{2\pi}{N}nl} x(n) \qquad (4.47)$$

这就是调制特性。它说明,时域序列的调制等效于频域的圆周移位。

3. 圆周共轭对称性

(1) 复共轭序列的 DFT。

设 $x^*(n)$ 为 $x(n)$ 的复共轭序列,则

$$\begin{aligned}\text{DFT}[x^*(n)] &= X^*((-k))_N R_N(k) = X^*((N-k))_N R_N(k)\\ &= X^*(N-k) \quad (0 \leqslant k \leqslant N-1)\end{aligned} \qquad (4.48)$$

$$\text{DFT}[x^*((-n))_N R_N(n)] = \text{DFT}[x^*((N-n))_N R_N(n)] = X^*(k)$$

即

$$\text{DFT}[x^*(N-n)] = X^*(k) \qquad (4.49)$$

先证明式(4.48)。

$$\begin{aligned}\text{DFT}[x^*(n)] &= \sum_{n=0}^{N-1} x^*(n) W_N^{nk} R_N(k) = \left[\sum_{n=0}^{N-1} x(n) W_N^{-nk}\right]^* R_N(k)\\ &= X^*((-k))_N R_N(k) = \left[\sum_{n=0}^{N-1} x(n) W_N^{(N-k)n}\right]^* R_N(k)\\ &= X^*((-k))_N R_N(k) = X^*(N-k)\end{aligned}$$

这里利用了

$$W_N^{nN} = \mathrm{e}^{-\mathrm{j}\frac{2\pi}{N}nN} = \mathrm{e}^{-\mathrm{j}2\pi n} = 1$$

因为 $X(k)$ 隐含着周期性,所以 $X(N) = X(0)$。

用同样的方法可以证明式(4.49)。

(2)DFT 的共轭对称性。

在前面章节里讨论了序列傅里叶变换的一些对称性质,且定义了共轭对称序列与共轭反对称序列的概念,那里的对称性是关于纵坐标对称的。DFT 也有类似的对称性,但在 DFT 中,涉及的序列 $x(n)$ 及其离散傅里叶变换 $X(k)$ 均为有限长序列,且定义区间为 0 到 $N-1$,所以,这里的对称性是指关于 $N/2$ 点的对称性。

设有限长序列 $x(n)$ 的长度为 N 点,则它的圆周共轭对称分量 $x_{ep}(n)$ 和圆周共轭反对称分量 $x_{op}(n)$ 的定义分别为

$$x_{ep}(n) = \frac{1}{2}[x(n) + x^*(N-n)] \tag{4.50}$$

$$x_{op}(n) = \frac{1}{2}[x(n) - x^*(N-n)] \tag{4.51}$$

则二者满足

$$x_{ep}(n) = x_{ep}^*(N-n) \quad (0 \leqslant n \leqslant N-1) \tag{4.52}$$

$$x_{op}(n) = -x_{op}^*(N-n) \quad (0 \leqslant n \leqslant N-1) \tag{4.53}$$

如同任何实函数都可以表示成偶对称分量和奇对称分量之和一样,任何有限长序列 $x(n)$ 都可以分解成其圆周共轭对称分量 $x_{ep}(n)$ 和圆周共轭反对称分量 $x_{op}(n)$,即

$$x(n) = x_{ep}(n) + x_{op}(n) \quad (0 \leqslant n \leqslant N-1) \tag{4.54}$$

由式(4.50)、式(4.51),并利用式(4.48)、式(4.49),可得圆周共轭对称分量及圆周共轭反对称分量的 DFT 分别为

$$\mathrm{DFT}[x_{ep}(n)] = \mathrm{Re}[X(k)] \tag{4.55}$$

$$\mathrm{DFT}[x_{op}(n)] = \mathrm{jIm}[X(k)] \tag{4.56}$$

下面开始证明。

证明

$$\mathrm{DFT}[x_{ep}(n)] = \mathrm{DFT}[\frac{1}{2}(x(n) + x^*(N-n))] = \frac{1}{2}\mathrm{DFT}[x(n)] + \frac{1}{2}\mathrm{DFT}[x^*(N-n)]$$

利用式(4.49),可得

$$\mathrm{DFT}[x_{ep}(n)] = \frac{1}{2}[X(k) + X^*(k)] = \mathrm{Re}[X(k)]$$

式(4.55)得证。

同理可证明式(4.56)。式(4.56)说明复序列圆周共轭反对称分量的 DFT 等于 $x(n)$ 的离散傅里叶变换 $X(k)$ 的实部。

下面讨论序列实部与虚部的 DFT。若用 $x_r(n)$ 及 $x_i(n)$ 分别表示有限长序列 $x(n)$ 的实部及虚部,即

$$x(n) = x_r(n) + \mathrm{j}x_i(n) \tag{4.57}$$

式中

$$x_r(n) = \mathrm{Re}[x(n)] = \frac{1}{2}[x(n) + x^*(n)]$$

$$\mathrm{j}x_i(n) = \mathrm{jIm}[x(n)] = \frac{1}{2}[x(n) - x^*(n)]$$

有

$$\mathrm{DFT}[x_r(n)] = X_{ep}(k) = \frac{1}{2}[X(k) + X^*(N-k)] \tag{4.58}$$

$$\mathrm{DFT}[jx_i(n)] = X_{op}(k) = \frac{1}{2}[X(k) - X^*(N-k)] \tag{4.59}$$

式中，$X_{ep}(k)$ 为 $X(k)$ 的圆周共轭对称分量，$X_{ep}(k) = X_{ep}^*(N-k)$；$X_{op}(k)$ 为 $X(k)$ 的圆周共轭反对称分量，$X_{op}(k) = -X_{op}^*(N-k)$。

证明

$$\mathrm{DFT}[x_r(n)] = \frac{1}{2}\{\mathrm{DFT}[x(n)] + \mathrm{DFT}[x^*(n)]\}$$

利用式(4.48)，有

$$\mathrm{DFT}[x_r(n)] = \frac{1}{2}[X(k) + X^*(N-k)] = X_{ep}(k)$$

上式说明复序列实部的 DFT 等于序列 DFT$X(k)$ 的圆周共轭对称分量。

同理可证式(4.59)。式(4.59)说明复序列虚部乘 j 的 DFT 等于序列 DFT 的圆周共轭反对称分量。

根据上述共轭对称特性可以证明有限长实序列 DFT 的共轭对称特性。

若 $x(n)$ 是实序列，这时 $x(n) = x^*(n)$，两边进行离散傅里叶变换并利用式(4.48)，有

$$X(k) = X^*((N-k))_N R_N(k) = X^*(N-k) \tag{4.60}$$

由上式可看出 $X(k)$ 只有圆周共轭对称分量。

若 $x(n)$ 是纯虚序列，则显然 $X(k)$ 只有圆周共轭反对称分量，即满足

$$X(k) = -X^*((N-k))_N R_N(k) = -X^*(N-k) \tag{4.61}$$

上述两种情况，都是只要知道一半数目 $X(k)$ 即可，另一半可利用对称性求得，这些性质在计算 DFT 时可以节约运算，提高效率。

表4.2 是对上述圆周共轭对称性的归纳。

表 4.2　序列及其 DFT 的奇、偶、虚、实关系

$x(n)$［或 $X(k)$］	$X(k)$［或 $x(n)$］
偶对称	偶对称
奇对称	奇对称
实数	实部为偶对称、虚部为奇对称
虚数	实部为奇对称、实部为偶对称
实数偶对称	实数偶对称
实数奇对称	虚数奇对称
虚数偶对称	虚数偶对称
虚数奇对称	实数奇对称

4. 圆周卷积

(1) 时域圆周卷积定理。

设 $x_1(n)$ 和 $x_2(n)$ 都是点数为 N 的有限长序列($0 \leqslant n \leqslant N-1$),且有

$$\mathrm{DFT}[x_1(n)] = X_1(k)$$

$$\mathrm{DFT}[x_2(n)] = X_2(k)$$

若

$$Y(k) = X_1(k)X_2(k)$$

则

$$y(n) = \mathrm{IDFT}[Y(k)] = \sum_{m=0}^{N-1} x_1(m)x_2((n-m))_N R_N(n)$$

$$= \sum_{m=0}^{N-1} x_2(m)x_1((n-m))_N R_N(n) \tag{4.62}$$

称式(4.62)所表示的运算为 $x_1(n)$ 和 $x_2(n)$ 的 N 点圆周卷积。下面先证明式(4.62),再说明其计算方法。

这个卷积相当于周期序列 $\tilde{x}_1(n)$ 和 $\tilde{x}_2(n)$ 做周期卷积后再取其主值序列。

先将 $Y(k)$ 周期延拓,即

$$\tilde{Y}(k) = \tilde{X}_1(k)\tilde{X}_2(k)$$

根据 DFS 的周期卷积公式,

$$\tilde{y}(n) = \sum_{m=0}^{N-1} \tilde{x}_1(m)\tilde{x}_2(n-m) = \sum_{m=0}^{N-1} x_1((m))_N x_2((n-m))_N$$

因为 $0 \leqslant m \leqslant N-1$ 为主值区间,$x_1((m))_N = x_1(m)$,所以

$$y(n) = \tilde{y}(n)R_N(n) = \sum_{m=0}^{N-1} x_1(m)x_2((n-m))_N R_N(n)$$

将 $\tilde{y}(n)$ 经过简单换元,也可证明

$$y(n) = \sum_{m=0}^{N-1} x_2(m)x_1((n-m))_N R_N(n)$$

圆周卷积过程可以用图 4.10 来表示,分为 5 步:

① 周期延拓:先作出 $x_1(n)$ 和 $x_2(n)$,将 $x_2(m)$ 在参变量坐标 m 上延拓成周期为 N 的周期序列 $x_2((m))_N$;

② 翻褶:将 $x_2((m))_N$ 反转形成 $x_2((-m))_N$;

③ 移位和取主值:将 $x_2((-m))_N$ 移 n 位并取主值序列得到 $x_2((n-m))_N R_N(n)$;

④ 相乘:将相同 m 值 $x_2((n-m))_N R_N(n)$ 与 $x_1(m)$ 相乘;

⑤ 相加:将 ④ 中得到的乘积累加起来,便得到圆周卷积 $y(n)$。

可以看出,它和周期卷积过程是一样的,只不过这里要取主值序列。特别要注意的是,两个长度小于等于 N 的序列的 N 点圆周卷积长度仍为 N,这与一般的线性卷积不同。圆周卷积用符号 Ⓝ 来表示,N 表示所做的是 N 点圆周卷积。

例 4.8 求 $x(n) = \{1, 2, -1\}$,$y(n) = \{1, 0, 2, -1\}$ 之五点圆周卷积 $r(n)$。

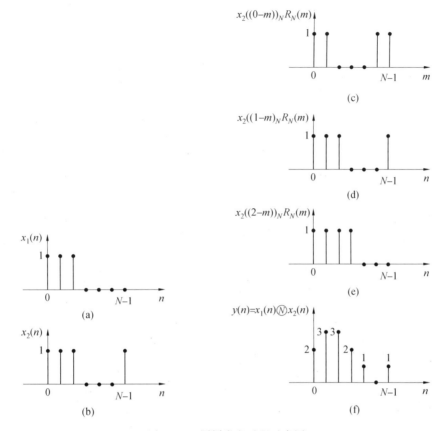

图 4.10　圆周卷积过程示意图

解　$y(n)$ 的周期序列 $y_p(n)$ 为

$$y_p(n) = \{\cdots, 1, 0, 2, -1, 0, 1, 0, 2, -1, 0, 1, 0, 2, -1, 0, \cdots\}$$

$$y_p(-n) = \{\cdots, 1, 0, -1, 2, 0, 1, 0, -1, 2, 0, 1, 0, -1, 2, 0, \cdots\}$$

将序列 $y(n)$ 的自变量 n 替换成哑变量 m 后，依次进行周期延拓、翻褶得到序列 $y_p(-m)$，之后将 $y_p(-m)$ 的每一个元素右移 n 位得到 $y_p(n-m)$，因此画出下面数据表 4.3。

表 4.3　五点圆周卷积计算方法

n	$x(m)$					$r(n)$
	1	2	−1	0	0	
0	1	0	−1	2	0	2
1	0	1	0	−1	2	2
2	2	0	1	0	−1	1
3	−1	2	0	1	0	3
4	0	−1	2	0	1	−4

（2）频域圆周卷积定理。

利用时域与频域的对称性，可以证明频域圆周卷积定理（请读者自己证明）。

若
$$y(n) = x_1(n)x_2(n)$$

$x_1(n)$、$x_2(n)$ 皆为 N 点有限长序列,则

$$Y(k) = \mathrm{DFT}[y(n)] = \frac{1}{N}\sum_{l=0}^{N-1} X_1(l)X_2((k-l))_N R_N(k)$$

$$= \frac{1}{N}\sum_{l=0}^{N-1} X_2(l)X_1((k-l))_N R_N(k) = \frac{1}{N}X_1(k) \textcircled{N} X_2(k)$$

5. 对偶性

对于 N 点有限长序列 $x(n)$,其离散傅里叶变换为 $X(k)$,即

$$\mathrm{DFT}[x(n)] = X(k) \tag{4.63}$$

若将 $X(k)$ 中的 k 换成 n,下面看 $X(n)$ 的离散傅里叶变换,则有

$$\mathrm{DFT}[X(n)] = Nx((-k))_N R_N(k) = Nx((N-k))_N R_N(k) = Nx(N-k) \tag{4.64}$$

需注意的是,非周期序列 $x(n)$ 和它的离散时间傅里叶变换 $X(e^{j\omega}) = \mathrm{DTFT}[x(n)]$ 是两类不同的函数,$x(n)$ 的变量是离散的,序列是非周期的,$X(e^{j\omega})$ 的变量是连续的,函数是周期性的,所以时域函数 $x(n)$ 与频域函数 $X(e^{j\omega})$ 之间不存在对偶性。

6. 有限长序列的线性卷积与圆周卷积

时域圆周卷积在频域上相当于两序列的 DFT 的乘积,而计算 DFT 可以采用它的快速算法 —— 快速傅里叶变换(FFT),因此圆周卷积与线性卷积相比,计算速度可以大大提高。但是,在许多实际问题中常需要计算线性卷积,例如一个 FIR 数字滤波器的输出等于输入与滤波器单位抽样响应的线性卷积。如果能将线性卷积转化为圆周卷积,就能够用圆周卷积来计算线性卷积而加快计算速度。因此,需要讨论圆周卷积与线性卷积在什么条件下相等及如何用圆周卷积运算来代替线性卷积运算的问题。

设 $x_1(n)$ 是 N_1 点的有限长序列($0 \leqslant n \leqslant N_1 - 1$),$x_2(n)$ 是 N_2 点的有限长序列($0 \leqslant n \leqslant N_2 - 1$)。其线性卷积为

$$y_1(n) = x_1(n) * x_2(n) = \sum_{m=-\infty}^{\infty} x_1(m)x_2(n-m) = \sum_{m=0}^{N_1-1} x_1(m)x_2(n-m) \tag{4.65}$$

$x_1(m)$ 的非零区间为

$$0 \leqslant m \leqslant N_1 - 1$$

$x_2(n-m)$ 的非零区间为

$$0 \leqslant n - m \leqslant N_2 - 1$$

将两个不等式相加,得

$$0 \leqslant n \leqslant N_1 + N_2 - 2$$

在上述区间外,不是 $x_1(m) = 0$ 就是 $x_2(n-m) = 0$,因而 $y_1(n) = 0$。所以 $y_1(n)$ 是 $N_1 + N_2 - 1$ 点有限长序列,即线性卷积的长度等于参与卷积的两序列的长度之和减 1。例如,图 4.11 中,$x_1(n)$ 为 $N_1 = 4$ 的矩形序列,$x_2(n)$ 为 $N_2 = 5$ 的矩形序列,则它们的线性卷积 $y_1(n)$ 为 $N_1 + N_2 - 1 = 8$ 点的有限长序列。

下面分析 $x_1(n)$ 与 $x_2(n)$ 的圆周卷积。先讨论进行 L 点的圆周卷积,再讨论 L 取何值

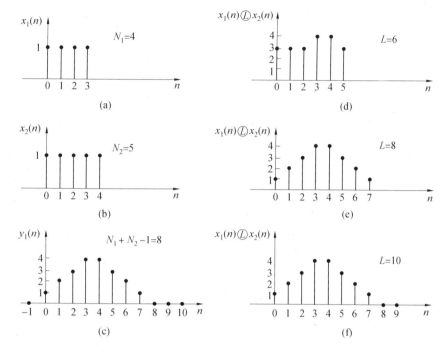

图 4.11　线性卷积与圆周卷积

时,圆周卷积才能代表线性卷积。

设 $y(n) = x_1(n) \ \textcircled{L} \ x_2(n)$ 是两序列的 L 点圆周卷积,$L \geqslant \max[N_1, N_2]$,这就要将 $x_1(n)$ 与 $x_2(n)$ 都看成是 L 点的序列。在这 L 个序列值中,$x_1(n)$ 只有前 N_1 个是非零值,后 $L - N_1$ 个均为补充的零值。同样,$x_2(n)$ 只有前 N_2 个是非零值,后 $L - N_2$ 个均为补充的零值。则

$$y(n) = x_1(n) \ \textcircled{L} \ x_2(n) = \sum_{m=0}^{L-1} x_1(m) x_2 ((n-m))_L R_L(n) \qquad (4.66)$$

为了分析其圆周卷积,先将序列 $x_1(n)$ 与 $x_2(n)$ 以 L 为周期进行周期延拓

$$\tilde{x}_1(n) = x_1((n))_L = \sum_{k=-\infty}^{\infty} x_1(n+kL)$$

$$\tilde{x}_2(n) = x_2((n))_L = \sum_{r=-\infty}^{\infty} x_2(n+rL)$$

将其代入式(4.66)中,得其周期卷积序列为

$$
\begin{aligned}
\tilde{y}(n) &= \sum_{m=0}^{L-1} \tilde{x}_1(m) \tilde{x}_2(n-m)_L \\
&= \sum_{m=0}^{L-1} x_1(m) \sum_{r=-\infty}^{\infty} x_2(n+rL-m) \\
&= \sum_{r=-\infty}^{\infty} \sum_{m=0}^{L-1} x_1(m) x_2(n+rL-m) \\
&= \sum_{r=-\infty}^{\infty} y_l(n+rL)
\end{aligned}
$$

$$\qquad (4.67)$$

前面已经分析了 $y_1(n)$ 具有 N_1+N_2-1 个非零值。因此可以看到,如果周期卷积的周期 $L<N_1+N_2-1$,那么 $y_1(n)$ 的周期延拓就必然有一部分非零序列值要产生混叠。只有在 $L \geqslant N_1+N_2-1$ 时,才没有混叠现象。这时,在 $y_1(n)$ 的周期延拓 $\tilde{y}(n)$ 中,每一个周期 L 内,前 N_1+N_2-1 个序列值正好是 $y_1(n)$ 的全部非零序列值,而剩下的 $L-(N_1+N_2-1)$ 个点上的序列值则是补充的零值。所以 L 点圆周卷积 $y(n)$ 是线性卷积 $y_1(n)$ 以 L 为周期的周期延拓序列的主值序列。

因为圆周卷积正是周期卷积取主值序列,即

$$y(n)=x_1(n) \, ⓛ \, x_2(n)=\tilde{y}(n)R_L(n)$$

因此

$$y(n)=\Big[\sum_{r=-\infty}^{\infty} y_1(n+rL)\Big]R_L(n) \tag{4.68}$$

所以要使圆周卷积等于线性卷积而不产生混叠的必要条件为

$$L \geqslant N_1+N_2-1 \tag{4.69}$$

满足此条件后就有

$$y(n)=y_1(n)$$

即

$$x_1(n) \, ⓛ \, x_2(n)=x_1(n)*x_2(n)$$

图 4.11(d)、(e)、(f) 正反映了圆周卷积与线性卷积的关系。在图 4.11(d) 中,$L=6$ 小于 $N_1+N_2-1=8$,这时产生混叠现象,其圆周卷积不等于线性卷积;而在图 4.11(e)、(f) 中,$L=8$ 和 $L=10$,这时圆周卷积结果与线性卷积相同,所得 $y(n)$ 的前 8 点序列值正好代表线性卷积结果。所以只要 $L \geqslant N_1+N_2-1$,圆周卷积结果就能完全代表线性卷积。

例 4.9 一个有限长序列为 $x(n)=\delta(n-2)+3\delta(n-4)$。

(1) 计算序列 $x(n)$ 的 8 点离散傅里叶变换;

(2) 若序列 $y(n)$ 的 8 点 DFT 为 $Y(k)=W_8^{4k}X(k)$,求序列 $y(n)$;

(3) 若序列 $m(n)$ 的 8 点离散傅里叶变换是 $M(k)=X(k)Y(k)$,求序列 $m(n)$。

解 (1) 可求得 $x(n)$ 的 8 点 DFT

$$X(k)=\sum_{n=0}^{N-1} x(n)W_N^{nk}=\sum_{n=0}^{8-1}[\delta(n-2)+3\delta(n-4)]W_8^{nk}$$

$$=W_8^{2k}+3W_8^{4k}=e^{-j\frac{2\pi}{8}\times 2k}+3e^{-j\frac{2\pi}{8}\times 4k}$$

$$=(-j)^k+3(-1)^k \quad (k=0,1,\cdots,7)$$

(2) $X(k)$ 乘一个 W_n^{km} 形式的复指数相当于是 $x(n)$ 圆周移位 m 点。本题中 $m=4$,$x(n)$ 向右圆周移位了 4 点,就有

$$y(n)=x((n-4))_8=\delta(n-6)+3\delta(n-8)=3\delta(n)+\delta(n-6)$$

(3) $X(k)$ 乘 $Y(k)$ 相当于 $x(n)$ 与 $y(n)$ 的圆周卷积。为了进行圆周卷积,可以先计算线性卷积再将结果周期延拓并取主值序列。$x(n)$ 与 $y(n)$ 的线性卷积为

$$u(n)=x(n)*y(n)=\sum_{l=-\infty}^{\infty} x(l)y(n-l)=\{0,0,3,0,9,0,0,0,1,0,3\}$$

之后由下式得到 8 点圆周卷积

$$m(n) = \left[\sum_{l=-\infty}^{\infty} u(n-8l) \right] R_8(n)$$
$$= \{1,0,6,0,9,0,0,0\} = \delta(n) + 6\delta(n-2) + 9\delta(n-4)$$

7. DFT 形式下的帕塞瓦尔定理

$$\sum_{n=0}^{N-1} x(n) y^*(n) = \frac{1}{N} \sum_{k=0}^{N-1} X(k) Y^*(k) \tag{4.70}$$

证明

$$\sum_{n=0}^{N-1} x(n) y^*(n) = \sum_{n=0}^{N-1} x(n) \left[\frac{1}{N} \sum_{k=0}^{N-1} Y(k) W_N^{-kn} \right]^*$$
$$= \frac{1}{N} \sum_{k=0}^{N-1} Y^*(k) \sum_{n=0}^{N-1} x(n) W_N^{kn}$$
$$= \frac{1}{N} \sum_{n=0}^{N-1} X(k) Y^*(k)$$

若令 $y(n) = x(n)$,则式(4.70) 变为

$$\sum_{n=0}^{N-1} x(n) x^*(n) = \frac{1}{N} \sum_{k=0}^{N-1} X(k) X^*(k)$$

即

$$\sum_{n=0}^{N-1} |x(n)|^2 = \frac{1}{N} \sum_{k=0}^{N-1} |X(k)|^2$$

这表明一个序列在时域计算的能量与在频域计算的能量是相等的。

表 4.4 列出了 DFT 的性质。

表 4.4　DFT 性质表(序列长皆为 N 点)

序号	序列	离散傅里叶变换(DFT)
1	$ax_1(n) + bx_2(n)$	$aX_1(k) + bX_2(k)$
2	$x((n+m))_N R_N(n)$	$W_N^{-mk} X(k)$
3	$W_N^{nl} x(n)$	$X((k+l))_N R_N(k)$
4	$x_1(n) \textcircled{N} x_2(n) = \sum_{m=0}^{N-1} x_1(m) x_2((n-m))_N R_N(n)$	$X_1(k) X_2(k)$
5	$x_1(n) x_2(n)$	$\frac{1}{N} \sum_{l=0}^{N-1} X_1(l) X_2((k-l))_N R_N(k)$
6	$x^*(n)$	$X^*(N-k)$
7	$x^*(N-n)$	$X^*(k)$
8	$x_{ep}(n) = \frac{1}{2} [x(n) + x^*(N-n)]$	$\mathrm{Re}[X(k)]$
9	$x_{op}(n) = \frac{1}{2} [x(n) - x^*(N-n)]$	$j\mathrm{Im}[X(k)]$

续表4.4

序号	序列	离散傅里叶变换（DFT）
10	$\mathrm{Re}[x(n)] = \dfrac{1}{2}[x(n) + x^*(n)]$	$X_{\mathrm{ep}}(k) = \dfrac{1}{2}[X(k) + X^*(N-k)]$
11	$\mathrm{jIm}[x(n)] = \dfrac{1}{2}[x(n) - x^*(n)]$	$X_{\mathrm{op}}(k) = \dfrac{1}{2}[X(k) - X^*(N-k)]$
12	$x(n)$ 是任意实序列	$X(k) = X^*(N-k)$
13	$\displaystyle\sum_{n=0}^{N-1} x(n)y^*(n) = \frac{1}{N}\sum_{k=0}^{N-1} X(k)Y^*(k)$	DFT 形式下的帕塞瓦尔定理
14	$\displaystyle\sum_{n=0}^{N-1} \mid x(n)\mid^2 = \frac{1}{N}\sum_{k=0}^{N-1} \mid X(k)\mid^2$	

4.5　抽样 z 变换——频域抽样理论

周期序列离散傅里叶级数系数 $\widetilde{X}(k)$ 值和 $\widetilde{x}(n)$ 的一个周期 z 变换在单位圆的 N 个均分点上抽样值相等，这就实现了频域的抽样。时域抽样定理说明，在一定的条件下，可以通过时域离散抽样恢复原来的连续信号。那么，能不能通过频域抽样恢复原来的信号（或频率函数）？若能，其条件是什么？内插公式又是什么形式？本节就上述问题进行讨论。

4.5.1　频域抽样

首先，考虑一个任意的绝对可和的非周期序列 $x(n)$，它的 z 变换为

$$X(z) = \sum_{n=-\infty}^{\infty} x(n)z^{-n}$$

一般情况下，有限长序列的 z 变换在 z 平面收敛，故其 z 变换的收敛域包括单位圆在内。在单位圆上取 N 个等间距点（间距为 $2\pi/N$），如图 4.12 所示。

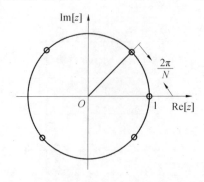

图 4.12　在 z 平面单位圆上取 N 个等间距点

计算各点上的 z 变换，有

$$X(z)\mid_{z=\mathrm{e}^{\mathrm{j}\frac{2\pi}{N}k}}=\sum_{n=0}^{N-1}x(n)\mathrm{e}^{-\mathrm{j}\frac{2\pi}{N}nk}$$

使用符号 $W=\mathrm{e}^{-\mathrm{j}\frac{2\pi}{N}}$，则上式变为

$$X(z)\mid_{z=W_N^{-k}}=\sum_{n=-\infty}^{\infty}x(n)W_N^{nk}=\mathrm{DFT}[x(n)]=X(k)\quad(k=0,1,\cdots,N-1)\quad(4.71)$$

上式也表示在 $[0,2\pi]$ 上对 $x(n)$ 的傅里叶变换 $X(\mathrm{e}^{\mathrm{j}\omega})$ 进行 N 点等间隔抽样。问题在于，这样抽样以后是否仍能不失真地恢复出原序列 $x(n)$。 也就是说，频域抽样后从 $X(k)$ 的反变换中所获得的有限长序列，即 $x_N(n)=\mathrm{IDFT}[X(k)]$，能不能代表原序列 $x(n)$？ 为此，先来分析 $X(k)$ 的周期延拓序列 $\widetilde{X}(k)$ 的离散傅里叶级数的反变换 $\widetilde{x}_N(n)$。

$$\widetilde{x}_N(n)=\mathrm{IDFS}[\widetilde{X}(k)]=\frac{1}{N}\sum_{k=0}^{N-1}\widetilde{X}(k)W_N^{-nk}=\frac{1}{N}\sum_{k=0}^{N-1}X(k)W_N^{-nk}$$

将式(4.71)代入，可得

$$\widetilde{x}_N(n)=\frac{1}{N}\sum_{k=0}^{N-1}\Big[\sum_{m=-\infty}^{\infty}x(m)W_N^{nk}\Big]=\sum_{m=-\infty}^{\infty}x(m)\Big[\frac{1}{N}\sum_{k=0}^{N-1}W_N^{(m-n)k}\Big]$$

因为

$$\frac{1}{N}\sum_{k=0}^{N-1}W_N^{(m-n)k}=\begin{cases}1&(m=n+rN,r\text{ 为任意整数})\\0&(\text{其他 }m)\end{cases}$$

所以有

$$\widetilde{x}_N(n)=\sum_{r=-\infty}^{\infty}x(n+rN)\qquad(4.72)$$

这说明由 $\widetilde{X}(k)$ 得到的周期序列 $\widetilde{x}_N(n)$ 是原非周期序列 $x(n)$ 的周期延拓，其时域周期为频域抽样点数 N。由前面内容可知，时域抽样造成频域的周期延拓，这里又看到一个对称的特性，即频域抽样同样会造成时域的周期延拓。

(1) 如果 $x(n)$ 是有限长序列，点数为 M，则当频域抽样不够密，即当 $N<M$ 时，$x(n)$ 以 N 为周期进行延拓，就会造成混叠。 这时，从 $\widetilde{x}_N(n)$ 中就不能不失真地恢复出原信号 $x(n)$。因此，对于 M 点的有限长序列 $x(n)$，频域抽样不失真的条件是频域抽样点数 N 要大于或等于时域抽样点数 M(时域序列长度)，即满足 $N\geqslant M$，此时可得到

$$x_N(n)=\widetilde{x}_N(n)R_N(n)=\sum_{r=-\infty}^{\infty}x(n+rN)R_N(n)=x(n)\qquad(4.73)$$

即点数为 N(或小于 N)的有限长序列，可以利用它的 z 变换在单位圆上的 N 个等间隔点上的抽样值精确地表示。

(2) 如果 $x(n)$ 不是有限长序列(即无限长序列)，则进行时域周期延拓后，必然造成混叠现象，因而一定会产生误差；当 n 增加时信号衰减得越快，或频域抽样越密(即抽样点数 N 越大)，则误差越小，即 $x_N(n)$ 越接近 $x(n)$。

4.5.2 内插公式

既然 N 个频域抽样 $X(k)$ 能不失真地代表 N 点有限长序列 $x(n)$，那么这 N 个抽样值 $X(k)$ 也一定能够完全地表达整个 $X(z)$ 及频率响应 $X(\mathrm{e}^{\mathrm{j}\omega})$，下面进行讨论。

$$X(z) = \sum_{n=0}^{N-1} x(n) z^{-n}$$

将 $x(n) = \dfrac{1}{N} \sum_{k=0}^{N-1} X(k) W_N^{-nk}$ 代入上面 $X(z)$ 表达式中,可得

$$X(z) = \sum_{n=0}^{N-1} \left[\frac{1}{N} \sum_{k=0}^{N-1} X(k) W_N^{-nk} \right] z^{-n} = \frac{1}{N} \sum_{k=0}^{N-1} X(k) \left[\sum_{n=0}^{N-1} W_N^{-nk} z^{-n} \right]$$

$$= \frac{1}{N} \sum_{k=0}^{N-1} X(k) \frac{1 - W_N^{-Nk} z^{-N}}{1 - W_N^{-k} z^{-1}}$$

因为 $W_N^{-Nk} = 1$,所以

$$X(z) = \frac{1 - z^{-N}}{N} \sum_{k=0}^{N-1} \frac{X(k)}{1 - W_N^{-k} z^{-1}} \tag{4.74}$$

可将式(4.74)表示为

$$X(z) = \sum_{k=0}^{N-1} X(k) \Phi_k(z) \tag{4.75}$$

式中

$$\Phi_k(z) = \frac{1}{N} \frac{1 - z^{-N}}{1 - W_N^{-k} z^{-1}} \tag{4.76}$$

称为内插函数。令其分子为零,得

$$z = e^{j\frac{2\pi}{N}r} \quad (r = 0, 1, \cdots, k, \cdots, N-1)$$

即内插函数在单位圆的 N 等分点上(也即抽样点上)有 N 个零点。 而分母为零,则有 $z = W_N^{-k} = e^{j\frac{2\pi}{N}k}$ 的一个极点,它将和第 k 个零点相抵消。因而,插值函数 $\Phi_k(z)$ 只在本身抽样点 $r = k$ 处不为零,在其他 $N-1$ 个抽样点 r 上($r = 0, 1, \cdots, k, \cdots, N-1$,但 $r \neq k$)都是零点(有 $N-1$ 个零点)。而它在 $z = 0$ 处还有 $N-1$ 阶极点,如图 4.13 所示。

图 4.13　内插函数的零极点

现在来讨论频率响应,即求单位圆上 $z = e^{j\omega}$ 的 z 变换。由式(4.75)、式(4.76)可得

$$X(e^{j\omega}) = \sum_{k=0}^{N-1} X(k) \Phi_k(e^{j\omega}) \tag{4.77}$$

而

$$\Phi_k(\mathrm{e}^{\mathrm{j}\omega}) = \frac{1}{N}\frac{1-\mathrm{e}^{-\mathrm{j}\omega N}}{1-\mathrm{e}^{-\mathrm{j}(\omega-k\frac{2\pi}{N})}} = \frac{1}{N}\frac{\sin\left(\dfrac{\omega N}{2}\right)}{\sin\left[\dfrac{\omega-\dfrac{2\pi}{N}k}{2}\right]}\mathrm{e}^{-\mathrm{j}\left(\frac{N-1}{2}\omega+\frac{k\pi}{N}\right)}$$

$$= \frac{1}{N}\frac{\sin\left[N\left(\dfrac{\omega}{2}-\dfrac{\pi}{N}k\right)\right]}{\sin\left(\dfrac{\omega}{2}-\dfrac{\pi}{N}k\right)}\mathrm{e}^{\mathrm{j}\frac{k\pi}{N}(N-1)}\mathrm{e}^{-\mathrm{j}\frac{N-1}{2}\omega} \tag{4.78}$$

可将 $\Phi_k(\mathrm{e}^{\mathrm{j}\omega})$ 表示成更为方便的形式,即

$$\Phi_k(\mathrm{e}^{\mathrm{j}\omega}) = \Phi\left(\omega-k\,\frac{2\pi}{N}\right) \tag{4.79}$$

式中

$$\Phi(\omega) = \frac{1}{N}\frac{\sin(\omega N/2)}{\sin(\omega/2)}\mathrm{e}^{-\mathrm{j}\frac{N-1}{2}\omega} \tag{4.80}$$

这样式(4.79)又可改写为

$$X(\mathrm{e}^{\mathrm{j}\omega}) = \sum_{k=0}^{N-1}X(k)\Phi\left(\omega-\frac{2\pi}{N}k\right) \tag{4.81}$$

频域抽样理论推进了信号频谱技术的进一步发展。在后面数字滤波器的结构和设计的有关内容中将会学习到,频域抽样理论以及有关公式可提供有用的滤波器结构和滤波器设计途径。

4.6　本章部分内容的 MATLAB 实现

4.6.1　DFS 的 MATLAB 实现

下面的 MATLAB 函数给出了 DFS 实现。

```
function [Xk]=dfs(xn,N)
%dfs 计算离散傅里叶级数
% 此处显示详细说明
% Xk=DFS 的系数,自变量取值范围 0<=k<=N-1
% xn=周期序列在主值区间 0<=n<=N-1 的值
% N=xn 的周期
n=[0:1:N-1];% 时间自变量 n 的行向量
k=[0:1:N-1];% 频域自变量 k 的行向量
WN=exp(-j*2*pi/N);% 符号算子
nk=n'*k;% 构造 nk 值的 N*N 矩阵
WNnk=WN.^nk;% 计算 WN(nk)
Xk=xn*WNnk;% 计算傅里叶级数正变换的行向量
end
```

在 MATLAB 的命令行中输入周期为 $N=5$ 的序列 $\tilde{x}(n)=\{\cdots0,1,2,3,4,\cdots\}$，计算结果如下：

$$>>\text{xn}=[0,1,2,3,4];N=5;\text{xk}=\text{dfs}(\text{xn},N)$$

xk =

10.0000 + 0.0000i − 2.5000 + 3.4410i − 2.5000 + 0.8123i

− 2.5000 − 0.8123i − 2.5000 − 3.4410i

运算结果是 $\tilde{X}(k)$ 在主值区间的值。

类似地，下面给出了 IDFS 的实现。

```
function [xn] = idfs(Xk,N)
%dfs 计算离散傅里叶级数的反变换
% 此处显示详细说明
% xn = 周期序列在主值区间 0 <= n <= N−1 的值
% Xk = DFS 的系数,自变量取值范围 0 <= k <= N−1
% N = XK 的周期
n = [0:1:N−1];% 时间自变量 n 的行向量
k = [0:1:N−1];% 频域自变量 k 的行向量
WN = exp(−j * 2 * pi/N);% 符号算子
nk = n' * k;% 构造 nk 值的 N * N 矩阵
WNnk = WN.^(−nk);% 计算 WN(−nk)
xn = Xk * WNnk;% 计算傅里叶级数反变换的行向量
end
```

4.6.2　模运算(求余数)

前面已提及,对于周期序列 $\tilde{x}(n)$,确定其在主值区间所对应的相同值的时间变量,就是计算 $n=n_1+mN,0\leqslant n_1\leqslant N-1$ 中的 n_1,即 n 对 N 取模。实现此计算过程的 MATLAB 函数为 $m=\text{mod}(n,N)$,可以直接进行调用。

4.6.3　DFT 的 MATLAB 实现

由前面的讨论可知,当 $0\leqslant n\leqslant N-1$ 时,DFS 就相当于 DFT。因此,DFT 的实现能够以类似 DFS 的方式来完成。对先前的 dfs 和 idfs 的 MATLAB 函数分别重新命名为 dft 和 idft 函数,就可以用于实现离散傅里叶正反变换的计算。这里不再重复给出实现的程序。

4.6.4　圆周移位的 MATLAB 实现

下面给出通过 MATLAB 函数实现圆周移位的程序,即实现计算式 $y(n)=x_m(n)=x((n+m))_N R_N(n)$。

```
function yn = circleshift(xn,m,N)
% 长度为 N 的有限长序列 x(n) 的 m 点圆周移位
%[yn] = circleshift(xn,m,N)
% 先判断 xn 的长度
if length(xn) > N
    error('x(n) 的长度不能超过 N')
end
% 对 x(n) 进行补零
xn = [xn zeros(1,N - length(xn))];
n = [0:1:N - 1]
n = mod(n - m,N)
yn = xn(n + 1)
end
```

例 4.10　已知 $x(n) = \{1,2,5,7,6\}$，求 $x((n+2))_5 R_5(n)$ 和 $x((n-2))_6 R_6(n)$。

解　实现的 MATLAB 脚本程序如下：

```
clc;clear all
xn = [1,2,5,7,6];
y1n = circleshift(xn,-2,5);
y2n = circleshift(xn,2,6);
y1n
y2n
```

运行此脚本程序，得

```
y1n =

    5    7    6    1    2



y2n =

    6    0    1    2    5    7
```

4.6.5　时域圆周卷积的 MATLAB 实现

时域圆周卷积的公式如式(4.61)所示，下面的 MATLAB 程序实现了时域圆周卷积的运算。

```
function y = circleconvt(x1,x2,N)
% 在时域中实现 x1 和 x2 的 N 点圆周卷积
%y = circleconvt(x1,x2,N)
```

%y＝圆周卷积的计算结果

%x1＝长度为 N1 的有限长序列(N1＜＝N)

%x2＝长度为 N2 的有限长序列(N2＜＝N)

%N－圆周卷积的点数

% 实现方法 y(n)＝sum(x1(m) * x2((n－m)mod N))

% 检查 x1 的长度

if length(x1)＞N

  error('x1 的长度要 ＜＝N')

end

% 检查 x2 的长度

if length(x2)＞N

  error('x2 的长度要 ＜＝N')

end

% 补零

x1＝[x1 zeros(1,N－length(x1))];

x2＝[x2 zeros(1,N－length(x2))];

m＝[0:1:N－1];

x2＝x2(mod(－m,N)＋1);

H＝zeros(N,N)

for n＝1:1:N

  H(n,:)＝circleshift(x2,n－1,N);

end

y＝x1 * H'

end

例 4.11 设信号 $x_1(n)＝\{1,2,3,3\}$，$x_2(n)＝\{1,-1,1\}$，计算 $x_1(n)$ 和 $x_2(n)$ 的 4 点圆周卷积。

解

clc;clear all

x1＝[1,2,3,3];x2＝[1,－1,1];

y＝circleconvt(x1,x2,4)

y＝

  1 4 2 2

频域圆周卷积的实现方式与此相似,这里不再赘述。

习　　题

4.1　设 $x_n = R_4(n)$,$\tilde{x}(n) = x((n))_6$,试求 $\tilde{X}(k)$,并作图表示 $\tilde{x}(n)$,$\tilde{X}(k)$。

4.2　设 $x_a(t)$ 是一个周期连续函数,即

$$x_a(t) = \cos 200\pi t + \cos 500\pi t$$

以抽样频率 $f_s = 1 \text{ kHz}$ 对其进行抽样,计算抽样信号

$$\tilde{x}(n) = x_a(nT_s) = \cos \frac{\pi}{5}n + \cos \frac{\pi}{2}n$$

的离散傅里叶级数。

4.3　计算以下序列的 N 点 DFT。

(1) $x(n) = 1$

(2) $x(n) = \delta(n - n_0)$　$(0 < n_0 < N)$

(3) $x(n) = R_m(n)$　$(0 < m < N)$

(4) $x(n) = \cos(\dfrac{2\pi}{N}mn)$　$(0 < m < N)$

(5) $x(n) = \sin(\omega_0 n)R_N(n)$　$(0 < m < N)$

(6) $x(n) = nR_N(n)$

(7) $X(k) = \displaystyle\sum_{n=0}^{N-1} nW_N^{kn}$　$(k = 0, 1, \cdots, N-1)$

4.4　已知下列 $X(k)$,求 $x(n) = \text{IDFT}[X(k)]$。

(1) $X(k) = \begin{cases} \dfrac{N}{2}e^{j\theta} & (k = m) \\[2mm] \dfrac{N}{2}e^{-j\theta} & (k = N-m) \\[2mm] 0 & (\text{其他 } k) \end{cases}$　　(2) $X(k) = \begin{cases} -j\dfrac{N}{2}e^{j\theta} & (k = m) \\[2mm] j\dfrac{N}{2}e^{-j\theta} & (k = N-m) \\[2mm] 0 & (\text{其他 } k) \end{cases}$

其中 m 为正整数,$0 < m < \dfrac{N}{2}$,N 为变换区间长度。

4.5　设 $x(n) = \begin{cases} n+1 & (0 \leqslant n \leqslant 4) \\ 0 & (\text{其他 } n) \end{cases}$,$h(n) = R_4(n-2)$,令 $\tilde{x}(n) = x((n))_6$,$\tilde{h}(n) = h((n))_6$,试求 $\tilde{x}(n)$ 与 $\tilde{h}(n)$ 的周期卷积并作图。

4.6　已知 $x(n)$ 为 $\{1,1,3,2\}$,$n = 0,1,2,3$,试画出 $x((-n))_5$,$x((-n))_6 R_6(n)$,$x((n))_3 R_3(n)$,$x((-n))_6$,$x((n-3))_5 R_5(n)$,$x((n-3))_5 R_5(n)$,$x((n))_7 R_7(n)$ 等各序列。

4.7　证明若 $x(n)$ 实偶对称,即 $x(n) = x(N-n)$,则 $X(k)$ 也为实偶对称;若 $x(n)$ 实奇对称,即 $x(n) = -x(N-n)$,则 $X(k)$ 为纯虚奇对称。

4.8　长度为 N 的一个有限长序列 $x(n)$ 的 N 点 DFT 为 $X(k)$。另一个长度为 $2N$ 的序列 $y(n)$ 定义为

$$y(n) = \begin{cases} x\left(\dfrac{n}{2}\right) & (n \text{ 为偶数}) \\ 0 & (n \text{ 为奇数}) \end{cases}$$

试用 $X(k)$ 表示 $y(n)$ 的 $2N$ 点离散傅里叶变换 $Y(k)$。

4.9 已知 $x(n) = \begin{cases} 1 & (|n| \leqslant 3) \\ 0 & (\text{其他 } n) \end{cases}$

(1) 求出该信号的 DTFT；

(2) 利用 $x(n)$ 求出该信号的 DFT$X(k) = \text{DFT}[x(n)]$，变换区间长度为 8。

4.10 设信号 $x(n) = \{1, 2, 2, 1\}, n = 0, 1, 2, 3$，通过线性时不变系统，其单位抽样响应 $h(n) = \{3, 2, -1, 1\}, n = 0, 1, 2, 3$。

(1) 求出系统的输出 $y_1(n) = x(n) * h(n)$；

(2) 试计算 $x(n)$ 和 $h(n)$ 的 4 点圆周卷积 $y(n)$，并指出 $y(n)$ 的哪几点和 $y_1(n)$ 相同。

4.11 已知实序列 $x(n)$ 的 8 点 DFT$X(k)$ 的前 5 个值分别为

$$0.25, 0.125 - \text{j}0.3018, 0, 0.125 - \text{j}0.0518, 0$$

(1) 求 $X(k)$ 的其余三点的值。

(2) 若 $x_1(n) = \sum\limits_{m=-\infty}^{\infty} x(n + 5 + 8m) R_8(n)$，求 $x_1(n)$ 的 8 点 DFT$X_1(k)$ 的值。

(3) $x_2(n) = x(n) \text{e}^{\text{j}\pi n/4}$，求 $x_2(n)$ 的 8 点 DFT $X_2(k)$ 的值。

4.12 已知 $x(n)$ 是 N 点有限长序列，$X(k) = \text{DFT}[x(n)]$。现将长度变成 rN 点的有限长序列 $y(n)$，即

$$y(n) = \begin{cases} x(n) & (0 \leqslant n \leqslant N-1) \\ 0 & (N \leqslant n \leqslant rN-1) \end{cases}$$

试求 rN 点 DFT$[y(n)]$ 与 $X(k)$ 的关系。

第 5 章

快速傅里叶变换(FFT)

5.1 概　　述

由于有限长序列在其频域也可离散化为有限长序列,所以可以使用计算机进行 DFT 运算,从而解决用计算机进行信号与系统的分析问题,因此离散傅里叶变换(DFT) 在数字信号处理中是非常有用的。但是,在相当长的时间里,由于 DFT 的计算量太大,所需的时间也非常长,即使采用计算机也很难对问题进行实时处理,严重影响了其实际应用。直到 1965 年库利(J. W. Cooley) 和图基(J. W. Tukey) 首次提出了 DFT 运算的一种快速算法,后来又有桑德(G. Sande) 和图基(J. W. Tukey) 的快速算法相继出现以后,情况才发生了根本的变化。此后出现了各种快速计算 DFT 的算法,经过人们的不断改进,逐渐发展和完善成一系列 DFT 的快速算法,这些快速算法统称为快速傅里叶变换(Fast Fourier Transform, FFT)。

FFT 出现后使 DFT 的运算大大简化,运算时间一般可缩短 1~2 个数量级之多,从而使 DFT 的运算在实际中得到了真正广泛的应用,也为数字信号处理技术应用于各种信号的实时处理创造了良好的条件,极大地推动了数字信号处理技术的发展。这里需要注意,FFT 并不是一种新的变换,而是 DFT 的一种快速算法。

本章主要介绍按时间抽选的基－2FFT 算法、按频率抽选的基－2FFT 算法、IDFT 的快速算法 IFFT、线性调频 z 变换及 DFT(FFT) 的应用等内容。

5.2 减少 DFT 运算次数的途径

5.2.1 DFT 的运算量

设 $x(n)$ 为 N 点有限长序列,其 DFT 为

$$X(k) = \sum_{n=0}^{N-1} x(n) W_N^{nk} \quad (k=0,1,\cdots,N-1) \tag{5.1}$$

反变换 IDFT 为

$$x(n) = \frac{1}{N} \sum_{k=0}^{N-1} X(k) W_N^{-nk} \quad (n=0,1,\cdots,N-1) \tag{5.2}$$

观察式(5.1) 和式(5.2),二者的差别只在于 W_N 的指数符号不同,以及差一个常数乘因

子 $1/N$，所以 IDFT 与 DFT 具有相同的运算工作量。因此下面只讨论 DFT 的运算量即可。

一般情况下，$x(n)$ 和 W_N^{nk} 都是复数，$X(k)$ 也是复数。由 DFT 定义式可以看出，每计算一个 $X(k)$ 值，需要进行 N 次复数乘法和 $N-1$ 次复数加法。对于 N 个点的 $X(k)$，应重复 N 次上述运算。因此要完成全部 DFT 运算共需 N^2 次复数乘法和 $N(N-1)$ 次复数加法。复数运算实际上由实数运算组成，式（5.1）可改写成

$$X(k) = \sum_{n=0}^{N-1} x(n)W_N^{nk} = \sum_{n=0}^{N-1}\{\mathrm{Re}[x(n)] + \mathrm{jIm}[x(n)]\}\{\mathrm{Re}[W_N^{nk}] + \mathrm{jIm}[W_N^{nk}]\}$$

$$= \sum_{n=0}^{N-1}\{\mathrm{Re}[x(n)]\mathrm{Re}[W_N^{nk}] - \mathrm{Im}[x(n)]\mathrm{Im}[W_N^{nk}] +$$

$$\mathrm{j}(\mathrm{Re}[x(n)]\mathrm{Im}[W_N^{nk}] + \mathrm{Im}[x(n)]\mathrm{Re}[W_N^{nk}])\} \tag{5.3}$$

由式（5.3）可知，一次复数乘法包括 4 次实数乘法和 2 次实数加法；一次复数加法需要 2 次实数加法，因此计算一个 $X(k)$ 需要需 $4N$ 次实数乘法和 $2(N-1)+2N = 2(2N-1)$ 次实数加法。所以，整个 DFT 运算总共需要 $4N^2$ 次实数乘法和 $N \times 2(2N-1) = 2N(2N-1)$ 次实数加法。

有时某些 W_N^{nk} 的取值可能是 1 或 j，就不需要相乘，因此实际需要的运算次数和上面的统计有所不同。为了便于比较，一般情况下不会考虑这些特殊情况，而一律把 W_N^{nk} 作为一般复数来考虑。N 越大，这种特殊情况的比重就越小。

当直接计算 DFT 时，乘法和加法次数都与 N^2 成正比，随着点数 N 值的增大，运算量将急剧膨胀。例如，$N=4$ 时，DFT 需要 16 次复乘，而当 $N=2\,048$ 时，DFT 所需的复乘次数为 $4\,194\,304$ 次，即四百多万次复乘运算。运算量的迅速增长，对信号的实时处理形成极大的障碍。基于此，需要改进 DFT 的计算方法，以大大减少运算次数。

5.2.2　减少 DFT 运算量的途径

如何减少 DFT 的运算工作量，主要利用 W_N^{nk} 以下三个方面的固有特性进行考虑。

（1）W_N^{nk} 的周期性。

容易证明

$$W_N^{nk} = W_N^{(n+N)k} = W_N^{n(k+N)} \tag{5.4}$$

此即为 W_N^{nk} 的周期性。

（2）W_N^{nk} 的对称性。

不难证明

$$(W_N^{nk})^* = W_N^{-nk} \tag{5.5}$$

（3）W_N^{nk} 的可约性。

由 W_N^{nk} 的定义式、对称性和周期性可知

$$W_N^{n(N-k)} = W_N^{(N-n)k} = W_N^{-nk}（因为\ W_N^{Nk} = W_N^{Nn} = \mathrm{e}^{-2\pi kn} = 1）$$

$$W_N^{N/2} = -1（因为\ W_N^{N/2} = \mathrm{e}^{-\mathrm{j}\pi} = -1）$$

$$W_N^{(k+N/2)} = -W_N^k$$

把 N 点 DFT 运算分解为 $N/2$ 点的 DFT 运算，然后取和。这样做，可以大大减少运算量。

利用上述特性,可以将有些项合并,并将 DFT 分解为短序列,从而降低运算次数,提高运算速度。对于 N 点 DFT,仅需 $(N/2)\log_2 N$ 次复数乘法运算。例如 $N = 1\,024 = 2^{10}$ 时,需要 $(1\,024/2)\log_2 2^{10} = 512 \times 10 = 5\,120$ 次。

快速傅里叶变换算法正是基于这样的基本思想而发展起来的。它的算法形式有很多种,但基本上可以分成两大类,即按时间抽选(Decimation-in-Time,DIT) 法和按频率抽选(Decimation-in-Frequency,DIF) 法。

下面讨论输入序列 $x(n)$ 在时域的奇偶分组,即所谓按时间抽选的 FFT 算法。

5.3　按时间抽选的基 -2FFT 算法

5.3.1　时间抽选算法(DIT) 的基本原理

1. $N/2$ 点 DFT

设序列点数为 $N = 2^L$,其中 L 为整数。若不满足这个条件,可以补上若干个零值点,以达到这一要求。这种 N 为 2 的整数幂的 FFT 称为基 -2FFT。

将 $N = 2^L$ 的序列 $x(n)(n = 0,1,\cdots,N-1)$ 先按 n 的奇偶分成以下两组:

n 为偶数时:　　　　　$x(2r) = x_1(r) \quad (r = 0,1,\cdots,\dfrac{N}{2} - 1)$

n 为奇数时:　　　　　$x(2r+1) = x_2(r) \quad (r = 0,1,\cdots,\dfrac{N}{2} - 1)$

因此,根据 DFT 的定义,

$$
\begin{aligned}
X(k) = \mathrm{DFT}[x(n)] &= \sum_{n=0}^{N-1} x(n) W_N^{nk} \\
&= \sum_{n=0}^{N-1} x(n) W_N^{nk} (n \text{ 为偶数}) + \sum_{n=0}^{N-1} x(n) W_N^{nk} (n \text{ 为奇数}) \\
&= \sum_{r=0}^{\frac{N}{2}-1} x(2r) W_N^{2rk} + \sum_{r=0}^{\frac{N}{2}-1} x(2r+1) W_N^{(2r+1)k} \\
&= \sum_{r=0}^{\frac{N}{2}-1} x_1(r) (W_N^2)^{rk} + W_N^k \sum_{r=0}^{\frac{N}{2}-1} x_2(r) (W_N^2)^{rk}
\end{aligned}
\tag{5.6}
$$

利用 W_N^{nk} 的可约性,即

$$
W_N^2 = \mathrm{e}^{-\mathrm{j}\frac{2\pi}{N} \times 2} = \mathrm{e}^{-\mathrm{j}2\pi/\left(\frac{N}{2}\right)} = W_{N/2}
$$

式(5.6) 可表示为

$$
X(k) = \sum_{r=0}^{\frac{N}{2}-1} x_1(r) W_{N/2}^{rk} + W_N^k \sum_{r=0}^{\frac{N}{2}-1} x_2(r) W_{N/2}^{rk} = X_1(k) + W_N^k X_2(k)
\tag{5.7}
$$

其中

$$
\begin{cases}
X_1(k) = \sum_{r=0}^{\frac{N}{2}-1} x_1(r) W_{N/2}^{rk} = \sum_{r=0}^{\frac{N}{2}-1} x(2r) W_{N/2}^{rk} \\[4mm]
X_2(k) = \sum_{r=0}^{\frac{N}{2}-1} x_2(r) W_{N/2}^{rk} = \sum_{r=0}^{\frac{N}{2}-1} x(2r+1) W_{N/2}^{rk}
\end{cases}
\tag{5.8}
$$

由式(5.7)可以看到,一个 N 点 DFT 已分解成两个 $N/2$ 点的 DFT。这两个 $N/2$ 点的 DFT 再按照式(5.6)组合成一个 N 点 DFT。这里应该看到 $x_1(r)$、$x_2(r)$ 及 $X_1(k)$、$X_2(k)$ 都只有 $N/2$ 个点,即 $r,k=0,1,\cdots,N/2-1$。而 $X(k)$ 却有 N 个点,即 $k=0,1,\cdots,N-1$,故用式(5.6)计算得到的只是 $X(k)$ 的前一半的结果,要用 $X_1(k)$、$X_2(k)$ 来表达全部的 $X(k)$ 值,还必须应用系数的周期性,即

$$
W_{N/2}^{r(k+N/2)} = W_{N/2}^{rk}
$$

下面确定 $X(k)$ 的后一半的值。

$$
X_1\left(\frac{N}{2}+k\right) = \sum_{r=0}^{\frac{N}{2}-1} x_1(r) W_{N/2}^{r(N/2+k)} = \sum_{r=0}^{\frac{N}{2}-1} x_1(r) W_{N/2}^{rk} = X_1(k)
\tag{5.9}
$$

同理

$$
X_2\left(\frac{N}{2}+k\right) = X_2(k)
\tag{5.10}
$$

可见,$X_1(k)$、$X_2(k)$ 的后一半分别等于其前一半的值。

又根据 W_N^k 的性质

$$
W_N^{(N/2+k)} = W_N^{N/2} W_N^k = -W_N^k
\tag{5.11}
$$

将式(5.9)、式(5.10)、式(5.11)代入式(5.7),可得 $X(k)$ 的前后两部分表达式分别为

$$
X(k) = X_1(k) + W_N^k X_2(k) \quad \left(k=0,1,\cdots,\frac{N}{2}-1\right)
\tag{5.12}
$$

$$
X\left(k+\frac{N}{2}\right) = X_1\left(k+\frac{N}{2}\right) + W_N^{(k+N/2)} X_2\left(k+\frac{N}{2}\right)
$$

$$
= X_1(k) - W_N^k X_2(k) \quad \left(k=0,1,\cdots,\frac{N}{2}-1\right)
\tag{5.13}
$$

由此可见,只要求出 0 到 $N/2-1$ 区间的所有 $X_1(k)$ 和 $X_2(k)$ 的值,即可求出 0 到 $N-1$ 区间内的所有 $X(k)$ 值,这样大大减少了运算量。式(5.12)和式(5.13)的运算可以用图 5.1 的蝶形信号流图符号表示。流图表示法中,当支路没有系数时,该支路的传输系数为 1。

图 5.1　按时间抽选法的蝶形运算流图符号

采用此法,可将上面讨论的分解过程表示于图 5.2 中。此图为 $N=2^3=8$ 的情况,其中输出值 $X(0)$ 到 $X(3)$ 由式(5.12)给出,而输出值 $X(4)$ 到 $X(7)$ 由式(5.13)给出。

下面分析一下将一个 N 点的 DFT 运算分解成两个 $N/2$ 点的 DFT 后需要的计算量。

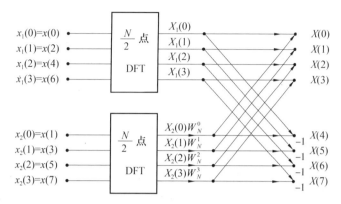

图 5.2　按时间抽选法将一个 N 点 DFT 分解为两个 $N/2$ 点 DFT($N=8$)

按奇、偶分组后的计算量为:

(1)$N/2$ 点的 DFT 运算量。

复乘次数为 $\left(\dfrac{N}{2}\right)^2=\dfrac{N^2}{4}$;复加次数为 $\dfrac{N}{2}\left(\dfrac{N}{2}-1\right)$。

(2) 两个 $N/2$ 点的 DFT 运算量。

复乘次数为 $2\times\dfrac{N^2}{4}=\dfrac{N^2}{2}$;复加次数为 $2\times\dfrac{N}{2}\left(\dfrac{N}{2}-1\right)=N\left(\dfrac{N}{2}-1\right)$。

(3)$N/2$ 个蝶形运算的运算量。

复乘次数为 $\dfrac{N}{2}$;复加次数为 $2\times\dfrac{N}{2}=N$。

总运算量为

$$\begin{cases}\text{复乘}:\dfrac{N^2}{2}+\dfrac{N}{2}\approx\dfrac{N^2}{2}\\[2mm]\text{复加}:N(\dfrac{N}{2}-1)+N=\dfrac{N^2}{2}\end{cases}$$

由前面知,N 点 DFT 的复乘次数为 N^2,复加次数为 $N(N-1)$,与分解前相比可知,计算工作点差不多减少一半。

例如 $N=8$ 时的 DFT,可以分解为两个 $N/2=4$ 点的 DFT。具体方法如下:

(1)n 为偶数时,即 $x(0),x(2),x(4),x(6)$,分别记作

$$x_1(0)=x(0),\quad x_1(1)=x(2),\quad x_1(2)=x(4),\quad x_1(3)=x(6)$$

进行 $N/2=4$ 点的 DFT,得 $X_1(k)$ 为

$$X_1(k)=\sum_{r=0}^{3}x_1(r)W_4^{rk}=\sum_{r=0}^{3}x(2r)W_4^{rk}\quad(k=0,1,2,3)$$

(2)n 为奇数时,即 $x(1),x(3),x(5),x(7)$,分别记作

$$x_2(0)=x(1),\quad x_2(1)=x(3),\quad x_2(2)=x(5),\quad x_2(3)=x(7)$$

进行 $N/2=4$ 点的 DFT,得 $X_2(k)$ 为

$$X_2(k)=\sum_{r=0}^{3}x_2(r)W_4^{rk}=\sum_{r=0}^{3}x(2r+1)W_4^{rk}\quad(k=0,1,2,3)$$

$$\begin{cases} X(k) = X_1(k) + W_N^k X_2(k) \\ X(k+4) = X_1(k) - W_N^k X_2(k) \quad (k=0,1,2,3) \end{cases} \tag{5.14}$$

（3）对 $X_1(k)$ 和 $X_2(k)$ 进行蝶形运算，前半部分为 $X(0) \sim X(3)$，后半部分为 $X(4) \sim X(7)$。整个过程如图 5.2 所示。

2. N/4 点 DFT

由于 $N = 2^L$，所以 $N/2$ 仍为偶数，可以进一步把每个 $N/2$ 点的序列再按其奇偶部分进行分组，分解为两个 $N/4$ 点的子序列。例如，n 为偶数时的 $N/2$ 点分解为

$$\begin{cases} x_1(2l) = x_3(l) \quad (l=0,1,\cdots,\dfrac{N}{4}-1) \\ x_1(2l+1) = x_4(l) \quad (l=0,1,\cdots,\dfrac{N}{4}-1) \end{cases}$$

对其进行 $N/4$ 点的 DFT 运算，得到

$$\begin{cases} X_3(k) = \displaystyle\sum_{l=0}^{\frac{N}{4}-1} x_3(l) W_{N/4}^{lk} = \sum_{l=0}^{\frac{N}{4}-1} x_1(2l) W_{N/2}^{2lk} \\ X_4(k) = \displaystyle\sum_{l=0}^{\frac{N}{4}-1} x_4(l) W_{N/4}^{lk} = \sum_{l=0}^{\frac{N}{4}-1} x_1(2l+1) W_{N/2}^{(2l+1)k} \end{cases} \tag{5.15}$$

$X_3(k)$、$X_4(k)$ 分别为偶数中的偶数序列及偶数中的奇数序列的 $N/4$ 点 DFT。

从而可得到前 $N/4$ 点的 $X_1(k)$ 为

$$X_1(k) = X_3(k) + W_{N/2}^k X_4(k) \quad (k=0,1,\cdots,\dfrac{N}{4}-1)$$

后 $N/4$ 点的 $X_1(k)$ 为

$$X_1\left(\dfrac{N}{4}+k\right) = X_3(k) - W_{N/2}^k X_4(k) \quad (k=0,1,\cdots,\dfrac{N}{4}-1)$$

同样，对 n 为奇数时，$N/2$ 点分为两个 $N/4$ 点的序列然后进行 DFT，则有

$$\begin{cases} X_5(k) = \displaystyle\sum_{l=0}^{\frac{N}{4}-1} x_2(2l) W_{N/4}^{lk} = \sum_{l=0}^{\frac{N}{4}-1} x_5(l) W_{N/4}^{lk} \\ X_6(k) = \displaystyle\sum_{l=0}^{\frac{N}{4}-1} x_2(2l+1) W_{N/4}^{lk} = \sum_{l=0}^{\frac{N}{4}-1} x_6(l) W_{N/4}^{lk} \end{cases} \tag{5.16}$$

$X_5(k)$、$X_6(k)$ 分别为奇数中的偶数序列及奇数中的奇数序列的 $N/4$ 点 DFT。

由 $X_5(K)$、$X_6(K)$ 进行蝶形运算，得

$$\begin{cases} X_2(k) = X_5(k) + W_{N/2}^k X_6(k) \quad (k=0,1,\cdots,\dfrac{N}{4}-1) \\ X_2\left(\dfrac{N}{4}+k\right) = X_5(k) - W_{N/2}^k X_6(k) \quad (k=0,1,\cdots,\dfrac{N}{4}-1) \end{cases} \tag{5.17}$$

例如，$N = 8$ 时的 DFT 可分解为四个 $N/4$ 点的 DFT，具体步骤如下：

(1) 将原序列 $x(n)$ 的"偶数中的偶数序列"部分

$$x_3(l)=x_1(r)=x(n), \quad x_3(0)=x_1(0)=x(0), \quad x_3(1)=x_1(2)=x(4)$$

构成 $N/4$ 点 DFT, 从而得到 $X_3(0)$、$X_3(1)$。

(2) 将原序列 $x(n)$ 的"偶数中的奇数序列"部分

$$x_4(l)=x_1(r)=x(n), \quad x_4(0)=x_1(1)=x(2), \quad x_4(1)=x_1(3)=x(6)$$

构成 $N/4$ 点 DFT, 从而得到 $X_4(0)$、$X_4(1)$。

(3) 将原序列 $x(n)$ 的"奇数中的偶数序列"部分

$$x_5(l)=x_2(r)=x(n), \quad x_5(0)=x_2(0)=x(1), \quad x_5(1)=x_2(2)=x(5)$$

构成 $N/4$ 点 DFT, 从而得到 $X_5(0)$、$X_5(1)$。

(4) 将原序列 $x(n)$ 的"奇数中的奇数序列"部分

$$x_6(l)=x_2(r)=x(n), \quad x_6(0)=x_2(1)=x(3), \quad x_6(1)=x_2(3)=x(7)$$

构成 $N/4$ 点 DFT, 从而得到 $X_6(0)$、$X_6(1)$。

(5) 由 $X_3(0)$、$X_4(0)$、$X_4(1)$ 进行蝶形运算, 得到 $X_1(0)$、$X_1(1)$、$X_1(2)$、$X_1(3)$。

(6) 由 $X_5(0)$、$X_5(1)$、$X_6(0)$、$X_6(1)$ 进行蝶形运算, 得到 $X_2(0)$、$X_2(1)$、$X_2(2)$、$X_2(3)$。

(7) 由 $X_1(0)$、$X_1(1)$、$X_1(2)$、$X_1(3)$、$X_2(0)$、$X_2(1)$、$X_2(2)$、$X_2(3)$ 进行蝶形运算, 得到 $X(0)$、$X(1)$、$X(2)$、$X(3)$、$X(4)$、$X(5)$、$X(6)$、$X(7)$。

按照上面的思路, 又一次分解, 得到四个 $N/4$ 点 DFT 和两级蝶形组合运算来计算 N 点 DFT, 如图 5.3 所示。其运算量与前面的只用一次分解蝶形组合方式的计算量相比, 约减少一半, 即约为 N 点 DFT 运算量的 $1/4$。

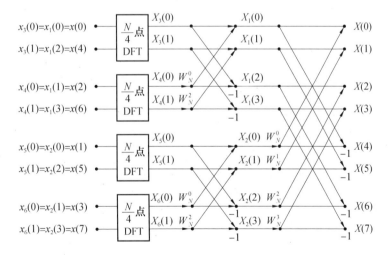

图 5.3　一个 $N=8$ 点 DFT 分解为四个 $N/4$ 点 DFT

对于 $N=8$ 时 DFT, $N/4$ 点即为两点 DFT, 所以

$$\begin{cases} X_3(k) = \sum_{l=0}^{1} x_3(l) W_{N/4}^{lk} & (k=0,1) \\[2ex] X_4(k) = \sum_{l=0}^{1} x_4(l) W_{N/4}^{lk} & (k=0,1) \\[2ex] X_5(k) = \sum_{l=0}^{1} x_5(l) W_{N/4}^{lk} & (k=0,1) \\[2ex] X_6(k) = \sum_{l=0}^{1} x_6(l) W_{N/4}^{lk} & (k=0,1) \end{cases}$$

也就是

$$\begin{cases} X_3(0) = x_3(0) + W_2^0 x_3(1) = x(0) + W_N^0 x(4) \\ X_3(1) = x_3(0) + W_2^1 x_3(1) = x(0) - W_N^0 x(4) \end{cases}$$

$$\begin{cases} X_4(0) = x_4(0) + W_2^0 x_4(1) = x(2) + W_N^0 x(6) \\ X_4(1) = x_4(0) + W_2^1 x_4(1) = x(2) - W_N^0 x(6) \end{cases}$$

$$\begin{cases} X_5(0) = x_5(0) + W_2^0 x_5(1) = x(1) + W_N^0 x(5) \\ X_5(1) = x_5(0) + W_2^1 x_5(1) = x(1) - W_N^0 x(5) \end{cases}$$

$$\begin{cases} X_6(0) = x_6(0) + W_2^0 x_6(1) = x(3) + W_N^0 x(7) \\ X_6(1) = x_6(0) + W_2^1 x_6(1) = x(3) - W_N^0 x(7) \end{cases}$$

因此，8 点 DFT 的 FFT 运算流图如图 5.4 所示。

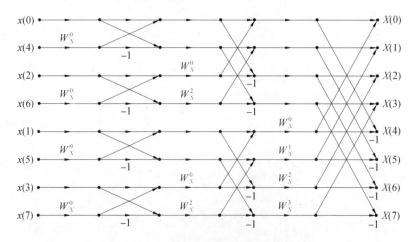

图 5.4　$N=8$ 按时间抽选的 FFT 运算流图

由上可知，这种方法的每一步分解，都是按输入序列在时间上的次序是属于偶数还是属于奇数来分解为两个更短的子序列，所以称为"按时间抽选法"。

以此方法，可以画出 $N=4$ 时按时间抽选的 FFT 运算流图，如图 5.5 所示。

5.3.2　运算量

由按时间抽选的 FFT 流图可知，$N=8$ 需三级蝶形运算。$N=2^3=8$，由此可知，$N=2^L$

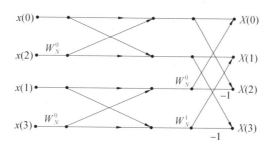

图 5.5　$N = 4$ 按时间抽选的 FFT 运算流图

共需 L 级蝶形运算,而且每级都由 $N/2$ 个蝶形运算组成,每个蝶形运算有 1 次复乘,2 次复加。这样 N 点的 FFT(L 级运算) 的运算量为:

复数乘法次数

$$m_F = (N/2)L = (N/2)\log_2 N \tag{5.18}$$

复数加法次数

$$a_F = NL = N\log_2 N \tag{5.19}$$

前面已提及,实际的计算量与式(5.18)、式(5.19)所表示的数字略有不同,因为有时某些 W_N 符号算子的取值可能是 ± 1 或 $\pm j$,与这些系数相乘都不需进行乘法运算,但这些情况在直接计算 DFT 时也是存在的。随着 N 取值的增大,这些特例相对而言就越来越少。所以,为了便于分析比较,下面的内容都保留这些特例。

由于计算机的乘法运算比加法运算所需的时间多得多,故以乘法作为比较基准。直接计算 DFT 与 FFT 算法的计算量之比为

$$\frac{N^2}{\dfrac{N}{2}L} = \frac{N^2}{\dfrac{N}{2}\log_2 N} = \frac{2N}{\log_2 N} \tag{5.20}$$

由上式可见,当点数 N 越大时,FFT 的优点更为明显,如图 5.6 所示。例如 $N = 1\,024$ 时

$$\frac{N^2}{\dfrac{N}{2}L} = \frac{2N}{\log_2 N} = \frac{2\,048}{10} \approx 205$$

图 5.6　直接计算 DFT 与 FFT 算法所需运算量分别与点数 N 的关系曲线

5.3.3 按时间抽选(DIT)的 FFT 算法的特点

为了得到任意 $N=2^L$ 点的按时间抽选的基－2FFT 信号流图,现在考虑这种按时间抽选法在运算方式上的特点。

1. 原位运算

由运算流图 5.4 可知,一共有 N 个输入／输出,有 $\log_2 N = L$ 列(级)蝶形运算(基本迭代运算),每级(每列)计算都由 $N/2$ 个蝶形运算构成。

设用 $m(m=1,2,\cdots,L)$ 表示第 m 列,用 $k,j(k<j)$ 表示蝶形输入数据所在的(上／下)行数 $(0,1,2,\cdots,N-1)$,此时任何一个蝶形运算可用下面的通用式表示,即

$$\begin{cases} X_m(k) = X_{m-1}(k) + X_{m-1}(j)W_N^r \\ X_m(j) = X_{m-1}(k) - X_{m-1}(j)W_N^r \end{cases} \tag{5.21}$$

式(5.21)的蝶形运算如图 5.7 所示,由 1 次复数乘法和 2 次复数加法组成。

图 5.7 按时间抽选蝶形运算结构

观察式(5.21),若已知某列(级)进行蝶形运算的任意两个节点(行)k 和 j 的节点变量 $X_{m-1}(k)$、$X_{m-1}(j)$,就完全可以确定蝶形运算的结果 $X_m(k)$、$X_m(j)$,而与其他行(节点)无关。这样,蝶形运算的两个输出值仍可放回蝶形运算的两个输入所在的存储器中,而不需要额外增加存储单元,即实现所谓原位运算。每一组(列)有 $N/2$ 个蝶形运算,所以只需 N 个存储单元。下一级的运算仍采用这种原位方式,只不过进入蝶形结的组合关系有所不同。这种原位运算结构可以节省存储单元,降低设备成本。

2. 变址(倒位序)运算

观察图 5.8 的同址计算结构,发现当完成运算后,FFT 的输出 $X(k)$ 按正常顺序排列在存储单元中,即按 $X(0),X(1),\cdots,X(7)$ 的顺序排列,而输入 $x(n)$ 却没有按正常顺序存储,而是按 $x(0),x(4),\cdots,x(7)$ 的顺序存入存储单元,看起来好像是"混乱无序"的,但实际上是有规律可循的,将其称为倒位序。

造成倒位序的原因是输入 $x(n)$ 按标号 n 的偶奇的持续分组。如果 n 用二进制数表示为 $(n_2,n_1,n_0)_2$(当 $N=8=2^3$ 时,二进制为三位),第一次分组,观察图 5.8,n 为偶数(相当于 n 的二进制数的最低位 $n_0=0$)在上半部分,n 为奇数(相当于 n 的二进制数的最低位 $n_0=1$)在下半部分。下一次则根据次最低位 n_1 为"0"或是"1"来分偶奇(而无须考虑原来的子序列是偶序列还是奇序列),按照这个思路继续分下去,直到最后 N 个长度为 1 的子序列。图 5.8 的树状图体现了这种分成偶数子序列和奇数子序列的过程。

一般在实际运算中,总是先按自然顺序将输入序列存入存储单元,为了得到倒位序的排列,我们通过变址运算来完成。如果输入序列的自然顺序号 I 用二进制数(例如

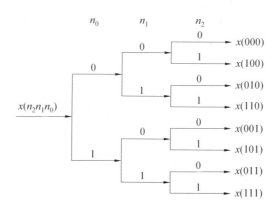

图 5.8　倒位序的形成

$(n_2,n_1,n_0)_2)$ 表示,则其倒位序 J 对应的二进制数就是 $((n_0,n_1,n_2)_2)$,这样,在原来自然顺序时应该放 $x(I)$ 的单元,在倒位序后应放在 $x(J)$ 中。 例如,$N=8$ 时,$x(3)$ 的标号是 $I=3$,它的二进制数是 011,倒位序的二进制数是 110,即 $J=6$,所以原来存放在 $x(011)$ 单元的数据现在应该存放在 $x(110)$ 内。表 5.1 列出了 $N=8$ 时的自然顺序二进制数和相应的倒位序二进制数。

表 5.1　$N=8$ 时的自然顺序二进制数和相应的倒位序二进制数

自然顺序(I)	二进制数	倒位序二进制数	倒位序(J)
0	000	000	0
1	001	100	4
2	010	010	2
3	011	110	6
4	100	001	1
5	101	101	5
6	110	011	3
7	111	111	7

由表 5.1 可以观察到,自然顺序数 I 增加 1,是在顺序数的二进制数最低位加 1,向左进位。而倒位序数 J 则是在二进制数最高位加 1,逢 2 向右进位。 例如,在(000)最高位加 1,则得(100),再在(100)最高位加 1,向右进位,则得(010)。因(100)最高位为 1,所以最高位加 1 要向次高位进位,其实质是将最高位变为 0,再在次高位加 1。用这种算法,可以从当前任意的倒位序值求得相应的下一个倒位序值。

把按自然顺序存放在存储单元中的数据,换成 FFT 原位运算流图所要求的倒位序的变址功能,如图 5.9 所示,当 $I=J$ 时,不必调换,当 $I\neq J$ 时,必须将原来存放数据 $x(I)$ 的存储单元内调入数据 $x(J)$,而将存放 $x(J)$ 的存储单元内调入 $x(I)$。为了避免重复调换,保证只调换一次(否则有可能又回到原状),只需看 J 是否小于 I。若 $J<I$,则意味着此 $x(I)$ 在前边已和 $x(J)$ 互相调换过,不需再进行调换;只有当 $J>I$ 时,才将原存放 $x(I)$ 及存放 $x(J)$ 的存储单元内的内容互换。这样就得到所需的输入序号倒位序。可以看到,其结果与图 5.4 的要求是一致的。

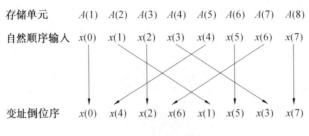

图 5.9 $N=8$ 倒位序的变址处理

3. 蝶形运算两点间的距离

以图 5.4 的 8 点 FFT 流图为例,其输入序号是倒位序,输出序号是正常顺序。其第一级(第一列)每个蝶形的两点间距离为 1,第二级(第二列)每个蝶形的两点间距离为 2,第三级(第三列)每个蝶形的两点间距离为 4。以此进行扩展,对 $N=2^L$ 点 FFT,当输入序号为倒位序,输出序号为正常顺序时,在第 m 列上,蝶形输入数据所在的(上 / 下)行数用 k、j 表示,则此两节点(行)之间的距离为 2^{m-1},即

$$j=k+2^{m-1} \quad (m=1,2,\cdots,L) \tag{5.22}$$

4. 蝶形流图中系数 W_N^r 的确定

考虑蝶形运算两节点的距离为 2^{m-1},蝶形运算可表示为

$$\begin{cases} X_m(k)=X_{m-1}(k)+X_{m-1}(k+2^{m-1})W_N^r \\ X_m(j)=X_{m-1}(k)-X_{m-1}(k+2^{m-1})W_N^r \end{cases} \tag{5.23}$$

由于 N 为已知,所以将 r 的值确定即可。

为此,令 $k=(n_2,n_1,n_0)_2$,再将 $k=(n_2,n_1,n_0)_2$ 左移 $L-m$ 位,右边位置补零,就可得到 $(r)_2$ 的值,即 $(r)_2=(k)_2 2^{L-m}$,再将 $(r)_2$ 化成相应的十进制数即确定 r 值。

5. 存储单元

由于是原位运算,存放输入序列 $x(n)(n=0,1,\cdots,N-1)$ 需要 N 个单元;存放系数 $W_N^r(r=0,1,\cdots,N/2-1)$ 需要 $N/2$ 个存储单元。

5.4 按频率抽选的基 -2FFT 算法

本节讨论另一种 FFT 算法,称为按频率抽选(DIF) 的 FFT 算法,它是把输出序列 $X(k)$(也是 N 点序列)按其顺序的奇偶分解为越来越短的序列,所以称为按频率抽选(DIF) 的 FFT 算法。

5.4.1 算法原理

这种按频率抽选(DIF) 的基 -2FFT 算法推导过程遵循两个规则:

(1) 对时间进行前后分解;

(2) 对频率进行偶奇分解。

1. N 点 DFT 的另一种表达形式

设序列点数为 $N=2^L$,为 2 的整数次幂,L 为整数,此条件与按时间抽选(DIT)的基-2FFT 算法相同,若不满足这个条件,可以人为地补上若干个零值点,以达到这一要求。按规则(1)把输入序列按前一半、后一半分开(不是按偶数、奇数分开),把 N 点 DFT 写成两部分。

$$X(k)=\sum_{n=0}^{N-1}x(n)W_N^{nk}=\sum_{n=0}^{\frac{N}{2}-1}x(n)W_N^{nk}+\sum_{n=N/2}^{N-1}x(n)W_N^{nk}$$

$$=\sum_{n=0}^{\frac{N}{2}-1}x(n)W_N^{nk}+\sum_{n=0}^{\frac{N}{2}-1}x\left(n+\frac{N}{2}\right)W_N^{(n+\frac{N}{2})k}$$

$$=\sum_{n=0}^{\frac{N}{2}-1}\left[x(n)+x\left(n+\frac{N}{2}\right)W_N^{Nk/2}\right]W_N^{nk}\quad(k=0,1,\cdots,N-1)$$

式中,用的是 W_N^{nk},而不是 $W_{N/2}^{nk}$,因而这并不是 $N/2$ 点 DFT。由于 $W_N^{nk}=-1$,故 $W_N^{Nk/2}=(-1)^k$,可得

$$X(k)=\sum_{n=0}^{\frac{N}{2}-1}\left[x(n)+(-1)^kx\left(n+\frac{N}{2}\right)\right]W_N^{nk}\quad(k=0,1,\cdots,N-1)\quad(5.24)$$

2. N 点 DFT 按 k 的奇偶分组可分为两个 $N/2$ 的 DFT

当 k 为偶数,即 $k=2r$ 时,$(-1)^k=1$;当 k 为奇数,即 $k=2r+1$ 时,$(-1)^k=-1$。因此,按 k 的奇偶可将 $X(k)$ 分为两部分:

k 为偶数时,

$$X(2r)=\sum_{n=0}^{\frac{N}{2}-1}\left[x(n)+x\left(n+\frac{N}{2}\right)\right]W_N^{2nr}$$

$$=\sum_{n=0}^{\frac{N}{2}-1}\left[x(n)+x\left(n+\frac{N}{2}\right)\right]W_{N/2}^{nr}\quad\left(r=0,1,\cdots,\frac{N}{2}-1\right)\quad(5.25)$$

k 为奇数时,

$$X(2r+1)=\sum_{n=0}^{\frac{N}{2}-1}\left[x(n)-x\left(n+\frac{N}{2}\right)\right]W_N^{n(2r+1)}$$

$$=\sum_{n=0}^{\frac{N}{2}-1}\left\{\left[x(n)-x\left(n+\frac{N}{2}\right)\right]W_N^n\right\}W_{N/2}^{nr}\quad\left(r=0,1,\cdots,\frac{N}{2}-1\right)\quad(5.26)$$

3. 蝶形运算

式(5.25)为前一半输入与后一半输入之和的 $N/2$ 点 DFT,式(5.26)为前一半输入与后一半输入之差再与 W_N^n 相乘的 $N/2$ 点 DFT。令

$$\begin{cases}x_1(n)=x(n)+x\left(n+\frac{N}{2}\right)\\x_2(n)=\left[x(n)-x\left(n+\frac{N}{2}\right)\right]W_N^n\end{cases}\quad\left(r=0,1,\cdots,\frac{N}{2}-1\right)\quad(5.27)$$

由此构成频率抽选法蝶形运算单元,如图 5.10 所示。

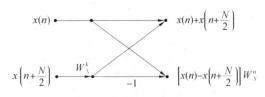

图 5.10　频率抽选法蝶形运算单元

4. $N = 8$ 时,按 k 的奇偶分解过程先蝶形运算,后 DFT

这样,就把一个 N 点 DFT 按 k 的奇偶分解为两个 $N/2$ 点的 DFT。 $N = 8$ 时,上述分解过程示于图 5.11。

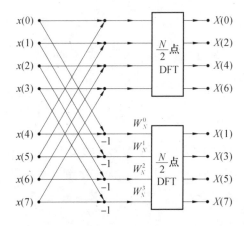

图 5.11　按频率抽选的第一次分解

5. 仿照 DIT 的方法

与按时间抽选法的推导过程一样,由于 $N = 2^L$,$N/2$ 仍是一个偶数,因而可以将每个 $N/2$ 点 DFT 的输出再分解为偶数组与奇数组,这就将 $N/2$ 点 DFT 进一步分解为两个 $N/4$ 点 DFT。 这两个 $N/4$ 点 DFT 的输入也是先将 $N/2$ 点 DFT 的输入按照时间前后对半分开后通过蝶形运算而形成的,图 5.12 示出了这一步分解的过程。

这样的分解可以一直进行到第 L 次($L = \log_2^N$),第 L 次实际上是做 2 点 DFT,它只有加减运算。 然而,为了有统一的运算结构,仍然用一个系数为 W_N^0 的蝶形运算来表示,这 $N/2$ 个两点 DFT 的 N 个输出就是 $x(n)$ 的 N 点 DFT 的结果 $X(k)$。 图 5.13 表示一个 $N = 8$ 的完整的按频率抽选的基 — 2FFT 运算结构。

5.4.2　算法特点

1. 原位运算

按频率抽选法的运算特点与按时间抽选法基本相同。从图 5.13 可以看出,它也是通过 $(N/2)L$ 个蝶形运算完成的。每一个蝶形结构完成下述基本迭代运算

$$\begin{cases} X_m(k) = X_{m-1}(k) + X_{m-1}(j) \\ X_m(j) = [X_{m-1}(k) - X_{m-1}(j)]W_N^r \end{cases} \tag{5.28}$$

图 5.12 按频率抽选的第二次分解

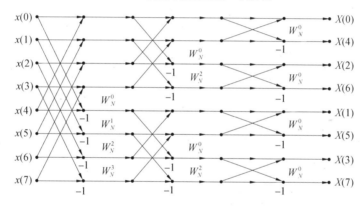

图 5.13 按频率抽选的 FFT($N = 8$)信号流图

式中,m 表示 m 列迭代;k、j 为整数所在行数,此式的蝶形运算如图 5.14 所示,也需要一次复乘和两次复加。从图 5.13 中可以看出,频率抽选 FFT 的这一流图仍是原位运算。

图 5.14 按频率抽选法的蝶形运算一般流图形式

2.蝶形运算两点间的距离

从图 5.13 的 8 点 FFT 流图可以看出,其输入序号是正常顺序,输出序号是倒位序。其第一级(第一列,$m=1$)每个蝶形的两点间距离为 4,第二级(第二列,$m=2$)每个蝶形的两点间距离为 2,第三级(第三列,$m=3$)每个蝶形的两点间距离为 1。以此进行扩展,对 $N=2^L$ 点 FFT,当输入序号为正常顺序,输出序号是倒位序时,在第 m 列上,蝶形输入数据所在的(上 / 下)行数用 k、j 表示,则此两节点(行)之间的距离为 $2^{L-m} = \dfrac{N}{2^m}$,即

$$j = k + \frac{N}{2^m} \quad (m = 1, 2, \cdots, L) \tag{5.29}$$

3. 蝶形流图中系数 W_N^r 的确定

由于 DIF 蝶形运算的两节点的距离为 $N/2^m$，所以蝶形运算可表示为

$$\begin{cases} X_m(k) = X_{m-1}(k) + X_{m-1}\left(k + \dfrac{N}{2^m}\right) \\ X_m\left(k + \dfrac{N}{2^m}\right) = \left[X_{m-1}(k) - X_{m-1}\left(k + \dfrac{N}{2^m}\right)\right] W_N^r \end{cases} \tag{5.30}$$

r 的求法如下：

令 $k = (n_2, n_1, n_0)_2$，之后左移 $m-1$ 位，右边位置补零，就可得到 $(r)_2$ 的值，即 $(r)_2 = (k)_2 2^{m-1}$，再将 $(r)_2$ 化成相应的十进制数即确定 r 值。

5.4.3 DIF 法与 DIT 法的异同

1. 相同点

就运算量而言 DIF 与 DIT 是相同的，即都有 $L = \log_2^N$ 级（列）运算，每级运算需 $N/2$ 个蝶形运算来完成，总共需要 $(N/2)\log_2^N$ 次复乘与 $N\log_2^N$ 次复加，DIF 法与 DIT 法都可进行原位运算。频率抽选 FFT 算法的输入是自然顺序，输出是倒位序的。因此运算完毕后，要通过变址计算将倒位序转换成自然位序，然后再输出。转换方法与时间抽选法相同。

2. 不同点

由图 5.13、图 5.14 与图 5.4、图 5.7 相比较，DIF 法与 DIT 法的主要区别是：

(1) 图 5.13 的 DIF 输入是自然顺序，输出是倒位序的，这与图 5.4 的 DIT 法正好相反。但这不是实质性的区别，因为 DIF 法与 DIT 法一样，都可将输入或输出进行重排，使二者的输入或输出顺序变成自然顺序或倒位序顺序。

(2) DIF 的基本蝶形（图 5.14）与 DIT 的基本蝶形（图 5.7）则有所不同，这才是实质的不同，DIF 的复数乘法只出现在减法之后，DIT 则是先做复乘后再做加减法。

DIT、DIF 的蝶形运算用矩阵可分别表示为：

(a) DIT

$$\begin{bmatrix} X_m(k) \\ X_m(j) \end{bmatrix} = \begin{bmatrix} 1 & W_N^r \\ 1 & -W_N^r \end{bmatrix} \begin{bmatrix} X_{m-1}(k) \\ X_{m-1}(j) \end{bmatrix} \tag{5.31}$$

(b) DIF

$$\begin{bmatrix} X_m(k) \\ X_m(j) \end{bmatrix} = \begin{bmatrix} 1 & 1 \\ W_N^r & -W_N^r \end{bmatrix} \begin{bmatrix} X_{m-1}(k) \\ X_{m-1}(j) \end{bmatrix} \tag{5.32}$$

(3) 两种蝶形运算的关系：互为转置（矩阵）；

$$\quad\text{a. (DIT)} \qquad\qquad \text{b. (DIF)}$$

$$\begin{bmatrix} 1 & W_N^r \\ 1 & -W_N^r \end{bmatrix} \qquad \begin{bmatrix} 1 & 1 \\ W_N^r & -W_N^r \end{bmatrix}$$

5.5　离散傅里叶反变换(IDFT) 的快速计算方法

以上所讨论的 FFT 的运算方法同样可用于 IDFT 的运算,称为快速傅里叶反变换,简称为 IFFT。由 DFT 和 IDFT 的定义,将两个定义式进行比较,可以看出,只要把 DFT 运算中的每一个系数 W_N^{nk} 改为 W_N^{-nk},并乘系数 $1/N$,就可以用 FFT 算法来计算 IDFT,也就得到了 IFFT 的算法。当把时间抽选 FFT 算法用于 IFFT 计算时,由于

$$\begin{cases} x(n) = \mathrm{IDFT}[X(k)] = \dfrac{1}{N}\sum_{k=0}^{N-1} X(k)W_N^{-nk} \\[3mm] X(k) = \mathrm{DFT}[x(n)] = \sum_{k=0}^{N-1} x(n)W_N^{nk} \end{cases} \tag{5.33}$$

原来输入的时间序列 $x(n)$ 现在变成了频率序列 $X(k)$,原来是将 $x(n)$ 奇偶分组的,而现在变成对 $X(k)$ 进行奇偶分组,从而这种算法改称为频率抽选 IFFT 算法。类似地,当把频率抽选 FFT 算法用于计算 IFFT 时,应改称为时间抽选 IFFT 算法。在 IFFT 计算中经常把常量 $1/N$ 分解为 L 个 $1/2$ 连乘,即 $1/N = (1/2)^L$,并且在 L 级的迭代运算中,每级的运算都分别乘 $1/2$ 因子。具体的流图可以类似 FFT 的流图形式画出,如图 5.15 所示。

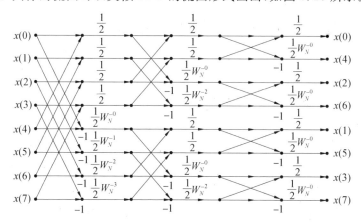

图 5.15　IFFT 流图

上面这种 IFFT 算法虽然编程很方便,但要改变 FFT 的程序和参数才能实现。现介绍另一种计算 IFFT 的方法,可以完全不必改动 FFT 程序。推导如下:

$$x(n) = \frac{1}{N}\sum_{k=0}^{N-1} X(k)W_N^{-nk}$$

对它取共轭,则

$$x^*(n) = \frac{1}{N}\sum_{k=0}^{N-1} X^*(k)W_N^{nk}$$

再取共轭,则

$$x(n) = \frac{1}{N}\Big[\sum_{k=0}^{N-1} X^*(k)W_N^{nk}\Big]^*$$

$$= \frac{1}{N} \{ \text{DFT}[X^*(k)] \}^* \qquad (5.34)$$

将式(5.34)与 $X(k) = \sum_{n=0}^{N-1} x(n)W_N^{nk}$ 进行比较,可见只要将 $X(k)$ 取共轭,就可以直接利用 FFT 子程序,最后再将运算结果取一次共轭,并除以 N 就得到 $x(n)$ 的值。即:

(1) 将 $X(k)$ 的虚部乘 -1,即先取 $X(k)$ 的共轭,得 $X^*(k)$;

(2) 将 $X^*(k)$ 直接送入 FFT 程序即可得出 $nx^*(n)$;

(3) 最后再对运算结果取一次共轭变换,并乘常数 $1/N$,即可以求出 IFFT 变换的 $x(n)$ 的值。

因此,FFT 运算和 IFFT 运算就可以共用一个子程序块,这样就可很方便地进行 FFT 和 IFFT 的计算。

5.6　快速傅里叶变换实例分析

5.6.1　利用 FFT 对时域连续信号进行谱分析

所谓谱分析就是计算信号的频谱,包括幅度谱、相位谱和功率谱。DFT 的重要应用之一便是对时域连续信号的频谱进行分析。经典的频谱分析是利用 FFT 来实现的。

1. 谱分析步骤

对连续信号进行谱分析的框图如图 5.16 所示。在图 5.16 中,前置低通滤波器 LPF(预滤波器)的引入,是为了消除或减少时域连续信号转换成序列时可能出现的频谱混叠的影响。在实际工作中,离散时间信号 $x(n)$ 的持续时间是很长的,甚至可能是无限长的(例如语音或音乐信号)。由于 DFT 的需要(实际应用 FFT 计算),必须把 $x(n)$ 限制在一定的时间区间之内,即进行数据截断。数据的截断相当于对其进行加窗处理。因此,在计算 FFT 之前,用一个时域有限的窗函数 $w(n)$ 加到 $x(n)$ 上是非常必要的。

图 5.16　时域连续信号离散傅里叶分析的处理步骤

将滤除高频分量之后得到的时域连续信号 $x_c(t)$ 通过 A/D 变换器转换(忽略其幅度量化误差)成抽样序列 $x(n)$,其频谱用 $X(e^{j\omega})$ 表示,它是频率 ω 的周期函数,即

$$X(e^{j\omega}) = \frac{1}{T} \sum_{m=-\infty}^{\infty} X_c \left(j\frac{\omega}{T} - j\frac{2\pi m}{T} \right) \qquad (5.35)$$

式中,$X_c(j\Omega)$ 或 $X_c\left(j\dfrac{\omega}{T} \right)$ 为 $x_c(t)$ 的频谱,即 $X(e^{j\omega})$ 是 $X_c\left(j\dfrac{\omega}{T} \right)$ 以抽样频率 $\dfrac{2\pi}{T}$ 为周期进行的周期延拓。

在实际应用中,前置低通滤波器的阻带不可能是无限衰减的,故由 $X_c(j\Omega)$ 周期延拓得

到的 $X(e^{j\omega})$ 有非零重叠,即出现频谱混叠现象。

由于进行 FFT 的需要,必须对序列 $x(n)$ 进行加窗处理,即 $v(n)=x(n)w(n)$,加窗对频域的影响,用卷积表示为

$$V(e^{j\omega})=\frac{1}{2\pi}\int_{-\pi}^{\pi}X(e^{j\theta})W(e^{j(\omega-\theta)})d\theta \qquad (5.36)$$

最后是进行 FFT 运算。加窗后的 DFT 是

$$V(k)=\sum_{n=0}^{N-1}v(n)e^{-j\frac{2\pi}{N}nk} \quad (0\leqslant k\leqslant N-1) \qquad (5.37)$$

式中,假设窗函数长度 L 小于或等于 DFT 长度 N,为使用基-2 的 FFT 运算,这里选择 N 为 2 的整数幂次即 $N=2^m$。有限长序列 $v(n)=x(n)w(n)$ 的 DFT 相当于 $v(n)$ 傅里叶变换的等间隔抽样,即

$$V(k)=V(e^{j\omega})\mid_{\omega=\frac{2\pi k}{N}} \qquad (5.38)$$

$V(k)$ 便是 $s_c(t)$ 的离散频率函数。因为 DFT 对应的数字域频率间隔为 $\Delta\omega=2\pi/N$,且模拟频率 Ω 和数字频率 ω 间的关系为 $\omega=\Omega T$,其中 $\Omega=2\pi f$。所以,离散的频率函数第 k 点对应的模拟频率为

$$\Omega_k=\frac{\omega}{T}=\frac{2\pi k}{NT} \qquad (5.39)$$

$$f_k=\frac{k}{NT} \qquad (5.40)$$

由式(5.40) 很明显可看出,数字域频率间隔 $\Delta\omega=2\pi/N$ 对应的模拟域谱线间距为

$$F=\frac{1}{NT}=\frac{f_s}{N} \qquad (5.41)$$

谱线间距,又称频谱分辨率(单位:Hz)。所谓频谱分辨率是指可分辨两频率的最小间距。它的意思是,如设某频谱分析的 $F=10$ Hz,那么信号中频率相差小于 10 Hz 的两个频率分量在此频谱图中就分辨不出来。

长度 $N=16$ 的时间信号 $v(n)=(1.1)^n R_{16}(n)$ 的图形如图 5.17(a) 所示,$V(k)$ 为其 16 点的 DFT,$|V(k)|$ 如图 5.17(b) 所示,其中,T 为抽样时间间隔(抽样周期,单位:s),f_s 为抽样频率(单位:Hz),$f_s=1/T$;f_h 为信号频率的最高频率分量(单位:Hz);t_p 为截取连续时间信号的样本长度(又称最小记录长度,单位:s);F 为谱线间距,又称频率分辨率(单位:Hz)。$|V(k)|$ 图中给出的频率间距 F 和 N 个频率点之间的频率 f_s 都是指模拟域频率(单位:Hz)。

由图 5.17 可知

$$t_p=NT \qquad (5.42)$$

$$F=\frac{f_s}{N}=\frac{1}{NT}=\frac{1}{t_p} \qquad (5.43)$$

在实际应用中,要根据信号最高频率 f_h 和频谱分辨率 F 的要求,来确定 T、t_p 和 N 的大小。

由以上讨论得到谱分析的步骤如下:

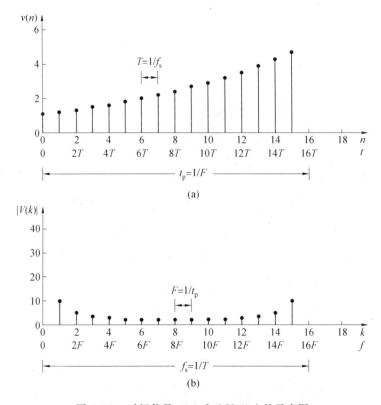

图 5.17 时间信号 $v(n)$ 和 $|V(k)|$ 的示意图

（1）数据准备。

首先，根据抽样定理，为保证抽样信号不失真，$f_s \geqslant 2f_h$（f_h 为信号频率的最高频率分量，也就是前置低通滤波器阻带的截止频率），即应使抽样周期 T 满足

$$T \leqslant \frac{1}{2f_h}$$

然后，由频谱分辨率 F 和 T 确定 N，$N = \dfrac{f_s}{F} = \dfrac{1}{FT}$；为了使用 FFT 运算，这里选择 N 为 2 的整数幂即 $N = 2^L$，由式（5.43）可知，N 大，分辨率好，但会增加样本记录时间 t_p；最后，由 N、T 确定最小记录长度，$t_p = NT$。这样在记录长度中进行 N 点抽样就得到要求的离散序列 $x(n)$。

（2）用 FFT 计算信号的频谱。

应用前面讨论的 FFT 算法计算 $x(n)$ 的频谱，得到 $X(k)$。

（3）由 $X(k)$ 求幅度谱、相位谱和功率谱。

一个长度为 N 的时域离散序列 $x(n)$，其离散傅里叶变换 $X(k)$（离散频谱）是由实部和虚部组成的复数，即

$$X(k) = X_R(k) + jX_I(k) \tag{5.44}$$

将 $X(k)$ 写成极坐标形式

$$X(k) = |X(k)| e^{j\arg[X(k)]} \tag{5.45}$$

式中, $|X(k)|$ 称为幅度谱;$\arg[X(k)]$ 称为相位谱。实际中常常用信号的功率谱表示,功率谱是幅频谱的平方,功率谱 PSD 定义为

$$\text{PSD}(k) = \frac{|X(k)|^2}{N} \qquad (5.46)$$

功率谱具有突出主频率的特性,在分析带有噪声干扰的信号时特别有用。将式(5.46)绘成的图形称为频谱图。由频谱图可以知道信号存在哪些频率分量,它们就是谱图中峰值对应的点。谱图中最低频率为 $k=0$,对应实际频率为 0(即直流);最高频率为 $k=N/2$,对应实际频率为 $f=f_s/2$;对处于 $0,1,2,\cdots,N/2$ 上的任意点 k,对应的实际频率为 $f=kF=k\dfrac{f_s}{N}$。

例 5.1　有一频谱分析用的 FFT 处理器,其抽样点数必须是 2 的整数次幂,假定没有采用任何特殊的数据处理措施,已给条件为:(1) 频率分辨率 $F \leqslant 5$ Hz;(2) 信号最高频率 $f_h \leqslant 4$ kHz。 试确定最小记录长度 t_p、最大抽样间隔 T(即最小抽样频率)及在一个记录中的最少点数 N。

解　由分辨率的要求确定最小长度 t_p 为

$$t_p = \frac{1}{F} = \frac{1}{5} = 0.2(\text{s})$$

从信号的最高频率确定最大可能的抽样间隔 T(即最小抽样频率 $f_s = 1/T$)。 按抽样定理

$$f_s \geqslant 2f_h$$

即

$$T \leqslant \frac{1}{2f_h} = \frac{1}{2 \times 4 \times 10^3} = 0.125 \times 10^{-3}(\text{s})$$

从而最小记录点数 N 应满足

$$N > \frac{2f_h}{F} = \frac{2 \times 4 \times 10^3}{5} = 1\,600$$

取 $N = 2^L = 2^{11} = 2\,048 > 1\,600$。

2. 谱分析可能出现的误差

利用 FFT 对连续信号进行傅里叶分析时可能造成一定的误差,从而产生如下现象:

(1) 频谱混叠失真。

在图 5.16 所示的基本步骤中,A/D 变换前利用前置低通滤波器进行预滤波,使 $x_c(t)$ 频谱中最高频率分量不超过 f_h。假设 A/D 变换器的抽样频率为 f_s,按照奈奎斯特抽样定理,为了不产生混叠,必须满足

$$f_s \geqslant 2f_h$$

也就是抽样间隔 T 满足

$$T = \frac{1}{f_s} \leqslant \frac{1}{2f_h} \qquad (5.47)$$

一般应取 $f_s = (2.5 \sim 3.0)f_h$。

如果不满足 $f_s \geqslant 2f_h$,就会产生频谱混叠失真。对于 FFT 来说,频率函数也要抽样,变成离散的序列,其抽样间隔为 F(即频率分辨率),满足 $t_p = \dfrac{1}{F}$。

从以上内容可以看出,信号的最高频率分量 f_h 与频率分辨率 F 存在矛盾关系,若 f_h 增加,则时域抽样间隔 T 就一定减小,从而 f_s 就增加,若是固定 N,必然要增加 F,即分辨率下降。反之,要提高分辨率(减小 F),就要增加 t_p,当 N 给定时,必然导致 T 的增加(f_s 减小)。 要不产生混叠失真,则必然会减小高频容量(信号的最高频率分量)f_h。

要想兼顾高频容量 f_h 与频率分辨率 F,即一个性能提高而另一个性能不变(或也得以提高)的唯一办法就是增加记录长度的点数 N,即要满足

$$N = \frac{f_s}{F} > \frac{2f_h}{F}$$

这个公式是未采用任何特殊数据处理(例如加窗处理)的情况下,为实现基本 FFT 算法所必须满足的最低条件。如果加窗处理,相当于时域相乘,则频域周期卷积必然加宽频谱分量,频率分辨率就可能变差,为了保证频率分辨率不变,则须增加数据长度 t_p。

(2) 栅栏效应。

利用 FFT 计算频谱,只是给出离散点 $\omega_k = 2\pi k/N$ 或 $\Omega_k = 2\pi k/(NT)$ 上的频谱抽样值,即只给出了基频 F 的整数倍的频谱值,而不可能得到连续频谱函数,这就像通过一个"栅栏"观测信号频谱,所以只能在离散的点上看到信号频谱,这种现象被称为"栅栏",如图 5.17 所示。这时,如果在两个离散的谱线之间有一个特别大的频谱分量,就无法观测出来。

减小栅栏效应的方法之一便是要使频域抽样更密,即增加频域抽样点数 N,假设时域数据不变,则需要在数据尾端进行补零,人为使一个周期内的点数增加,但并不改变原有的记录数据。频谱抽样点为 $2\pi k/N$,N 增加,必然使抽样点间隔更少(单位圆上抽样点个数更多),谱线更密,谱线变密后就有可能看到原来看不到的谱分量。

需要注意的是,通过补零来改变计算 FFT 的周期时,所使用窗函数的宽度不能改变。即必须按照数据记录的原来的实际长度对窗函数进行选择,而不能依据补零值点后的长度来确定窗函数。补零并不能提高频率分辨率,这是因为数据的实际长度仍为补零前的数据长度。

(3) 频谱泄漏与谱间干扰。

对信号进行 FFT 计算之前,首先必须加窗使其变成有限时宽的信号,这就相当于信号在时域乘一个窗函数(例如矩形窗函数),但窗内数据并不改变。时域相乘相当于 $v(n) = x(n)w(n)$,加窗对频域的影响,可用式(5.36)的卷积公式表示

$$V(e^{j\omega}) = \frac{1}{2\pi}\int_{-\pi}^{\pi} X(e^{j\theta})W(e^{j(\omega-\theta)})d\theta$$

卷积的结果,造成所得到的频谱 $V(e^{j\omega})$ 与原来的频谱 $X(e^{j\omega})$ 相比有所变化,产生了失真。这种失真的结果最主要的是造成频谱的"扩散"(拖尾、变宽),称之为"频谱泄漏"。

由上可知,泄漏是由于截取有限长信号所产生的。例如,正弦波频谱具有单一谱线,其必须为无限长。即如果输入信号是无限长的,那么 FFT 就能计算出完全正确的单一频线。但这并不可行,而只能取有限长的记录样本点。如果在该长度有限的样本中,正弦信号又不是整数个周期时,就会产生泄漏。

例如,一个周期为 $N=16$ 的余弦序列 $x(n) = \cos(6\pi n/16)$,截取其一个周期长度的序列,也就是 $x_1(n) = x(n)R_{16}(n) = \cos(6\pi n/16)R_{16}(n)$,其 16 点 FFT 的频谱图如图 5.18(a)

所示,若截取的长度为 13,则其 16 点 FFT 的频谱图如图 5.18(b)所示。 由此可见,频谱不再是单一的谱线,它的能量散布到整个频谱的各处。 这种能量散布到其他谱线位置的现象即为"频谱泄漏"。

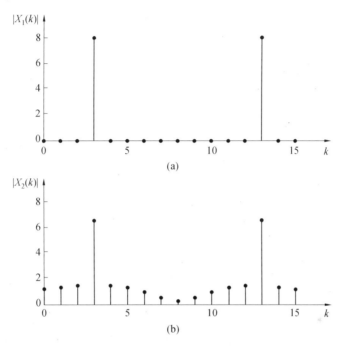

图 5.18　16 点 FFT 的频谱图

需要指出,泄漏也会导致混叠,因为泄漏将会导致频谱的扩展,从而使最高频率有可能超过折叠频率($f_s/2$),造成频率响应的混叠失真。

泄漏导致的后果还有就是降低频谱的分辨率。此外,由于在主谱线两边形成很多旁瓣,会引起不同频率分量间的干扰,将其称为谱间干扰。 特别是若信号谱的旁瓣很强,就可能淹没弱信号的主瓣谱线;或者是另一种情况,把强信号谱的旁瓣误认为是别的信号的谱线,从而造成信号识别错误,这样就会使谱分析产生较大误差。

在进行 FFT 运算时,进行时域截断是不可避免的,从而频谱泄漏和谱间干扰也一定会出现。为尽量减少二者的影响,需增加窗的时域宽度,这会使得相应窗谱的主瓣变窄,但又会导致运算量及所需存储单元的增加;其次,数据不能突然截断,也就是确定窗函数类型时,不要加矩形窗等陡峭变化的窗函数,而是选择各种缓变的窗(例如:三角形窗、升余弦窗、改进的升余弦窗等),使得窗谱的旁瓣能量更小,进行卷积后造成的泄漏能够减小。

5.6.2　线性卷积的 FFT 算法

1. FFT 的快速卷积法

以 FIR 滤波器为例,因为它的输出等于有限长单位冲激响应 $h(n)$ 与有限长输入信号 $x(n)$ 的离散线性卷积。设 $x(n)$ 为 L 点有限长序列,$h(n)$ 为 M 点有限长序列,则输出 $y(n)$ 为

$$y(n) = \sum_{m=0}^{M-1} h(m)x(n-m)$$

$y(n)$ 也是有限长序列,其长度为 $L+M-1$ 点。下面首先讨论直接计算线性卷积的运算量。由于每一个 $x(n)$ 的输入值都必须和全部的 $h(n)$ 值相乘一次,所以总共需要 LM 次乘法,这就是直接计算的乘法次数,以 m_d 表示,则如下式所示

$$m_d = LM \tag{5.48}$$

用 FFT 算法也就是用圆周卷积来代替前面的线性卷积时,为了不产生混叠现象,必须使 $x(n)$、$h(n)$ 都补零值点,补到至少 $N = L+M-1$,即

$$x(n) = \begin{cases} x(n) & (0 \leqslant n \leqslant L-1) \\ 0 & (L \leqslant n \leqslant N-1) \end{cases}$$

$$h(n) = \begin{cases} h(n) & (0 \leqslant n \leqslant M-1) \\ 0 & (M \leqslant n \leqslant N-1) \end{cases}$$

然后计算 N 点圆周卷积 $y(n) = x(n) \,\textcircled{N}\, h(n)$。这时,$y(n)$ 就相当于线性卷积的结果。下面给出用 FFT 计算 $y(n)$ 的步骤:

① 求 $h(n)$ 的 N 点 FFT$H(k)$;

② 求 $x(n)$ 的 N 点 FFT$X(k)$;

③ 计算 $X(k)$ 和 $H(k)$ 的乘积,令其等于 $Y(k)$;

④ 求 $Y(k)$ 的 N 点 IFFT,根据 DFT 的圆周卷积性质,结果即为 $y(n)$。

步骤 ①、②、④ 均可用 FFT 算法来完成。此时的工作量如下:三次 FFT 运算共需要 $\frac{3}{2}N\log_2 N$ 次乘法运算,还有步骤 ③ 的 N 次相乘,因此共需要相乘次数为

$$m_F = \frac{3}{2}N\log_2 N + N = N\left(1 + \frac{3}{2}\log_2 N\right) \tag{5.49}$$

比较直接计算线性卷积(简称直接法)和 FFT 法计算线性卷积(简称 FFT 法)这两种方法的乘法次数。设式(5.48)与式(5.49)的比值为 K_m,则

$$K_m = \frac{m_d}{m_F} = \frac{ML}{N\left(1 + \dfrac{3}{2}\log_2 N\right)} = \frac{ML}{(M+L-1)\left[1 + \dfrac{3}{2}\log_2(M+L-1)\right]} \tag{5.50}$$

分两种情况讨论如下:

(1) $x(n)$ 与 $h(n)$ 点数接近。

例如,$M=L$,则 $N = 2M-1 \approx 2M$,则

$$K_m = \frac{M^2}{2M\left(1 + \dfrac{3}{2}\log_2 2M\right)} = \frac{M}{2\left[1 + \dfrac{3}{2}(1 + \log_2 M)\right]} = \frac{M}{5 + 3\log_2 M}$$

这样可得表 5.2。

表 5.2　K_m 表

$M=L$	8	16	32	64	128	256	512	1 024	2 048	4 096
K_m	0.571	0.941	1.6	2.78	4.92	8.83	16	29.25	53.9	99.9

当 $M=8$ 时,FFT 法的运算量大于直接法;当 $M=16$ 时,二者接近;当 $M=512$ 时,FFT 法运算速度可快 16 倍;当 $M=4\,096$ 时,FFT 法约快 100 倍。可以看出,当 M 超过 32 以后, M 越长,FFT 法的好处越明显。因而将圆周卷积称为快速卷积。

(2) 当 $x(n)$ 的点数很多,即当 $L \gg M$ 时,此时有

$$N = L + M - 1 \approx L, \quad K_{\mathrm{m}} = \frac{m_{\mathrm{d}}}{m_{\mathrm{F}}} \approx \frac{ML}{L\left(1 + \dfrac{3}{2}\log_2^L\right)} = \frac{M}{1 + \dfrac{3}{2}\log_2^L}$$

通常不能等 $x(n)$ 全部采集齐后再进行卷积,否则将会使输出相对于输入有较长的延时。此外,若 $N=M+L-1$ 太大,$h(n)$ 必须补很多个零值点,很不划算,且 FFT 的计算时间也要很长。这时 FFT 法的优点就难以体现,因此需要采用分段卷积或称分段过滤的办法。即将 $x(n)$ 分成点数和 $h(n)$ 相似的段,分别求出每段的卷积结果,然后用一定方式把它们合在一起,便得到总的输出,其中每一段的卷积均采用 FFT 方法处理。有两种分段卷积的办法:重叠相加法和重叠保留法。

2. 重叠相加法

可设 $h(n)$ 的点数为 M,信号 $x(n)$ 相对 $h(n)$ 为很长的序列。先将 $x(n)$ 分解为很多段,每段为 L 点,L 选择成和 M 的数量级相同,用 $x_i(n)$ 表示 $x(n)$ 的第 i 段:

$$x_i(n) = \begin{cases} x(n) & (iL \leqslant n \leqslant (i+1)L-1) \\ 0 & (\text{其他}) \end{cases} \quad (i=0,1,\cdots) \tag{5.51}$$

根据式(5.51),输入序列可以表示成

$$x(n) = \sum_{i=0}^{\infty} x_i(n) \tag{5.52}$$

这样,$x(n)$ 和 $h(n)$ 的线性卷积等于各 $x_i(n)$ 与 $h(n)$ 的线性卷积之和,即

$$y(n) = x(n) * h(n) = \sum_{i=0}^{\infty} x_i(n) * h(n) \tag{5.53}$$

每一个 $x_i(n) * h(n)$ 都可用上面讨论的快速卷积办法来运算。因为 $x_i(n) * h(n)$ 为 $M+L-1$ 点,故先对 $x_i(n)$ 与 $h(n)$ 补零到 N 点。为便于利用基 -2FFT 算法,一般取 $N = 2^m \geqslant M+L-1$,然后再做 N 点的圆周卷积。

$$y_i(n) = x_i(n) \ \textcircled{N} \ h(n)$$

因为 $x_i(n)$ 长度为 L 点,而 $y_i(n)$ 为 $M+L-1$ 点(令 $N=M+L-1$),所以相邻两段输出序列必然有 $M-1$ 个点发生重叠,即前一段的后 $M-1$ 个点和后一段的前 $M-1$ 个点相重叠,如图 5.19 所示。依据式(5.53),应该使重叠部分相加,之后再和不重叠的部分共同组成输出 $y(n)$。

与前面讨论的内容相似,用 FFT 法实现重叠相加法的步骤为:

① 求 $h(n)$ 的 N 点 FFT$H(k)$;

② 求 $x_i(n)$ 的 N 点 FFT$X_i(k)$;

③ 计算 $X_i(k)$ 和 $H(k)$ 的乘积,令其等于 $Y_i(k)$;

④ 求 $Y_i(k)$ 的 N 点 IFFT,根据 DFT 的圆周卷积性质,结果即为 $y_i(n)$;

⑤ 将各段 $y_i(n)$(包括重叠部分)相加得到 $y(n) = \displaystyle\sum_{i=0}^{\infty} y_i(n)$。

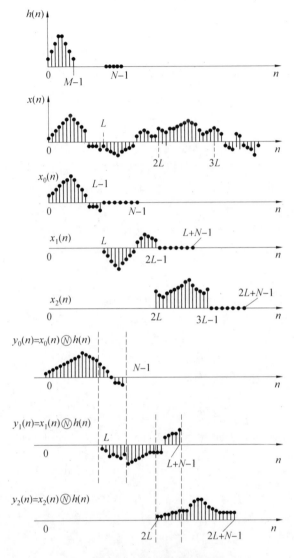

图 5.19　重叠相加法图形

由于线性卷积为各输出段的重叠部分相加而得的,故称此法为重叠相加法。

3.重叠保留法

如果将重叠相加法中分段序列中补零的部分改为保留原来输入序列的值,即将 $x(n)$ 分为 $L=N-M+1$ 个点的段,在每一段的前边补上前一段保留下来的 $M-1$ 个输入序列值,组成 $M+L-1$ 点序列 $x_i(n)$,如图 5.20(a) 所示。如果 $M+L-1 < 2^m$,则可在每段序列末端补零值到长度为 2^m,这时用 DFT 实现 $h(n)$ 和 $x_i(n)$ 圆周卷积,则其每段圆周卷积结果的前 $M-1$ 个点的值不等于线性卷积值,而是产生了混叠,必须舍去,如图 5.20(b) 所示。

为了证明以上说法,观察图 5.21。任何一段 N 点 $x_i(n)$ 与 $h(n)$(原为 M 点,补零值后也为 N 点)的 N 点圆周卷积

(a)

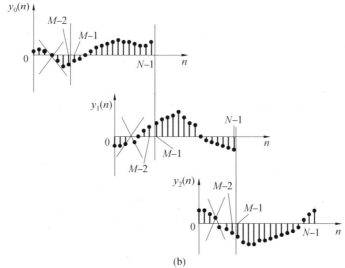

(b)

图 5.20　　重叠保留法图形

$$y'_i(n) = x_i(n) \circledN h(n) = \sum_{m=0}^{N-1} x_i(m) h((n-m))_N R_N(n) \tag{5.54}$$

由于 $h(m)$ 长度为 M 点,当其补零后进行 N 点圆周移位时,在 $n=0,1,\cdots,M-2$ 的每一种条件下, $h((n-m))_N R_N(n)$ 在 $0 \leqslant m \leqslant N-1$ 范围的尾端出现非零值,而此处 $x_i(m)$ 是有非零数值存在的,图 5.20(c)、(d) 为 $n=0$ 和 $n=M-2$ 的情况,所以在 $0 \leqslant n \leqslant M-2$ 这一部分的 $y_i(n)$ 值中将混入 $x_i(m)$ 末端与 $h((n-m))_N R_N(m)$ 末端的乘积值,从而导致这些点的 $y_i(n)$ 与线性卷积结果不同。然而从 $n=M-1$ 开始到 $n=N-1$, $h((n-m))_N R_N(m) = h(n-m)$ 如图 5.21(e)、(f) 所示,圆周卷积值与线性卷积值完全相等, $y_i(n)$ 就是正确的线性卷积值。所以根据前面分析的结论,应把每一段圆周卷积结果的前 $M-1$ 个值去掉,如图 5.21(g) 所示。

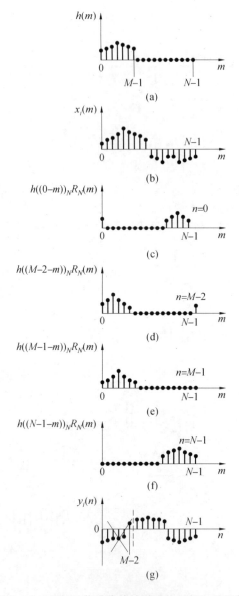

图 5.21 用保留信号代替补零后的局部混叠现象

所以为了不使输出信号产生遗漏,当对输入进行分段时,就应使相邻的两段有 $M-1$ 个点重叠。对于前一段 $x_0(n)$,因为没有其前面相邻段保留信号,所以需要在序列前填充 $M-1$ 个零值,基于此,若设原输入序列为 $x'(n)$,且此序列在 $n \geqslant 0$ 时有非零值,则应该重新定义输入序列

$$x(n) = \begin{cases} 0 & (0 \leqslant n \leqslant M-2) \\ x'[n-(M-1)] & (M-1 \leqslant n) \end{cases} \tag{5.55}$$

而

$$x_i(n) = \begin{cases} x[n+i(N-M+1)] & (0 \leqslant n \leqslant N-1) \\ 0 & (其他) \end{cases} \quad (i=0,1,\cdots) \tag{5.56}$$

在上面的公式中,已经把每一段的时间原点放在该段的起始点,而不是 $x(n)$ 的原点。这种分段方法如图 5.20 所示,图中每段 $x_i(n)$ 和 $h(n)$ 的圆周卷积结果以 $y'_i(n)$ 表示,如图 5.20(b) 所示,图中已标出每一段输出段开始的 $M-1$ 个点,$0 \leqslant n \leqslant M-2$ 部分则舍弃不用。把相邻各输出段留下的序列衔接起来,就构成了最后想要得到的正确输出,即

$$y(n) = \sum_{i=0}^{\infty} y_i[n - i(N - M + 1)] \tag{5.57}$$

其中

$$y_i(n) = \begin{cases} y'_i(n) & (M-1 \leqslant n \leqslant N-1) \\ 0 & (其他) \end{cases} \tag{5.58}$$

这种情况下,每段输出的时间原点放在 $y_i(n)$ 的起始点,而不是 $y(n)$ 的原点。因为每一组相继的输入段都是由 $N-M+1$ 个新点和前一段保留下来的 $M-1$ 个点所组成的,故称为重叠保留法。

5.6.3　线性相关的 FFT 算法

在数字信号处理、随机信号分析及通信中,自相关与互相关运算都十分重要。与前面提及的线性卷积类似,可以利用 FFT 计算相关函数,即利用圆周相关代替线性相关,此方法被称为快速相关,此方法也要利用补零的办法来避免混叠失真。

设 $x(n)$ 为 L 点有限长序列,$y(n)$ 为 M 点有限长序列,则线性相关函数 $r_{xy}(n)$ 为

$$r_{xy}(n) = \sum_{m=0}^{M-1} x(n+m)y^*(m) \tag{5.59}$$

利用圆周相关代替线性相关(即利用 FFT 求线性相关的具体实现),选择 $N \geqslant L + M - 1$,且 $N = 2^m$(m 为正整数),设

$$x(n) = \begin{cases} x(n) & (0 \leqslant n \leqslant L-1) \\ 0 & (L \leqslant n \leqslant N-1) \end{cases}$$

$$y(n) = \begin{cases} y(n) & (0 \leqslant n \leqslant M-1) \\ 0 & (M \leqslant n \leqslant N-1) \end{cases}$$

根据圆周相关定理,如果

$$R_{xy}(k) = X(k)Y^*(k)$$

则

$$r_{xy}(m) = \text{IDFT}[R_{xy}(k)] = \sum_{n=0}^{N-1} y^*(n)x((n+m))_N R_N(m)$$

$$= \sum_{n=0}^{N-1} x(n)y^*((n-m))_N R_N(m)$$

仿照前面利用 FFT 计算线性卷积的思路,求线性相关的计算步骤如下:
① 求 $x(n)$ 的 N 点 FFT $X(k)$;
② 求 $y(n)$ 的 N 点 FFT $Y(k)$;
③ 计算 $X(k)$ 和 $Y^*(k)$ 的乘积,令其等于 $R_{xy}(k)$;
④ 求 $R_{xy}(k)$ 的 N 点 IFFT,根据 DFT 的圆周卷积性质,结果即为 $r_{xy}(n)$。

也可只利用已有的 FFT 程序计算 IFFT,求

$$r_{xy}(n) = \frac{1}{N} \sum_{k=0}^{M-1} R_{xy}(k) W_N^{-nk} = \frac{1}{N} \left[\sum_{k=0}^{M-1} R_{xy}^*(k) W_N^{nk} \right] \tag{5.60}$$

即可利用求 $R_{xy}^*(k)$ 的 FFT 后取共轭再乘 $1/N$ 得到 $r_{xy}(n)$。这里所利用的 FFT 方法计算线性相关的运算量与利用 FFT 法计算线性卷积的运算量是相同的。

5.7 线性调频 z 变换算法

根据前面所学的知识可知,可以应用 FFT 算法快速计算出所有的 DFT 值,再根据 DFT 与有限长序列 z 变换的关系,也就是算出有限长序列的 z 变换在 z 平面单位圆上 N 个等间隔抽样点上的抽样值。它要求 N 为高度复合数。

在实际应用中,有时并不需要知道全部频段的 DFT 值,只需得到信号的某一频段内容,或只需要计算单位圆上某一范围的频谱值。例如对窄带信号进行分析时,可以在窄带频率范围内进行密集频率抽样,而带外则不进行抽样,从而提高其分辨率。对于这种类型例子,如果采用 DFT 方法,这需要在窄带频率范围内外都增加频域抽样点数,而对带外的计算是浪费的。其次,有些情况需要对非单位圆进行抽样,例如语音信号处理中,经常需要知道某一围线 z 变换的极点所在处的复频率,若极点位置距离单位圆较远,只利用单位圆上的频谱很难求得极点所在处的复频率,这就需要在这些极点附近的曲线上进行频域抽样,也就是沿着螺旋线对 z 变换抽样。再者,在 DFT 计算中,若 N 是比较大的质数时,不能加以分解,更无法有效计算这种序列 DFT。如 $N=311$,若用基 -2FFT 算法则须 $N=2^8=512$ 点,要补 211 个零点。显然有大量的计算量浪费了。从以上的实际考虑,z 变换采用螺旋线抽样就适应了这些需要,可用 FFT 进行快速计算。 这种变换称为线性调频 z 变换(Chirp $-$ z Transform,CZT),它适用于更为一般情况下由 $x(n)$ 求 $X(z_k)$ 的快速变换算法。

5.7.1 CZT 变换算法原理

已知 $x(n)$ 是长度为 N 的有限长序列,定义区间为 $0 \leqslant n \leqslant N-1$。其 z 变换为

$$X(z) = \sum_{n=0}^{N-1} x(n) z^{-n} \tag{5.61}$$

为使 z 可以沿 z 平面更一般的路径(而不仅是单位圆)取值,故沿 z 平面上的一段螺旋线做等分角的抽样,z 的这些抽样点 z_k 可表示为

$$z_k = AW^{-k} \quad (k=0,1,\cdots,M-1) \tag{5.62}$$

式中,M 为所要分析的复频率的点数,即抽样点的总数,不一定等于 N;A 和 W 都是任意复数,可表示为

$$A = A_0 e^{j\theta_0} \tag{5.63}$$

$$W = W_0 e^{-j\varphi_0} \tag{5.64}$$

将式(5.63)、式(5.64)代入式(5.62),可得

$$z_k = A_0 e^{j\theta_0} W_0^{-k} e^{jk\varphi_0} = A_0 W_0^{-k} e^{j(\theta_0 + k\varphi_0)} \tag{5.65}$$

这样

$$z_0 = A_0 e^{j\theta_0}$$

$$z_1 = A_0 W_0^{-1} e^{j(\theta_0 + \varphi_0)}$$

$$\vdots$$

$$z_k = A_0 W_0^{-k} e^{j(\theta_0 + k\varphi_0)}$$

$$\vdots$$

$$z_{M-1} = A_0 W_0^{-(M-1)} e^{j[\theta_0 + (M-1)\varphi_0]}$$

抽样点 z_k 在 z 平面上所沿的路径如图5.22所示。由以上讨论内容和图5.22可以看出：

(1)A_0 表示起始抽样点 z_0 的矢量半径长度,通常是 $A_0 \leqslant 1$;否则 z_0 将处于单位圆 $|z| \leqslant 1$ 的外部。

(2)θ_0 表示起始抽样点 z_0 的相角,它可以是正值或负值。

(3)φ_0 表示两相邻抽样点之间的角度差。φ_0 为正时,表示 z_k 的路径是逆时针旋转的;φ_0 为负时,表示 z_k 的路径是顺时针旋转的。

(4)W_0 的大小表示螺线的伸展率。$W_0 > 1$ 时,随着 k 的增加螺旋线内缩;$W_0 < 1$ 时,则随 k 的增加螺旋线外伸;$W_0 = 1$ 时,表示对应于半径为 A_0 的一段圆弧。 若又有 $A_0 = 1$,则这段圆弧是单位圆的一部分。

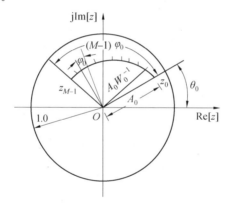

图 5.22　CZT 在 z 平面的螺旋线抽样

在特殊情况时,即 $M = N, A = A_0 e^{j\theta_0} = 1, W = W_0 e^{-j\varphi_0} = e^{-j\frac{2\pi}{N}}$(即 $W_0 = 1, \varphi_0 = \frac{2\pi}{N}$),各 z_k 就均匀等间隔地分布在单位圆上,这就是求序列的 DFT。

将式(5.62)的 z_k 代入变换表达式(5.61),可得

$$X(z_k) = \sum_{n=0}^{N-1} x(n) z_k^{-n} = \sum_{n=0}^{N-1} x(n) A^{-n} W^{nk} \quad (0 \leqslant k \leqslant 1) \tag{5.66}$$

直接计算式(5.66),与直接计算 DFT 相似,总共算出有 M 个抽样点,需要 NM 次复数乘法与 $(N-1)M$ 次复数加法。当 N、M 很大时,计算量十分大,这就限制了运算速度。 但通过将符号算子 W^{nk} 的幂 nk 进行一定的变换,则以上运算可以转换为卷积形式,从而可以采用 FFT 算法,这样就可以大大提高运算速度。nk 可以用下面的表达式来替换

$$nk = \frac{1}{2}[n^2 + k^2 - (k-n)^2] \tag{5.67}$$

将式(5.67)代入式(5.66),可得

$$X(z_k) = \sum_{n=0}^{N-1} x(n) A^{-n} W^{\frac{n^2}{2}} W^{-\frac{(k-n)^2}{2}} W^{\frac{k^2}{2}} = W^{\frac{k^2}{2}} \sum_{n=0}^{N-1} \left[x(n) A^{-n} W^{\frac{n^2}{2}} \right] W^{-\frac{(k-n)^2}{2}} \qquad (5.68)$$

令

$$g(n) = x(n) A^{-n} W^{\frac{n^2}{2}} \quad (n=0,1,\cdots,N-1) \qquad (5.69)$$

则

$$h(n) = W^{-\frac{n^2}{2}} \qquad (5.70)$$

它们的卷积为

$$g(k) * h(k) = \sum_{n=0}^{N-1} g(n) h(k-n) = \sum_{n=0}^{N-1} \left[x(n) A^{-n} W^{\frac{n^2}{2}} \right] W^{-\frac{(k-n)^2}{2}} \qquad (5.71)$$

其中 $k=0,1,\cdots,M-1$，而且式(5.71)是式(5.68)的一部分。可以观察出，z_k 点的 z 变换 $X(z_k)$ 可以通过求 $g(k)$ 和 $h(k)$ 的线性卷积(这里将变量 n 替换成了 k)，然后乘 $W^{\frac{k^2}{2}}$ 得到，即

$$X(z_k) = W^{\frac{k^2}{2}} \cdot \left[g(k) * h(k) \right] \quad (k=0,1,\cdots,M-1) \qquad (5.72)$$

由式(5.72)可以看出，如果对信号 $x(n)$ 按式(5.68)先进行一次加权处理，加权系数为 $A^{-n} W^{\frac{n^2}{2}}$，得到 $g(n)$；然后 $g(n)$ 通过一个单位脉冲响应为 $h(n)$ 的线性系统即求出 $g(n)$ 与 $h(n)$ 的线性卷积；最后，对该系统的前 M 点输出再做一次加权，加权系数为 $W^{\frac{n^2}{2}}$，这样就得到了全部 M 点螺旋线抽样值 $X(z_k)(k=0,1,\cdots,M-1)$。这个过程可以用图 5.23 表示。从图中可看到，运算的主要部分是由线性系统来完成的。由于系统的单位冲激响应 $h(n) = W^{-\frac{n^2}{2}}$ 可以想象为频率随时间(n)呈线性增长的复指数序列，在雷达系统中，这种信号称为线性调频信号(Chirp Signal)，因此，这里的变换称为线性调频 z 变换。

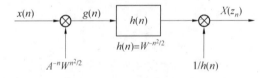

图 5.23　CZT 运算流程

5.7.2　CZT 变换的实现步骤

由式(5.70)可看出，线性系统 $h(n)$ 是非因果的，当 n 的取值为 0 到 $N-1$，k 的取值为 0 到 $M-1$ 时，$h(n)$ 是在 $n=-(N-1)$ 到 $n=M-1$ 范围内取值。即 $h(n)$ 是一个有限长序列，长度为 $N+M-1$，如图 5.24(a) 所示。输入信号 $g(n)$ 也是有限长序列，点数为 N。$g(n) * h(n)$ 的点数为 $2N+M-2$，所以用圆周卷积代替线性卷积且不产生混叠的条件是圆周卷积的点数应大于或等于 $2N+M-2$。但是，由于只需要前 M 个值 $X(z_k)(k=0,1,\cdots,M-1)$，之后的其他值是否有混叠失真并不重要，这样可将圆周卷积的点数缩减到最小为 $N+M-1$。当然，为了进行基-2FFT 运算，圆周卷积的点数应取为大于等于 $N+M-1$，同时又满足 2 整数次幂的最小值 L。这样可将 $h(n)$ 先进行补零，补到点数等于 L，也就是从 $n=M$ 开始补 $L-(N+M-1)$ 个零值点，补到 $n=L-N$ 处，或者补 $L-(N+M-1)$ 个

任意序列值,然后将此序列以 L 为周期进行周期延拓,再取主值序列,便会得到进行圆周卷积的一个序列,如图 5.24(b) 所示。进行圆周卷积的另一个序列只需要将 $g(n)$ 补上零值点,使之成为 L 点序列即可,如图 5.24(c) 所示。

图 5.24　CZT 变换的圆周卷积图($M \leqslant n \leqslant L-1$ 时 $h(n)$ 和 $g(n)$ 的圆周卷积不代表线性卷积)

归纳起来,CZT 运算的实现步骤如下:

(1) 选择一个最小的整数 L,使其满足 $L \geqslant N+M-1$,同时满足 $L=2^m$,以便采用基 — 2FFT 算法。

(2) 将 $g(n)=x(n)A^{-n}W^{\frac{n^2}{2}}$[图 5.24(c)]补上零值点,变为 L 点序列,因而有

$$g(n) = \begin{cases} A^{-n}W^{\frac{n^2}{2}}x(n) & (0 \leqslant n \leqslant N-1) \\ 0 & (N \leqslant n \leqslant L-1) \end{cases} \tag{5.73}$$

然后利用 FFT 算法求此序列的 L 点 DFT

$$G(r) = \sum_{n=0}^{N-1} g(n)\mathrm{e}^{-\mathrm{j}\frac{2\pi}{L}rn} \quad (0 \leqslant r \leqslant L-1) \tag{5.74}$$

(3) 按下式形成 L 点序列 $h(n)$,如上所述构造长为 L 的序列 $h(n)$

$$h(n) = \begin{cases} W^{-\frac{n^2}{2}} & (0 \leqslant n \leqslant M-1) \\ 0(或任意值) & (M \leqslant n \leqslant L-N) \\ W^{-\frac{(L-n)^2}{2}} & (L-N+1 \leqslant n \leqslant L-1) \end{cases} \tag{5.75}$$

此 $h(n)$ 如图 5.24(b) 所示。也就是图 5.24(a) 的序列 $W^{-\frac{m^2}{2}}$ 以 L 为周期的周期延拓序列的主值序列。

对式(5.75) 定义的 $h(n)$ 序列,用 FFT 法求其 L 点 DFT

$$H(r) = \sum_{n=0}^{L-1} h(n) \mathrm{e}^{-\mathrm{j}\frac{2\pi}{L}rn} \quad (0 \leqslant r \leqslant L-1) \tag{5.76}$$

(4) 将 $H(r)$ 和 $G(r)$ 相乘,得 $Q(r) = H(r)G(r)$,$Q(r)$ 为 L 点频域离散序列。

(5) 用 FFT 法求 $Q(r)$ 的 L 点 IDFT,得 $h(n)$ 和 $g(n)$ 的圆周卷积。

$$h(n) \textcircled{L} g(n) = q(n) = \frac{1}{L} \sum_{r=0}^{L-1} H(r)G(r)\mathrm{e}^{\mathrm{j}\frac{2\pi}{L}rn} \tag{5.77}$$

式中,前 M 个值等于 $h(n)$ 和 $g(n)$ 的线性卷积结果$[h(n) * g(n)]$,$n \geqslant M$ 的值没有意义,不必去求。$g(n) * h(n)$ 即 $g(n)$ 与 $h(n)$ 圆周卷积的前 M 个值如图 5.24(d) 所示。

(6) 最后求 $X(z_k)$。

$$X(z_k) = W^{\frac{k^2}{2}} q(k) \quad (0 \leqslant k \leqslant M-1) \tag{5.78}$$

由前面的讨论可知,CZT 算法十分灵活。它的输入序列长度 N 和输出序列长度 M 可以不相等,且可为任意整数,包括质数;各 z_k 点间的角度间隔 φ_0 可以是任意值,所以频率分辨率可以调整;计算 z 变换的抽样点的轨迹可以不是圆而是螺旋线;起始点 z_0 可以随意选定,也就是可以从任意频率开始对数据进行分析,便于做窄带高分辨率分析;在特殊情况下,即 $M = N$,$A = 1$,$W = \mathrm{e}^{-\mathrm{j}\frac{2\pi}{N}}$,CZT 成为 DFT($N$ 为质数也可以)。

5.8 本章部分内容的 MATLAB 实现

5.8.1 FFT 的 MATLAB 实现

FFT 是 DFT 的快速算法,关于 DFT 的所有应用,用 FFT 算法都能快速完成。一维 FFT 的 MATLAB 函数为

$$y = \mathrm{fft}(x, N)$$

函数的功能为计算 N 点 FFT。当 x 的长度小于 N 时,计算 FFT 时先在 x 的末尾补零,补成 N 点数据;当 x 的长度大于 N 时,计算 FFT 时先对 x 进行截短,使之成为 N 点长度。

需要注意的是,当 N 为 2 的整数幂时,fft 采用基-2FFT 算法,否则就是采用混合计算法;特别当 N 为素数时,则 fft 采用的是原始的 DFT 算法。

相似地,一维 IFFT 的 MATLAB 函数为

$$y = \mathrm{ifft}(x, N)$$

ifft 函数是计算 IDFT 的,从运行效率上考虑,最好是将 N 选为 2 的整数幂。

下面的例子给出了 fft 函数的应用。

例 5.2 已知有限长序列 $x(n) = \{3, 4, 1, 5\}$ $(n = 0, 1, 2, 3)$,利用 MATLAB 函数 fft(x, N) 来计算 $X(k) = \mathrm{DFT}[x(n)]$。

解 MATLAB 程序实现如下:

x = [3,1,4,5];N = 4

y = fft(x,N)

运行此程序,结果如下:

13.0000 + 0.0000i　−1.0000 + 4.0000i　1.0000 + 0.0000i　−1.0000 − 4.0000i

5.8.2　利用 FFT 计算有限长序列线性卷积的 MATLAB 实现

根据前面提及的利用 FFT 算法计算两个有限长序列的线性卷积的方法步骤,可以利用 MATLAB 程序实现用 FFT 来计算序列的线性卷积。

例 5.3　已知有限长序列 $x(n) = \{1,1,1\}(n=0,1,2),h(n) = \{1,2,3,4,5\}(n=0,1,2,3,4)$,利用 MATLAB 计算二者的线性卷积 $y(n)$。

解　计算线性卷积的 MATLAB 程序如下:

```
x = [1,1,1];h = [1,2,3,4,5];
N = length(x) + length(h) − 1;      % 线性卷积结果的长度
n = 0:N − 1;
x = [x,zeros(1,N − length(x))];     % 将序列 x(n) 进行补零
h = [h,zeros(1,N − length(h))];     % 将序列 h(n) 进行补零
X = fft(x);                         % 计算序列 x(n) 的 FFT
H = fft(h);                         % 计算序列 h(n) 的 FFT
Y = X. * H                          % 将两序列的 FFT 相乘
y = ifft(Y)                         % 两序列 FFT 乘积的 IFFT,即两序列线性卷
                                    % 积的结果 y(n)

subplot(311),stem(n,x,'.');
xlabel('n');ylabel('x(n)');
title('序列 x(n)');grid;
subplot(312),stem(n,h,'.');
xlabel('n');ylabel('h(n)');
title('序列 h(n)');grid;
subplot(313),stem(n,y,'.');
xlabel('n');ylabel('y(n)');
title('序列 y(n)');grid;
```

运行以上程序,分别绘制出 $x(n)$、$h(n)$、$y(n)$,如图 5.25 所示。

由图 5.25 可知,$y(n) = \{1,3,6,9,12,9,5\}(n=0,1,2,3,4,5,6)$。

5.8.3　重叠保留法的 MATLAB 实现

重叠保留法的 MATLAB 实现有两种情况。

1. 时域中的重叠保留法

采用时域的重叠保留法,即利用分段圆周卷积实现线性卷积的 MATLAB 程序如下:

```
function [y] = ovprev(x,h,N)
```

图 5.25 $x(n)$、$h(n)$、$y(n)$ 的取值情况

```
% 利用时域的重叠保留法做分段卷积
%x —— 输入序列
%y —— 输出序列
%h —— 单位冲激响应
%N —— 分段的长度
Lx = length(x);Lh = length(h);
Lh1 = Lh - 1;L = N - Lh1;
h = [h zeros(1,N - Lh)];
x = [zeros(1,Lh1),x,zeros(1,N - 1)]      % 前置 M1 个零
K = floor((Lx + Lh1)/L) + 1;             % 分段数
y = zeros(K,N);                          % 与后面这段进行卷积
for k = 0:K - 1
    xk = x(k * L + 1:k * L + N);
    y(k + 1,:) = circonvt(xk,h,N);
end
```

```
y = (:,Lh:N)';                              % 去掉前 Lh1 个样值
Y = (y(:))';
end
```

前面已提及,对于周期序列 $\tilde{x}(n)$,确定其在主值区间所对应的相同值的时间变量,就是计算 $n = n_1 + mN, 0 \leqslant n_1 \leqslant N-1$ 中的 n_1,即 n 对 N 取模。实现此计算过程的 MATLAB 函数为 $m = \mathrm{mod}(n, N)$,可以直接进行调用。

2. 频域中的重叠保留法

采用频域重叠保留法,即利用 FFT 实现线性卷积的 MATLAB 程序如下:

```
function [y] = fovprev(x,h,N)
% 利用频域 FFT 的重叠保留法做分段卷积
%x —— 输入序列
%y —— 输出序列
%h —— 单位冲激响应
%N —— 分段的长度(必须是 2 的整数幂)
N = 2^(ceil(log10(N)/log10(2)));
Lx = length(x);Lh = length(h);
Lh1 = Lh - 1;L = N - Lh1;
H = fft(h,N);
K = ceil(Lx/L); % 分段数
x = [zeros(1,Lh1),x,zeros(1,N-1)];% 前置 Lh1 个零
y = zeros(K,N);
for k = 0:K - 1
    Xk = fft(x(k * L + 1:k * L + N));
    y(k + 1,:) = real(ifft(Xk. * H));
end
y = y(:,Lh:N)';y = (y(:))';% 去掉前面 Lh1 个值
end
```

例 5.4　已知有限长序列 $x(n) = \{1,1,1,1,1,1,1,1,1,1,1,1,1\}$, $n = 0,1,2,3,4,5,6,$ $7,8,9,10,11,12, h(n) = \{1,2,3,4,5\}$, $n = 0,1,2$,利用频域重叠保留法编写 MATLAB 程序计算二者的线性卷积 $y(n)$,设分段长度 $N = 8$。

解　MATLAB 程序如下:

```
clc;clear all;
x = [1,1,1,1,1,1,1,1,1,1,1,1,1];
h = [1,2,3];
N = 8;
y = fovprev(x,h,N);

y = 1 3 6 6 6 6 6 6 6 6 6 5 3
```

习　　题

5.1　如果一台通用计算机的速度为平均每次复乘 5 μs,每次复加 0.5 μs,用它来计算 512 点的 DFT$[x(n)]$,问直接计算需要多少时间? 用 FFT 运算需要多少时间?

5.2　$N=4$ 时,画出基－2 按时间抽选法及按频率抽选法的 FFT 流图(时间抽选采用输入倒位序,输出自然数顺序,频率抽选采用输入自然顺序,输出倒位序)。

5.3　$N=8$ 时,画出基－2 按时间抽选法及按频率抽选法的 FFT 流图(时间抽选采用输入倒位序,输出自然数顺序,频率抽选采用输入自然顺序,输出倒位序)。

5.4　$N=16$ 时,画出基－2 按时间抽选法及按频率抽选法的 FFT 流图(时间抽选采用输入倒位序,输出自然数顺序,频率抽选采用输入自然顺序,输出倒位序)。

5.5　一个长度为 $N=8\,192$ 的复序列 $x(n)$ 与一个长度为 $L=512$ 的复序列 $h(n)$ 卷积。

(1) 求直接进行卷积所需(复)乘法次数;

(2) 若用 1 024 点基 2 按时间抽选 FFT 重叠相加法计算卷积,重复问题(1)。

5.6　用微处理机对实序列做频谱分析,要求频谱分辨率 $\Delta F \leqslant 50$ Hz,信号最高频率为 1 kHz,确定以下各参数:

(1) 最小记录时间 t_{pmin};

(2) 最大抽样间隔 ΔT_{max};

(3) 最少抽样点数 N_{min};

(4) 在频带宽度不变的情况下,将频率分辨率提高一倍的 N 值。

5.7　设有一谱分析用的信号处理器,抽样点数必须为 2 的整数幂,假定没有采用任何特殊数据处理措施,要求频率分辨率 $\leqslant 10$ Hz,如果采用的抽样时间间隔为 0.1 ms,试确定:

(1) 最小记录长度;

(2) 所允许处理的信号的最高频率;

(3) 在一个记录中的最少点数。

第 6 章

数字滤波器的基本结构

6.1　概　　述

当对信号进行过滤、检测、预测等许多信息处理过程时,都要广泛地用到滤波。数字滤波器是数字信号处理的一个重要组成部分,它是数字信号处理的重要基础,其功能是将一组输入序列通过一定的运算转变为另一组输出的序列。随后 3 章将用前面所学到的基本方法来讨论数字滤波器,分析其特点、结构以及主要的设计方法。

6.2　数字滤波器的表示方法

6.2.1　数字滤波器的基本概念

滤波器指对输入信号起滤波作用的装置。当输入、输出是离散信号,滤波器的冲激响应是单位抽样响应 $h(n)$ 时,这样的滤波器称为数字滤波器。通常情况下,需要研究线性时不变数字滤波器的特性,如图 6.1 所示。设此类型的数字滤波器输入为 $x(n)$,则其输出 $y(n)$ 可表示为

$$y(n) = x(n) * h(n) \tag{6.1}$$

对式(6.1)两边进行傅里叶变换,则滤波器输出与输入序列的频率函数的关系为

$$Y(e^{j\omega}) = X(e^{j\omega}) \cdot H(e^{j\omega}) \tag{6.2}$$

图 6.1　线性时不变数字滤波器的输入、输出与单位抽样响应

实现滤波从运算上看,只需三种运算:相加、单位延时、乘常数。

6.2.2　数字滤波器的实现方法

数字滤波器一般可以用两种方法来实现:

(1)设计专用的数字硬件、专用的数字信号处理器或采用通用的数字信号处理器来实现,如图 6.2 所示。

(2)把滤波器所要完成的运算编成程序并让计算机执行,直接利用通用计算机的软件

来实现。

图 6.2　硬件结构数字滤波器

例如,一个数字滤波器,它的系统函数(也即滤波器的传递函数)如果为

$$H(z) = \frac{Y(z)}{X(z)} = \frac{\sum\limits_{m=0}^{M} b_m z^{-m}}{1 - \sum\limits_{k=1}^{N} a_k z^{-k}} \tag{6.3}$$

它所表达的运算可用下面的差分方程来表示

$$y(n) = \sum\limits_{k=1}^{N} a_k y(n-k) + \sum\limits_{m=0}^{M} b_m x(n-m) \tag{6.4}$$

滤波就是对输入序列 $x(n)$ 进行一定的运算操作,从而得到输出序列 $y(n)$。

6.2.3　数字滤波器的结构表示法

1. 方框图法

方框图法简明且直观,其三种基本运算如图 6.3 所示。

例 6.1　已知二阶数字滤波器对应的差分方程为

$$y(n) = a_1 y(n-1) + a_2 y(n-2) + b_0 x(n)$$

试给出对应的方框图。

解　方框图结构如图 6.4 所示。

2. 信号流图法

信号流图法三种基本运算如图 6.5 所示。

信号流图本质上与方框图表示法等效,只是符号上有差异。这种表示法更加简单方便。

图 6.6 所示的一阶数字滤波器的结构可以用信号流图表达为一个 6 节点的简单图。节点上的信号值称为节点变量或节点状态,图中所示的 6 个节点状态分别是:

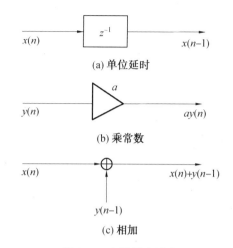

(a) 单位延时

(b) 乘常数

(c) 相加

图 6.3　方框图表示法

图 6.4　例 6.1 图示

z^{-1}

(a) 单位延时

a

(b) 乘常数

(c) 相加

图 6.5　信号流图表示法

① $x(n)$

② $x(n-1)$

③ $a_0 x(n)+[a_1 x(n-1)+b_1 y(n-1)]=y(n)$

④ = ③

⑤ $y(n-1)$

⑥$a_1 x(n-1) + b_1 y(n-1)$

图 6.6　一阶数字滤波器的信号流图结构

图中 ①②③④⑤⑥ 称为网络节点,$x(n)$ 处为输入节点,也称为源节点,表示注入流图的外部输入或信号源,其没有输入支路;$y(n)$ 处为输出节点或称为阱节点,它没有输出支路。节点之间用有向支路相连接,每个节点可以有若干条输入支路和若干条输出支路,任意节点的值等于它的所有输入支路的信号之和。输入支路的信号值等于这一支路起点处节点信号值乘该支路上的传输系数。若支路上不标注传输系数值,则可认为其传输系数为 1。延时支路用延时算子 z^{-1} 来表示,它表示单位延时。如果一个节点有一个输入、一个或多个输出,则此节点相当于分支节点;如果某节点有两个或两个以上的输入,则此节点相当于相加器,又称为和点。图中 ①②④⑤ 属于分支节点,③⑥ 属于和点。

运算结构是非常重要的,它会影响系统的精度、误差、稳定性、经济性以及运算速度等许多重要性能。不同结构所需的存储单元和乘法次数是不同的,前者影响复杂性,后者影响运算速度。对于无限长单位冲激响应(IIR)滤波器与有限长单位冲激响应(FIR)滤波器,它们在结构上各自有不同的特点,下面将对它们分别加以讨论。

6.3　无限长单位冲激响应(IIR)滤波器的基本结构

无限长单位冲激响应(IIR)滤波器的特点包括:

(1) 单位抽样响应 $h(n)$ 是无限长的。

(2) 系统函数 $H(z)$ 在有限 z 平面($0 < |z| < \infty$)上有极点存在。

(3) 结构上是递归型的,即存在着输出到输入的反馈。

具体实现起来,结构并不是唯一的。同一个传递函数 $H(z)$,可以有各种不同的结构形式,其中主要的基本结构形式有以下几种:

1.直接 Ⅰ 型

一个 IIR 滤波器的有理系统函数为

$$H(z) = \frac{Y(z)}{X(z)} = \frac{\sum\limits_{m=0}^{M} b_m z^{-m}}{1 - \sum\limits_{k=1}^{N} a_k z^{-k}} \tag{6.5}$$

表达对应的输入输出关系的 N 阶差分方程为

$$y(n) = \sum_{m=0}^{M} b_m x(n-m) + \sum_{k=1}^{N} a_k y(n-k) \tag{6.6}$$

从这个差分方程表达式可以看出,$y(n)$ 是由两部分相加构成:

第一部分 $\sum\limits_{m=0}^{M} b_m x(n-m)$ 是一个对输入 $x(n)$ 的 M 节延时链结构，把每节延时抽头后加权（加权系数是 b_m），再把结果相加，即是一个横向结构网络。

第二部分 $\sum\limits_{k=1}^{N} a_k y(n-k)$ 是一个 N 节延时链的横向结构网络，不过它是对输出 $y(n)$ 延时，把每节延时抽头后加权（加权系数是 a_k），然后把结果相加。最后的输出是把这两个和式相加而构成。由于包含了输出的延时部分，因此是个反馈网络。

从式（6.6）中可以看到，右端的第一个和式构成了反馈网络，这种结构称为直接 Ⅰ 型网络，其结构如图 6.7 所示。从图中可以看出，总的网络由上面讨论的两部分网络级联组成，第一个网络实现零点，第二个网络实现极点，而且直接 Ⅰ 型结构需要 $N+M$ 级延时单元。

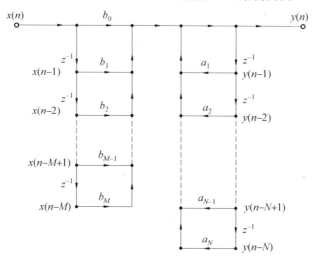

图 6.7   实现 N 阶差分方程的直接 Ⅰ 型结构

2. 直接 Ⅱ 型（正准型、典范型）

上面直接 Ⅰ 型结构中的两部分也可分别看作是两个独立的网络，其第一部分的差分方程为

$$y_1(n) = \sum_{m=0}^{M} b_k x(n-m) \tag{6.7}$$

对应的系统函数为

$$H_1(z) = \sum_{m=0}^{M} b_m z^{-m} \tag{6.8}$$

其第二部分的差分方程为

$$y_2(n) = \sum_{k=1}^{N} a_k y(n-k) \tag{6.9}$$

对应的系统函数为

$$H_2(z) = \frac{1}{1 - \sum\limits_{k=1}^{N} a_k z^{-k}} \tag{6.10}$$

由前面的内容可知,一个线性时不变系统,如果交换其级联子系统,系统函数值不变,即总的输入输出关系不变。由此可以得到另外一种结构,如图 6.8 所示。它有两个级联子网络,第一个网络实现系统的极点,第二个网络实现系统的零点。观察图可知,两行串行延时支路有相同的输入,所以可以把它们进行合并,这样可以得到图 6.9 的结构,称为直接 Ⅱ 型(正准型、典范型)结构。

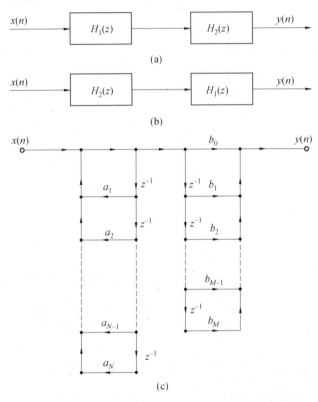

图 6.8　直接 Ⅰ 型交换两个级联网络的次序

对于 N 阶差分方程,此种结构只需要 N 个延时单元(一般情况 $N \geqslant M$),所以与直接 Ⅰ 型相比,延时单元要少,这也是实现 N 阶滤波器所需的最少延时单元,所以此种结构又称为典范型。与直接 Ⅰ 型相比,在软件实现上,可以节省存储单元,而在硬件实现上,可以节省寄存器。然而,它们都是直接型的实现方式,有共同的缺点如下:

(1) 系数 a_k、b_m 对滤波器的性能控制作用不明显,因为它们与系统函数的零、极点关系不明显,所以进行调整难度很大。

(2) 极点对系数的变化过于灵敏,导致系统频率响应对系数的变化过于灵敏,即对有限字长运算过于灵敏,易出现不稳定或较大误差。

(3) 运算的累积误差较大。

3. 级联型

把式(6.5)所示的系统函数进行因式分解,可表示成

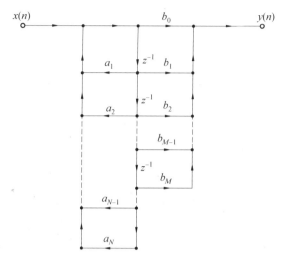

图 6.9　直接 Ⅰ 型到直接 Ⅱ 型的变形

$$H(z) = \frac{\sum\limits_{m=0}^{M} b_m z^{-m}}{1 - \sum\limits_{k=1}^{N} a_k z^{-k}} = A \frac{\prod\limits_{m=1}^{M_1}(1 - p_m z^{-1}) \prod\limits_{m=1}^{M_2}(1 - q_m z^{-1})(1 - q_m{}^* z^{-1})}{\prod\limits_{k=1}^{N_1}(1 - c_k z^{-1}) \prod\limits_{k=1}^{N_2}(1 - d_k z^{-1})(1 - d_k{}^* z^{-1})} \tag{6.11}$$

式中,一阶因式表示实根;p_m 为实零点;c_k 为实极点;二阶因式表示复共轭根;q_m、q_m^* 表示复共轭零点;d_k、d_k^* 表示复共轭极点;A 为实数,$M = M_1 + 2M_2$,$N = N_1 + 2N_2$。当 a_k、b_m 为实系数时,上式就是最一般的零、极点表示法。

再将共轭因子展开,构成实系数二阶因子,则得

$$H(z) = A \frac{\prod\limits_{m=1}^{M_1}(1 - p_m z^{-1}) \prod\limits_{m=1}^{M_2}(1 + \beta_{1m} z^{-1} + \beta_{2m} z^{-2})}{\prod\limits_{k=1}^{N_1}(1 - c_k z^{-1}) \prod\limits_{k=1}^{N_2}(1 - \alpha_{1k} z^{-1} - \alpha_{2k} z^{-2})} \tag{6.12}$$

为了方便,分子取正号,分母取负号;这样,流图上的系数均为正。最后,将两个一阶因子组合成二阶因子(或将一阶因子看成是二阶因子的退化形式),且将分子与分母连乘变量符号统一由 k 标识,则有

$$H(z) = A \prod_k \frac{1 + \beta_{1k} z^{-1} + \beta_{2k} z^{-2}}{1 - \alpha_{1k} z^{-1} - \alpha_{2k} z^{-2}} = A \prod_k H_k(z) \tag{6.13}$$

级联的节数有不同的情况。当 $M = N$ 时,共有 $\left\lfloor \dfrac{N+1}{2} \right\rfloor$ 节($\left\lfloor \dfrac{N+1}{2} \right\rfloor$ 表示 $\dfrac{N+1}{2}$ 向下取整)。每一个一阶、二阶子系统 $H_k(z)$ 被称为一阶、二阶基本节,用直接 Ⅱ 型(典范型)来实现,如图 6.10 所示。整个滤波器是 $H_k(z)$ 的级联,如图 6.11 所示。例如,阶数为 6 进行级联,则直接 Ⅱ 型的级联实现如图 6.12 所示。

β_{1k}、β_{2k} 仅影响第 k 对零点,同样 α_{1k}、α_{2k} 仅影响第 k 对极点,而不影响其他零、极点。级联结构便于准确实现滤波器零、极点,所以便于调节滤波器的频率响应性能,争取所应用的存储器的个数最少。

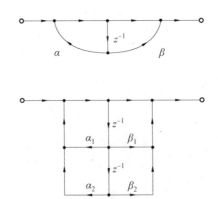

图 6.10 级联结构的一阶基本节和二阶基本节结构

$$x(n) \longrightarrow \boxed{H_1(z)} \longrightarrow \boxed{H_2(z)} \longrightarrow \cdots \longrightarrow \boxed{H_{\lfloor \frac{N+1}{2} \rfloor}(z)} \longrightarrow y(n)$$

图 6.11 级联结构($M = N$)

图 6.12 六阶 IIR 滤波器的级联结构

如果有奇数个实零点,则有一个 $\beta_{2k} = 0$。同样,如果有奇数个实极点,则有一个 $\alpha_{2k} = 0$。采用此种结构,当 $M = N$ 时,分子和分母中的二阶因子配合组成的二阶基本节可以有 $\left(\lfloor \frac{N+1}{2} \rfloor\right)!$ 种,而各二阶基本节的次序排列也可以有 $\left(\lfloor \frac{N+1}{2} \rfloor\right)!$ 种,最终对应的系统函数均是 $H(z)$。但是,如果采用二进制表示,只能采用有限字长,这样会带来各种对应于不同实现方案的误差,所以对于不同的配合和排列次序,就存在最优化问题。另外,级联各节之间要有电平的放大和缩小,主要会使变量值在合理的区间范围内。若变量值过大,会导致在定点制运算中产生溢出现象,若变量值太小,会导致信号与噪声的比值过小。

4. 并联型

将因式分解的滤波器系统函数 $H(z)$ 展成部分分式的形式,便可得到并联型的 IIR 滤波器的基本结构。为了处理上的便利,将 $H(z)$ 分子与分母的求和变量统一用 k 表示,则

$$H(z) = \frac{\sum_{k=0}^{M} b_k z^{-k}}{1 - \sum_{k=1}^{N} a_k z^{-k}} = \sum_{k=1}^{N_1} \frac{A_k}{1 - c_k z^{-1}} + \sum_{k=1}^{N_2} \frac{B_k(1 - g_k z^{-1})}{(1 - d_k z^{-1})(1 - d_k^* z^{-1})} + \sum_{k=0}^{M-N} G_k z^{-k}$$

(6.14)

此公式是最一般的表达式,其中 $N = N_1 + 2N_2$,由于 a_k、b_k 是实数,所以 A_k、B_k、g_k、c_k、

G_k 均为实数，d_k^* 与 d_k 互为复共轭。当 $M < N$ 时，不包含 $\sum\limits_{k=0}^{M-N} G_k z^{-k}$ 项；当 $M = N$ 时，$\sum\limits_{k=0}^{M-N} G_k z^{-k}$ 项退化为 G_0。一般 IIR 滤波器皆满足 $M \leqslant N$ 的条件。式(6.14) 表示系统是由 N_1 个一阶系统、N_2 个二阶系统以及延时加权单元并联组合而成的。其结构实现如图 6.13 所示。而这些一阶和二阶系统都采用直接 Ⅱ 型结构实现。当 $M = N$ 时，$H(z)$ 可表为

$$H(z) = G_0 + \sum_{k=1}^{N_1} \frac{A_k}{1 - c_k z^{-1}} + \sum_{k=1}^{N_2} \frac{\gamma_{0k} + \gamma_{1k} z^{-1}}{1 - \alpha_{1k} z^{-1} - \alpha_{2k} z^{-2}} \tag{6.15}$$

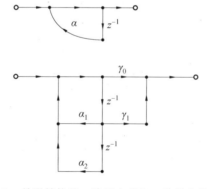

图 6.13　并联结构($M = N$)

这里并联结构的一阶基本节、二阶基本节的结构如图 6.14 所示。

图 6.14　并联结构的一阶基本节和二阶基本节的结构

一般情况下，为了结构上的一致性，以便多路复用，需要将一对对的实极点也组合成实系数二阶多项式，当 $M = N$ 时，可表示成

$$H(z) = G_0 + \sum_{k=1}^{\lfloor(N+1)/2\rfloor} \frac{\gamma_{0k} + \gamma_{1k} z^{-1}}{1 - \alpha_{1k} z^{-1} - \alpha_{2k} z^{-2}} = G_0 + \sum_{k=1}^{\lfloor(N+1)/2\rfloor} H_k(z) \tag{6.16}$$

当 N 为奇数时，包含一个一阶节，即

$$\alpha_{2k} = \gamma_{1k} = 0 \tag{6.17}$$

并联的二阶基本节还是采用典范型结构。当 $M = N = 3$ 时为奇数，故 $\alpha_{21} = \gamma_{11} = 0$，

$$H(z) = G_0 + \frac{\gamma_{01}}{1 - \alpha_{11} z^{-1}} + \frac{\gamma_{02} + \gamma_{12} z^{-1}}{1 - \alpha_{12} z^{-1} + \alpha_{22} z^{-2}} = H_1(z) + H_2(z) + H_3(z)$$

所以

$$Y(z) = [H_1(z) + H_2(z) + H_3(z)]X(z)$$

图 6.15 画出了 $M = N = 3$ 时的并联型实现。

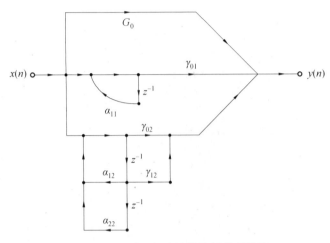

图 6.15　三阶 IIR 滤波器的并联型结构

　　并联型不能像级联型那样单独调整零点的位置,但可以用调整 α_{1k}、α_{2k} 的办法来单独调整一对极点的位置。此外,并联结构中,各并联基本节的误差互相之间没有影响,所以比级联型的误差一般来说要稍小一些。因此对于要求准确传输零点的场合,可以采用级联型结构。

　　除了以上四种基本结构,还有一些其他的结构,这主要取决于线性信号流图理论中的多种运算处理方法。当然无论何种结构,对应的各种流图都保持输入到输出的关系不变,也就是 $H(z)$ 不变。有一种方法被称为流图的转置,理论依据即是流图的转置定理。

5. IIR 滤波器的几种结构形式的性能总结

　　(1)直接 Ⅰ 型需要 $2N$ 级延时单元,直接 Ⅱ 型只需要 N 级延时单元,节省了大量资源。

　　(2)直接 Ⅰ、Ⅱ 型在实现原理上是类似的,都是直接一次构成。它们共同的缺点是,系数 a_k、b_m 对滤波器性能的控制关系不直接,调整不方便。更为严重的是当阶数 N 较高时,直接型结构的极点位置灵敏度太大,对字长效应太明显,因而容易出现不稳定现象并产生较大误差。因此一般来说,采用另两种结构将具有更大的优越性。

　　(3)级联型每一个基本节只关系到滤波器的某一对极点和一对零点,能够便于准确实现滤波器的零、极点,也便于进行性能调整。级联结构可以有许多不同的搭配方式,在实际工作中,由于运算字长效应的影响,不同排列所得到的误差和性能也不一样。

　　(4)并联型可以单独调整极点位置,但不能直接控制零点。在运算误差方面,并联型各基本节的误差互不影响,所以总体来看,比级联型误差要稍小一些。因此当要求有准确的传输零点时,采用级联型最合适,其他情况下这两种结构性能差不多,或许采用并联型稍好一点。

6. 转置定理

　　如果将线性时不变原网络中所有支路方向加以倒转,且将输入 $x(n)$ 和输出 $y(n)$ 交换,其系统函数 $H(z)$ 仍不改变。

　　这里不给出其证明过程。利用转置定理,可将上面讨论的各种典型结构加以转置,得到新的网络结构。例如,对直接 Ⅱ 型结构,如图 6.9 所示,可对其进行转置,形成的新型网络如图 6.16 所示。如将图 6.16 转换成习惯形式,即输入在左方,输出在右方,则可转换成图 6.17 的形式。

图 6.16 直接 Ⅱ 型结构的转置

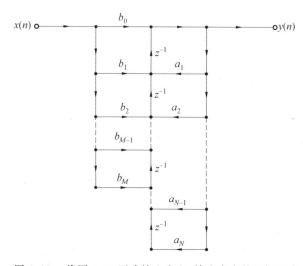

图 6.17 将图 6.16 画成输入在左、输出在右的习惯形式

6.4 有限长单位冲激响应(FIR) 滤波器的基本结构

有限长单位冲激响应滤波器有以下几个特点:

(1) 系统的单位抽样响应 $h(n)$ 在有限个 n 值处不为零。

(2) 系统函数 $H(z)$ 在 $|z| > 0$ 处收敛且只有零点,极点全部在 $z=0$ 处。

(3) 结构上主要是非递归结构,没有从输出到输入的反馈,但有些结构中(例如频率抽样结构)也包含有反馈的递归部分。

设有限长单位冲激响应(FIR) 滤波器的单位抽样响应 $h(n)$ 是一个有限长序列,其长度

为 $N,0 \leqslant n \leqslant N-1$。则它的系统函数一般具有如下形式

$$H(z) = \sum_{n=0}^{N-1} h(n) z^{-n} \tag{6.18}$$

即 $z=0$ 处为 $N-1$ 阶极点,有 $N-1$ 个零点位于 $0 < z < \infty$ 的任何位置。

FIR 滤波器有几种基本结构,即横截型、级联型、线性相位、频率抽样型、快速卷积结构。

1. 横截型(直接型、卷积型)

式(6.18)的系统差分方程可表示为

$$y(n) = \sum_{m=0}^{N-1} h(m) x(n-m) \tag{6.19}$$

从上式可以看出,FIR 滤波器对应的差分方程在形式上等同于线性时不变系统的卷积和公式,也是系统输入 $x(n)$ 的延时链的横向结构,如图 6.18 所示。

图 6.18 FIR 滤波器横截型结构(一)

图 6.18 中的滤波器结构称为横截型或直接型结构,也称为卷积型结构。根据转置定理,稍加改变可以得到图 6.19 的另一种结构,也是直接型的。

图 6.19 FIR 滤波器横截型结构(二)

2. 级联型

将 $H(z)$ 分解为实系数二阶因子的乘积形式,得到如下公式

$$H(z) = \sum_{n=0}^{N-1} h(n) z^{-n} = \prod_{k=1}^{\lfloor N/2 \rfloor} (\beta_{0k} + \beta_{1k} z^{-1} + \beta_{2k} z^{-2}) \tag{6.20}$$

其中 $\lfloor \dfrac{N}{2} \rfloor$ 表示取 $\dfrac{N}{2}$ 的整数部分,例如 $N=3$,$\lfloor \dfrac{3}{2} \rfloor = 1$。$N$ 为偶数时,$N-1$ 为奇数,这时因为有奇数个根,其中复数根成共轭对,必为偶数,一定会有奇数个根,所以 β_{2k} 中有一个为零。N 为奇数时 FIR 滤波器的级联结构如图 6.20 所示。

其特点为:

(1)每节结构可控制一对零点,可应用于控制传输节点。

(2)所需系数 $\beta_{ik}(i=0,1,2;k=1,2,\cdots,\lfloor N/2 \rfloor)$ 多于卷积型的系数 $h(n)$,因此所需乘法次数也多于卷积型。

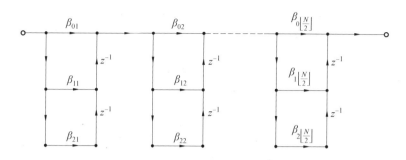

图 6.20　FIR 滤波器级联型结构流图（N 为奇数）

3. 线性相位 FIR 数字滤波器

在许多实际应用中，希望数字滤波器具有线性相位特性，FIR 数字滤波器最吸引人的特点之一就是能将其设计成具有线性相位。具有线性相位的因果 FIR 数字滤波器的单位抽样响应具有偶对称特性，即

$$h(n) = h(N-1-n) \tag{6.21}$$

图 6.21 表示的是线性相位 FIR 系统的典型单位抽样响应 $h(n)$。现在来分析具有这样冲激响应的 FIR 系统的幅度和相位特点。将 FIR 系统的系统函数重写为

$$H(z) = z^{-\frac{N-1}{2}} \sum_{n=0}^{N-1} h(n)\left[\frac{1}{2}z^{-(n-\frac{N-1}{2})} + \frac{1}{2}z^{n-\frac{N-1}{2}}\right] \tag{6.22}$$

令 $z = \mathrm{e}^{\mathrm{j}\omega}$，可得系统的频率响应为

$$H(\mathrm{e}^{\mathrm{j}\omega}) = \underbrace{\mathrm{e}^{-\mathrm{j}\omega\frac{N-1}{2}}}_{\mathrm{e}^{\mathrm{j}\varphi(\omega)}} \cdot \underbrace{\sum_{n=0}^{N-1} h(n)\cos\left[\omega\left(n-\frac{N-1}{2}\right)\right]}_{H(\omega)} \tag{6.23}$$

则 $\varphi(\omega) = -\omega\dfrac{N-1}{2}$ 为线性相位。

图 6.21　偶对称序列 $h(n)$

下面分两种情况进行讨论：

(1) N 为偶数时，利用式(6.23)，可得系统的幅度响应为

$$H(\omega) = \sum_{n=N/2}^{N-1} 2h(n)\cos\left[\omega\left(n-\frac{N-1}{2}\right)\right] \xrightarrow{m=n-\frac{N}{2}+1}$$

$$= \sum_{m=1}^{N/2} 2h\left(m+\frac{N}{2}-2\right)\cos\left[\omega\left(m-\frac{1}{2}\right)\right]$$

$$= \sum_{n=1}^{N/2} b(n)\cos\left[\omega\left(n-\frac{1}{2}\right)\right] \tag{6.24}$$

其中 $b(0)=0$，$b(n)=2h(n+\frac{N}{2}-1)(n \geqslant 1)$。$H(\omega)$ 对 $\omega=\pi$ 是呈偶对称的，而相位响应是严格线性的。

（2）N 为奇数时，利用式（6.23），可得系统的幅度响应为

$$H(\omega) = h\left(\frac{N-1}{2}\right) + \sum_{n=(N+1)/2}^{N-1} 2h(n)\cos\left[\omega\left(n-\frac{N-1}{2}\right)\right] \xrightarrow{m=n-\frac{N-1}{2}}$$

$$= h\left(\frac{N-1}{2}\right) + \sum_{m=1}^{(N-1)/2} 2h\left(m+\frac{N-1}{2}\right)\cos m\omega$$

$$= \sum_{n=0}^{(N-1)/2} a(n)\cos n\omega \tag{6.25}$$

式中，$a(0)=h\left(\frac{N-1}{2}\right)$；$a(n)=2h\left(n+\frac{N-1}{2}\right)(n \geqslant 1)$。$H(\omega)$ 对 $\omega=0,\pi,2\pi$ 各点是偶对称的；相位响应是严格线性的，这与 N 为奇数时的情况一样。

N 为偶数和奇数时，线性相位 FIR 滤波器的结构流程图分别如图 6.22 和图 6.23 所示。

图 6.22　具有线性相位的偶数 N 的 FIR 系统直接结构

图 6.23　具有线性相位的奇数 N 的 FIR 系统直接结构

从图中可以看出，线性相位 N 阶 FIR 滤波器只需要 $N/2$ 次（N 为偶数）或 $(N+1)/2$ 次（N 为奇数）乘法。

用与上面相似的方法可以证明，当 FIR 系统的单位抽样响应 $h(n)$ 为奇对称时，即

$$h(n)=-h(N-1-n) \tag{6.26}$$

系统同样具有线性相位特性。

由于线性相位 FIR 滤波器的单位抽样响应 $h(n)$ 必须满足对称，即 $h(n)=h(N-1-n)$，

因此它的零点位置受到严格的限制。根据对称条件,有

$$H(z) = \sum_{n=0}^{N-1} h(n) z^{-n} = \sum_{n=0}^{N-1} h(N-1-n) z^{-n} \tag{6.27}$$

令 $m = N-1-n$,得到

$$H(z) = \sum_{n=0}^{N-1} h(n) z^{-n} = \sum_{n=0}^{N-1} h(m) z^{-(N-1-m)}$$

$$= z^{-(N-1)} \sum_{m=0}^{N-1} h(m) z^{m} = z^{-(N-1)} H(z^{-1}) \tag{6.28}$$

式(6.28)表明,$H(z)$ 和 $H(z^{-1})$ 除相差 $N-1$ 个样本间隔外,没有什么不同。因此,如果 z_k 是 $H(z)$ 的零点,那么 z_k^{-1} 也是 $H(z)$ 的零点。

这就是说,线性相位 FIR 滤波器的零点必须是互为倒数的共轭对。冲激响应为偶对称的线性相位 FIR 滤波器,它的系统函数多项式的系统是镜像对称的。例如,四阶系统的系统函数的形式是

$$a + bz^{-1} + cz^{-2} + bz^{-3} + az^{-4}$$

而五阶系统函数的形式是

$$a + bz^{-1} + cz^{-2} + cz^{-3} + bz^{-4} + az^{-5}$$

关于线性相位 FIR 的内容,在后续章节中还要进一步进行详细分析。

4. 频率抽样型

前面讨论了有限长序列可以进行频域抽样。现设 $h(n)$ 是长度为 N 的有限长序列,因此也可以对其对应的系统函数 $H(z)$ 在单位元上做 N 等分抽样,这个抽样值也就是 $h(n)$ 的离散傅里叶变换值 $H(k)$,即

$$H(k) = H(z) \mid_{z=W_N^{-k}} = \text{DFT}[h(n)] \tag{6.29}$$

用频率抽样表达 z 函数的内插公式为

$$H(z) = (1-z^{-N}) \frac{1}{N} \sum_{k=0}^{N-1} \frac{H(k)}{1-W_N^{-k} z^{-1}} \tag{6.30}$$

这个公式为实现 FIR 滤波器提供了另外一种结构,这种结构是由两部分级联而成。

$$H(z) = \frac{1}{N} (1-z^{-N}) \sum_{k=0}^{N-1} \frac{H(k)}{1-W_N^{-k} z^{-1}} = \frac{1}{N} H_c(z) \left[\sum_{k=0}^{N-1} H_k(z) \right] \tag{6.31}$$

第一部分 $H_c(z)$ 是一个由 N 节延时单元所构成的梳状滤波器(图 6.24)

$$H_c(z) = \frac{1}{N} (1-z^{-N}) \tag{6.32}$$

图 6.24　梳状滤波器

它在单位圆上有 N 个等分的零点,即

$$1 - z^{-N} = 0$$

$$z_i = \mathrm{e}^{\mathrm{j}\frac{2\pi}{N}i} = W_N^{-i} \quad (i=0,1,\cdots,N-1)$$

它的频率响应为

$$\mid H_c(\mathrm{e}^{\mathrm{j}\omega}) \mid = 2 \mid \sin\left(\frac{N}{2}\omega\right) \mid$$

其图形是梳齿状的,如图 6.25 所示。

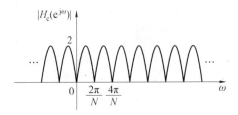

图 6.25　梳齿状频响

第二部分是一组并联的一阶网络

$$\sum_{k=0}^{N-1} H_k(z)$$

其中每一个一阶网络都是一个谐振器,构成一个谐振器柜

$$H_k(z) = \frac{H(k)}{1 - W_N^{-k}z^{-1}} \tag{6.33}$$

这个一阶网络在单位圆上有一个极点

$$z_k = W_N^{-k} = \mathrm{e}^{\mathrm{j}\frac{2\pi}{N}k}$$

因此网络对频率为 $\omega = \dfrac{2\pi}{N}k$ 的响应将是 ∞,所以,网络是一个谐振频率为 $\dfrac{2\pi}{N}k$ 的无耗谐振器。这些并联谐振器的极点正好各自抵消一个梳状滤波器的零点,从而使在这个频率点上的响应等于 $H(k)$。

由这样两部分级联起来后,就得到图 6.26 所示的总结构。这个结构的特点是它的系数 $H(k)$ 直接就是滤波器在 $\omega = \dfrac{2\pi}{N}k$ 处的响应。因此控制滤波器的响应是很直接的。

图 6.26　FIR 滤波器的频率抽样型结构

但是此类型的滤波器结构有两个主要的缺点,分别为:

(1) 所有的相乘系数 W_N^{-k}、$H(k)$ 都是复数,乘起来较麻烦。

(2) 所有谐振器的极点都在单位圆上,考虑到系数量化的影响,有些极点实际上是不能与梳状滤波器的零点相抵消的,这样导致系统是不稳定的。

为了克服这个缺点,首先做一下修正,将所有的谐振器的极点从单位圆向内收缩一点,使它处在一个靠近单位圆但半径比单位圆小($r \leqslant 1$)的圆上,同时,梳状滤波器的零点也移到 r 圆上,也即将频率抽样由单位圆移到修正半径圆上,如图 6.27 所示。

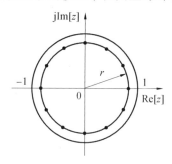

图 6.27　将频率抽样由单位圆移到修正半径圆上

修正后,系统函数的表达式为

$$H(z) = \frac{1 - r^N z^{-N}}{N} \sum_{k=0}^{N-1} \frac{H_{\mathrm{r}}(k)}{1 - rW_N^{-k}z^{-1}} \tag{6.34}$$

式中,$H_{\mathrm{r}}(k)$ 是修正点上的抽样值。不过由于修正半径 $r \approx 1$,因此 $H_{\mathrm{r}}(k) \approx H(k)$。即

$$H_{\mathrm{r}}(k) = H(z)\big|_{z = rW_N^{-k}} = H(rW_N^{-k}) \approx H(W_N^{-k}) = H(k)$$

所以

$$H(z) \approx (1 - r^N z^{-N}) \frac{1}{N} \sum_{k=0}^{N-1} \frac{H_{\mathrm{r}}(k)}{1 - rW_N^{-k}z^{-1}} \tag{6.35}$$

另外,为了使系数为实数,可以将谐振器的共轭根合并,这些共轭根在圆周上是对称的。也就是

$$W_N^{-(N-k)} = W_N^k = (W_N^{-k})^*$$

同时,如果 $h(n)$ 为实序列,则它的 DFT 也是周期共轭对称的。

$$H(k) = H^*(N-k) \quad (k = 1, 2, \cdots, N-1) \tag{6.36}$$

基于此,可以将第 k 和第 $N-k$ 个谐振器合并为一个二阶网络:

$$\begin{aligned} H_k(z) &\approx \frac{H(k)}{1 - rW_N^{-k}z^{-1}} + \frac{H(N-k)}{1 - rW_N^{-(N-k)}z^{-1}} = \frac{H(k)}{1 - rW_N^{-k}z^{-1}} + \frac{H^*(k)}{1 - rW_N^{*-k}z^{-1}} \\ &= \frac{\alpha_{0k} + \alpha_{1k}z^{-1}}{1 - 2rz^{-1}\cos\left(\frac{2\pi}{N}k\right) + r^2 z^{-2}} \quad \left(0 < k < \frac{N}{2}\right) \end{aligned} \tag{6.37}$$

式中

$$\begin{cases} \alpha_{0k} = 2\mathrm{Re}[H(k)] \\ \alpha_{1k} = -2\mathrm{Re}[H(k)]W_N^k \end{cases} \tag{6.38}$$

这个二端网络是一个有限 Q 值的谐振器。谐振频率为 $\omega_k = \frac{2\pi}{N}k$,结构如图 6.28 所示。

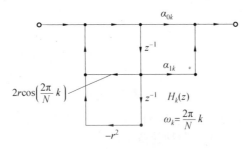

图 6.28　修正及合并后的结构图

除了共轭复数根，还有实数根需要讨论。当 N 为偶数时，有一对实根，它们分别为 $z=\pm r$，因此这对实根有两个对应的一阶网络，分别为

$$H_0(z)=\frac{H(0)}{1-rz^{-1}} \tag{6.39}$$

$$H_{N/2}(z)=\frac{H(N/2)}{1+rz^{-1}} \tag{6.40}$$

其结构如图 6.29 所示。当 N 为奇数时，只有一个实根 $H_0(z)$，因此相对应只有一个一阶网络。

图 6.29　结构图

这样就可以得到改进后的总结构。N 是偶数时，有

$$H(z)=(1-r^N z^{-N})\frac{1}{N}\left[\frac{H(0)}{1-rz^{-1}}+\frac{H(N/2)}{1+rz^{-1}}+\sum_{k=1}^{N/2-1}\frac{\alpha_{0k}+\alpha_{1k}z^{-1}}{1-2z^{-1}r\cos\left(\frac{2\pi}{N}k\right)+r^2 z^{-2}}\right]$$

$$=(1-r^N z^{-N})\frac{1}{N}\left[H_0(z)+H_{N/2}(z)+\sum_{k=1}^{N/2-1}H_k(z)\right] \tag{6.41}$$

而 N 为奇数时

$$H(z)=(1-r^N z^{-N})\frac{1}{N}\left[\frac{H(0)}{1-rz^{-1}}+\sum_{k=1}^{N/2-1}\frac{\alpha_{0k}+\alpha_{1k}z^{-1}}{1-2z^{-1}r\cos\left(\frac{2\pi}{N}k\right)+r^2 z^{-2}}\right]$$

$$=(1-r^N z^{-N})\frac{1}{N}\left[H_0(z)+\sum_{k=1}^{N/2-1}H_k(z)\right] \tag{6.42}$$

当 N 为偶数时，其总结构如图 6.30 所示。在谐振器柜中，两端两个是一阶的，其余的均是二阶的。但如果当 N 为奇数时，最后一个一阶网络 $H_{N/2}(z)$ 就没必要保留了。从中还可以看到，这种结构既有递归部分 —— 谐振器柜，也有非递归部分 —— 梳状滤波器。

从一般的角度考虑，频率抽样结构比较复杂，其所需的存储器及乘法器也比较多。但是在某些情况下，使用频率抽样结构却可以有一定的优势：

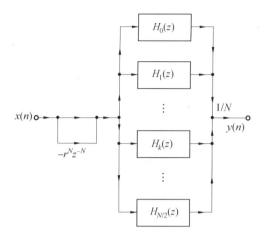

图 6.30　频率抽样总结构

（1）如果多数抽样值 $H(k)$ 为零，例如在窄带低通滤波器的情况下，这时谐振器柜中只剩下少数几个所需的谐振器，这样与直接法相比，可以减少所使用的乘法器数目，但所需存储器的数量还是多于直接法。

（2）某些情况下，信号处理需要同时使用很多并列的滤波器。譬如在信号频谱分析中，要求同时将信号的多种频率分量分别过滤出来，这样这些并列的滤波器可以采用频率抽样结构。并且这些滤波器可以共用一个梳状滤波器和谐振器柜，只要将各个谐振器的输出适当加权组合就能组成过滤各自频率所对应的滤波器，此结构提高了滤波器某些部分的利用率，经济性强。

（3）频率抽样的结构还有一个自身所固有的特点，即其每个部分均具有很高的规范性。只需改变二阶谐振节中的系数 α_{0k}、α_{1k} 及一阶节中的系数就可以构成不同的滤波器，而不用改变整个结构以及其他各个系数，因此可以应用在时分复用的场景。

5. 快速卷积结构

前面已提及，如果 $x(n)$ 是长度为 N_1 的有限长序列，$h(n)$ 是长度为 N_2 的有限长序列，将 $x(n)$ 补 $L-N_1$ 个零值点，$h(n)$ 补 $L-N_2$ 个零值点，只要 $L \geqslant N_1 + N_2 - 1$，就有

$$y(n) = x(n) \bigotimes h(n) = x(n) * h(n) \quad (0 \leqslant n \leqslant N_1 + N_2 - 2)$$

由卷积定理得

$$Y(k) = X(k)H(k)$$

所以有

$$y(n) = \text{IDFT}[Y(k)] = \text{IDFT}[X(k)H(k)] = x(n) * h(n)$$

根据以上步骤，就可以得到 FIR DF 的快速卷积结构，如图 6.31 所示。

这里的 DFT 和 IDFT 均可以利用 FFT 算法。当 N_1 和 N_2 足够长时，用这种结构计算线性卷积要快得多。

图 6.31　FIR DF 的快速卷积结构

6.5　本章部分内容的 MATLAB 实现

6.5.1　IIR 滤波器的 MATLAB 实现

1. 直接 Ⅰ 型和直接 Ⅱ 型

根据差分方程和系统函数可以直接画出直接 Ⅰ 型或直接 Ⅱ 型。由前面的内容可知 IIR 滤波器对应的差分方程为

$$y(n) = \sum_{k=1}^{N} a_k y(n-k) + \sum_{m=0}^{M} b_m x(n-m)$$

系统函数为

$$H(z) = \frac{Y(z)}{X(z)} = \frac{\sum_{m=0}^{M} b_m z^{-m}}{1 - \sum_{k=1}^{N} a_k z^{-k}}$$

则滤波器分母与分子系数向量为

$$\boldsymbol{a} = [1, -a_1, -a_2, \cdots, -a_N], \quad \boldsymbol{b} = [b_0, b_1, b_2, \cdots, b_M]$$

根据 MATLAB 函数 filter 和分子分母系数向量，很容易得到直接型结构。根据输入 $x(n)$，得到滤波器的输出为

$$\mathrm{y} = \mathrm{filter}[\mathrm{b}, \mathrm{a}, \mathrm{x}]$$

2. 级联型

由前面内容可知，级联型系统函数对应的表达式为

$$H(z) = A \prod_{k=1}^{K} \frac{1 + \beta_{1k} z^{-1} + \beta_{2k} z^{-2}}{1 - \alpha_{1k} z^{-1} - \alpha_{2k} z^{-2}} = A \prod_{k=1}^{K} H_k(z)$$

MATLAB 信号处理工具箱中有一个函数 tf2sos，可以将系统函数转换成二阶分式中的级联型，其调用方式为

$$[\mathrm{sos}, \mathrm{A}] = \mathrm{tf2sos}(\mathrm{b}, \mathrm{a})$$

其中，$\boldsymbol{a}$、$\boldsymbol{b}$ 分别为 z 的负幂指数的系统函数的分母系数与分子系数向量。sos 为

$$
sos = \begin{vmatrix}
1 & \beta_{11} & \beta_{21} & 1 & -\alpha_{11} & -\alpha_{21} \\
1 & \beta_{12} & \beta_{22} & 1 & -\alpha_{12} & -\alpha_{22} \\
\vdots & \vdots & \vdots & \vdots & \vdots & \vdots \\
1 & \beta_{1K} & \beta_{2K} & 1 & -\alpha_{1K} & -\alpha_{2K}
\end{vmatrix}
$$

这里矩阵每行代表一个二阶节,前三项为分子系数,后三项为分母系数。若某些系数 β_{2k}、α_{2k} 为零,则得到一阶节。

MATLAB 信号处理工具箱中给出了 sosfilt(sos,x) 函数,其中 x 为输入序列;利用 y = A * sosfilt(sos,x) 就可以求得级联结构的输出 y。下面看一个级联型的例子。

例 6.2　已知 IIR 滤波器的差分方程表示式为
$$
8y(n) = 10.4y(n-1) - 7.28y(n-2) + 2.352y(n-3) + 6x(n) +
$$
$$
1.2x(n-1) - 0.72x(n-2) + 1.728x(n-3)
$$
试利用 MATLAB 程序求它的级联型结构。

解
```
clc;clear all;
a=[8,-10.4,7.28,-2.352];
b=[6,1.2,-0.72,1.728];
[sos,A]=tf2sos(b,a);
```
运行上面的脚本,得

$$
sos = \begin{matrix}
1.000 & 0.8000 & 0 & 1.000 & -0.6000 & 0 \\
1.000 & -0.6000 & 0.3600 & 1.000 & -0.7000 & 0.4900
\end{matrix}
$$

$$
A = 0.75
$$

得到级联结构的系统函数为
$$
H(z) = 0.75 \frac{1 + 0.8z^{-1}}{1 - 0.6z^{-1}} \frac{1 - 0.6z^{-1} + 0.36z^{-2}}{1 - 0.7z^{-1} + 0.49z^{-2}}
$$

结构如图 6.32 所示。

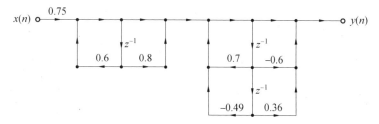

图 6.32　例 6.2 对应的级联结构图

3. 由级联结构转换成系统函数的直接结构

先不考虑增益 A,这是上面第 2 部分的逆运算,需要利用 MATLAB 工具箱中的 sos2tf 函数,其调用方法为

$$
[b,a] = sos2tf(sos)
$$

其中,a、b 分别为分母与分子系数行向量,上面运算实际上是将级联的分式分子、分母分别做 K 次多项式乘法运算。下面的例子给出了由级联型结构求直接型结构的 MATLAB 程序

实现。

例 6.3 已知滤波器的系统函数表示式为

$$H(z) = 0.75 \times \frac{1 + 0.8z^{-1}}{1 - 0.6z^{-1}} \frac{1 - 0.6z^{-1} + 0.36z^{-2}}{1 - 0.7z^{-1} + 0.49z^{-2}}$$

试利用 MATLAB 程序求它的直接型结构。

解

```
clc;clear all
sos = [1,0.8,0,1,-0.6,0;1,-0.6,0.36,1,-0.7,0.49];
[b,a] = sos2tf(sos);
```

运行上面的脚本，得

```
a = 1    -1.3    0.91    -0.294
b = 1     0.2    -0.12    0.288
```

则可得直接型结构的系统函数为

$$H(z) = \frac{1 + 0.2z^{-1} - 0.12z^{-2} + 0.288z^{-3}}{1 - 1.3z^{-1} + 0.91z^{-2} - 0.294z^{-3}} = \frac{1 + 0.2z^{-1} - 0.12z^{-2} + 0.288z^{-3}}{1 - (1.3z^{-1} - 0.91z^{-2} + 0.294z^{-3})}$$

4. 由直接型结构转换成系统函数的并联型结构

前已提及，并联型结构系统函数的表达式为

$$H(z) = \frac{\sum_{k=0}^{M} b_k z^{-k}}{1 - \sum_{k=1}^{N} a_k z^{-k}}$$

可以将此式变换为更通用的形式，即

$$\begin{aligned} H(z) &= \frac{b_0 + b_1 z^{-1} + \cdots + b_M z^{-M}}{1 + (-a_1)z^{-1} + \cdots + (-a_N)z^{-N}} \\ &= \sum_{k=1}^{K} \frac{B_{0k} + B_{1k}z^{-1}}{1 + (-A_{1k}z^{-1}) + (-A_{2k})z^{-2}} + \sum_{k=0}^{M-N} G_k z^{-k} \end{aligned} \tag{6.43}$$

以下的系数 G、B、b 与此式中的符号一致，A 和 a1 里面 1 后面的元素与此式中的符号相反。这里需要将直接型的向量 b、a 转换成并联型的实系数 G、B、A 向量的程序。MATLAB 没有直接转换的程序，相关文献中给出了由直接型结构转换成并联型结构的函数 tf2par，其调用方法为

$$[G,B,A] = \text{tf2par}(b,a)$$

之后将向量 A 里面 1 后面的元素取反后，再考虑 G、B，便得到 H(z) 的并联型表达式。

函数 tf2par 的实现代码如下：

```
function [G,B,A] = tf2par(b,a);
% 直接型到并联型的转换子程序
%G = 当 length(b) >= length(a) 时的多项式系数
%   B = 包含各 bk 的 K 乘 2 维实系数矩阵
%   A = 包含各 ak 的 K 乘 3 维实系数矩阵
%   b = 直接型的分子多项式系数
```

```
%    a＝直接型的分母多项式系数
%
M＝length(b)；N＝length(a)；
[r1,p1,G]＝residuez(b,a)；        % 先求系统的单根 p1,对应的留数 r1 及直接项 G
p＝cplxpair(p1,1e－9)；            % 用配对函数 cplxpair 由 p1 找共轭复根 p,
                                  %1e－9 为容差
I＝cplxcomp(p1,p)；               % 找 p1 变为 p 时的排序变化,MATLAB 无此
                                  % 子程序,列于后面
r＝r1(I)；                        % 让 r1 的排序同样变化成为 r,以保持与极点对
                                  % 应变为二阶子系统
K＝floor(N/2)；B＝zeros(K,2)；A＝zeros(K,3)；    % 二阶子系统变量的初始化
if K*2＝＝N；                     % N 为偶,A(z) 的次数为奇,有一个因子是一阶的
for i＝1:2:N－2
pi＝p(i:i＋1,:)；                 % 取出一对极点
ri＝r(i:i＋1,:)；                 % 取出一对对应的留数
[Bi,Ai]＝residuez(ri,pi,[])；    % 两个极点留数转为二阶子系统分子分母系数
B(fix((i＋1)/2),:)＝real(Bi)；    % 取 Bi 的实部,放入系数矩阵 B 的相应行中
A(fix((i＋1)/2),:)＝real(Ai)；    % 取 Ai 的实部,放入系数矩阵 A 的相应行中
end
[Bi,Ai]＝residuez(r(N－1),p(N－1),[])；    % 处理实单根
B(K,:)＝[real(Bi)0]；A(K,:)＝[real(Ai)0]；
else                             % N 为奇,A(z) 的次数为偶,所有因子都是
                                  % 二阶的
    for i＝1:2:N－1
pi＝p(i:i＋1,:)；                 % 取出一对极点
ri＝r(i:i＋1,:)；                 % 取出一对对应的留数
[Bi,Ai]＝residuez(ri,pi,[])；    % 两个极点留数转为二阶子系统分子分母系数
B(fix((i＋1)/2),:)＝real(Bi)；    % 取 Bi 的实部,放入系数矩阵 B 的相应行中
A(fix((i＋1)/2),:)＝real(Ai)；    % 取 Ai 的实部,放入系数矩阵 A 的相应行中
end
end
```

5. 由并联型结构转换成系统函数的直接型结构

MATLAB 没有从并联型结构转换成直接型结构的函数,相关文献给出了函数 par2tf 来实现此功能,它是 tf2par 的逆运算。

```
function [b,a]＝par2tf(G,B,A)；
% 并联型到直接型的转换子程序
% [b,a]＝par2tf(G,B,A)
% ———————————————————————
```

%   b=直接型的分子多项式系数

%   a=直接型的分母多项式系数

%   C=并联型的多项式部分

%   B=包含各bk的K乘2维实系数矩阵

%   A=包含各ak的K乘3维实系数矩阵

%

[K,L]=size(A);R=[ ];P=[ ];   % 变量初始化

for i=1:1:K

   [r,p,k]=residuez(B(i,:),A(i,:));   % 把每个双二阶环节变为单极点留数

   R=[R;r];P=[P;p];   % 并入系统总的极点向量和留数向量中

end

[b,a]=residuez(R,P,G);   % 用系统总的极点向量和留数向量求

                                   % 分子分母系数

b=b(:)';a=a(:)';

    end

需要注意的是,函数输入参数A里面1后面的元素为已知并联型系统函数表达式中分母系数A里面1后面的元素的相反数,输出参数a里面1后面的元素需要取反才能得到直接型系统函数表达式中分母系数a里面1后面的对应元素。

例6.4 已知IIR滤波器直接型结构的系统函数表示式为

$$H(z)=\frac{0.75-0.15z^{-1}-0.09z^{-2}+0.216z^{-3}}{1-(1.3z^{-1}-0.91z^{-1}+0.294z^{-3})}$$

试利用MATLAB程序求它的并联型结构。

解 MATLAB程序如下:

clc;clear all;

a=[1,-1.3,0.91,-0.294];

b=[0.75,0.15,-0.09,0.216];

[G,B,A]=tf2par(b,a)

运行此程序,结果为

G=-0.7347

B=0.0196   0.2322

   1.4651   0

A=1.0000   -0.7000   0.4900

   1.0000   -0.6000   0

根据前面提及MATLAB程序中相关系数向量与系统函数表达式中对应系数向量元素的关系,并联型系统函数为

$$H(z)=\frac{0.019\,6+0.232\,2z^{-1}}{1-(0.7z^{-1}-0.49z^{-2})}+\frac{1.465\,1}{1-0.6z^{-1}}+(-0.734\,7)$$

其对应结构如图6.33所示。

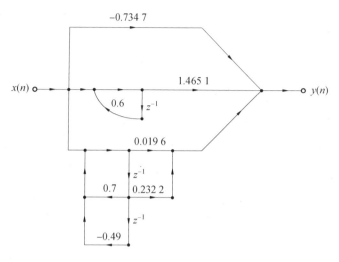

图 6.33　例 6.4 对应的并联型结构图

6.5.2　FIR 滤波器的 MATLAB 实现

1. 由直接(横截)型结构转换成系统函数的级联型结构

由前面的内容可知,FIR 滤波器级联型结构系统函数的表达式为

$$H(z) = \sum_{n=0}^{N-1} h(n) z^{-n} = \prod_{k=1}^{\lfloor N/2 \rfloor} (\beta_{0k} + \beta_{1k} z^{-1} + \beta_{2k} z^{-2})$$

与 IIR 滤波器对应的转换类似,也可以利用 tf2sos 函数,但分母系数向量的值为 1,即 MATLAB 函数的调用形式为

$$[sos, A] = tf2sos(b, 1)$$

同理,sos2tf(sos) 可以从 FIR 的级联型结构得到直接型结构,但不包括增益 A。

例 6.5　已知 FIR 滤波器的差分方程表示式为

$$y(n) = x(n) + 0.3x(n-1) + 0.72x(n-2) + 0.11x(n-3) + 0.12x(n-4)$$

试利用 MATLAB 程序求它的级联型结构。

解

```
clc;clear all;
a=[8,-10.4,7.28,-2.352];
b=[6,1.2,-0.72,1.728];
[sos,A]=tf2sos(b,a);
```

运行上面的脚本,得

| sos = | 1.000 | 0.8000 | 0 | 1.000 | -0.6000 | 0 |
| | 1.000 | -0.6000 | 0.3600 | 1.000 | -0.7000 | 0.4900 |

A=0.75

由以上结果得到 FIR 滤波器级联型结构的系统函数为

$$H(z) = (1 + 0.1z^{-1} + 0.4z^{-2})(1 + 0.2z^{-1} + 0.3z^{-2})$$

结构如图 6.34 所示。

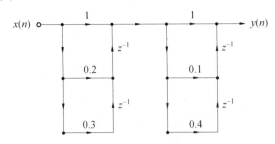

图 6.34　例 6.5 对应的 FIR 级联型结构图

2. 由直接(横截)型结构转换成系统函数的频率抽样型结构

将式(6.41)与式(6.42)统一用下面的公式表示

$$H(z) = (1 - r^N z^{-N}) \frac{1}{N} \left[\frac{H(0)}{1 - rz^{-1}} + \frac{H(N/2)}{1 + rz^{-1}} + \sum_{k=1}^{L} 2 \mid H(k) \mid \cdot H_k(z) \right]$$

其中

$$H_k(z) = \frac{\cos[\theta(k)] - r\cos[\theta(k) - 2\pi k/N]z^{-1}}{1 - 2rz^{-1}\cos(2\pi k/N) + r^2 z^{-2}}$$

式中,当 $r = 1$ 时,即为一般的频率抽样结构,即抽样点在 z 平面单位圆 $z = e^{j\omega}$ 上;当 $r < 1$ 且 $r \approx 1$ 时,是修正的频率抽样结构,也就是抽样点在 z 平面单位圆内靠近单位圆处的圆上。

下面给出 FIR 滤波器从直接型到频率抽样型的 MATLAB 程序。对于修正的频率抽样型结构,若 r 的值与 1 相差极小,则其对应的 $H_r(k)$ 可以用单位圆上的 $H(k)$ 替换。

```
function [C,B,A] = tf2fs(h)
% [C,B,A] = tf2fs(h)
% ————————————————————————————————
% C = 包含各并行部分增益的行向量
% B = 包含按行排列的分子系数矩阵
% A = 包含按行排列的分母系数矩阵
% h = FIR 滤波器的单位抽样响应向量
%
N = length(h);                        % 滤波器长度
H = fft(h,N);                         % 利用 FFT 求各个 H(k)
magH = abs(H); phaH = arg(H)';        % 求 H(k) 的幅度特性和相位特性
if(N == 2 * floor(N/2))               % N 为偶数
    L = N/2 - 1;                      % A1 和 C1 形式如下
A1 = [1, -1,0;1,1,0];
C1 = [real(H(1)),real(H(L+2))];
else                                  % N 为奇数
    L = (N-1)/2;
A1 = [1, -1,0];                       % 则 A1 和 C1 形式如下
```

```
C1 = [real(H(1))];
end
k = [1:L]';
% 初始化 B 和 A 数组
B = zeros(L,2); A = ones(L,3);
% 计算分母系数
A(1:L,2) = -2 * cos(2 * pi * k/N); A = [A;A1];
% 计算分子系数
B(1:L,1) = cos(phaH(2:L+1));
B(1:L,2) = -cos(phaH(2:L+1) - (2 * pi * k/N));
% 计算增益系数
C = [2 * magH(2:L+1),C1]';
```

上面的程序先给出二阶子系统的增益 $2|H(k)|$，之后给出一阶子系统对应的 $H(0)$。若 N 为偶数，还包括 $H(N/2)$。程序中的矩阵 $\boldsymbol{B}$ 为 $H_k(z)$ 的分子系数向量。每个二阶环节为长度是 2 的行向量。矩阵 $\boldsymbol{A}$ 为 $H_k(z)$ 的分母系数向量。每个二阶环节为长度是 3 的行向量。矩阵 $\boldsymbol{A}$ 的前面各行与矩阵 $\boldsymbol{B}$ 各行分别相对应，多出的一行或两行是一阶子系统矩阵 $H(0)$ 或 $H(0)$、$H(N/2)$ 的分母系数。

下面给出根据 FIR 滤波器直接型结构单位抽样响应 $h(n)$ 求出频率抽样型结构系统函数的 MATLAB 程序。

例 6.6　已知 FIR 滤波器直接型结构的单位抽样响应 $h(n) = \{1/5,3/5,1,3/5,1/5\}$，试利用 MATLAB 程序求其频率抽样结构对应的系统函数 $H(z)$。

解　对应的 MATLAB 程序为：

```
clc;clear all
h = [1,3,5,3,1]/5,r = 1;
[C,B,A] = tf2fs(h);
```

运行此程序，结果为

```
C =
    2.0944
    0.3056
    2.6000

B =
    -0.8090      0.8090
     0.3090     -0.3090
A =
    1.0000    -0.6180    1.0000
    1.0000     1.6180    1.0000
    1.0000    -1.0000    0
```

此处 $N=5$，因此只有一个一阶节，则频率抽样结构对应的系统函数为

$$H(z) = \frac{1-z^{-5}}{5}\left(2.094\,4 \times \frac{-0.809+0.809z^{-1}}{1-0.618z^{-1}+z^{-2}} + \right.$$

$$\left. 0.305\,6 \times \frac{0.309-0.309z^{-1}}{1+1.618z^{-1}+z^{-2}} + 2.6 \times \frac{1}{1-z^{-1}}\right)$$

习　　题

6.1　用直接 Ⅰ 型及直接 Ⅱ 型结构实现以下系统函数：

$$H(z) = \frac{3+4.2z^{-1}+0.8z^{-2}}{2+0.6z^{-1}-0.4z^{-2}}$$

6.2　图 P6.2 中画出了四个系统，试用各子系统的单位抽样响应分别表示各总系统的单位抽样响应 $h(n)$，并求其系统总函数 $H(z)$。

图 P6.2

6.3　用级联型结构实现以下系统函数：

$$H(z) = \frac{4(z+1)(z^2-1,4z+1)}{(z-0.5)(z^2+0.9z+0.8)}$$

试问一共能构成几种级联型网络?

6.4　给出以下系统函数的并联型实现:

$$H(z) = \frac{5.2 + 1.58z^{-1} + 1.41z^{-2} - 1.6z^{-3}}{(1-0.5z^{-1})(1+0.9z^{-1}+0.8z^{-2})}$$

6.5　已知 FIR 滤波器的系统函数为

$$H(z) = \left(1 - \frac{1}{2}z^{-1}\right)(1+6z^{-1})(1-2z^{-1})\left(1+\frac{1}{6}z^{-1}\right)(1-z^{-1})$$

试画出此 FIR 系统的横截型结构。

6.6　已知 FIR 滤波器的系统函数为

$$H(z) = (1+0.4z^{-1}+0.5z^{-2})(1+0.2z^{-1}+0.6z^{-2})$$

试画出其级联型结构实现。

6.7　用频率抽样结构实现以下系统函数:

$$H(z) = \frac{5 - 2z^{-3} - 3z^{-6}}{1-z^{-1}}$$

抽样点数 $N=6$,修正半径 $r=0.9$。

6.8　设某 FIR 数字滤波器的系统函数为

$$H(z) = \frac{1}{5}(1+3z^{-1}+5z^{-2}+3z^{-3}+z^{-4})$$

试画出此滤波器的线性相位结构。

第 7 章

无限长单位冲激响应(IIR)数字滤波器的设计方法

7.1 概　　述

滤波器在实际的信号处理中具有重要的作用,是去除信号中噪声的基本手段,可用于波形形成、调制解调、信号提取、信号分离和信道均衡等。数字滤波器同模拟滤波器一样,都是用来"滤波"的,它将信号中某些频段的信号加以放大,而将另外一些频段的信号加以抑制,也就是通过某种运算得到或增强所需信号,滤除不需要的信号或噪声、干扰。数字滤波是通过数值运算对输入信号序列进行滤波的数字信号处理。同模拟滤波器相比,数字滤波器具有精度高、稳定性好、灵活、便于集成化和小型化等优点,并且不需要阻抗匹配,可以实现模拟滤波器难以实现的复杂滤波功能。

从功能上分,数字滤波器主要有低通、高通、带通、带阻、全通等类型。图 7.1 所示为各种数字滤波器的理想幅频响应,频率变量以数字频率 ω 来表示($\omega = \Omega T = \Omega / f_s$,$\Omega$ 为模拟角频率,T 为抽样时间间隔,f_s 为抽样频率)。数字滤波器的频率响应 $H(e^{j\omega})$ 是以 2π 为周期的周期函数。

由于理想滤波器的幅频响应从通带到阻带之间有突变,导致无限长的非因果的单位冲激响应,因此物理上是不可实现的。实际工作中,为了保证滤波器是物理可实现的、稳定的,设计出的滤波器都是在某些准则下对理想滤波器的近似。

数字滤波器的设计一般包括以下几个步骤:

(1)确定滤波器的性能指标。

(2)用一个因果、稳定的离散线性时不变系统的系统函数去逼近这些性能指标。

(3)利用有限精度算法来实现这一系统函数。

(4)实际的技术实现,包括采用通用计算机软件或专用数字滤波器硬件来实现,或采用专用或通用的数字信号处理器来实现。

理想滤波器物理上是不可实现的,其根本原因是频率响应从通带到阻带之间有突变。为了物理上可实现,从通带到阻带之间必须有一个非零宽度的过渡带,在这个过渡带内的频率响应平滑地从通带下降到阻带。

图 7.2 所示为对理想低通滤波器逼近的误差容限图。通带的边界频率 ω_p 称为通带截止频率,阻带的起始频率 ω_{st} 称为阻带截止频率,$\omega_p \sim \omega_{st}$ 之间为过渡带,δ_p 和 δ_s 分别为通带和阻带的误差容限。

图 7.1　各种数字滤波器的理想幅频响应

图 7.2　理想低通滤波器逼近的误差容限

在通带内,幅频响应以小于 δ_p 的误差逼近于 1,即

$$1-\delta_p \leqslant |H(e^{j\omega})| \leqslant 1 \quad (|\omega| \leqslant \omega_p) \tag{7.1}$$

在阻带内,幅频响应以小于 δ_s 的误差逼近于 0,即

$$|H(e^{j\omega})| \leqslant \delta_s \quad (\omega_{st} \leqslant |\omega| \leqslant \pi) \tag{7.2}$$

虽然给出了通带和阻带的误差容限,但在具体技术指标中往往也使用通带允许的最大

衰减 α_p 和阻带应达到的最小衰减 α_s 描述。α_p 及 α_s 一般采用分贝(dB)数表示,其定义分别为

$$\alpha_p = 20\lg \frac{|H(e^{j\omega})|_{\max}}{|H(e^{j\omega_p})|} = -20\lg |H(e^{j\omega_p})| = -20\lg(1-\delta_p) \tag{7.3}$$

$$\alpha_s = 20\lg \frac{|H(e^{j\omega})|_{\max}}{|H(e^{j\omega_{st}})|} = -20\lg |H(e^{j\omega_{st}})| = -20\lg \delta_s \tag{7.4}$$

式中,假定 $|H(e^{j\omega})|_{\max} = 1$(已归一化)。$|H(e^{j\omega})|_{\max}$ 通常是 $\omega = 0$ 处 $|H(e^{j\omega})|$ 的值,即 $|H(e^{j0})|$。

例如,若 $|H(e^{j\omega})|_{\max} = 1$,$|H(e^{j\omega})|$ 在 ω_p 处满足 $|H(e^{j\omega_p})| = 0.707$,在 ω_{st} 处满足 $|H(e^{j\omega_{st}})| = 0.01$,则 $\alpha_p = 3$ dB,$\alpha_s = 40$ dB。

图 7.3 所示为低通、高通、带通和带阻四种滤波器幅频响应的容限图及技术指标。

图 7.3 四种滤波器幅频响应的容限图及技术指标

数字滤波器按照单位冲激响应的时间特性,可以分为无限长单位冲激响应(IIR)数字滤波器和有限长单位冲激响应(FIR)数字滤波器。前者的单位冲激响应包含无限个非零值,后者的单位冲激响应只包含有限个非零值。本章重点介绍 IIR 数字滤波器的设计。

IIR 数字滤波器的主要特点是:

(1) 单位冲激响应 $h(n)$ 是无限长的。

(2) 系统函数可表示为 z^{-1} 的有理分式,即

$$H(z) = \frac{\sum_{m=0}^{M} b_m z^{-m}}{1 - \sum_{k=1}^{N} a_k z^{-k}} \tag{7.5}$$

$H(z)$ 在有限 z 平面($0 < |z| < \infty$)上一定有极点。为了使系统是因果、稳定的,极点应全部位于 z 平面的单位圆内。一般满足 $M \leqslant N$,这类系统称为 N 阶系统;若 $M > N$,$H(z)$ 可看成是一个 N 阶 IIR 子系统与一个 $M-N$ 阶的 FIR 子系统的级联。后续讨论都假定 $M \leqslant N$。

(3) 系统的运算结构上既有正向支路,又有反馈支路,也就是包含递归结构。

IIR 数字滤波器的设计方法可以分为两类:

(1) 直接设计法。在时域或频域直接设计数字滤波器,通常要求迭代求解线性或非线性联立方程组,需要采用计算机辅助设计。

(2) 间接设计法。先根据数字滤波器的设计指标设计一个合适的模拟滤波器,然后变

换成满足预定指标的数字滤波器。由于模拟滤波器具有成熟的设计方法和很多现成的设计公式,并且设计参数已经表格化,因此数字滤波器的设计实现起来更为简单。

7.2 模拟滤波器的设计

7.2.1 引言

本章中重点讨论的内容是间接法设计 IIR 数字滤波器,即由模拟滤波器来设计数字滤波器的方法,因此首先介绍模拟滤波器的设计方法。

低通、高通、带通和带阻模拟滤波器的设计都归结为先设计一个归一化原型低通滤波器,然后通过模拟频带变换得到所需类型的模拟滤波器。所谓归一化低通原型,就是将低通滤波器通带边沿频率归一化为 1。

模拟低通滤波器的一般设计步骤如下:

(1) 确定滤波器的技术指标。

(2) 选择滤波器类型。

(3) 计算滤波器阶数。

(4) 通过查表或计算确定归一化低通滤波器的系统函数 $H_{aN}(s)$。

(5) 由 $H_{aN}(s)$ 求得所需的低通滤波器的系统函数 $H_a(s)$。

模拟滤波器的设计方法已经相当成熟,常用的模拟原型滤波器有巴特沃斯(Butterworth) 滤波器、切比雪夫Ⅰ型(Chebyshev I) 滤波器、切比雪夫Ⅱ型(ChebyshevⅡ) 滤波器、椭圆滤波器和贝塞尔(Bessel) 滤波器等。这几种滤波器都有严格的设计公式,有现成的曲线和图表供设计人员选用。这些典型的滤波器各有特点:巴特沃斯滤波器的幅频特性在通带和阻带内是单调的;切比雪夫 Ⅰ 型滤波器的幅频特性在通带内具有等波纹性,而在阻带内单调变化;切比雪夫 Ⅱ 型滤波器的幅频特性在通带内单调变化,而在阻带内具有等波纹性;椭圆滤波器的幅频特性在通带和阻带内都具有等波纹性;贝塞尔滤波器在通带内具有较好的线性相位特性。在实际设计中,可以根据具体要求选用不同类型的滤波器。

7.2.2 模拟巴特沃斯低通滤波器的设计

巴特沃斯滤波器又称最平幅频特性滤波器,其主要特点为:通带内具有最大平坦的幅频特性,且随着频率增大平滑单调下降;阶数越高,通带内幅频特性越平坦,过渡带和阻带内衰减越快;属于"全极点型"滤波器。

1. 巴特沃斯低通滤波器的幅度平方函数

巴特沃斯低通滤波器的幅度平方函数定义为

$$| H_a(j\Omega) |^2 = \frac{1}{1 + \left(\dfrac{\Omega}{\Omega_c}\right)^{2N}} \tag{7.6}$$

式中,N 为正整数,代表滤波器的阶数;Ω_c 为 3 dB 截止频率。

2. 巴特沃斯低通滤波器的幅频特性

由式(7.6)可得

$$| H_a(j\Omega) | = \frac{1}{\sqrt{1 + \left(\frac{\Omega}{\Omega_c}\right)^{2N}}} \tag{7.7}$$

图 7.4 所示为巴特沃斯滤波器幅频特性。当 $\Omega = 0$ 时，$| H_a(j0) | = 1$，无衰减；当 $\Omega = \Omega_c$ 时，$| H_a(j\Omega_c) | = \frac{1}{\sqrt{2}} = 0.707$，衰减为

$$20\lg \frac{| H_a(j0) |}{| H_a(j\Omega_c) |} = 3 \text{ dB}$$

也就是说，当 $\Omega = \Omega_c$ 时，不管阶数 N 为多少，衰减均为 3 dB。所有幅频特性曲线都在 $\Omega = \Omega_c$ 时交汇于 3 dB 衰减处，这就是 3 dB 不变性。

图 7.4　巴特沃斯滤波器幅频特性及其与阶数 N 的关系

3. 巴特沃斯低通滤波器的系统函数

如果将该巴特斯沃滤波器的单位冲激响应限制为实值函数，那么由傅里叶变换的共轭对称性质，就有

$$H_a^*(j\Omega) = H_a(-j\Omega) \tag{7.8}$$

因此

$$H_a(j\Omega) H_a(-j\Omega) = \frac{1}{1 + \left(\frac{\Omega}{\Omega_c}\right)^{2N}} \tag{7.9}$$

由于 $H_a(s) |_{s=j\Omega} = H_a(j\Omega)$，式(7.9)可得

$$H_a(s) H_a(-s) = \frac{1}{1 + \left(\frac{s}{j\Omega_c}\right)^{2N}} \tag{7.10}$$

$H_a(s) H_a(-s)$ 的极点为

$$s_k = (-1)^{\frac{1}{2N}} (j\Omega_c) = \Omega_c e^{j\left(\frac{1}{2} + \frac{2k-1}{2N}\right)\pi} \quad (k=1,2,\cdots,2N) \tag{7.11}$$

由式(7.11)可以得出 $H_a(s) H_a(-s)$ 的极点分布图，其主要特点如下：

(1) 在 s 平面内，$2N$ 个极点等间隔分布在半径为 Ω_c 的圆（巴特沃斯圆）上，相邻极点间的角度差为 π/N rad。

(2) 极点绝不会落在虚轴上,这样滤波器才有可能是稳定的。

(3) N 为奇数时,实轴上有极点;N 为偶数时,实轴上没有极点。

阶数 N 为 3 和 4 时,$H_a(s)H_a(-s)$ 的极点分布分别如图 7.5(a) 和图 7.5(b) 所示。

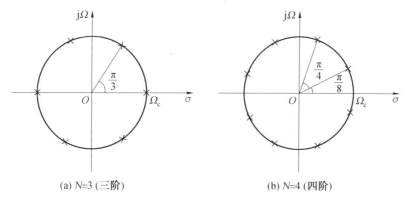

(a) N=3 (三阶)   (b) N=4 (四阶)

图 7.5 巴特沃斯滤波器 $H_a(s)H_a(-s)$ 在 s 平面的极点位置

$H_a(s)H_a(-s)$ 的极点总是成对出现的,即如果有一个极点在 $s=s_k$,那么也就有一个极点在 $s=-s_k$。因此,为了构成 $H_a(s)$ 的极点,可以从每对极点当中选取一个。若将系统限定为稳定和因果的,那么 $H_a(s)$ 的极点就应该选取 $H_a(s)H_a(-s)$ 在 s 平面的左半平面的极点,即

$$s_k = (-1)^{\frac{1}{2N}}(j\Omega_c) = \Omega_c e^{j\left(\frac{1}{2}+\frac{2k-1}{2N}\right)\pi} \quad (k=1,2,\cdots,N) \tag{7.12}$$

由此可以得出巴特沃斯低通滤波器的系统函数表达式为

$$H_a(s) = \frac{\Omega_c^N}{\prod\limits_{k=1}^{N}(s-s_k)} \tag{7.13}$$

其中分子系数为 Ω_c^N,可由 $H_a(0)=1$ 求得。

4. 巴特沃斯低通滤波器的设计

由式(7.12)和式(7.13)可知,巴特沃斯低通滤波器的系统函数完全由阶数 N 和 3 dB 截止频率 Ω_c 确定。巴特沃斯低通滤波器的设计也就是根据设计指标来确定 N 和 Ω_c,之后可以根据式(7.12)求出极点,再根据式(7.13)就可以得到巴特沃斯低通滤波器的系统函数。

实际设计时,通常采用更为简便的方法。在滤波器设计手册中,一般会以表格的形式给出各阶巴特沃斯归一化($\Omega_c=1$)低通滤波器的各种参数。因此,只要求得巴特沃斯低通滤波器的阶数 N,查表得到 N 阶巴特沃斯归一化原型低通滤波器的系统函数 $H_{aN}(s)$,最后经过频率变换即可得到所需系统的系统函数 $H_a(s)$。

(1) 确定设计指标。

模拟低通滤波器的设计指标一般由 Ω_p、α_p、Ω_{st} 和 α_s 这四个参数给出。Ω_p 为通带截止频率,α_p 为通带最大衰减(注意 Ω_p 不一定是 3 dB 截止频率,即 α_p 不一定等于 3 dB),Ω_{st} 为阻带截止频率,α_s 为阻带最小衰减。图 7.6 所示为巴特沃斯低通滤波器性能指标示意图。

进行设计时,要求巴特沃斯低通滤波器的系统函数 $H_a(j\Omega)$ 满足:

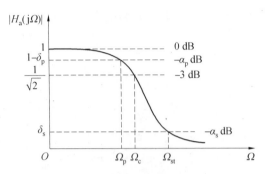

图 7.6　巴特沃斯低通滤波器性能指标示意图

① 当 $\Omega = \Omega_p$ 时，

$$20\lg \frac{\mid H_a(j\Omega) \mid_{\max}}{\mid H_a(j\Omega_p) \mid} = -20\lg \mid H_a(j\Omega_p) \mid \leqslant \alpha_p \tag{7.14}$$

② 当 $\Omega = \Omega_{st}$ 时，

$$20\lg \frac{\mid H_a(j\Omega) \mid_{\max}}{\mid H_a(j\Omega_{st}) \mid} = -20\lg \mid H_a(j\Omega_{st}) \mid \geqslant \alpha_s \tag{7.15}$$

这里假定 $\mid H_a(j\Omega) \mid_{\max} = 1$。

（2）求滤波器的阶数 N。

将式(7.7)代入式(7.14)、式(7.15)，可得

$$10\lg \left[1 + \left(\frac{\Omega_p}{\Omega_c} \right)^{2N} \right] \leqslant \alpha_p \tag{7.16}$$

$$10\lg \left[1 + \left(\frac{\Omega_{st}}{\Omega_c} \right)^{2N} \right] \geqslant \alpha_s \tag{7.17}$$

由此可得到

$$\left(\frac{\Omega_p}{\Omega_c} \right)^{2N} \leqslant 10^{\frac{\alpha_p}{10}} - 1 \tag{7.18}$$

$$\left(\frac{\Omega_{st}}{\Omega_c} \right)^{2N} \geqslant 10^{\frac{\alpha_s}{10}} - 1 \tag{7.19}$$

因此

$$\left(\frac{\Omega_{st}}{\Omega_p} \right)^{2N} \geqslant \frac{10^{\frac{\alpha_s}{10}} - 1}{10^{\frac{\alpha_p}{10}} - 1} \tag{7.20}$$

由此可得巴特沃斯低通滤波器的阶数 N 应满足

$$N \geqslant \lg \left[\frac{10^{\frac{\alpha_s}{10}} - 1}{10^{\frac{\alpha_p}{10}} - 1} \right] \bigg/ \left[2\lg \left(\frac{\Omega_{st}}{\Omega_p} \right) \right] \tag{7.21}$$

因此，不妨令

$$N = \left\lceil \lg \left[\frac{10^{\frac{\alpha_s}{10}} - 1}{10^{\frac{\alpha_p}{10}} - 1} \right] \bigg/ \left[2\lg \left(\frac{\Omega_{st}}{\Omega_p} \right) \right] \right\rceil \tag{7.22}$$

这里 $\lceil x \rceil$ 代表对 x 向上取整。

（3）求滤波器的 3 dB 截止频率 Ω_c。

由式(7.16)、式(7.17)可得巴特沃斯低通滤波器的 3 dB 截止频率 Ω_c 应满足

$$\Omega_c \geqslant \frac{\Omega_p}{\sqrt[2N]{10^{\alpha_p/10}-1}} = \Omega_{cp} \tag{7.23}$$

$$\Omega_c \leqslant \frac{\Omega_{st}}{\sqrt[2N]{10^{\alpha_s/10}-1}} = \Omega_{cs} \tag{7.24}$$

即

$$\Omega_{cp} \leqslant \Omega_c \leqslant \Omega_{cs} \tag{7.25}$$

若选取 $\Omega_c = \Omega_{cp}$，则通带衰减刚好满足设计要求的最低标准，阻带衰减可优于设计要求的最低标准；若选取 $\Omega_c = \Omega_{cs}$，则阻带衰减刚好满足设计要求的最低标准，通带衰减可优于设计要求的最低标准；若选取 $\Omega_c = (\Omega_{cp} + \Omega_{cs})/2$，则通带衰减和阻带衰减均可优于设计要求的最低标准。

（4）求归一化原型低通滤波器的系统函数 $H_{aN}(s)$。

表 7.1 和表 7.2 分别给出了巴特沃斯归一化低通滤波器系统函数分母多项式用系数和根表示的数据。根据滤波器的阶数 N，查表即可得到巴特沃斯归一化原型低通滤波器的系统函数 $H_{aN}(s)$。

$H_{aN}(s)$ 可表示为

$$H_{aN}(s) = \frac{d_0}{s^N + a_{N-1}s^{N-1} + \cdots + a_2 s^2 + a_1 s + 1} = \frac{d_0}{(s-s_1)(s-s_2)\cdots(s-s_N)} \tag{7.26}$$

式中，d_0 一般由 $\Omega=0$ 时 $|H_a(j0)|$ 的值来确定，通常 $d_0=1$。

表 7.1　巴特沃斯归一化低通滤波器分母多项式 $s^N + a_{N-1}s^{N-1} + \cdots + a_2 s^2 + a_1 s + 1(a_0 = a_N = 1)$ 的系数

N	a_1	a_2	a_3	a_4	a_5	a_6	a_7	a_8	a_9
1	1								
2	1.414 21								
3	2.000 00	2.000 00							
4	2.613 13	3.414 21	2.613 13						
5	3.236 07	5.236 07	5.236 07	3.236 07					
6	3.863 70	7.464 10	9.141 62	7.464 10	3.863 70				
7	4.493 96	10.097 83	14.591 79	14.591 79	10.097 83	4.493 96			
8	5.125 83	13.137 07	21.846 15	25.688 36	21.846 15	13.137 07	5.125 83		
9	5.758 77	16.581 72	31.163 44	41.986 39	41.986 39	31.163 44	16.581 72	5.758 77	
10	6.392 45	20.431 73	42.802 06	64.882 40	74.233 43	64.882 40	42.802 06	20.431 73	6.392 45

表 7.2 巴特沃斯归一化低通滤波器分母多项式的根

N	分母多项式的根
1	-1
2	$-0.707\,11 \pm \mathrm{j}0.707\,11$
3	$-1, -0.5 \pm \mathrm{j}0.866\,03$
4	$-0.382\,68 \pm \mathrm{j}0.923\,88, -0.923\,88 \pm \mathrm{j}0.382\,68$
5	$-1, -0.309\,02 \pm \mathrm{j}0.951\,06, -0.809\,02 \pm \mathrm{j}0.587\,79$
6	$-0.258\,82 \pm \mathrm{j}0.965\,93, -0.707\,11 \pm \mathrm{j}0.707\,11, -0.965\,93 \pm \mathrm{j}0.258\,82$
7	$-1, -0.222\,52 \pm \mathrm{j}0.974\,93, -0.623\,49 \pm \mathrm{j}0.781\,83, -0.900\,97 \pm \mathrm{j}0.433\,88$
8	$-0.195\,09 \pm \mathrm{j}0.980\,79, -0.555\,57 \pm \mathrm{j}0.831\,47, -0.831\,47 \pm \mathrm{j}0.555\,57, -0.980\,79 \pm \mathrm{j}0.195\,09$
9	$-1, -0.173\,65 \pm \mathrm{j}0.984\,81, -0.5 \pm \mathrm{j}0.866\,03, -0.766\,04 \pm \mathrm{j}0.642\,79, -0.939\,69 \pm \mathrm{j}0.342\,02$
10	$-0.156\,43 \pm \mathrm{j}0.987\,69, -0.453\,99 \pm \mathrm{j}0.891\,01, -0.707\,11 \pm \mathrm{j}0.707\,11, -0.891\,01 \pm \mathrm{j}0.453\,99,$ $-0.987\,69 \pm \mathrm{j}0.156\,43$

（5）求巴特沃斯低通滤波器的系统函数 $H_a(s)$。

假设归一化原型低通滤波器的系统函数为 $H_{aN}(s)$，要得到 3 dB 截止频率为 Ω_c 的一般低通滤波器的系统函数 $H_a(s)$，只需用 $\dfrac{s}{\Omega_c}$ 替换 $H_{aN}(s)$ 中的 s，即

$$H_a(s) = H_{aN}\left(\frac{s}{\Omega_c}\right) \tag{7.27}$$

例 7.1 设计模拟巴特沃斯低通滤波器，要求通带截止频率 $f_p = 1\,000$ Hz，通带最大衰减 $\alpha_p = 1$ dB，阻带截止频率 $f_{st} = 1\,500$ Hz，阻带最小衰减 $\alpha_s = 15$ dB。

解 （1）确定设计指标。

所要求的模拟低通滤波器的技术指标为

$\Omega_p = 2\pi f_p = 2\,000\pi$ rad/s， $\Omega_{st} = 2\pi f_{st} = 3\,000\pi$ rad/s， $\alpha_p = 1$ dB， $\alpha_s = 15$ dB

（2）求滤波器的阶数。

根据式（7.22），可求得该滤波器的阶数为

$$N = \left\lceil \lg\left(\frac{10^{\frac{\alpha_s}{10}} - 1}{10^{\frac{\alpha_p}{10}} - 1}\right) \middle/ \left\lceil 2\lg\left(\frac{\Omega_{st}}{\Omega_p}\right)\right\rceil \right\rceil = \lceil 5.885\,8 \rceil = 6$$

（3）求滤波器的 3 dB 截止频率。

根据式（7.25），可以选取 3 dB 截止频率 $\Omega_c = \Omega_{cp}$，由式（7.23）得

$$\Omega_c = \Omega_{cp} = \frac{\Omega_p}{\sqrt[2N]{10^{\alpha_p/10} - 1}} = 7.032\,1 \times 10^3$$

（4）求归一化原型低通滤波器的系统函数。

查表 7.1，可得归一化原型低通滤波器的系统函数为

$$H_{aN}(s) = \frac{1}{s^6 + 3.863\,7s^5 + 7.464\,1s^4 + 9.141\,6s^3 + 7.464\,1s^2 + 3.863\,7s + 1}$$

（5）求巴特沃斯低通滤波器的系统函数。

根据式(7.27)，所要求的模拟低通滤波器的系统函数为

$$H_a(s) = H_{aN}\left(\frac{s}{\Omega_c}\right)$$

$$= \frac{1}{\left(\frac{s}{\Omega_c}\right)^6 + 3.863\,7\left(\frac{s}{\Omega_c}\right)^5 + 7.464\,1\left(\frac{s}{\Omega_c}\right)^4 + 9.141\,6\left(\frac{s}{\Omega_c}\right)^3 + 7.464\,1\left(\frac{s}{\Omega_c}\right)^2 + 3.863\,7\left(\frac{s}{\Omega_c}\right) + 1}$$

整理得

$$H_a(s) = \frac{1.209 \times 10^{23}}{s^6 + 2.717 \times 10^4 s^5 + 3.691 \times 10^8 s^4 + 3.179 \times 10^{12} s^3 + 1.825 \times 10^{16} s^2 + 6.644 \times 10^{19} s + 1.209 \times 10^{23}}$$

若没有巴特沃斯归一化低通滤波器分母多项式表格，求出 N 和 Ω_c 之后，也可以根据式 (7.12)、式(7.13)来求解巴特沃斯低通滤波器的系统函数。

7.2.3　模拟切比雪夫低通滤波器的设计

巴特沃斯滤波器的幅频特性曲线无论在通带还是阻带中都是频率的单调函数。因此，当通带或阻带的边界处刚好满足设计指标要求时，在通带或阻带内肯定会有较大的富余量，因而并不经济。如果能将误差指标更加均匀地分布在整个通带或阻带内，则可有效降低滤波器的阶数。切比雪夫滤波器能够实现在通带内等波纹或在阻带内等波纹，即误差指标能较均匀地分布在整个通带内或整个阻带内。因此，对相同的幅频特性指标要求，切比雪夫滤波器的阶数通常比巴特沃斯滤波器的阶数更低。

切比雪夫滤波器有两种：幅频特性在通带中是等波纹的，在阻带中是单调的称为切比雪夫 Ⅰ 型滤波器；幅频特性在通带中是单调的，在阻带中是等波纹的称为切比雪夫 Ⅱ 型滤波器。图 7.7 和图 7.8 所示分别为切比雪夫 Ⅰ 型低通滤波器和切比雪夫 Ⅱ 型低通滤波器的幅频特性。

图 7.7　切比雪夫 Ⅰ 型低通滤波器的幅频特性

1. 切比雪夫 Ⅰ 型低通滤波器

（1）切比雪夫 Ⅰ 型低通滤波器的幅度平方函数。

切比雪夫 Ⅰ 型低通滤波器的幅度平方函数定义为

|(a) N 为奇数 (b) N 为偶数|
图 7.8 切比雪夫 Ⅱ 型低通滤波器的幅频特性

$$| H_a(j\Omega) |^2 = \frac{1}{1 + \varepsilon^2 C_N^2\left(\dfrac{\Omega}{\Omega_p}\right)} \tag{7.28}$$

式中，N 为正整数，代表滤波器的阶数，阶数 N 越高，幅频特性越接近矩形；Ω_p 为通带截止频率（不一定是 3 dB 衰减处的截止频率）；ε 为小于 1 的正数，代表通带波纹参数，ε 越大则通带内幅度波动的程度越大；$C_N(x)$ 为 N 阶切比雪夫多项式，其定义为

$$C_N(x) = \begin{cases} \cos(N \cdot \arccos x) & (| x | \leqslant 1(通带)) \\ \mathrm{ch}(N \cdot \mathrm{arcch}\, x) & (| x | > 1(阻带)) \end{cases} \tag{7.29}$$

$C_N(x)$ 可展开成 x 的多项式，见表 7.3。

表 7.3 切比雪夫多项式

N	$C_N(x)$
0	1
1	x
2	$2x^2 - 1$
3	$4x^3 - 3x$
4	$8x^4 - 8x^2 + 1$
5	$16x^5 - 20x^3 + 5x$
6	$32x^6 - 48x^4 + 18x^2 - 1$
7	$64x^7 - 112x^5 + 56x^3 - 7x$

当 $N \geqslant 1$ 时，切比雪夫多项式的递推公式为

$$C_{N+1}(x) = 2x C_N(x) - C_{N-1}(x) \tag{7.30}$$

图 7.9 所示为阶数 $N = 0, 1, \cdots, 5$ 的切比雪夫多项式 $C_N(x)$ 的曲线。可以看出，当 $| x | \leqslant 1$ 时，$C_N(x)$ 在 $| x | \leqslant 1$ 内具有等波纹特性，且 $| C_N(x) | \leqslant 1$；当 $| x | > 1$ 时，$| C_N(x) |$ 随 $| x |$ 的增大而增大。

（2）切比雪夫 Ⅰ 型低通滤波器的幅频特性。

切比雪夫 Ⅰ 型低通滤波器的幅频响应为

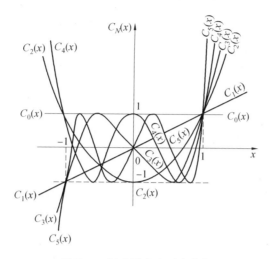

图 7.9　切比雪夫多项式曲线

$$| H_{\mathrm{a}}(\mathrm{j}\Omega) | = \frac{1}{\sqrt{1 + \varepsilon^2 C_N^2 \left(\dfrac{\Omega}{\Omega_{\mathrm{p}}} \right)}} \tag{7.31}$$

$| H_{\mathrm{a}}(\mathrm{j}\Omega) |$ 的主要特点如下:

① 当 $\Omega = 0$ 时,若 N 为奇数,则 $| H_{\mathrm{a}}(\mathrm{j}0) | = 1$;若 N 为偶数,则 $| H_{\mathrm{a}}(\mathrm{j}0) | = \dfrac{1}{\sqrt{1 + \varepsilon^2}}$。

② 在通带内,即当 $0 \leqslant \Omega \leqslant \Omega_{\mathrm{p}}$ 时,由于 $| \Omega/\Omega_{\mathrm{p}} | \leqslant 1$,因此 $| H_{\mathrm{a}}(\mathrm{j}\Omega) |$ 在 $1 \sim \dfrac{1}{\sqrt{1 + \varepsilon^2}}$ 之间等波纹地起伏,通带内起伏波纹的极值(包括极大值和极小值) 数等于滤波器的阶数 N。

③ 当 $\Omega = \Omega_{\mathrm{p}}$ 时,$| H_{\mathrm{a}}(\mathrm{j}\Omega_{\mathrm{p}}) | = \dfrac{1}{\sqrt{1 + \varepsilon^2}}$,即不管阶数 N 为多少,幅频响应曲线都在 $\Omega = \Omega_{\mathrm{p}}$ 处通过 $\dfrac{1}{\sqrt{1 + \varepsilon^2}}$ 点,因此把 Ω_{p} 定义为切比雪夫低通滤波器的通带截止频率,对应的通带最大衰减为

$$\alpha_{\mathrm{p}} = 20\lg \frac{| H_{\mathrm{a}}(\mathrm{j}\Omega) |_{\max}}{| H_{\mathrm{a}}(\mathrm{j}\Omega_{\mathrm{p}}) |} = -20\lg | H_{\mathrm{a}}(\mathrm{j}\Omega_{\mathrm{p}}) | = 10\lg(1 + \varepsilon^2) \tag{7.32}$$

④ 在过渡带及阻带内,即当 $\Omega > \Omega_{\mathrm{p}}$ 时,由于 $| \Omega/\Omega_{\mathrm{p}} | > 1$,因此随着 Ω 的增大,$| H_{\mathrm{a}}(\mathrm{j}\Omega) |$ 迅速单调地趋近于 0。

⑤ 当 $\Omega = \Omega_{\mathrm{st}}$ 时,即在阻带截止频率处,衰减为

$$\alpha_{\mathrm{s}} = 20\lg \frac{| H_{\mathrm{a}}(\mathrm{j}\Omega) |_{\max}}{| H_{\mathrm{a}}(\mathrm{j}\Omega_{\mathrm{st}}) |} = -20\lg | H_{\mathrm{a}}(\mathrm{j}\Omega_{\mathrm{st}}) | \tag{7.33}$$

α_{s} 为阻带最小衰减,当 $\Omega > \Omega_{\mathrm{st}}$ 时,即在阻带内,幅频响应衰减值大于 α_{s}。

(3) 切比雪夫 I 型低通滤波器的系统函数。

由于切比雪夫 I 型低通滤波器的单位冲激响应为实值函数,$H_{\mathrm{a}}^*(\mathrm{j}\Omega) = H_{\mathrm{a}}(-\mathrm{j}\Omega)$,因此有

$$H_a(\mathrm{j}\Omega)H_a(-\mathrm{j}\Omega) = \frac{1}{1+\varepsilon^2 C_N^2\left(\dfrac{\Omega}{\Omega_p}\right)} \tag{7.34}$$

由于 $H_a(s)\mid_{s=\mathrm{j}\Omega} = H_a(\mathrm{j}\Omega)$，由式(7.34)可得

$$H_a(s)H_a(-s) = \frac{1}{1+\varepsilon^2 C_N^2\left(\dfrac{s}{\mathrm{j}\Omega_p}\right)} \tag{7.35}$$

可以看出，$H_a(s)H_a(-s)$ 的全部零点都在 $s \to \infty$ 处，在 $0 < s < \infty$ 处有极点，因而切比雪夫 I 型低通滤波器也是"全极点型"滤波器。

令 $H_a(s)H_a(-s)$ 的分母多项式为 0，即

$$1+\varepsilon^2 C_N^2\left(\frac{s}{\mathrm{j}\Omega_p}\right) = 0$$

即

$$C_N\left(\frac{s}{\mathrm{j}\Omega_p}\right) = \pm\mathrm{j}\frac{1}{\varepsilon} \tag{7.36}$$

由式(7.36)可以得到 $H_a(s)H_a(-s)$ 的极点为

$$s_k = \sigma_k + \mathrm{j}\Omega_k = -\Omega_p a\sin\left(\frac{2k-1}{2N}\pi\right) + \mathrm{j}\Omega_p b\cos\left(\frac{2k-1}{2N}\pi\right) \quad (k=1,2,\cdots,2N) \tag{7.37}$$

式中

$$\sigma_k = -\Omega_p a\sin\left(\frac{2k-1}{2N}\pi\right) \quad (k=1,2,\cdots,2N) \tag{7.38}$$

$$\Omega_k = \Omega_p b\cos\left(\frac{2k-1}{2N}\pi\right) \quad (k=1,2,\cdots,2N) \tag{7.39}$$

$$a = \mathrm{sh}\left(\frac{1}{N}\mathrm{arcsh}\frac{1}{\varepsilon}\right) \tag{7.40}$$

$$b = \mathrm{ch}\left(\frac{1}{N}\mathrm{arcsh}\frac{1}{\varepsilon}\right) \tag{7.41}$$

由式(7.38)和式(7.39)可得

$$\frac{\sigma_k^2}{a^2\Omega_p^2} + \frac{\Omega_k^2}{b^2\Omega_p^2} = 1 \tag{7.42}$$

可以看出，这是一个椭圆方程，长轴在 s 平面的虚轴上，长为 $b\Omega_p$，短轴在 s 平面的实轴上，长为 $a\Omega_p$。也就是说切比雪夫 I 型低通滤波器的所有极点分布在一个椭圆上。

为了使系统为稳定和因果的，选取 $H_a(s)H_a(-s)$ 在 s 平面的左半平面的极点作为 $H_a(s)$ 的极点，即

$$s_k = \sigma_k + \mathrm{j}\Omega_k = -\Omega_p a\sin\left(\frac{2k-1}{2N}\pi\right) + \mathrm{j}\Omega_p b\cos\left(\frac{2k-1}{2N}\pi\right) \quad (k=1,2,\cdots,N) \tag{7.43}$$

可以求得切比雪夫 I 型低通滤波器的系统函数为

$$H_a(s) = \frac{1}{\sqrt{1+\varepsilon^2 C_N^2(s/\mathrm{j}\Omega_p)}} = \frac{\dfrac{\Omega_p^N}{\varepsilon 2^{N-1}}}{\displaystyle\prod_{k=1}^{N}(s-s_k)} \tag{7.44}$$

(4) 切比雪夫 I 型低通滤波器的设计。

由式(7.40)、式(7.41)、式(7.43)和式(7.44)可知，切比雪夫 I 型低通滤波器的系统

函数可由阶数 N、通带波纹参数 ε 和通带截止频率 Ω_{p} 这三个参数确定。进行设计时,同巴特沃斯低通滤波器的设计过程类似,首先根据设计指标来确定阶数 N 和通带波纹参数 ε,之后可利用式(7.40)、式(7.41)、式(7.43)和式(7.44)得到系统函数 $H_{\mathrm{a}}(s)$。也可以采用一种更为简便的方式:确定 N 和 ε 之后,通过查表得到切比雪夫Ⅰ型归一化($\Omega_{\mathrm{p}} = 1$)原型低通滤波器的系统函数 $H_{\mathrm{aN}}(s)$,最后经过频率变换即可得到所需滤波器的系统函数 $H_{\mathrm{a}}(s)$。

① 确定设计指标。设计指标一般由通带截止频率 Ω_{p}、通带最大衰减 α_{p}、阻带截止频率 Ω_{st} 和阻带最小衰减 α_{s} 这四个参数给出。

② 求通带波纹参数 ε。由式(7.32)可以求得通带波纹参数 ε 为

$$\varepsilon = \sqrt{10^{\alpha_{\mathrm{p}}/10} - 1} \tag{7.45}$$

③ 求滤波器的阶数 N。滤波器的阶数 N 可由阻带截止频率 Ω_{st} 和阻带最小衰减 α_{s} 确定。当 $\Omega = \Omega_{\mathrm{st}}$ 时,要求切比雪夫Ⅰ型低通滤波器的系统函数 $H_{\mathrm{a}}(\mathrm{j}\Omega)$ 满足式(7.15),整理可得

$$|H_{\mathrm{a}}(\mathrm{j}\Omega_{\mathrm{st}})|^2 \leqslant 10^{-\alpha_{\mathrm{s}}/10} \tag{7.46}$$

将式(7.28)代入式(7.46),可得

$$\frac{1}{1 + \varepsilon^2 C_N^2\left(\dfrac{\Omega_{\mathrm{st}}}{\Omega_{\mathrm{p}}}\right)} \leqslant 10^{-\alpha_{\mathrm{s}}/10} \tag{7.47}$$

由此得出

$$C_N\left(\frac{\Omega_{\mathrm{st}}}{\Omega_{\mathrm{p}}}\right) \geqslant \frac{1}{\varepsilon}\sqrt{10^{\alpha_{\mathrm{s}}/10} - 1} \tag{7.48}$$

由于 $\Omega_{\mathrm{st}}/\Omega_{\mathrm{p}} > 1$,因此由式(7.29)可得

$$C_N\left(\frac{\Omega_{\mathrm{st}}}{\Omega_{\mathrm{p}}}\right) = \mathrm{ch}\left(N \cdot \mathrm{arcch}\frac{\Omega_{\mathrm{st}}}{\Omega_{\mathrm{p}}}\right) \geqslant \frac{1}{\varepsilon}\sqrt{10^{\alpha_{\mathrm{s}}/10} - 1} \tag{7.49}$$

因此有

$$N \geqslant \frac{\mathrm{arcch}(\sqrt{10^{\alpha_{\mathrm{s}}/10} - 1}/\varepsilon)}{\mathrm{arcch}(\Omega_{\mathrm{st}}/\Omega_{\mathrm{p}})} \tag{7.50}$$

所以,不妨令

$$N = \left\lceil \frac{\mathrm{arcch}(\sqrt{10^{\alpha_{\mathrm{s}}/10} - 1}/\varepsilon)}{\mathrm{arcch}(\Omega_{\mathrm{st}}/\Omega_{\mathrm{p}})} \right\rceil \tag{7.51}$$

④ 求归一化原型低通滤波器的系统函数 $H_{\mathrm{aN}}(s)$。表7.4和表7.5分别给出了切比雪夫低通滤波器系统函数分母多项式用系数和根表示的数据。根据滤波器的阶数 N 和通带波纹参数 ε(或通带最大衰减 α_{p}),查表即可得到切比雪夫Ⅰ型归一化原型低通滤波器的系统函数 $H_{\mathrm{aN}}(s)$。

$H_{\mathrm{aN}}(s)$ 可表示为

$$H_{\mathrm{aN}}(s) = \frac{d_0}{s^N + a_{N-1}s^{N-1} + \cdots + a_2 s^2 + a_1 s + 1} = \frac{d_0}{(s - s_1)(s - s_2)\cdots(s - s_N)} \tag{7.52}$$

式中

$$d_0 = \frac{1}{\varepsilon 2^{N-1}} \tag{7.53}$$

⑤ 求切比雪夫Ⅰ型低通滤波器的系统函数 $H_{\mathrm{a}}(s)$。假设归一化原型低通滤波器的系

统函数为 $H_{aN}(s)$，要得到通带截止频率为 Ω_p 的一般低通滤波器的系统函数 $H_a(s)$，只需用 $\dfrac{s}{\Omega_p}$ 替换 $H_{aN}(s)$ 中的 s，即

$$H_a(s) = H_{aN}\left(\frac{s}{\Omega_p}\right) \tag{7.54}$$

表 7.4　切比雪夫归一化低通滤波器分母多项式 $s^N + a_{N-1}s^{N-1} + \cdots + a_2 s^2 + a_1 s + a_0 \ (a_N = 1)$ 的系数

N	a_0	a_1	a_2	a_3	a_4	a_5	a_6	a_7	a_8	a_9
a. 1/2 dB 波纹($\varepsilon = 0.349\,31, \varepsilon^2 = 0.122\,02$)										
1	2.862 78									
2	1.516 20	1.425 62								
3	0.715 69	1.534 90	1.252 91							
4	0.379 05	1.025 46	1.716 87	1.197 39						
5	0.178 92	0.752 52	1.309 57	1.937 37	1.172 49					
6	0.094 76	0.432 37	1.171 86	1.589 76	2.171 84	1.159 18				
7	0.044 73	0.282 07	0.755 65	1.647 90	1.869 41	2.412 65	1.151 22			
8	0.023 69	0.152 54	0.573 56	1.148 59	2.184 02	2.149 22	2.656 75	1.146 08		
9	0.011 18	0.094 12	0.340 82	0.983 62	1.611 39	2.781 50	2.429 33	2.902 73	1.142 57	
10	0.005 92	0.049 29	0.237 27	0.626 97	1.527 43	2.144 24	3.440 93	2.709 74	3.149 88	1.140 07
b. 1 dB 波纹($\varepsilon = 0.508\,85, \varepsilon^2 = 0.258\,93$)										
1	1.965 23									
2	1.102 51	1.097 73								
3	0.491 31	1.238 41	0.988 34							
4	0.275 63	0.742 62	1.453 92	0.952 81						
5	0.122 83	0.580 53	0.974 40	1.688 82	0.936 82					
6	0.068 91	0.307 08	0.939 35	1.202 14	1.930 83	0.928 25				
7	0.030 71	0.213 67	0.548 62	1.357 54	1.428 79	2.176 08	0.923 12			
8	0.017 23	0.107 34	0.447 83	0.846 82	1.836 90	1.655 16	2.423 03	0.919 81		
9	0.007 68	0.070 60	0.244 19	0.786 31	1.201 61	2.378 12	1.881 48	2.670 95	0.917 55	
10	0.004 31	0.034 50	0.182 45	0.455 39	1.244 49	1.612 99	2.981 51	2.107 85	2.919 47	0.915 93
c. 2 dB 波纹($\varepsilon = 0.764\,78, \varepsilon^2 = 0.584\,89$)										
1	1.307 56									
2	0.823 06	0.803 82								
3	0.326 89	1.022 19	0.737 82							
	0.205 77	0.516 80	1.256 48	0.716 22						
5	0.081 72	0.459 35	0.693 48	1.499 54	0.706 46					
6	0.051 44	0.210 27	0.771 46	0.867 01	1.745 86	0.701 23				
7	0.020 42	0.166 09	0.382 51	1.144 44	1.039 22	1.993 53	0.697 89			
8	0.012 86	0.072 94	0.358 70	0.598 22	1.579 58	1.211 71	2.242 25	0.696 06		
9	0.005 11	0.054 38	0.168 45	0.644 47	0.856 86	2.076 75	1.383 75	2.491 29	0.694 68	
10	0.003 22	0.023 33	0.144 01	0.317 76	1.038 91	1.158 25	2.636 25	1.555 74	2.740 60	0.693 69

续表7.4

d. 3 dB 波纹（$\varepsilon = 0.997\ 63, \varepsilon^2 = 0.995\ 26$）

1	1.002 38									
2	0.707 95	0.644 90								
3	0.250 59	0.928 35	0.597 24							
4	0.176 99	0.404 77	1.169 12	0.581 58						
5	0.062 64	0.407 94	0.548 86	1.414 98	0.574 43					
6	0.044 25	0.163 43	0.699 10	0.690 61	1.662 85	0.570 70				
7	0.015 66	0.146 15	0.300 02	1.051 84	0.831 44	1.911 55	0.568 42			
8	0.011 06	0.056 48	0.320 76	0.471 90	1.466 70	0.971 95	2.160 71	0.566 95		
9	0.003 92	0.047 59	0.131 39	0.583 50	0.678 91	1.943 84	1.112 29	2.410 13	0.565 92	
10	0.002 77	0.018 03	0.127 76	0.249 20	0.949 92	0.921 07	2.483 42	1.252 65	2.659 74	0.565 22

表 7.5　切比雪夫归一化低通滤波器分母多项式的根

N	分母多项式的根
	a. 1/2 dB 波纹（$\varepsilon = 0.349\ 31, \varepsilon^2 = 0.122\ 02$）
1	$-2.862\ 78$
2	$-0.712\ 81 \pm j1.004\ 04$
3	$-0.626\ 46, -0.313\ 23 \pm j1.021\ 93$
4	$-0.175\ 35 \pm j1.016\ 25, -0.423\ 34 \pm j0.420\ 95$
5	$-0.362\ 32, -0.111\ 96 \pm j1.011\ 56, -0.293\ 12 \pm j0.625\ 18$
6	$-0.077\ 65 \pm j1.008\ 46, -0.212\ 14 \pm j0.738\ 24, -0.289\ 79 \pm j0.270\ 22$
7	$-0.256\ 17, -0.057\ 00 \pm j1.006\ 41, -0.159\ 72 \pm j0.807\ 08, -0.230\ 80 \pm j0.447\ 89$
8	$-0.043\ 62 \pm j1.005\ 00, -0.124\ 22 \pm j0.852\ 00, -0.185\ 91 \pm j0.569\ 29, -0.219\ 29 \pm j0.199\ 91$
9	$-0.198\ 41, -0.034\ 45 \pm j1.004\ 00, -0.099\ 20 \pm j0.882\ 91, -0.151\ 99 \pm j0.655\ 32, -0.186\ 44 \pm j0.348\ 69$
10	$-0.027\ 90 \pm j1.003\ 27, -0.080\ 97 \pm j0.905\ 07, -0.126\ 11 \pm j0.718\ 26, -0.158\ 91 \pm j0.461\ 15, -0.176\ 15 \pm j0.158\ 90$
	b. 1 dB 波纹（$\varepsilon = 0.508\ 85, \varepsilon^2 = 0.258\ 93$）
1	$-1.965\ 23$
2	$-0.548\ 87 \pm j0.895\ 13$
3	$-0.494\ 17, -0.247\ 09 \pm j0.966\ 00$
4	$-0.139\ 54 \pm j0.983\ 38, -0.336\ 87 \pm j0.407\ 33$
5	$-0.289\ 49, -0.089\ 46 \pm j0.990\ 11, -0.234\ 21 \pm j0.611\ 92$
6	$-0.062\ 18 \pm j0.993\ 41, -0.169\ 88 \pm j0.727\ 23, -0.232\ 06 \pm j0.266\ 18$
7	$-0.205\ 41, -0.045\ 71 \pm j0.995\ 28, -0.128\ 07 \pm j0.798\ 16, -0.185\ 07 \pm j0.442\ 94$

续表7.5

N	分母多项式的根
8	$-0.035\ 01\pm j0.996\ 45$，$-0.099\ 70\pm j0.844\ 75$，$-0.149\ 20\pm j0.564\ 44$，$-0.176\ 00\pm j0.198\ 21$
9	$-0.159\ 33$，$-0.027\ 67\pm j0.997\ 23$，$-0.079\ 67\pm j0.876\ 95$，$-0.122\ 05\pm j0.650\ 90$，$-0.149\ 72\pm j0.346\ 33$
10	$-0.022\ 41\pm j0.997\ 78$，$-0.065\ 05\pm j0.900\ 11$，$-0.101\ 32\pm j0.714\ 33$，$-0.127\ 67\pm j0.458\ 63$，$-0.141\ 52\pm j0.158\ 03$

c. 2 dB波纹（$\varepsilon=0.764\ 78$，$\varepsilon^2=0.584\ 89$）

N	分母多项式的根
1	$-1.307\ 56$
2	$-0.401\ 91\pm j0.813\ 35$
3	$-0.368\ 91$，$-0.184\ 46\pm j0.923\ 08$
4	$-0.104\ 89\pm j0.957\ 95$，$-0.253\ 22\pm j0.396\ 80$
5	$-0.218\ 31$，$-0.067\ 46\pm j0.973\ 46$，$-0.176\ 62\pm j0.601\ 63$
6	$-0.046\ 97\pm j0.981\ 71$，$-0.128\ 33\pm j0.718\ 66$，$-0.175\ 31\pm j0.263\ 05$
7	$-0.155\ 30$，$-0.034\ 56\pm j0.986\ 61$，$-0.096\ 83\pm j0.791\ 20$，$-0.139\ 92\pm j0.439\ 08$
8	$-0.026\ 49\pm j0.989\ 79$，$-0.075\ 44\pm j0.839\ 10$，$-0.112\ 91\pm j0.560\ 67$，$-0.133\ 19\pm j0.196\ 88$
9	$-0.120\ 63$，$-0.020\ 95\pm j0.991\ 95$，$-0.060\ 31\pm j0.872\ 30$，$-0.092\ 41\pm j0.647\ 45$，$-0.113\ 35\pm j0.344\ 50$
10	$-0.016\ 98\pm j0.993\ 49$，$-0.049\ 27\pm j0.896\ 24$，$-0.076\ 73\pm j0.711\ 26$，$-0.096\ 69\pm j0.456\ 66$，$-0.107\ 18\pm j0.157\ 35$

d. 3 dB波纹（$\varepsilon=0.997\ 63$，$\varepsilon^2=0.995\ 26$）

N	分母多项式的根
1	$-1.002\ 38$
2	$-0.322\ 45\pm j0.777\ 16$
3	$-0.298\ 62$，$-0.149\ 31\pm j0.903\ 81$
4	$-0.085\ 17\pm j0.946\ 48$，$-0.205\ 62\pm j0.392\ 05$
5	$-0.177\ 51$，$-0.054\ 85\pm j0.965\ 92$，$-0.143\ 61\pm j0.596\ 97$
6	$-0.038\ 23\pm j0.976\ 41$，$-0.104\ 45\pm j0.714\ 78$，$-0.142\ 67\pm j0.261\ 63$
7	$-0.126\ 49$，$-0.028\ 15\pm j0.982\ 70$，$-0.078\ 86\pm j0.788\ 06$，$-0.113\ 96\pm j0.437\ 34$
8	$-0.021\ 58\pm j0.986\ 77$，$-0.061\ 45\pm j0.836\ 54$，$-0.091\ 97\pm j0.558\ 96$，$-0.108\ 48\pm j0.196\ 28$
9	$-0.098\ 27$，$-0.017\ 06\pm j0.989\ 55$，$-0.049\ 14\pm j0.870\ 20$，$-0.075\ 28\pm j0.645\ 88$，$-0.092\ 35\pm j0.343\ 67$
10	$-0.013\ 83\pm j0.991\ 54$，$-0.040\ 14\pm j0.894\ 48$，$-0.062\ 52\pm j0.709\ 87$，$-0.078\ 78\pm j0.455\ 76$，$-0.087\ 33\pm j0.157\ 04$

例7.2 设计模拟切比雪夫 I 型低通滤波器,要求通带截止频率 $f_p=1\ 000$ Hz,通带最大衰减 $\alpha_p=1$ dB,阻带截止频率 $f_{st}=1\ 500$ Hz,阻带最小衰减 $\alpha_s=15$ dB。

解 (1)确定设计指标。

所要求的模拟低通滤波器的技术指标为

$$\Omega_p = 2\pi f_p = 2\ 000\pi\ \text{rad/s}, \quad \Omega_{st} = 2\pi f_{st} = 3\ 000\pi\ \text{rad/s}, \quad \alpha_p = 1\ \text{dB}, \quad \alpha_s = 15\ \text{dB}$$

(2) 求通带波纹参数。

根据式(7.45),通带波纹参数为

$$\varepsilon = \sqrt{10^{\alpha_p/10} - 1} = \sqrt{10^{1/10} - 1} = 0.508\ 8$$

(3) 求滤波器的阶数。

根据式(7.51),滤波器的阶数为

$$N = \left\lceil \frac{\text{arcch}(\sqrt{10^{\alpha_s/10} - 1}/\varepsilon)}{\text{arcch}(\Omega_{st}/\Omega_p)} \right\rceil = \lceil 3.197\ 7 \rceil = 4$$

(4) 求归一化原型低通滤波器的系统函数。

查表7.4,可得归一化原型低通滤波器的系统函数为

$$H_{aN}(s) = \frac{d_0}{s^4 + 0.952\ 8s^3 + 1.453\ 9s^2 + 0.742\ 6s + 0.275\ 6}$$

式中

$$d_0 = \frac{1}{\varepsilon 2^{N-1}} = 0.245\ 7$$

(5) 求切比雪夫 I 型低通滤波器的系统函数。

根据式(7.54),所要求的模拟低通滤波器的系统函数为

$$H_a(s) = H_{aN}\left(\frac{s}{\Omega_p}\right)$$

$$= \frac{0.245\ 7}{\left(\dfrac{s}{\Omega_p}\right)^4 + 0.952\ 8\left(\dfrac{s}{\Omega_p}\right)^3 + 1.453\ 9\left(\dfrac{s}{\Omega_p}\right)^2 + 0.742\ 6\left(\dfrac{s}{\Omega_p}\right)s + 0.275\ 6}$$

整理得

$$H_a(s) = \frac{3.829 \times 10^{14}}{s^4 + 5.987 \times 10^3 s^3 + 5.740 \times 10^7 s^2 + 1.842 \times 10^{11} s + 4.296 \times 10^{14}}$$

若没有切比雪夫归一化低通滤波器分母多项式表格,求出 ε 和 N 之后,也可以根据式(7.40)、式(7.41)、式(7.43) 和式(7.44)来求解滤波器的系统函数。

2. 切比雪夫 II 型低通滤波器

这里对切比雪夫 II 型低通滤波器仅做简要介绍。

(1) 切比雪夫 II 型低通滤波器的幅度平方函数。

切比雪夫 II 型低通滤波器的幅度平方函数定义为

$$|H_a(j\Omega)|^2 = \frac{\varepsilon^2 C_N^2(\Omega_{st}/\Omega)}{1 + \varepsilon^2 C_N^2(\Omega_{st}/\Omega)} \tag{7.55}$$

(2) 切比雪夫 II 型低通滤波器的幅频特性。

切比雪夫 II 型低通滤波器的幅频响应为

$$|H_a(j\Omega)| = \frac{\varepsilon|C_N(\Omega_{st}/\Omega)|}{\sqrt{1 + \varepsilon^2 C_N^2(\Omega_{st}/\Omega)}} \tag{7.56}$$

$|H_a(j\Omega)|$ 的主要特点如下:

① 当 $\Omega=0$ 时，$|H_a(\mathrm{j}0)|=1$，即其直流增益为 1。

② 在通带及过渡带内，即当 $0\leqslant\Omega\leqslant\Omega_{st}$ 时，幅频响应单调下降。

③ 当 $\Omega=\Omega_p$ 时

$$|H_a(\mathrm{j}\Omega_p)|=\frac{\varepsilon C_N(\Omega_{st}/\Omega_p)}{\sqrt{1+\varepsilon^2 C_N^2(\Omega_{st}/\Omega_p)}} \tag{7.57}$$

因此，通带最大衰减为

$$\alpha_p=-20\lg\frac{\varepsilon C_N(\Omega_{st}/\Omega_p)}{\sqrt{1+\varepsilon^2 C_N^2(\Omega_{st}/\Omega_p)}} \tag{7.58}$$

④ 在阻带内，即当 $\Omega>\Omega_{st}$ 时，幅频响应是等波纹变化的。

⑤ 当 $\Omega=\Omega_{st}$ 时，即在阻带截止频率处，

$$|H_a(\mathrm{j}\Omega_{st})|=\frac{\varepsilon C_N(\Omega_{st}/\Omega_{st})}{\sqrt{1+\varepsilon^2 C_N^2(\Omega_{st}/\Omega_{st})}}=\frac{\varepsilon}{\sqrt{1+\varepsilon^2}} \tag{7.59}$$

因此，阻带最小衰减为

$$\alpha_s=-20\lg\frac{\varepsilon}{\sqrt{1+\varepsilon^2}} \tag{7.60}$$

（3）切比雪夫 Ⅱ 型低通滤波器的系统函数。

切比雪夫 Ⅱ 型低通滤波器的系统函数为

$$H_a(s)=\frac{\varepsilon C_N(\mathrm{j}\Omega_{st}/s)}{\sqrt{1+\varepsilon^2 C_N^2(\mathrm{j}\Omega_{st}/s)}} \tag{7.61}$$

切比雪夫 Ⅱ 型低通滤波器在 s 平面既有极点又有零点。

7.2.4 模拟频率变换及模拟高通、带通、带阻滤波器的设计

目前，模拟低通、高通、带通和带阻滤波器的设计方法都是先设计出归一化（通带截止频率或阻带截止频率为 1）低通滤波器，之后通过模拟频率变换将归一化低通滤波器的系统函数转换成所要求的滤波器的系统函数。

假设归一化模拟低通滤波器的系统函数为 $H_{aN}(\bar{s})$，频率响应为 $H_{aN}(\mathrm{j}\bar{\Omega})$，变换后的模拟低通、高通、带通或带阻滤波器的系统函数为 $H_a(s)$，频率响应为 $H_a(\mathrm{j}\Omega)$。从 $\bar{s}$ 到 s 的变换函数及从 $\bar{\Omega}$ 到 Ω 的变换函数为

$$\bar{s}=G(s),\quad \mathrm{j}\bar{\Omega}=G(\mathrm{j}\Omega) \tag{7.62}$$

对变换的要求主要包括以下两点：

（1）$G(s)$ 为有理函数，这样才能使有理函数 $H_{aN}(\bar{s})$ 变换为 $H_a(s)$ 后仍然为有理函数。

（2）$\bar{s}$ 平面的虚轴、左半平面和右半平面分别映射成 s 平面的虚轴、左半平面和右半平面，这样才能使稳定的滤波器变换后仍然是稳定的。

通过对比各种类型模拟滤波器与归一化模拟低通滤波器的幅频特性，得出各主要频点的对应关系，就可以推导出频率变换关系。在这里对低通到低通、低通到高通及低通到带通的变换，采用通带截止频率对应的方式，对低通到带阻的变换采用阻带截止频率对应的方式。由于具体的推导过程比较复杂，因此这里只给出结论。

1. 归一化模拟低通滤波器到一般模拟低通滤波器的频率变换

从通带截止频率为 1 的归一化模拟低通滤波器转换成通带截止频率为 Ω_p 的一般模拟

低通滤波器,其变换关系式为

$$\bar{s} = \frac{s}{\Omega_p}, \quad \bar{\Omega} = \frac{\Omega}{\Omega_p} \tag{7.63}$$

主要频点对应关系为:$\bar{\Omega} = 0 \to \Omega = 0$;$\bar{\Omega} = \pm\infty \to \Omega = \pm\infty$;$\bar{\Omega} = \pm 1 \to \Omega = \pm\Omega_p$。

2. 归一化模拟低通滤波器到模拟高通滤波器的频率变换

从通带截止频率为 1 的归一化模拟低通滤波器转换成通带截止频率为 Ω_p 的模拟高通滤波器,其变换关系式为

$$\bar{s} = \frac{\Omega_p}{s}, \quad \bar{\Omega} = -\frac{\Omega_p}{\Omega} \tag{7.64}$$

主要频点对应关系为:$\bar{\Omega} = 0 \to \Omega = \pm\infty$;$\bar{\Omega} = \pm\infty \to \Omega = 0$;$\bar{\Omega} = \pm 1 \to \Omega = \mp\Omega_p$。

3. 归一化模拟低通滤波器到模拟带通滤波器的频率变换

从通带截止频率为 1 的归一化模拟低通滤波器转换成通带上截止频率和通带下截止频率分别为 Ω_{ph} 和 Ω_{pl} 的模拟带通滤波器,其变换关系式为

$$\bar{s} = \frac{s^2 + \Omega_{p0}^2}{B_p \times s}, \quad \bar{\Omega} = \frac{\Omega^2 - \Omega_{p0}^2}{B_p \times \Omega} \tag{7.65}$$

式中,$\Omega_{p0} = \sqrt{\Omega_{pl}\Omega_{ph}}$ 为通带几何中心频率;$B_p = \Omega_{ph} - \Omega_{pl}$ 为通带带宽。

主要频点对应关系为:$\bar{\Omega} = 0 \to \Omega = \pm\Omega_{p0}$;$\bar{\Omega} = +\infty \to \Omega = +\infty, 0^-$;$\bar{\Omega} = -\infty \to \Omega = -\infty, 0^+$;$\bar{\Omega} = 1 \to \Omega = \Omega_{ph}, -\Omega_{pl}$;$\bar{\Omega} = -1 \to \Omega = \Omega_{pl}, -\Omega_{ph}$。

需要注意,这里通带截止频率不一定是 3 dB 衰减处的截止频率。对于巴特沃斯滤波器,若通带最大衰减 $\alpha_p \neq 3$ dB,则需要先将 3 dB 截止频率为 1 的低通滤波器变换为通带截止频率为 1 的低通滤波器,之后再利用式(7.63)、式(7.64)或式(7.65)变换为所要求的模拟低通、高通或带通滤波器。

4. 归一化模拟低通滤波器到模拟带阻滤波器的频率变换

对于低通到带阻的变换,若采用通带截止频率对应的方式,将会导致 $\bar{\Omega} = \pm\infty \to \Omega = \pm\Omega_{p0}$($\Omega_{p0}$ 为通带几何中心频率)的频率对应关系,而 Ω_{p0} 在某些情况下有可能落在(Ω_{stl},Ω_{sth})频率范围之外,也就是幅频响应的极小值点有可能落在过渡带之内。因此,这里采用阻带截止频率对应的方式,上述频率对应关系变为 $\bar{\Omega} = \pm\infty \to \Omega = \pm\Omega_{st0}$($\Omega_{st0}$ 为阻带几何中心频率),而 Ω_{st0} 必定落在(Ω_{stl},Ω_{sth})频率范围之内,也就保证了幅频响应的极小值点一定会落在阻带之内。

从阻带截止频率为 1 的归一化模拟低通滤波器转换成阻带上截止频率和阻带下截止频率分别为 Ω_{sth} 和 Ω_{stl} 的模拟带阻滤波器,其变换关系式为

$$\bar{s} = \frac{B_s \times s}{s^2 + \Omega_{st0}^2}, \quad \bar{\Omega} = \frac{B_s \times \Omega}{-\Omega^2 + \Omega_{st0}^2} \tag{7.66}$$

式中,$\Omega_{st0} = \sqrt{\Omega_{stl}\Omega_{sth}}$ 为阻带几何中心频率;$B_s = \Omega_{sth} - \Omega_{stl}$ 为阻带带宽。

主要频点对应关系为:$\bar{\Omega} = 0 \to \Omega = 0, \pm\infty$;$\bar{\Omega} = \pm\infty \to \Omega = \pm\Omega_{st0}$;$\bar{\Omega} = 1 \to \Omega = \Omega_{stl}, -\Omega_{sth}$;$\bar{\Omega} = -1 \to \Omega = \Omega_{sth}, -\Omega_{stl}$。

利用式(7.66)进行变换时,需要先将通带截止频率或 3 dB 截止频率为 1 的低通滤波器变换为阻带截止频率为 1 的低通滤波器,之后再按照式(7.66)变换为所要求的带阻滤波器。

由式(7.63)~(7.66)可以看出,将归一化模拟低通滤波器变换为一般模拟低通滤波器或模拟高通滤波器后,所得滤波器的阶数与原低通滤波器阶数相同;而将归一化模拟低通滤波器变换为模拟带通滤波器或模拟带阻滤波器后,所得滤波器的阶数为原低通滤波器阶数的两倍。

模拟低通滤波器的设计方法前面已经介绍,下面举例说明模拟高通、带通以及带阻滤波器的设计方法。

例 7.3 设计模拟切比雪夫 Ⅰ 型高通滤波器,要求通带截止频率 $f_p = 100$ Hz,通带最大衰减 $\alpha_p = 2$ dB,阻带截止频率 $f_{st} = 50$ Hz,阻带最小衰减 $\alpha_s = 20$ dB。

解 (1)确定设计指标。

所要求的模拟高通滤波器的技术指标为

$$\Omega_p = 2\pi f_p = 200\pi \text{ rad/s}, \quad \Omega_{st} = 2\pi f_{st} = 100\pi \text{ rad/s}, \quad \alpha_p = 2 \text{ dB}, \quad \alpha_s = 20 \text{ dB}$$

(2)求归一化低通滤波器的系统函数。

根据式(7.64),通带截止频率 $\overline{\Omega}_p = 1$ 的归一化模拟低通滤波器的阻带截止频率为

$$\overline{\Omega}_{st} = \left| -\frac{\Omega_p}{\Omega_{st}} \right| = 2$$

根据式(7.45),可求得通带波纹参数为

$$\varepsilon = \sqrt{10^{\alpha_p/10} - 1} = \sqrt{10^{2/10} - 1} = 0.764\ 8$$

根据式(7.51),可得归一化模拟低通滤波器的阶数为

$$N = \left\lceil \frac{\text{arcch}(\sqrt{10^{\alpha_s/10} - 1}/\varepsilon)}{\text{arcch}(\overline{\Omega}_{st}/\overline{\Omega}_p)} \right\rceil = 3$$

查表 7.4,可得该归一化模拟低通滤波器的系统函数为

$$H_{aN}(\overline{s}) = \frac{d_0}{\overline{s}^3 + 0.737\ 8\overline{s}^2 + 1.022\ 2\overline{s} + 0.326\ 9}$$

式中

$$d_0 = \frac{1}{\varepsilon 2^{N-1}} = 0.326\ 9$$

(3)进行模拟频带变换,求所需高通滤波器的系统函数。

根据式(7.63),所要求的高通滤波器的系统函数为

$$H_{hp}(s) = H_{aN}(\overline{s}) \mid_{\overline{s} = \frac{\Omega_p}{s}}$$

$$= \frac{0.326\ 9}{\dfrac{\Omega_p^3}{s^3} + 0.737\ 8\dfrac{\Omega_p^2}{s^2} + 1.022\ 2\dfrac{\Omega_p}{s} + 0.326\ 9}$$

整理得

$$H_{hp}(s) = \frac{0.326\ 9s^3}{\Omega_p^3 + 0.737\ 8\Omega_p^2 s + 1.022\ 2\Omega_p s^2 + 0.326\ 9s^3}$$

$$= \frac{s^3}{s^3 + 1.965 \times 10^3 s^2 + 8.910 \times 10^5 s + 7.588 \times 10^8}$$

例 7.4　设计模拟巴特沃斯带通滤波器,要求通带下截止频率 $f_{\mathrm{pl}} = 200$ Hz,通带上截止频率 $f_{\mathrm{ph}} = 300$ Hz,通带最大衰减 $\alpha_{\mathrm{p}} = 2$ dB,下阻带截止频率 $f_{\mathrm{stl}} = 100$ Hz,上阻带截止频率 $f_{\mathrm{sth}} = 400$ Hz,阻带最小衰减 $\alpha_{\mathrm{s}} = 20$ dB。

解　(1) 确定设计指标。

所要求的模拟带通滤波器的技术指标为

$$\Omega_{\mathrm{pl}} = 2\pi f_{\mathrm{pl}} = 400\pi \ \mathrm{rad/s}, \quad \Omega_{\mathrm{ph}} = 2\pi f_{\mathrm{ph}} = 600\pi \ \mathrm{rad/s}, \quad \Omega_{\mathrm{stl}} = 2\pi f_{\mathrm{stl}} = 200\pi \ \mathrm{rad/s},$$

$$\Omega_{\mathrm{sth}} = 2\pi f_{\mathrm{sth}} = 800\pi \ \mathrm{rad/s}, \quad \alpha_{\mathrm{p}} = 2 \ \mathrm{dB}, \quad \alpha_{\mathrm{s}} = 20 \ \mathrm{dB}$$

(2) 求归一化低通滤波器的系统函数。

根据式(7.65),可求得 Ω_{stl} 和 Ω_{sth} 所对应的归一化(通带截止频率 $\overline{\Omega}_{\mathrm{p}} = 1$)模拟低通滤波器的频率分别为

$$\overline{\Omega}_{\mathrm{stl}} = \frac{\Omega_{\mathrm{stl}}^2 - \Omega_{\mathrm{ph}}\Omega_{\mathrm{pl}}}{\Omega_{\mathrm{stl}}(\Omega_{\mathrm{ph}} - \Omega_{\mathrm{pl}})} = -5$$

$$\overline{\Omega}_{\mathrm{st2}} = \frac{\Omega_{\mathrm{sth}}^2 - \Omega_{\mathrm{ph}}\Omega_{\mathrm{pl}}}{\Omega_{\mathrm{sth}}(\Omega_{\mathrm{ph}} - \Omega_{\mathrm{pl}})} = 2.5$$

若对于较小的阻带截止频率,低通滤波器的阻带衰减大于 20 dB,则对于较大的阻带截止频率,阻带衰减也一定会大于 20 dB。因此,可令该归一化模拟低通滤波器的阻带截止频率为

$$\overline{\Omega}_{\mathrm{st}} = \min(|\overline{\Omega}_{\mathrm{stl}}|, |\overline{\Omega}_{\mathrm{st2}}|) = 2.5$$

根据式(7.22),可得该归一化模拟低通滤波器的阶数为

$$N = \left\lceil \lg\left(\frac{10^{\frac{\alpha_{\mathrm{s}}}{10}} - 1}{10^{\frac{\alpha_{\mathrm{p}}}{10}} - 1}\right) \bigg/ \left[2\lg\left(\frac{\overline{\Omega}_{\mathrm{st}}}{\overline{\Omega}_{\mathrm{p}}}\right)\right] \right\rceil = 3$$

选取该归一化模拟低通滤波器的 3 dB 截止频率 $\overline{\Omega}_{\mathrm{c}} = \overline{\Omega}_{\mathrm{cp}}$,由式(7.23)得

$$\overline{\Omega}_{\mathrm{c}} = \overline{\Omega}_{\mathrm{cp}} = \frac{\overline{\Omega}_{\mathrm{p}}}{\sqrt[2N]{10^{\alpha_{\mathrm{p}}/10} - 1}} = 1.093\ 5$$

查表 7.1,3 dB 截止频率为 1 的低通滤波器的系统函数为

$$H_{\mathrm{aNN}}(\overline{s}) = \frac{1}{\overline{s}^3 + 2\overline{s}^2 + 2\overline{s} + 1}$$

根据式(7.27),通带截止频率 $\overline{\Omega}_{\mathrm{p}} = 1$ 的归一化模拟低通滤波器的系统函数为

$$H_{\mathrm{aN}}(\overline{s}) = H_{\mathrm{aNN}}\left(\frac{\overline{s}}{\overline{\Omega}_{\mathrm{c}}}\right) = \frac{1}{\dfrac{\overline{s}^3}{\overline{\Omega}_{\mathrm{c}}^3} + 2\dfrac{\overline{s}^2}{\overline{\Omega}_{\mathrm{c}}^2} + 2\dfrac{\overline{s}}{\overline{\Omega}_{\mathrm{c}}} + 1} = \frac{1.307\ 5}{\overline{s}^3 + 2.187\ 0\overline{s}^2 + 2.391\ 5\overline{s} + 1.307\ 5}$$

(3) 进行模拟频带变换,求所需带通滤波器的系统函数。

根据式(7.65),所要求的带通滤波器的系统函数为

$$H_{\mathrm{bp}}(s) = H_{\mathrm{aN}}(\overline{s}) \ \big|_{\overline{s} = \frac{s^2 + \Omega_{\mathrm{ph}}\Omega_{\mathrm{pl}}}{s(\Omega_{\mathrm{ph}} - \Omega_{\mathrm{pl}})}}$$

$$= \frac{1.307\ 5}{\left[\dfrac{s^2 + \Omega_{\mathrm{ph}}\Omega_{\mathrm{pl}}}{s(\Omega_{\mathrm{ph}} - \Omega_{\mathrm{pl}})}\right]^3 + 2.187\ 0\left[\dfrac{s^2 + \Omega_{\mathrm{ph}}\Omega_{\mathrm{pl}}}{s(\Omega_{\mathrm{ph}} - \Omega_{\mathrm{pl}})}\right]^2 + 2.391\ 5\left[\dfrac{s^2 + \Omega_{\mathrm{ph}}\Omega_{\mathrm{pl}}}{s(\Omega_{\mathrm{ph}} - \Omega_{\mathrm{pl}})}\right] + 1.307\ 5}$$

整理得

$$H_{bp}(s) = \frac{3.243 \times 10^8 s^3}{s^6 + 1.374 \times 10^3 s^5 + 8.050 \times 10^6 s^4 + 6.834 \times 10^9 s^3 + 1.907 \times 10^{13} s^2 + 7.710 \times 10^{15} s + 1.329 \times 10^{19}}$$

例 7.5 设计模拟巴特沃斯带阻滤波器,要求下通带截止频率 $f_{pl} = 200$ Hz,上通带截止频率 $f_{ph} = 900$ Hz,通带最大衰减 $\alpha_p = 2$ dB,阻带下截止频率 $f_{stl} = 500$ Hz,阻带上截止频率 $f_{sth} = 700$ Hz,阻带最小衰减 $\alpha_s = 20$ dB。

解 (1)确定设计指标。

所要求的模拟带阻滤波器的技术指标为

$$\Omega_{pl} = 2\pi f_{pl} = 400\pi \text{ rad/s}, \quad \Omega_{ph} = 2\pi f_{ph} = 1\,800\pi \text{ rad/s}, \quad \Omega_{stl} = 2\pi f_{stl} = 1\,000\pi \text{ rad/s},$$
$$\Omega_{sth} = 2\pi f_{sth} = 1\,400\pi \text{ rad/s}, \quad \alpha_p = 2 \text{ dB}, \quad \alpha_s = 20 \text{ dB}$$

(2)求归一化低通滤波器的系统函数。

根据式(7.66),可求得 Ω_{pl} 和 Ω_{ph} 所对应的阻带截止频率 $\overline{\Omega}_{st} = 1$ 的归一化模拟低通滤波器的频率分别为

$$\overline{\Omega}_{p1} = \frac{\Omega_{pl}(\Omega_{sth} - \Omega_{stl})}{-\Omega_{pl}^2 + \Omega_{sth}\Omega_{stl}} = 0.129\,0$$

$$\overline{\Omega}_{p2} = \frac{\Omega_{ph}(\Omega_{sth} - \Omega_{stl})}{-\Omega_{ph}^2 + \Omega_{sth}\Omega_{stl}} = -0.391\,3$$

若对于较大的通带截止频率,低通滤波器的通带衰减小于 2 dB,则对于较小的通带截止频率,通带衰减也一定会小于 2 dB。因此,可令该归一化模拟低通滤波器的阻带截止频率为

$$\overline{\Omega}_p = \max(|\overline{\Omega}_{p1}|, |\overline{\Omega}_{p2}|) = 0.391\,3$$

根据式(7.22),可得该归一化模拟低通滤波器的阶数为

$$N = \left\lceil \lg\left(\frac{10^{\frac{\alpha_s}{10}} - 1}{10^{\frac{\alpha_p}{10}} - 1}\right) \middle/ \left[2\lg\left(\frac{\overline{\Omega}_{st}}{\overline{\Omega}_p}\right)\right] \right\rceil = 3$$

选取该归一化模拟低通滤波器的 3 dB 截止频率 $\overline{\Omega}_c = \overline{\Omega}_{cp}$,由式(7.23)得

$$\overline{\Omega}_c = \overline{\Omega}_{cp} = \frac{\overline{\Omega}_p}{\sqrt[2N]{10^{\alpha_p/10} - 1}} = 0.427\,9 \text{ rad/s}$$

查表 7.1,3 dB 截止频率为 1 的低通滤波器的系统函数为

$$H_{aNN}(\overline{s}) = \frac{1}{\overline{s}^3 + 2\overline{s}^2 + 2\overline{s} + 1}$$

根据式(7.27),阻带截止频率 $\overline{\Omega}_{st} = 1$ 的模拟低通滤波器的系统函数为

$$H_{aN}(\overline{s}) = H_{aNN}\left(\frac{\overline{s}}{\overline{\Omega}_c}\right) = \frac{1}{\frac{\overline{s}^3}{\overline{\Omega}_c^3} + 2\frac{\overline{s}^2}{\overline{\Omega}_c^2} + 2\frac{\overline{s}}{\overline{\Omega}_c} + 1}$$

$$= \frac{7.834\,4 \times 10^{-2}}{\overline{s}^3 + 8.557\,9 \times 10^{-1}\overline{s}^2 + 3.661\,8 \times 10^{-1}\overline{s} + 7.834\,4 \times 10^{-2}}$$

(3)进行模拟频带变换,求所需带阻滤波器的系统函数。

根据式(7.66),所要求的带阻滤波器的系统函数为

$$H_{bs}(s) = H_{aN}(\bar{s}) \Big|_{\bar{s} = \frac{s(\Omega_{sth} - \Omega_{stl})}{s^2 + \Omega_{sth}\Omega_{stl}}}$$

$$= \frac{7.834\ 4 \times 10^{-2}}{\left[\frac{s(\Omega_{sth} - \Omega_{stl})}{s^2 + \Omega_{sth}\Omega_{stl}}\right]^3 + 8.557\ 9 \times 10^{-1}\left[\frac{s(\Omega_{sth} - \Omega_{stl})}{s^2 + \Omega_{sth}\Omega_{stl}}\right]^2 + 3.661\ 8 \times 10^{-1}\left[\frac{s(\Omega_{sth} - \Omega_{stl})}{s^2 + \Omega_{sth}\Omega_{stl}}\right] + 7.834\ 4 \times 10^{-2}}$$

整理得

$$H_{bs}(s) = \frac{s^6 + 4.145 \times 10^7 s^4 + 5.728 \times 10^{14} s^2 + 2.638 \times 10^{21}}{s^6 + 5.874 \times 10^3 s^5 + 5.870 \times 10^7 s^4 + 1.876 \times 10^{11} s^3 + 8.111 \times 10^{14} s^2 + 1.121 \times 10^{18} s + 2.638 \times 10^{21}}$$

7.3　IIR 数字滤波器的设计

　　IIR 数字滤波器的设计方法有直接设计法和间接设计法两大类。间接设计法可以利用成熟的模拟滤波器的设计方法,设计更为简便。

　　间接设计法的基本步骤如下:

　　(1) 将数字滤波器设计指标转换为相应的模拟滤波器指标;

　　(2) 设计相应的模拟滤波器;

　　(3) 将模拟滤波器数字化成数字滤波器。

　　将模拟滤波器数字化成数字滤波器,就是指将模拟滤波器的系统函数 $H_a(s)$ 从 s 平面映射到 z 平面,转换成数字滤波器的系统函数 $H(z)$。

　　从 s 平面到 z 平面的映射,必须满足以下两个基本条件:

　　(1) 频率轴要对应,即 s 平面的虚轴必须映射到 z 平面的单位圆上;

　　(2) 因果稳定的模拟滤波器转换成数字滤波器仍然是因果稳定的,即若 $H_a(s)$ 只有位于 s 平面左半平面的极点,则 $H(z)$ 应当只有位于 z 平面单位圆内的极点。

　　实际应用中,将模拟滤波器数字化成数字滤波器采用的方法主要有冲激响应不变法和双线性变换法。

7.3.1　冲激响应不变法设计 IIR 数字滤波器

1.变换原理

　　由 s 平面映射到 z 平面的映射关系可知,$z = e^{sT}$ 或 $s = \frac{1}{T}\ln z$,且 $\omega = \Omega T$(T 为抽样周期)。因此,若给出数字滤波器的技术指标,则可求出相应的模拟滤波器的技术指标。比如,若数字低通滤波器的通带截止频率、阻带截止频率、通带最大衰减及阻带最小衰减分别为 ω_p、ω_{st}、α_p 及 α_s,则相应的模拟低通滤波器的通带截止频率、阻带截止频率、通带最大衰减及阻带最小衰减分别为 $\Omega_p = \frac{1}{T}\omega_p$、$\Omega_{st} = \frac{1}{T}\omega_{st}$、$\alpha_p$ 及 α_s。

　　将模拟滤波器的系统函数 $H_a(s)$ 转换成数字滤波器的系统函数 $H(z)$ 的一个最直接的方法是直接令

$$H(z) = H_a(s) \Big|_{s = \frac{1}{T}\ln z} \tag{7.67}$$

　　但采用这一方法将使 $H(z)$ 的表达式中出现 z 的对数,使 $H(z)$ 的分子、分母不再是 z 的有理多项式,这将给系统的分析和实现带来困难。因此,需要对该方法加以改造。

冲激响应不变法是从滤波器的冲激响应出发,使数字滤波器的单位冲激响应 $h(n)$ 模仿模拟滤波器的单位冲激响应 $h_a(t)$,使 $h(n)$ 等于 $h_a(t)$ 的抽样值,即

$$h(n) = h_a(nT) \tag{7.68}$$

假设模拟滤波器的系统函数 $H_a(s)$ 只有单阶极点,且分母多项式的阶次 N 大于分子多项式的阶次 M,则可将 $H_a(s)$ 展成部分分式形式,即

$$H_a(s) = \sum_{k=1}^{N} \frac{A_k}{s - s_k} \tag{7.69}$$

对 $H_a(s)$ 进行拉普拉斯反变换,可得模拟滤波器的单位冲激响应为

$$h_a(t) = \sum_{k=1}^{N} A_k e^{s_k t} u(t) \tag{7.70}$$

因此,数字滤波器的单位冲激响应为

$$h(n) = h_a(nT) = \sum_{k=1}^{N} A_k e^{s_k nT} u(n) = \sum_{k=1}^{N} A_k (e^{s_k T})^n u(n) \tag{7.71}$$

对 $h(n)$ 进行 z 变换可得数字滤波器的系统函数为

$$H(z) = \sum_{k=1}^{N} \frac{A_k}{1 - e^{s_k T} z^{-1}} \tag{7.72}$$

上述转换所遵循的基本关系仍然是 $z = e^{sT}$。s 平面的虚轴映射到 z 平面的单位圆,左半平面映射到单位圆以内,右半平面映射到单位圆以外。由 $z = e^{sT}$ 得到的 $\omega = \Omega T$ 这一频率映射关系使得 s 平面上每一条宽度为 $2\pi/T$ 的横条都将重叠地映射到整个 z 平面上,如图 7.10 所示。因此,冲激响应不变法中 s 平面到 z 平面的映射并不是一一对应的变换关系。

图 7.10 冲激响应不变法的映射关系

根据时域抽样理论,可以得出上述数字滤波器的频率响应 $H(e^{j\omega})$ 与模拟滤波器的频率响应 $H_a(j\Omega)$ 的关系。由于 $h(n) = h_a(nT)$,因此有

$$H(e^{j\omega})\big|_{\omega = \Omega T} = \frac{1}{T} \sum_{k=-\infty}^{\infty} H_a \left[j\left(\Omega - \frac{2\pi}{T}k \right) \right] \tag{7.73}$$

$$H(e^{j\omega}) = \frac{1}{T} \sum_{k=-\infty}^{\infty} H_a \left[j\left(\frac{\omega}{T} - \frac{2\pi}{T}k \right) \right] \tag{7.74}$$

从式(7.74)可以看出,随着抽样时间间隔 T 的不同,变换后 $H(e^{j\omega})$ 的增益也在改变。

为了使数字滤波器增益不随 T 而变化,实际设计中通常采用以下的变换关系,即令

$$h(n) = Th_a(nT) \tag{7.75}$$

这样,式(7.72)、式(7.73)和式(7.74)分别变成

$$H(z) = \sum_{k=1}^{N} \frac{A_k T}{1 - e^{s_k T} z^{-1}} \tag{7.76}$$

$$H(e^{j\omega})\mid_{\omega=\Omega T} = \sum_{k=-\infty}^{\infty} H_a\left[j\left(\Omega - \frac{2\pi}{T}k\right)\right] \tag{7.77}$$

$$H(e^{j\omega}) = \sum_{k=-\infty}^{\infty} H_a\left[j\left(\frac{\omega}{T} - \frac{2\pi}{T}k\right)\right] \tag{7.78}$$

通过以上分析,可以得出模拟滤波器系统函数 $H_a(s)$ 与冲激响应不变法转换得到的数字滤波器系统函数 $H(z)$ 之间的关系:

(1) 数字频率与模拟频率之间是线性关系, $\omega = \Omega T$, s 平面的虚轴映射到 z 平面的单位圆。

(2) s 平面中在 $s = s_k$ 处的极点变换成 z 平面中在 $z = e^{s_k T}$ 处的极点。

(3) 若 $H_a(s)$ 的极点 s_k 位于 s 平面的左半平面,即 s_k 的实部小于 0,则对应的 $H(z)$ 的极点 $e^{s_k T}$ 的幅度将小于 1,位于 z 平面的单位圆内。因此,若模拟滤波器是因果稳定的,则采用冲激响应不变法转换成数字滤波器仍然是因果稳定的。

(4) $H_a(s)$ 和 $H(z)$ 的部分分式展开式中的系数完全相同,只是相差一个比例系数 T。

(5) 虽然冲激响应不变法按照关系式 $z = e^{s_k T}$ 将 s 平面的极点映射成 z 平面的极点,但并不相当于按照这种关系将整个 s 平面映射到 z 平面。特别是 $H(z)$ 的零点与 $H_a(s)$ 的零点就没有这种对应关系, $H(z)$ 的零点会随着 $H_a(s)$ 的极点 s_k 和系数 TA_k 而变化。

2. 混叠失真

由式(7.77)和式(7.78)可以看出,数字滤波器的频率响应 $H(e^{j\omega})$ 是模拟滤波器频率响应 $H_a(j\Omega)$ 的周期延拓,其延拓周期为 $\Omega_s = \frac{2\pi}{T} = 2\pi f_s$, $\omega_s = \frac{\Omega_s}{f_s} = 2\pi$。只有当模拟滤波器的频率响应带限于折叠频率 $\frac{\Omega_s}{2} = \frac{\pi}{T} = \pi f_s$ 之内,数字滤波器的频率响应才能不失真地重现模拟滤波器的频率响应,而不产生混叠失真。因此,冲激响应不变法不能用于设计高通滤波器及带阻滤波器。任何一个实际的模拟滤波器的频率响应都不是严格带限的,因此采用冲激响应不变法进行变换后就会产生一定的混叠失真,如图 7.11 所示。

从图 7.11 中可以看出,频谱混叠失真会使数字滤波器在 $\omega = \pi$ 附近的频率响应偏离模拟滤波器的频率响应特性曲线。当模拟滤波器的频率响应在折叠频率以上衰减越大、越快时,变换后的频谱混叠失真就越小。采用冲激响应不变法设计数字滤波器时,为了减小频谱混叠失真,可以选用具有锐截止特性的模拟滤波器或增加抽样频率 f_s。需要注意,若数字滤波器的设计指标是用数字频率给出的,那么增加抽样频率 f_s 时,模拟滤波器的截止频率也会成比例地增加,因此这种情况下用提高 f_s 的方法是无法解决频谱混叠问题的。

3. 步骤

采用冲激响应不变法设计数字滤波器可以按照如下步骤进行:

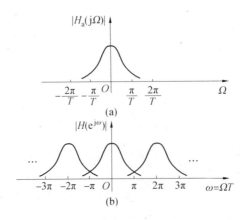

图 7.11　冲激响应不变法的频谱混叠失真示意图

（1）将数字滤波器的设计指标转换为相应的模拟滤波器指标。利用 $\Omega = \dfrac{\omega}{T}$，将数字滤波器的截止频率转换为模拟滤波器的截止频率，而 α_p 及 α_s 不变。由于在设计过程中，数字滤波器的技术指标首先映射为模拟滤波器的技术指标，之后再将模拟滤波器映射为数字滤波器，因此参数 T 实际上并不起作用，在设计中可以选取任意的 T 值。

（2）根据模拟滤波器的技术指标设计模拟滤波器的系统函数 $H_a(s)$。

（3）利用式（7.76），将 $H_a(s)$ 转换为数字滤波器的系统函数 $H(z)$。

4. 优点及局限性

采用冲激响应不变法设计数字滤波器的主要优点及局限性如下：

（1）数字滤波器的单位冲激响应完全模仿模拟滤波器的单位冲激响应，在时域逼近良好。

（2）数字频率与模拟频率之间呈线性关系，即 $\omega = \Omega T$，因而一个线性相位的模拟滤波器可以映射成为一个线性相位的数字滤波器。

（3）具有频谱混叠失真，只适用于带限的滤波器，即只适用于低通滤波器和带通滤波器，而高通滤波器和带阻滤波器不能采用该方法。

（4）冲激响应不变法中 $H_a(s)$ 和 $H(z)$ 的变换关系，只适用于并联结构的系统函数，即系统函数必须先展开成部分分式。

例 7.6　用冲激响应不变法设计数字巴特沃斯低通滤波器，要求通带截止频率 $\omega_p = 0.2\pi$，通带最大衰减 $\alpha_p = 3$ dB，阻带截止频率 $\omega_{st} = 0.6\pi$，阻带最小衰减 $\alpha_s = 15$ dB。

解　（1）将数字滤波器的设计指标转换为相应的模拟滤波器指标。

选取 $T = 1$ s，相应的模拟低通滤波器的技术指标为

$$\Omega_p = \frac{\omega_p}{T} = 0.2\pi, \quad \Omega_{st} = \frac{\omega_{st}}{T} = 0.6\pi, \quad \alpha_p = 3 \text{ dB}, \quad \alpha_s = 15 \text{ dB}$$

（2）求模拟滤波器的系统函数。

根据式（7.22），模拟低通滤波器的阶数为

$$N = \left\lceil \lg\left[\frac{10^{\frac{\alpha_s}{10}} - 1}{10^{\frac{\alpha_p}{10}} - 1}\right] \middle/ \left[2\lg\left(\frac{\Omega_{st}}{\Omega_p}\right)\right]\right\rceil = 2$$

由于 $\alpha_p = 3\ \text{dB}$,因此模拟低通滤波器的 3 dB 截止频率为

$$\Omega_c = \Omega_p = 0.2\pi$$

查表 7.2 可得归一化模拟低通滤波器的系统函数为

$$H_{aN}(s) = \frac{1}{[s - (-0.707\ 1 + 0.707\ 1\mathrm{j})][s - (-0.707\ 1 - 0.707\ 1\mathrm{j})]}$$

将 $H_{aN}(s)$ 展开成部分分式,得到

$$H_{aN}(s) = \frac{-0.707\ 1\mathrm{j}}{s - (-0.707\ 1 + 0.707\ 1\mathrm{j})} + \frac{0.707\ 1\mathrm{j}}{s - (-0.707\ 1 - 0.707\ 1\mathrm{j})}$$

根据式(7.27),所要求的模拟低通滤波器的系统函数为

$$H_a(s) = H_{aN}\left(\frac{s}{\Omega_c}\right) = \frac{-0.707\ 1\mathrm{j}}{\dfrac{s}{\Omega_c} - (-0.707\ 1 + 0.707\ 1\mathrm{j})} + \frac{0.707\ 1\mathrm{j}}{\dfrac{s}{\Omega_c} - (-0.707\ 1 - 0.707\ 1\mathrm{j})}$$

$$= \frac{-\Omega_c \times 0.707\ 1\mathrm{j}}{s - \Omega_c \times (-0.707\ 1 + 0.707\ 1\mathrm{j})} + \frac{\Omega_c \times 0.707\ 1\mathrm{j}}{s - \Omega_c \times (-0.707\ 1 - 0.707\ 1\mathrm{j})}$$

(3) 将模拟滤波器的系统函数转换为数字滤波器的系统函数。

根据式(7.76),可得所要求的数字低通滤波器的系统函数为

$$H(z) = \frac{-\Omega_c \times 0.707\ 1\mathrm{j}}{1 - \mathrm{e}^{\Omega_c \times (-0.707\ 1 + 0.707\ 1\mathrm{j})} z^{-1}} + \frac{\Omega_c \times 0.707\ 1\mathrm{j}}{1 - \mathrm{e}^{\Omega_c \times (-0.707\ 1 - 0.707\ 1\mathrm{j})} z^{-1}}$$

整理得

$$H(z) = \frac{0.245 z^{-1}}{1 - 1.158 z^{-1} + 0.411 z^{-2}}$$

经计算在 $\omega_{st} = 0.6\pi$ 处 $|H(\mathrm{e}^{\mathrm{j}\omega})|$ 的衰减大于 15 dB,满足设计要求,因此混叠效应可以忽略。

采用冲激响应不变法设计数字滤波器时,若由于混叠效应导致在 ω_{st} 处 $|H(\mathrm{e}^{\mathrm{j}\omega})|$ 的衰减过小,不满足设计要求,则需要增大滤波器的阶数 N。

7.3.2 　双线性变换法设计 IIR 数字滤波器

1. 变换原理

冲激响应不变法的主要缺点是从 s 平面到 z 平面的多值映射关系,导致了频率响应的混叠失真。为了避免这一问题,双线性变换法采用非线性频率压缩的方法,即将 s 平面整个频率轴上的频率范围压缩到 s_1 平面的 $-\pi/T \sim \pi/T$ 之间,之后再利用 $z = \mathrm{e}^{s_1 T}$ 转换到 z 平面上,这样就使 s 平面到 z 平面的变换变为单值映射,从而避免了频谱混叠现象。双线性变换法的映射关系如图 7.12 所示。

将 s 平面整个 $\mathrm{j}\Omega$ 轴的频率范围压缩到 s_1 平面 $\mathrm{j}\Omega_1$ 轴的 $-\pi/T \sim \pi/T$ 以内,可以利用以下关系式:

$$\Omega = c \cdot \tan \frac{\Omega_1 T}{2} \tag{7.79}$$

式中,c 为任意正实数。当 Ω_1 由 $-\pi/T$ 变化到 π/T 时,Ω 由 $-\infty$ 变化到 $+\infty$,且 $\Omega_1 = 0$ 时 $\Omega = 0$。

s 平面 s_1 平面 z 平面

图 7.12 双线性变换法的映射关系

式(7.79) 可以改写为以下形式:

$$j\Omega = c\frac{e^{j\Omega_1 T/2} - e^{-j\Omega_1 T/2}}{e^{j\Omega_1 T/2} + e^{-j\Omega_1 T/2}} \tag{7.80}$$

将此关系解析延拓到整个 s 平面和 s_1 平面,即令 $j\Omega = s$,$j\Omega_1 = s_1$,则有

$$s = c\frac{e^{s_1 T/2} - e^{-s_1 T/2}}{e^{s_1 T/2} + e^{-s_1 T/2}} = c\frac{1 - e^{-s_1 T}}{1 + e^{-s_1 T}} \tag{7.81}$$

将 s_1 平面通过标准变换 $z = e^{s_1 T}$ 映射到 z 平面,则可得到 s 平面和 z 平面的单值映射关系

$$s = c\frac{1 - z^{-1}}{1 + z^{-1}} \tag{7.82}$$

该变换关系式是两个线性函数之比,因此将这种变换方法称为双线性变换。

根据式(7.82),可以方便地将模拟滤波器系统函数 $H_a(s)$ 映射成数字滤波器系统函数 $H(z)$,即

$$H(z) = H_a(s)\mid_{s=c\frac{1-z^{-1}}{1+z^{-1}}} \tag{7.83}$$

根据 $\omega = \Omega_1 T$ 和式(7.79),可得

$$\Omega = c \cdot \tan\frac{\Omega_1 T}{2} = c \cdot \tan\frac{\omega}{2} \tag{7.84}$$

可见,数字频率与模拟频率之间是非线性关系。

上述转换所遵循的基本关系为 $z = e^{s_1 T}$。s 平面整个 $j\Omega$ 轴压缩到 s_1 平面 $j\Omega_1$ 轴的 $-\pi/T \sim \pi/T$ 以内,之后再映射到 z 平面的单位圆。根据式(7.79),由于 c 为正实数,因此 s 平面的左半平面映射到 z 平面的单位圆以内,右半平面映射到 z 平面的单位圆以外。因果稳定的模拟滤波器采用双线性变换法转换得到的数字滤波器也一定是因果稳定的。

2. 变换常数 c 的选择

双线性变换法中,通过改变常数 c 的取值可以调节模拟滤波器与数字滤波器频带之间的对应关系。变换常数 c 的选择一般采用以下两种方法:

(1)若要使模拟滤波器与数字滤波器在零频率附近有较确切的对应关系,即当 Ω 较小时有 $\omega = \Omega_1 T \approx \Omega T$,也就是

$$\Omega = c \cdot \tan\frac{\Omega_1 T}{2} \approx \Omega_1 \tag{7.85}$$

因此,变换常数 c 的取值应为

$$c = \frac{2}{T} \tag{7.86}$$

此时,模拟原型滤波器的低频特性近似等于数字滤波器的低频特性。

(2) 若要使数字滤波器的截止频率 ω_p 与模拟原型滤波器的截止频率 Ω_p 严格对应,即 $\omega_p = \Omega_{1p}T = \Omega_p T$,也就是

$$\Omega_p = c \cdot \tan \frac{\Omega_{1p}T}{2} = \Omega_{1p} \tag{7.87}$$

则有

$$c = \Omega_p \cdot \cot \frac{\Omega_p T}{2} = \frac{\omega_p}{T} \cdot \cot \frac{\omega_p}{2} \tag{7.88}$$

这一方法的主要优点是可以准确控制截止频率的位置。

3. 步骤

采用双线性变换法设计数字滤波器可以按照如下步骤进行:

(1) 确定抽样周期 T 和变换常数 c。与冲激响应不变法一样,抽样周期 T 的值可以任意选取,变换常数 c 可根据实际需求选取,若无特殊要求通常取 $c = \frac{2}{T}$。

(2) 将数字滤波器的设计指标转换为相应的模拟滤波器指标。利用式(7.84)将数字滤波器的截止频率转换为模拟滤波器的截止频率,而 α_p 及 α_s 不变。

(3) 根据 Ω_p、Ω_{st}、α_p 及 α_s 设计模拟滤波器系统函数 $H_a(s)$。

(4) 利用式(7.83)将 $H_a(s)$ 转换为 $H(z)$ 数字滤波器系统函数。

4. 优点及局限性

采用双线性变换法设计数字滤波器的主要优点及局限性如下:

(1) 避免了频谱混叠现象,因而适用于各种类型的滤波器。无论是低通、带通,还是高通、带阻滤波器,都可以采用双线性变换法设计。

(2) 适用于各种形式的系统函数表达式。不管模拟滤波器的系统函数采用何种形式,都可以直接利用式(7.82)的变换关系进行转换,而不需要将其展开成部分分式。

(3) 数字频率与模拟频率之间呈非线性关系,因而一个线性相位的模拟滤波器经双线性变换后得到的数字滤波器不再保持原有的线性相位特性。

例 7.7　用双线性变换法设计数字巴特沃斯高通滤波器,要求通带截止频率 $\omega_p = 0.8\pi$,通带最大衰减 $\alpha_p = 3$ dB,阻带截止频率 $\omega_{st} = 0.4\pi$,阻带最小衰减 $\alpha_s = 20$ dB。

解　(1) 确定抽样周期 T 和变换常数 c。

选取 $T = 2$ s,变换常数 $c = \frac{2}{T} = 1$。

(2) 将数字滤波器的设计指标转换为相应的模拟滤波器指标。

相应的模拟高通滤波器的技术指标为

$$\Omega_p = \tan \frac{\omega_p}{2} = 3.0777, \quad \Omega_{st} = \tan \frac{\omega_{st}}{2} = 0.7265, \quad \alpha_p = 3 \text{ dB}, \quad \alpha_s = 20 \text{ dB}$$

(3) 求模拟滤波器的系统函数。

根据式(7.64),通带截止频率 $\overline{\Omega}_p=1$ 的归一化模拟低通滤波器的阻带截止频率为

$$\overline{\Omega}_{st}=\left|-\frac{\Omega_p}{\Omega_{st}}\right|=4.236\ 1$$

根据式(7.22),归一化模拟低通滤波器的阶数为

$$N=\left\lceil \lg\frac{10^{\frac{\alpha_s}{10}}-1}{10^{\frac{\alpha_p}{10}}-1}\bigg/\left[2\lg\frac{\overline{\Omega}_{st}}{\overline{\Omega}_p}\right]\right\rceil=2$$

由于 $\alpha_p=3\ dB$,因此归一化模拟低通滤波器的 3 dB 截止频率为

$$\Omega_c=\Omega_p=0.2\pi$$

查表 7.1 可得归一化模拟低通滤波器的系统函数为

$$H_{aN}(\overline{s})=\frac{1}{\overline{s}^2+1.414\ 2\overline{s}+1}$$

根据式(7.64),所要求的模拟高通滤波器的系统函数为

$$H_{hp}(s)=H_{aN}(\overline{s})\ |_{\overline{s}=\frac{\Omega_p}{s}}=\frac{1}{\frac{\Omega_p^2}{s^2}+1.414\ 2\frac{\Omega_p}{s}+1}=\frac{s^2}{s^2+4.352\ 5s+9.472\ 1}$$

(4)将模拟滤波器的系统函数转换为数字滤波器的系统函数。

根据式(7.83),可得所要求的数字高通滤波器的系统函数

$$H_{hp}(z)=H_{hp}(s)\ |_{s=c\frac{1-z^{-1}}{1+z^{-1}}}=\frac{\left(\frac{1-z^{-1}}{1+z^{-1}}\right)^2}{\left(\frac{1-z^{-1}}{1+z^{-1}}\right)^2+4.352\ 5\frac{1-z^{-1}}{1+z^{-1}}+9.472\ 1}$$

整理得

$$H_{hp}(z)=\frac{0.067\ 5-0.135z^{-1}+0.067\ 5z^{-2}}{1+1.143z^{-1}+0.413z^{-2}}$$

7.3.3 高通、带通和带阻 IIR 数字滤波器的设计

间接法设计高通、带通和带阻数字滤波器通常可以采用两种方案:第一种方案是先设计一个相应的高通、带通或带阻模拟滤波器,之后采用冲激响应不变法或双线性变换法将其变换为数字滤波器;第二种方案是将模拟低通滤波器直接变换为各类数字滤波器。第一种方案在前面冲激响应不变法和双线性变换法的部分已经进行了介绍。下面讨论将模拟低通滤波器(未归一化)直接变换为数字高通、带通和带阻滤波器的方法。由于冲激响应不变法对于高通、带阻等不能直接采用,因此这里只考虑双线性变换法。

1. 模拟低通 → 数字高通

双线性变换法中 s 平面和 z 平面的映射关系为

$$s=c\frac{1-z^{-1}}{1+z^{-1}} \tag{7.89}$$

将式(7.89)代入归一化(通带截止频率为1)模拟低通到模拟高通的变换关系式 $\overline{s}=\frac{\Omega_p}{s}$,则可得到直接从归一化模拟低通到数字高通的变换关系式为

$$\bar{s} = \frac{\Omega_{\mathrm{p}}}{c} \times \frac{1 + z^{-1}}{1 - z^{-1}} = A \times \frac{1 + z^{-1}}{1 - z^{-1}} \tag{7.90}$$

式中，Ω_{p} 为模拟高通滤波器的通带截止频率，$A = \dfrac{\Omega_{\mathrm{p}}}{c}$。

为了使公式更为简洁且方便应用，将式(7.90)中的系数 A 替换为 1，则可得到一般模拟低通到数字高通的变换关系式为

$$s = \frac{1 + z^{-1}}{1 - z^{-1}} \tag{7.91}$$

令 $s = \mathrm{j}\Omega, z = \mathrm{e}^{\mathrm{j}\omega}$，代入式(7.91)，可得模拟低通滤波器与数字高通滤波器频率之间的关系为

$$\Omega = -\cot\frac{\omega}{2} \tag{7.92}$$

若所要求的数字高通滤波器的通带截止频率为 ω_{p}，则相应的模拟低通滤波器的通带截止频率为

$$\Omega_{\mathrm{p}} = \cot\frac{\omega_{\mathrm{p}}}{2} \tag{7.93}$$

2. 模拟低通 → 数字带通

将式(7.89)代入归一化（通带截止频率为 1）模拟低通到模拟带通的变换关系式 $\bar{s} = \dfrac{s^2 + \Omega_{\mathrm{p0}}^2}{B_{\mathrm{p}} \times s}$，则可得到直接从归一化模拟低通到数字带通的变换关系式为

$$\bar{s} = \frac{\left(c\,\dfrac{1-z^{-1}}{1+z^{-1}}\right)^2 + \Omega_{\mathrm{p0}}^2}{B_{\mathrm{p}} \times \left(c\,\dfrac{1-z^{-1}}{1+z^{-1}}\right)} = \frac{c^2 + \Omega_{\mathrm{p0}}^2}{B_{\mathrm{p}}c} \times \frac{1 - \left(2\,\dfrac{c^2 - \Omega_{\mathrm{p0}}^2}{c^2 + \Omega_{\mathrm{p0}}^2}\right)z^{-1} + z^{-2}}{1 - z^{-2}} = D \times \frac{1 - E \times z^{-1} + z^{-2}}{1 - z^{-2}} \tag{7.94}$$

式中，Ω_{p0} 和 B_{p} 分别为模拟带通滤波器的通带几何中心频率和通带带宽，

$$D = \frac{c^2 + \Omega_{\mathrm{p0}}^2}{B_{\mathrm{p}}c} \tag{7.95}$$

$$E = 2\,\frac{c^2 - \Omega_{\mathrm{p0}}^2}{c^2 + \Omega_{\mathrm{p0}}^2} \tag{7.96}$$

将式(7.94)中的系数 D 替换为 1，则可得到一般模拟低通到数字带通的变换关系式为

$$s = \frac{1 - E \times z^{-1} + z^{-2}}{1 - z^{-2}} \tag{7.97}$$

令 $s = \mathrm{j}\Omega, z = \mathrm{e}^{\mathrm{j}\omega}$，代入式(7.97)，可得模拟低通滤波器与数字带通滤波器频率之间的关系为

$$\Omega = -\cot\omega + \frac{E}{2\sin\omega} \tag{7.98}$$

假设模拟低通的 0 频率与数字带通的 ω_0（$\omega_{\mathrm{pl}} < \omega_0 < \omega_{\mathrm{ph}}$）频率对应，即 $\omega = \omega_0$ 时 $\Omega = 0$，代入式(7.98)，可得

$$E = 2\cos\omega_0 \tag{7.99}$$

将式(7.99)代入式(7.97)、式(7.98),可得

$$s = \frac{1 - 2\cos \omega_0 \times z^{-1} + z^{-2}}{1 - z^{-2}} \tag{7.100}$$

$$\Omega = \frac{\cos \omega_0 - \cos \omega}{\sin \omega} \tag{7.101}$$

若所要求的数字带通滤波器的通带上截止频率和通带下截止频率分别为 ω_{ph} 和 ω_{pl},相应的模拟低通滤波器的截止频率为 Ω_p,由式(7.101)可得

$$\Omega_p = \frac{\cos \omega_0 - \cos \omega_{ph}}{\sin \omega_{ph}} \tag{7.102}$$

$$-\Omega_p = \frac{\cos \omega_0 - \cos \omega_{pl}}{\sin \omega_{pl}} \tag{7.103}$$

由式(7.102)、式(7.103)可解得

$$\cos \omega_0 = \frac{\sin(\omega_{ph} + \omega_{pl})}{\sin \omega_{ph} + \sin \omega_{pl}} \tag{7.104}$$

3. 归一化模拟低通 → 数字带阻

将式(7.89)代入归一化(阻带截止频率为 1)模拟低通到模拟带阻的变换关系式 $\bar{s} = \dfrac{B_s \times s}{s^2 + \Omega_{st0}^2}$,则可得到直接从归一化模拟低通到数字带阻的变换关系式为

$$\bar{s} = \frac{B_s \times \left(c \dfrac{1 - z^{-1}}{1 + z^{-1}} \right)}{\left(c \dfrac{1 - z^{-1}}{1 + z^{-1}} \right)^2 + \Omega_{st0}^2} = \frac{B_s c}{c^2 + \Omega_{st0}^2} \times \frac{1 - z^{-2}}{1 - 2\dfrac{c^2 - \Omega_{st0}^2}{c^2 + \Omega_{st0}^2} z^{-1} + z^{-2}} = D_1 \times \frac{1 - z^{-2}}{1 - E_1 z^{-1} + z^{-2}} \tag{7.105}$$

式中,Ω_{st0} 和 B_s 分别为模拟带阻滤波器的阻带几何中心频率和阻带带宽。

$$D_1 = \frac{B_s c}{c^2 + \Omega_{st0}^2} \tag{7.106}$$

$$E_1 = 2 \frac{c^2 - \Omega_{st0}^2}{c^2 + \Omega_{st0}^2} \tag{7.107}$$

将式(7.105)中的系数 D_1 替换为 1,则可得到一般模拟低通到数字带阻的变换关系式为

$$s = \frac{1 - z^{-2}}{1 - E_1 z^{-1} + z^{-2}} \tag{7.108}$$

令 $s = j\Omega$,$z = e^{j\omega}$,代入式(7.108),可得模拟低通滤波器与数字带阻滤波器频率之间的关系为

$$\Omega = \frac{2\sin \omega}{2\cos \omega - E_1} \tag{7.109}$$

假设模拟低通的 ∞ 频率与数字带通的 ω_0($\omega_{stl} < \omega_0 < \omega_{sth}$)频率对应,即 $\omega = \omega_0$ 时 $\Omega \to \infty$,代入式(7.109),可得

$$E_1 = 2\cos \omega_0 \tag{7.110}$$

将式(7.110)代入式(7.108)、式(7.109),可得

$$s = \frac{1 - z^{-2}}{1 - 2\cos \omega_0 z^{-1} + z^{-2}} \tag{7.111}$$

$$\Omega = \frac{\sin \omega}{\cos \omega - \cos \omega_0} \tag{7.112}$$

若所要求的数字带阻滤波器的阻带上截止频率和阻带下截止频率分别为 ω_{sth} 和 ω_{stl},相应的模拟低通滤波器的阻带截止频率为 Ω_{st},由式(7.112)可得

$$\Omega_{st} = \frac{\sin \omega_{stl}}{\cos \omega_{stl} - \cos \omega_0} \tag{7.113}$$

$$-\Omega_{st} = \frac{\sin \omega_{sth}}{\cos \omega_{sth} - \cos \omega_0} \tag{7.114}$$

由式(7.113)、式(7.114)可解得

$$\cos \omega_0 = \frac{\sin(\omega_{sth} + \omega_{stl})}{\sin \omega_{sth} + \sin \omega_{stl}} \tag{7.115}$$

表7.6归纳了由模拟低通滤波器(未归一化)直接变换为各类数字滤波器的变换关系。

表 7.6　模拟低通滤波器(未归一化)直接变换为各类数字滤波器的变换关系

数字滤波器类型	$s \rightarrow z$ 变换关系	频率变换关系
低通	$s = c\dfrac{1 - z^{-1}}{1 + z^{-1}}$	$\Omega = c \cdot \tan\dfrac{\omega}{2}$ $\Omega_p = c \cdot \tan\dfrac{\omega_p}{2}$
高通	$s = \dfrac{1 + z^{-1}}{1 - z^{-1}}$	$\Omega = -\cot\dfrac{\omega}{2}$ $\Omega_p = \cot\dfrac{\omega_p}{2}$
带通	$s = \dfrac{1 - 2\cos \omega_0 \times z^{-1} + z^{-2}}{1 - z^{-2}}$ $\cos \omega_0 = \dfrac{\sin(\omega_{ph} + \omega_{pl})}{\sin \omega_{ph} + \sin \omega_{pl}}$	$\Omega = \dfrac{\cos \omega_0 - \cos \omega}{\sin \omega}$ $\Omega_p = \dfrac{\cos \omega_0 - \cos \omega_{ph}}{\sin \omega_{ph}}$
带阻	$s = \dfrac{1 - z^{-2}}{1 - 2\cos \omega_0 z^{-1} + z^{-2}}$ $\cos \omega_0 = \dfrac{\sin(\omega_{sth} + \omega_{stl})}{\sin \omega_{sth} + \sin \omega_{stl}}$	$\Omega = \dfrac{\sin \omega}{\cos \omega - \cos \omega_0}$ $\Omega_{st} = \dfrac{\sin \omega_{stl}}{\cos \omega_{stl} - \cos \omega_0}$

例 7.8　设计数字巴特沃斯高通滤波器,要求通带截止频率 $\omega_p = 0.8\pi$,通带最大衰减 $\alpha_p = 3$ dB,阻带截止频率 $\omega_{st} = 0.4\pi$,阻带最小衰减 $\alpha_s = 20$ dB。要求采用直接由模拟低通滤波器变换为数字高通滤波器的方法。

解　(1)将数字滤波器的设计指标转换为相应的模拟低通滤波器指标。

对应模拟低通滤波器的通带截止频率和阻带截止频率分别为

$$\Omega_p = \left| -\cot\frac{\omega_p}{2} \right| = 0.324\ 9$$

$$\Omega_{st} = \left| -\cot\frac{\omega_{st}}{2} \right| = 1.376\ 4$$

（2）求模拟低通滤波器的系统函数。

该模拟低通滤波器的阶数为

$$N = \left\lceil \lg\frac{10^{\frac{a_s}{10}}-1}{10^{\frac{a_p}{10}}-1} \middle/ \left[2\lg\frac{\Omega_{st}}{\Omega_p} \right] \right\rceil = 2$$

由于 $\alpha_p = 3\ \mathrm{dB}$，因此该模拟低通滤波器的 3 dB 截止频率为

$$\Omega_c = \Omega_p = 0.324\ 9$$

查表 7.1，可得归一化原型低通滤波器的系统函数为

$$H_{aN}(\bar{s}) = \frac{1}{\bar{s}^2 + 1.414\ 2\bar{s} + 1}$$

根据式（7.63），所要求的模拟低通滤波器的系统函数为

$$H_{lp}(s) = H_{aN}(\bar{s})\ \Big|_{\bar{s}=\frac{s}{\Omega_p}} = \frac{1}{\dfrac{s^2}{\Omega_p^2} + 1.414\ 2\dfrac{s}{\Omega_p} + 1} = \frac{0.105\ 6}{s^2 + 0.459\ 5s + 0.105\ 6}$$

（3）将模拟低通滤波器的系统函数转换为数字高通滤波器的系统函数。

根据式（7.91），所要求的数字高通滤波器的系统函数为

$$H_{hp}(z) = H_{lp}(s)\ \Big|_{s=\frac{1+z^{-1}}{1-z^{-1}}} = \frac{0.105\ 6(1-z^{-1})^2}{(1+z^{-1})^2 + 0.459\ 5(1-z^{-2}) + 0.105\ 6(1-z^{-1})^2}$$

整理得

$$H_{hp}(z) = \frac{0.067\ 5 - 0.135z^{-1} + 0.067\ 5z^{-2}}{1 + 1.143z^{-1} + 0.413z^{-2}}$$

例 7.9　设计数字巴特沃斯带通滤波器，要求通带下截止频率 $\omega_{pl} = 0.3\pi$，通带上截止频率 $\omega_{ph} = 0.4\pi$，通带最大衰减 $\alpha_p = 3\ \mathrm{dB}$，下阻带截止频率 $\omega_{stl} = 0.2\pi$，上阻带截止频率 $\omega_{sth} = 0.5\pi$，阻带最小衰减 $\alpha_s = 18\ \mathrm{dB}$。要求采用直接由模拟低通滤波器变换为数字带通滤波器的方法。

解　（1）将数字滤波器的设计指标转换为相应的模拟低通滤波器指标。

根据式（7.104）得

$$\cos\omega_0 = \frac{\sin(\omega_{ph}+\omega_{pl})}{\sin\omega_{ph}+\sin\omega_{pl}} = 0.459\ 6$$

对应模拟低通滤波器的通带截止频率为

$$\Omega_p = \left| \frac{\cos\omega_0 - \cos\omega_{ph}}{\sin\omega_{ph}} \right| = 0.158\ 4$$

根据式（7.101），可求得 ω_{stl} 和 ω_{sth} 所对应的模拟低通滤波器的频率分别为

$$\Omega_{stl} = \frac{\cos\omega_0 - \cos\omega_{stl}}{\sin\omega_{stl}} = -0.594\ 4$$

$$\Omega_{st2} = \frac{\cos\omega_0 - \cos\omega_{sth}}{\sin\omega_{sth}} = 0.459\ 6$$

若对于较小的阻带截止频率，低通滤波器的阻带衰减大于 18 dB，则对于较大的阻带截止频率，阻带衰减也一定会大于 18 dB。因此可令该归一化模拟低通滤波器的阻带截止频

率为
$$\Omega_{\mathrm{st}} = \min(\mid \Omega_{\mathrm{st1}} \mid, \mid \Omega_{\mathrm{st2}} \mid) = 0.459\ 6$$

(2) 求模拟低通滤波器的系统函数。

该模拟低通滤波器的阶数为

$$N = \left\lceil \lg \frac{10^{\frac{\alpha_{\mathrm{s}}}{10}} - 1}{10^{\frac{\alpha_{\mathrm{p}}}{10}} - 1} \Big/ \left[2\lg\left(\frac{\Omega_{\mathrm{st}}}{\Omega_{\mathrm{p}}}\right) \right] \right\rceil = 2$$

由于 $\alpha_{\mathrm{p}} = 3$ dB，因此该模拟低通滤波器的 3 dB 截止频率为

$$\Omega_{\mathrm{c}} = \Omega_{\mathrm{p}} = 0.158\ 4$$

查表 7.1，可得归一化原型低通滤波器的系统函数为

$$H_{\mathrm{aN}}(\bar{s}) = \frac{1}{\bar{s}^2 + 1.414\ 2\bar{s} + 1}$$

根据式(7.63)，所要求的模拟低通滤波器的系统函数为

$$H_{\mathrm{lp}}(s) = H_{\mathrm{aN}}(\bar{s}) \mid_{\bar{s} = \frac{s}{\Omega_{\mathrm{p}}}} = \frac{1}{\dfrac{s^2}{\Omega_{\mathrm{p}}^2} + 1.414\ 2\dfrac{s}{\Omega_{\mathrm{p}}} + 1} = \frac{0.025\ 1}{s^2 + 0.224\ 0s + 0.025\ 1}$$

(3) 将模拟低通滤波器的系统函数转换为数字带通滤波器的系统函数。

根据式(7.100)，所要求的数字带通滤波器的系统函数为

$$H_{\mathrm{bp}}(z) = H_{\mathrm{lp}}(s) \Big|_{s = \frac{1 - 2\cos\omega_0 \times z^{-1} + z^{-2}}{1 - z^{-2}}}$$

$$= \frac{0.025\ 1}{\left(\dfrac{1 - 2\cos\omega_0 \times z^{-1} + z^{-2}}{1 - z^{-2}}\right)^2 + 0.224\ 0\ \dfrac{1 - 2\cos\omega_0 \times z^{-1} + z^{-2}}{1 - z^{-2}} + 0.025\ 1}$$

整理得

$$H_{\mathrm{bp}}(z) = \frac{0.020\ 1 - 0.040\ 2z^{-2} + 0.020\ 1z^{-4}}{1 - 1.637z^{-1} + 2.237z^{-2} - 1.307z^{-3} + 0.641z^{-4}}$$

例 7.10　设计数字切比雪夫 Ⅰ 型带阻滤波器，要求下通带截止频率 $\omega_{\mathrm{pl}} = 0.2\pi$，上通带截止频率 $\omega_{\mathrm{ph}} = 0.7\pi$，通带最大衰减 $\alpha_{\mathrm{p}} = 2$ dB，阻带下截止频率 $\omega_{\mathrm{stl}} = 0.3\pi$，阻带上截止频率 $\omega_{\mathrm{sth}} = 0.4\pi$，阻带最小衰减 $\alpha_{\mathrm{s}} = 20$ dB。要求采用直接由模拟低通滤波器变换为数字带阻滤波器的方法。

解　(1) 将数字滤波器的设计指标转换为相应的模拟低通滤波器指标。

根据式(7.115) 得

$$\cos\omega_0 = \frac{\sin(\omega_{\mathrm{sth}} + \omega_{\mathrm{stl}})}{\sin\omega_{\mathrm{sth}} + \sin\omega_{\mathrm{stl}}} = 0.459\ 6$$

对应模拟低通滤波器的阻带截止频率为

$$\Omega_{\mathrm{st}} = \frac{\sin\omega_{\mathrm{stl}}}{\cos\omega_{\mathrm{stl}} - \cos\omega_0} = 6.313\ 8$$

根据式(7.112)，可求得 ω_{pl} 和 ω_{ph} 所对应的模拟低通滤波器的频率分别为

$$\Omega_{\mathrm{pl}} = \frac{\sin\omega_{\mathrm{pl}}}{\cos\omega_{\mathrm{pl}} - \cos\omega_0} = -1.682\ 4$$

$$\Omega_{\mathrm{p2}} = \frac{\sin \omega_{\mathrm{ph}}}{\cos \omega_{\mathrm{ph}} - \cos \omega_0} = 0.772\ 4$$

若对于较大的通带截止频率,低通滤波器的通带衰减小于 2 dB,则对于较小的通带截止频率,阻带衰减也一定会小于 2 dB。因此可令该归一化模拟低通滤波器的通带截止频率为

$$\Omega_{\mathrm{p}} = \max(\mid \Omega_{\mathrm{p1}} \mid, \mid \Omega_{\mathrm{p2}} \mid) = 1.682\ 4$$

(2) 求模拟低通滤波器的系统函数。

该模拟低通滤波器的通带波纹参数为

$$\varepsilon = \sqrt{10^{\alpha_{\mathrm{p}}/10} - 1} = \sqrt{10^{2/10} - 1} = 0.764\ 8$$

该模拟低通滤波器的阶数为

$$N = \left\lceil \frac{\operatorname{arcch}(\sqrt{10^{\alpha_{\mathrm{s}}/10} - 1}/\varepsilon)}{\operatorname{arcch}(\Omega_{\mathrm{st}}/\Omega_{\mathrm{p}})} \right\rceil = 2$$

查表 7.4,可得归一化原型低通滤波器的系统函数为

$$H_{\mathrm{aN}}(\bar{s}) = \frac{d_0}{\bar{s}^2 + 0.803\ 8\bar{s} + 0.823\ 1}$$

其中

$$d_0 = \frac{1}{\varepsilon 2^{N-1}} = 0.653\ 8$$

根据式(7.63),所要求的模拟低通滤波器的系统函数为

$$H_{\mathrm{lp}}(s) = H_{\mathrm{aN}}(\bar{s}) \Big|_{\bar{s} = \frac{s}{\Omega_{\mathrm{p}}}}$$

$$= \frac{0.653\ 8}{\dfrac{s^2}{\Omega_{\mathrm{p}}^2} + 0.803\ 8\dfrac{s}{\Omega_{\mathrm{p}}} + 0.823\ 1} = \frac{1.850\ 6}{s^2 + 1.352\ 4s + 2.329\ 7}$$

(3) 将模拟低通滤波器的系统函数转换为数字带阻滤波器的系统函数。

根据式(7.112),所要求的数字带阻滤波器的系统函数为

$$H_{\mathrm{bs}}(z) = H_{\mathrm{lp}}(s) \Big|_{s = \frac{1-z^{-2}}{1-2\cos \omega_0 z^{-1} + z^{-2}}}$$

$$= \frac{1.850\ 6}{\left(\dfrac{1-z^{-2}}{1-2\cos \omega_0 z^{-1} + z^{-2}}\right)^2 + 1.352\ 4\dfrac{1-z^{-2}}{1-2\cos \omega_0 z^{-1} + z^{-2}} + 2.329\ 7}$$

整理得

$$H_{\mathrm{bs}}(z) = \frac{0.395 + 0.727z^{-1} + 1.125z^{-2} + 0.727z^{-3} + 0.395z^{-4}}{1 - 1.180z^{-1} + 0.989z^{-2} + 0.649z^{-3} + 0.422z^{-4}}$$

7.4 IIR 数字滤波器设计的 MATLAB 实现

与本章内容相关的一些常用 MATLAB 函数及用法如下:

1. 求模拟滤波器的阶数

(1)$[n, Wn] = \mathrm{buttord}(Wp, Ws, Rp, Rs, 's')$。

(2)$[n,Wn]=$cheb1ord$(Wp,Ws,Rp,Rs,'s')$。

(3)$[n,Wn]=$cheb2ord$(Wp,Ws,Rp,Rs,'s')$。

(1)、(2)、(3)分别对应巴特沃斯滤波器、切比雪夫Ⅰ型滤波器和切比雪夫Ⅱ型滤波器。式中 Wp 和 Ws 分为通带截止频率和阻带截止频率,单位为 rad/s;Rp 和 Rs 分别为通带最大衰减和阻带最小衰减,单位为 dB;'s'表示模拟滤波器。对于低通滤波器及高通滤波器,Wp 和 Ws 均为标量;对于带通滤波器及带阻滤波器,Wp 和 Ws 均为二元向量。函数返回值 n 为滤波器的阶数,Wn 为截止频率。

2. 求归一化模拟原型低通滤波器的零极点及增益

(1)$[z,p,k]=$buttap(n)。

(2)$[z,p,k]=$cheb1ap(n, Rp)。

(3)$[z,p,k]=$cheb2ap(n, Rs)。

(1)、(2)、(3)分别对应巴特沃斯滤波器、切比雪夫Ⅰ型滤波器和切比雪夫Ⅱ型滤波器。函数返回值 z、p、k 分别为滤波器的零点、极点及增益。n、Rp 和 Rs 同上面第 1 项的解释。

3. 滤波器零极点及增益与传递函数的相互转换

(1)$[b,a]=$zp2tf(z,p,k)。

(2)$[z,p,k]=$tf2zp$[b,a]$。

(1)将滤波器的零极点及增益转换为系统函数,(2)将滤波器的系统函数转换为零极点及增益。b、a 分别为滤波器系统函数分子多项式和分母多项式的系数行向量,按 s 的降幂次序排列,最末项为 s^0 的系数。z、p、k 同上面第 2 项的解释。

4. 将归一化模拟原型低通滤波器转换为低通、高通、带通及带阻滤波器

(1)$[bt,at]=$lp2lp(b,a,Wo)。

(2)$[bt,at]=$lp2hp(b,a,Wo)。

(3)$[bt,at]=$lp2bp(b,a,Wo,Bw)。

(4)$[bt,at]=$lp2bs(b,a,Wo,Bw)。

(1)、(2)、(3)、(4)分别对应低通、高通、带通及带阻滤波器。式中 b、a 分别为归一化模拟原型低通滤波器系统函数的分子多项式和分母多项式的系数行向量。对于低通滤波器或高通滤波器,Wo 为截止频率;对于带通滤波器或带阻滤波器,Wo 为通带或阻带几何中心频率(Wo$=\sqrt{W_l W_h}$,W_l 和 W_h 分别为通带或阻带的下截止频率和上截止频率),Bw 为通带或阻带带宽。函数返回值 bt、at 分别为求得的模拟滤波器系统函数的分子多项式和分母多项式的系数行向量。

5. 模拟滤波器的设计

(1)$[b,a]=$butter$(n,Wn,'ftype','s')$。

$[z,p,k]=$butter$(n,Wn,'ftype','s')$。

(2)$[b,a]=$cheby1$(n,Rp,Wn,'ftype','s')$。

$[z,p,k]=$cheby1$(n,Rp,Wn,'ftype','s')$。

(3) $[b,a]=cheby1(n,Rs,Wn,'ftype','s')$。

$[z,p,k]=cheby1(n,Rs,Wn,'ftype','s')$。

(1)、(2)、(3) 分别对应巴特沃斯滤波器、切比雪夫 Ⅰ 型滤波器和切比雪夫 Ⅱ 型滤波器。式中 Wn 为截止频率;'ftype' 为滤波器的类型,其值可为 'low'、'high'、'bandpass' 或 'stop',分别代表低通、高通、带通及带阻滤波器,缺省时代表低通或带通滤波器。当设计低通或高通滤波器时,Wn 为标量,当设计带通或带阻滤波器时,Wn 为二元向量。其余参数同上面第 1、3 项的解释。

6. 冲激响应不变法实现模拟滤波器到数字滤波器的变换

$$[bz,az]=impinvar(b,a,fs)$$

式中 b、a 分别为模拟滤波器系统函数的分子多项式和分母多项式的系数向量;fs 为抽样频率,单位为 Hz,缺省时 fs=1。函数返回值 bz、az 分别为求得的数字滤波器系统函数的分子多项式和分母多项式的系数行向量,按 z^{-1} 的升幂次序排列,第一项为 z^0 的系数。

7. 双线性变换法实现模拟滤波器到数字滤波器的变换

$$[bz,az]=bilinear(b,a,fs)$$

$$[zd,pd,kd]=bilinear(z,p,k,fs)$$

式中 z、p、k 分别为模拟滤波器的零点、极点及增益。函数返回值 zd、pd、kd 分别为求得的数字滤波器的零点、极点及增益。其余参数同上面第 6 项的解释。

8. 求 IIR 数字滤波器的阶数

(1) $[n,Wn]=buttord(Wp,Ws,Rp,Rs)$。

(2) $[n,Wn]=cheb1ord(Wp,Ws,Rp,Rs)$。

(3) $[n,Wn]=cheb2ord(Wp,Ws,Rp,Rs)$。

(1)、(2)、(3) 分别对应巴特沃斯滤波器、切比雪夫 Ⅰ 型滤波器和切比雪夫 Ⅱ 型滤波器。式中 Wp 和 Ws 分为通带截止频率和阻带截止频率,是对 π 归一化的数字频率,取值在 0～1 之间,1 对应抽样频率的一半。其余参数同上面第 1 项的解释。

9. IIR 数字滤波器的设计

(1) $[b,a]=butter(n,Wn,'ftype')$。

$[z,p,k]=butter(n,Wn,'ftype')$。

(2) $[b,a]=cheby1(n,Rp,Wn,'ftype')$。

$[z,p,k]=cheby1(n,Rp,Wn,'ftype')$。

(3) $[b,a]=cheby1(n,Rs,Wn,'ftype')$。

$[z,p,k]=cheby1(n,Rs,Wn,'ftype')$。

(1)、(2)、(3) 分别对应巴特沃斯滤波器、切比雪夫 Ⅰ 型滤波器和切比雪夫 Ⅱ 型滤波器。式中 Wn 代表数字滤波器截止频率,是对 π 归一化的数字频率。函数返回值 b、a 分别为求得的数字滤波器系统函数的分子多项式和分母多项式的系数行向量,按 z^{-1} 的升幂次序排列,第一项为 z^0 的系数。其余参数同上面第 5 项的解释。

下面给出几个 MATLAB 设计 IIR 数字滤波器的实例。

例 7.11 用 MATLAB 设计数字巴特沃斯低通滤波器,要求采用冲激响应不变法,通

带截止频率 $\omega_p = 0.2\pi$,通带最大衰减 $\alpha_p = 3$ dB,阻带截止频率 $\omega_{st} = 0.6\pi$,阻带最小衰减 $\alpha_s = 15$ dB。

解 本例题中的技术指标与例 7.6 相同。

实现的 MATLAB 程序代码如下:

```
clear all;
Wp = 0.2 * pi; Wst = 0.6 * pi;                    % 数字截止频率
Ap = 3; As = 15;                                   % 通带最大衰减及阻带最小衰减
                                                    (dB)
Ts = 1;   a                                        % 抽样间隔
Wp_a = Wp/Ts; Wst_a = Wst/Ts;                      % 模拟截止频率(rad/s)
[n,w] = buttord(Wp_a,Wst_a,Ap,As,'s');            % 确定阶数
if Ap == 3                                          % 确定 3 dB 截止频率
    Wc_a = Wp_a;
else
    Wc_a = Wp_a/((10^(Ap/10) − 1)^(0.5/n));
end
[bs,as] = butter(n,Wc_a,'s');                      % 模拟滤波器系统函数分子
                                                    % 分母系数
[bz,az] = impinvar(bs,as,1/Ts)                     % 冲激响应不变法将 AF 变
                                                    % 换为 DF
H1 = freqz(bz,az,[Wp Wst]);                         % 检验衰减指标
[H,w] = freqz(bz,az);
Apr = −20 * log10(abs(H1(1))/max(abs(H)))
Asr = −20 * log10(abs(H1(2))/max(abs(H)))
dBH = 20 * log10(abs(H)/max(abs(H)));               % 幅频响应(dB)
plot(w/pi,dBH);
grid on;
xlabel('\omega/\pi');
ylabel(' | H(e^{j\omega}) | /dB');
```

程序运行结果如下:

```
bz = 0   0.24492   0
az = 1   − 1.158   0.41124
Apr = 2.7284
Asr = 16.491
```

输出的数字滤波器幅频响应曲线如图 7.13 所示。

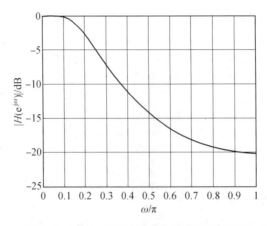

图 7.13 例 7.11 数字滤波器幅频响应曲线

例 7.12 用 MATLAB 设计数字切比雪夫 Ⅰ 型带阻滤波器,要求采用双线性变换法,下通带截止频率 $\omega_{pl}=0.2\pi$,上通带截止频率 $\omega_{ph}=0.7\pi$,通带最大衰减 $\alpha_p=2$ dB,阻带下截止频率 $\omega_{stl}=0.3\pi$,阻带上截止频率 $\omega_{sth}=0.4\pi$,阻带最小衰减 $\alpha_s=20$ dB。

解 本例题中的技术指标与例 7.10 相同。

实现的 MATLAB 程序代码如下:

```
clear all;
Wpl=0.2 * pi;Wph=0.7 * pi;                  % 数字截止频率
Wstl=0.3 * pi;Wsth=0.4 * pi;
Ap=2;As=20;                                 % 通带最大衰减及阻带最小衰减(dB)
Ts=2;                                       % 抽样间隔
c=2/Ts;                                     % 变换常数
Wpl_a=c * tan(Wpl/2);Wph_a=c * tan(Wph/2);  % 模拟截止频率
Wstl_a=c * tan(Wstl/2);Wsth_a=c * tan(Wsth/2);
[n,Wn]=cheb1ord([Wpl_a,Wph_a],[Wstl_a,Wsth_a],Ap,As,'s');
                                            % 确定阶数和截止频率
[bs,as]=cheby1(n,Ap,Wn,'stop','s');         % 模拟滤波器系统函数分子分母系数
[bz,az]=bilinear(bs,as,1/Ts)                % 双线性变换法将 AF 变换为 DF
[H,w]=freqz(bz,az);
dBH=20 * log10(abs(H)/max(abs(H)));         % 幅频响应(dB)
plot(w/pi,dBH);
grid on;
xlabel('\omega/\pi');
ylabel('| H(e^{j\omega}) | /dB');
```

程序运行结果如下：

  bz = 0.39531　　−0.7268　　1.1247　　−0.7268　　0.39531

  az = 1　　−1.1805　　0.98887　　−0.64949　　0.42236

输出的数字滤波器幅频响应曲线如图 7.14 所示。

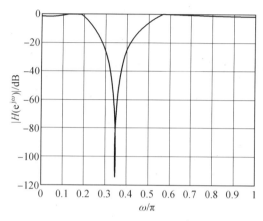

图 7.14　例 7.12 数字滤波器幅频响应曲线

例 7.13　用 MATLAB 设计数字巴特沃斯高通滤波器，要求通带截止频率 $\omega_p = 0.6\pi$，通带最大衰减 $\alpha_p = 1$ dB，阻带截止频率 $\omega_{st} = 0.4\pi$，阻带最小衰减 $\alpha_s = 15$ dB。

解　实现的 MATLAB 程序代码如下：

```
clear all;
Wp = 0.6 * pi; Wst = 0.4 * pi;              % 数字截止频率
Ap = 1; As = 15;                            % 通带最大衰减及阻带最小衰减(dB)
[n, Wn] = buttord(Wp/pi, Wst/pi, Ap, As)    % 确定阶数和截止频率
[bz, az] = butter(n, Wn, 'high')
[H, w] = freqz(bz, az);
dBH = 20 * log10(abs(H)/max(abs(H)));       % 幅频响应(dB)
plot(w/pi, dBH);
grid on;
xlabel('\omega/\pi');
ylabel('|H(e^{j\omega})|/dB');
```

程序运行结果如下：

  bz = 0.39531　　−0.7268　　1.1247　　−0.7268　　0.39531

  az = 1　　−1.1805　　0.98887　　−0.64949　　0.42236

输出的数字滤波器幅频响应曲线如图 7.15 所示。

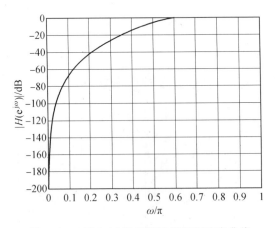

图 7.15 例 7.13 数字滤波器幅频响应曲线

习 题

7.1 设计模拟巴特沃斯低通滤波器,要求通带截止频率 $f_p = 500$ Hz,通带最大衰减 $\alpha_p = 1$ dB,阻带截止频率 $f_{st} = 1\,000$ Hz,阻带最小衰减 $\alpha_s = 20$ dB。

7.2 设计模拟切比雪夫 Ⅰ 型低通滤波器,要求通带截止频率 $f_p = 3\,000$ Hz,通带最大衰减 $\alpha_p = 2$ dB,阻带截止频率 $f_{st} = 5\,000$ Hz,阻带最小衰减 $\alpha_s = 15$ dB。

7.3 设计模拟切比雪夫 Ⅰ 型高通滤波器,要求阻带截止频率 $f_{st} = 30$ Hz,阻带最小衰减 $\alpha_s = 25$ dB,通带截止频率 $f_p = 50$ Hz,通带最大衰减 $\alpha_p = 1$ dB。

7.4 设计模拟巴特沃斯带通滤波器,要求通带上、下截止频率 $f_{ph} = 1\,500$ Hz,$f_{pl} = 1\,000$ Hz,通带最大衰减 $\alpha_p = 2$ dB,上、下阻带截止频率 $f_{sth} = 2\,000$ Hz,$f_{stl} = 500$ Hz,阻带最小衰减 $\alpha_s = 15$ dB。

7.5 模拟滤波器的系统函数为 $H_a(s) = \dfrac{2}{s^2 + 4s + 3}$,用冲激响应不变法将其转换为 IIR 数字滤波器的系统函数 $H(z)$,抽样间隔 $T = 1$ s。

7.6 模拟滤波器的系统函数为 $H_a(s) = \dfrac{1}{s^2 + 3s + 2}$,用双线性变换法将其转换为 IIR 数字滤波器的系统函数 $H(z)$,抽样间隔 $T = 0.5$ s。

7.7 用双线性变换法设计巴特沃斯低通数字滤波器,要求:

(1) $f < 1\,000$ Hz 时,衰减小于 3 dB;

(2) $f > 1\,500$ Hz 时,衰减大于 10 dB;

(3) 抽样频率 $f_s = 10\,000$ Hz。

7.8 采用直接由模拟低通滤波器变换为数字带阻滤波器的方法设计切比雪夫 Ⅰ 型带阻数字滤波器,要求:

(1) 300 Hz $\leqslant f \leqslant$ 500 Hz 时,衰减大于 15 dB;

(2) 0 $\leqslant f \leqslant$ 200 Hz 或 $f \geqslant$ 700 Hz 时,衰减小于 3 dB;

(3) 抽样频率 $f_s = 2\,000$ Hz。

第 8 章

有限长单位冲激响应(FIR)数字滤波器的设计方法

在第 7 章中介绍了无限长单位冲激响应(IIR)数字滤波器的设计方法,其主要优点是可以利用模拟滤波器设计的结果,方便简单。但 IIR 数字滤波器的缺点也很明显,就是相位的非线性,若需要线性相位,则要用相位均衡网络进行校正。在数字通信和图像传输与处理等应用场合都要求滤波器具有线性相位。有限长单位冲激响应(FIR)数字滤波器可以方便地实现线性相位,另外由于单位冲激响应是有限长的,滤波器一定是稳定的,并且可以用 FFT 算法来实现信号过滤,运算效率得到极大提高,因而在数字信号处理领域得到广泛应用。在滤波器衰减性能要求相同的情况下,IIR 滤波器的阶数更小,成本更低,因此非线性相位的滤波器通常采用 IIR 滤波器来实现。本章主要讨论线性相位的 FIR 数字滤波器。

8.1 线性相位 FIR 数字滤波器及其特点

8.1.1 线性相位条件

假设 FIR 数字滤波器的单位冲激响应 $h(n)$ 的长度为 N,其 z 变换为

$$H(z) = \sum_{n=0}^{N-1} h(n) z^{-n} \tag{8.1}$$

频率响应为

$$H(e^{j\omega}) = \sum_{n=0}^{N-1} h(n) e^{-j\omega n} \tag{8.2}$$

$H(e^{j\omega})$ 可以表示为

$$H(e^{j\omega}) = H(\omega) e^{j\theta(\omega)} \tag{8.3}$$

式中,$H(\omega)$ 称为幅度函数,是 ω 的实函数,取值可正可负,与 $|H(e^{j\omega})|$ 不同;$\theta(\omega)$ 称为相位函数。

线性相位意味着相位函数 $\theta(\omega)$ 为频率的线性函数,即 $\theta(\omega)$ 满足如下条件:

$$\theta(\omega) = -\tau\omega \tag{8.4}$$

或

$$\theta(\omega) = \theta_0 - \tau\omega \tag{8.5}$$

满足式(8.4)称为第一类线性相位,满足式(8.5)称为第二类线性相位。通过线性相位系统的不同频率分量的延时相同,即系统的群延时为常数

$$\tau_g(\omega) = -\frac{\mathrm{d}\theta(\omega)}{\mathrm{d}\omega} = \tau \tag{8.6}$$

1. 第一类线性相位条件

将式(8.2)、式(8.4)代入式(8.3)得

$$H(\omega)\mathrm{e}^{-\mathrm{j}\tau\omega} = \sum_{n=0}^{N-1} h(n)\mathrm{e}^{-\mathrm{j}\omega n} \tag{8.7}$$

$$H(\omega)\left[\cos\tau\omega - \mathrm{j}\sin\tau\omega\right] = \sum_{n=0}^{N-1} h(n)\left[\cos\omega n - \mathrm{j}\sin\omega n\right] \tag{8.8}$$

因此有

$$\frac{\sin\tau\omega}{\cos\tau\omega} = \frac{\displaystyle\sum_{n=0}^{N-1} h(n)\sin\omega n}{\displaystyle\sum_{n=0}^{N-1} h(n)\cos\omega n} \tag{8.9}$$

$$\sin\tau\omega \sum_{n=0}^{N-1} h(n)\cos\omega n = \cos\tau\omega \sum_{n=0}^{N-1} h(n)\sin\omega n \tag{8.10}$$

$$\sum_{n=0}^{N-1} h(n)\left[\cos\omega n\sin\tau\omega - \sin\omega n\cos\tau\omega\right] = 0 \tag{8.11}$$

应用三角函数的恒等关系,可得

$$\sum_{n=0}^{N-1} h(n)\sin\left[(\tau-n)\omega\right] = 0 \tag{8.12}$$

要使式(8.12)成立,只需满足 $h(n)\sin\left[(\tau-n)\omega\right]$ 以 $\dfrac{N-1}{2}$ 为中心奇对称即可,即满足

$$\tau = \frac{N-1}{2} \tag{8.13}$$

$$h(n) = h(N-1-n) \quad (0 \leqslant n \leqslant N-1) \tag{8.14}$$

式(8.14)是FIR滤波器具有第一类线性相位的充要条件,它要求单位冲激响应 $h(n)$ 以 $\dfrac{N-1}{2}$ 为中心偶对称,此时延时为 $\tau = \dfrac{N-1}{2}$。

2. 第二类线性相位条件

对式(8.5)做类似的推导可得,若FIR滤波器具有第二类线性相位,要求

$$\sum_{n=0}^{N-1} h(n)\sin\left[(\tau-n)\omega - \theta_0\right] = 0 \tag{8.15}$$

要使式(8.15)成立,只需满足

$$\tau = \frac{N-1}{2} \tag{8.16}$$

$$\theta_0 = \pm\frac{\pi}{2} \tag{8.17}$$

$$h(n) = -h(N-1-n) \quad (0 \leqslant n \leqslant N-1) \tag{8.18}$$

式(8.18)是FIR滤波器具有第二类线性相位的充要条件,它要求单位冲激响应 $h(n)$ 以 $\dfrac{N-1}{2}$ 为中心奇对称,此时延时为 $\tau = \dfrac{N-1}{2}$。第二类线性相位与第一类线性相位的不同之

处在于除了产生线性相位外,还具有 $\pm\dfrac{\pi}{2}$ 的固定相移。

由于线性相位 FIR 数字滤波器的单位冲激响应 $h(n)$ 有奇对称和偶对称两种,而 $h(n)$ 的点数 N 又有奇数、偶数两种情况,因此 $h(n)$ 有四种类型,如图 8.1 所示,分别对应四种类型线性相位 FIR 数字滤波器。

图 8.1　四种类型线性相位 FIR 数字滤波器的单位冲激响应

8.1.2　线性相位 FIR 数字滤波器的频率响应

线性相位 FIR 数字滤波器的单位冲激响应应满足式(8.14) 或式(8.18),即

$$h(n) = \pm h(N-1-n) \tag{8.19}$$

系统函数可表示为

$$H(z) = \sum_{n=0}^{N-1} h(n)z^{-n} = \sum_{n=0}^{N-1} \pm h(N-1-n)z^{-n}$$

$$= \sum_{m=0}^{N-1} \pm h(m)z^{-(N-1-m)} = \pm z^{-(N-1)} \sum_{m=0}^{N-1} h(m)z^{m} \tag{8.20}$$

即

$$H(z) = \pm z^{-(N-1)} H(z^{-1}) \tag{8.21}$$

因此有

$$H(z) = \frac{1}{2}\left[H(z) \pm z^{-(N-1)} H(z^{-1})\right] = \frac{1}{2}\sum_{n=0}^{N-1} h(n)\left[z^{-n} \pm z^{-(N-1)} z^{n}\right]$$

$$= z^{-\frac{N-1}{2}} \sum_{n=0}^{N-1} h(n) \frac{z^{\frac{N-1}{2}-n} \pm z^{-\left(\frac{N-1}{2}-n\right)}}{2} \tag{8.22}$$

令 $z = e^{j\omega}$,代入式(8.22),可得频率响应为

$$H(e^{j\omega}) = H(z)\big|_{z=e^{j\omega}} = e^{-j\left(\frac{N-1}{2}\right)\omega} \sum_{n=0}^{N-1} h(n) \frac{e^{j\left(\frac{N-1}{2}-n\right)\omega} \pm e^{-j\left(\frac{N-1}{2}-n\right)\omega}}{2} \tag{8.23}$$

式(8.19)～(8.23)中的"±"取"+"时对应 $h(n)$ 偶对称的情况；"±"取"−"时对应 $h(n)$ 奇对称的情况。下面对这两种情况分别进行讨论。

1. $h(n)$ 偶对称

当 $h(n)$ 以 $\dfrac{N-1}{2}$ 为中心偶对称时，式(8.23)中的"±"取"+"，频率响应可表示为

$$H(\mathrm{e}^{\mathrm{j}\omega}) = \mathrm{e}^{-\mathrm{j}\left(\frac{N-1}{2}\right)\omega} \sum_{n=0}^{N-1} h(n) \frac{\mathrm{e}^{\mathrm{j}\left(\frac{N-1}{2}-n\right)\omega} + \mathrm{e}^{-\mathrm{j}\left(\frac{N-1}{2}-n\right)\omega}}{2}$$

$$= \mathrm{e}^{-\mathrm{j}\left(\frac{N-1}{2}\right)\omega} \sum_{n=0}^{N-1} h(n) \cos\left[\left(\frac{N-1}{2}-n\right)\omega\right] \tag{8.24}$$

对比式(8.24)和式(8.3)，可得幅度函数为

$$H(\omega) = \sum_{n=0}^{N-1} h(n) \cos\left[\left(\frac{N-1}{2}-n\right)\omega\right] \tag{8.25}$$

相位函数为

$$\theta(\omega) = -\left(\frac{N-1}{2}\right)\omega \tag{8.26}$$

幅度函数 $H(\omega)$ 可为正值或负值，相位函数 $\theta(\omega)$ 为第一类线性相位，如图 8.2(a) 所示。

2. $h(n)$ 奇对称

当 $h(n)$ 以 $\dfrac{N-1}{2}$ 为中心奇对称时，式(8.23)中的"±"取"−"，频率响应可表示为

$$H(\mathrm{e}^{\mathrm{j}\omega}) = \mathrm{e}^{-\mathrm{j}\left(\frac{N-1}{2}\right)\omega} \sum_{n=0}^{N-1} h(n) \frac{\mathrm{e}^{\mathrm{j}\left(\frac{N-1}{2}-n\right)\omega} - \mathrm{e}^{-\mathrm{j}\left(\frac{N-1}{2}-n\right)\omega}}{2}$$

$$= \mathrm{e}^{-\mathrm{j}\left(\frac{N-1}{2}\right)\omega} \sum_{n=0}^{N-1} h(n) \times \mathrm{j}\sin\left[\left(\frac{N-1}{2}-n\right)\omega\right]$$

$$= \mathrm{e}^{-\mathrm{j}\left(\frac{N-1}{2}\right)\omega + \mathrm{j}\frac{\pi}{2}} \sum_{n=0}^{N-1} h(n) \sin\left[\left(\frac{N-1}{2}-n\right)\omega\right] \tag{8.27}$$

对比式(8.27)和式(8.3)，可得幅度函数为

$$H(\omega) = \sum_{n=0}^{N-1} h(n) \sin\left[\left(\frac{N-1}{2}-n\right)\omega\right] \tag{8.28}$$

相位函数为

$$\theta(\omega) = -\left(\frac{N-1}{2}\right)\omega + \frac{\pi}{2} \tag{8.29}$$

相位函数 $\theta(\omega)$ 为第二类线性相位，具有 $\dfrac{\pi}{2}$ 的固定相移，如图 8.2(b) 所示。

8.1.3 线性相位 FIR 数字滤波器幅度函数特点

下面分四种情况讨论线性相位 FIR 数字滤波器幅度函数 $H(\omega)$ 的特点。

1. 类型 1——$h(n)$ 偶对称，N 为奇数

根据式(8.25)，当 $h(n)$ 以 $\dfrac{N-1}{2}$ 为中心偶对称时，幅度函数为

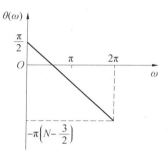

(a) $h(n)$偶对称　　　　　　　　　　(b) $h(n)$奇对称

图 8.2　线性相位 FIR 数字滤波器的相位特性

$$H(\omega) = \sum_{n=0}^{N-1} h(n) \cos\left[\left(\frac{N-1}{2} - n\right)\omega\right]$$

由于 $h(n)$ 和 $\cos\left[\left(\dfrac{N-1}{2} - n\right)\omega\right]$ 均以 $\dfrac{N-1}{2}$ 为中心偶对称,因此可以把两两相等的项

进行合并,又由于 N 是奇数,故余下中间项 $h\left(\dfrac{N-1}{2}\right)$,此时幅度函数可以表示为

$$H(\omega) = h\left(\frac{N-1}{2}\right) + \sum_{n=0}^{(N-3)/2} 2h(n)\cos\left[\left(\frac{N-1}{2} - n\right)\omega\right] \tag{8.30}$$

令 $m = \dfrac{N-1}{2} - n$,则有

$$H(\omega) = h\left(\frac{N-1}{2}\right) + \sum_{m=1}^{(N-1)/2} 2h\left(\frac{N-1}{2} - m\right)\cos m\omega = \sum_{n=0}^{(N-1)/2} a(n)\cos n\omega \tag{8.31}$$

式中

$$a(n) = \begin{cases} h\left(\dfrac{N-1}{2}\right) & (n=0) \\[2mm] 2h\left(\dfrac{N-1}{2} - n\right) & \left(n=1,2,\cdots,\dfrac{N-1}{2}\right) \end{cases} \tag{8.32}$$

由于 $\cos n\omega$ 对于 $\omega = 0$,π,2π 均呈偶对称,因此 $H(\omega)$ 对于 $\omega = 0$,π,2π 也是呈偶对称的。

2. 类型 2——$h(n)$ 偶对称,N 为偶数

根据式(8.25),当 $h(n)$ 以 $\dfrac{N-1}{2}$ 为中心偶对称,N 为偶数时,幅度函数可以表示为

$$H(\omega) = \sum_{n=0}^{N/2-1} 2h(n)\cos\left[\left(\frac{N-1}{2} - n\right)\omega\right] \tag{8.33}$$

令 $m = \dfrac{N}{2} - n$,则有

$$H(\omega) = \sum_{m=1}^{N/2} 2h\left(\frac{N}{2} - m\right)\cos\left[\left(m - \frac{1}{2}\right)\omega\right] = \sum_{n=1}^{N/2} b(n)\cos\left[\left(n - \frac{1}{2}\right)\omega\right] \tag{8.34}$$

式中

$$b(n) = 2h\left(\frac{N}{2} - n\right) \quad \left(n=1,2,\cdots,\frac{N}{2}\right) \tag{8.35}$$

由于 $\cos\left[\left(n-\dfrac{1}{2}\right)\omega\right]$ 对于 $\omega=\pi$ 呈奇对称,对于 $\omega=0$,2π 呈偶对称,因此 $H(\omega)$ 同样对于 $\omega=\pi$ 呈奇对称,对于 $\omega=0$,2π 呈偶对称。当 $\omega=\pi$ 时,$H(\omega)$ 的值为零,因此 $H(z)$ 在 $z=-1$ 处必然有一个零点。

3. 类型 3——$h(n)$ 奇对称,N 为奇数

根据式(8.28),当 $h(n)$ 以 $\dfrac{N-1}{2}$ 为中心奇对称,N 为奇数时,幅度函数可以表示为

$$H(\omega)=\sum_{n=0}^{(N-3)/2}2h(n)\sin\left[\left(\frac{N-1}{2}-n\right)\omega\right] \tag{8.36}$$

令 $m=\dfrac{N-1}{2}-n$,则有

$$H(\omega)=\sum_{m=1}^{(N-1)/2}2h\left(\frac{N-1}{2}-m\right)\sin m\omega=\sum_{n=1}^{(N-1)/2}c(n)\sin n\omega \tag{8.37}$$

式中

$$c(n)=2h\left(\frac{N-1}{2}-n\right) \quad \left(n=1,2,\cdots,\frac{N-1}{2}\right) \tag{8.38}$$

由于 $\sin n\omega$ 对于 $\omega=0$,π,2π 均呈奇对称,因此 $H(\omega)$ 对于 $\omega=0$,π,2π 也是奇对称的。当 $\omega=0$,π,2π 时,$H(\omega)$ 的值均为零,因此 $H(z)$ 在 $z=\pm1$ 处必然为零点。

4. 类型 4——$h(n)$ 奇对称,N 为偶数

根据式(8.28),当 $h(n)$ 以 $\dfrac{N-1}{2}$ 为中心奇对称,N 为偶数时,幅度函数可以表示为

$$H(\omega)=\sum_{n=0}^{N/2-1}2h(n)\sin\left[\left(\frac{N-1}{2}-n\right)\omega\right] \tag{8.39}$$

令 $m=\dfrac{N}{2}-n$,则有

$$H(\omega)=\sum_{m=1}^{N/2}2h\left(\frac{N}{2}-m\right)\sin\left[\left(m-\frac{1}{2}\right)\omega\right]=\sum_{n=1}^{N/2}d(n)\sin\left[\left(n-\frac{1}{2}\right)\omega\right] \tag{8.40}$$

式中

$$d(n)=2h\left(\frac{N}{2}-n\right) \quad \left(n=1,2,\cdots,\frac{N}{2}\right) \tag{8.41}$$

由于 $\sin\left[\left(n-\dfrac{1}{2}\right)\omega\right]$ 对于 $\omega=0$,2π 呈奇对称,对于 $\omega=\pi$ 呈偶对称,因此 $H(\omega)$ 同样对于 $\omega=0$,2π 呈奇对称,对于 $\omega=\pi$ 呈偶对称。当 $\omega=0$,2π 时,$H(\omega)$ 的值为零,因此 $H(z)$ 在 $z=1$ 处必然为零点。

类型 1 用于设计低通、高通、带通及带阻滤波器均可;类型 2 由于当 $\omega=\pi$ 时,$H(\omega)$ 的值为零,因此可用于设计低通和带通滤波器,不能用于设计高通和带阻滤波器;类型 3 由于当 $\omega=0$,π,2π 时,$H(\omega)$ 的值均为零,因此可用于设计带通滤波器,不能用于设计低通、高通和带阻滤波器;类型 4 由于当 $\omega=0$,2π 时,$H(\omega)$ 的值为零,因此可用于设计高通和带通滤波器,不能用于设计低通和带阻滤波器。

四种类型线性相位 FIR 数字滤波器的特性归纳在表 8.1 中。可以看出,线性相位 FIR

数字滤波器的相位函数只取决于的 $h(n)$ 对称性,而与 $h(n)$ 的值无关,其幅度函数取决于 $h(n)$ 的值。因此,设计线性相位 FIR 数字滤波器时,保证 $h(n)$ 对称性的条件下,只需完成幅度函数的逼近即可。

表 8.1　四种类型线性相位 FIR 数字滤波器的特性

8.1.4 零点位置

根据式(8.21),线性相位 FIR 数字滤波器的系统函数可以表示为

$$H(z) = \pm z^{-(N-1)} H(z^{-1})$$

因此,若 $z = z_i$ 为 $H(z)$ 的零点,则 $z = z_i^{-1}$ 也一定是 $H(z)$ 的零点,当单位冲激响应 $h(n)$ 为实数时,$H(z)$ 的零点必成共轭对,$z = z_i^*$ 和 $z = (z_i^*)^{-1}$ 也必定为 $H(z)$ 的零点。由此可见,线性相位 FIR 数字滤波器的零点一定是互为倒数的共轭对。这种互为倒数的共轭对零点有四种可能。

(1)z_i 既不在实轴上,也不在单位圆上,此时有互为倒数的两组共轭对零点,如图8.3(a)所示。

(2)z_i 不在实轴上,但在单位圆上,由于其倒数等于其共轭,因而此时有一对单位圆上的共轭零点,如图 8.3(b) 所示。

(3)z_i 在实轴上,但不在单位圆上,由于其共轭是其本身,因而此时有一对实轴上互为倒数的零点,如图 8.3(c) 所示。

(4)z_i 既在实轴上,又在单位圆上,由于其共轭和其倒数均为其本身,因而此时零点单个出现,包括两种情况:$z_i = 1$ 和 $z_i = -1$,分别如图 8.3(d) 和 8.3(e) 所示。

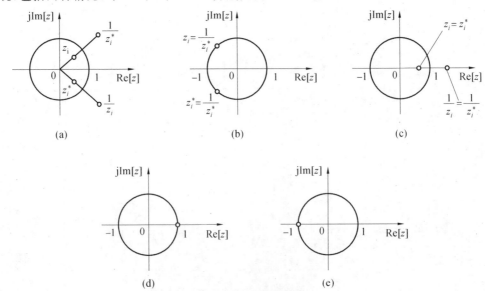

图 8.3　线性相位 FIR 数字滤波器的零点位置

8.2　窗函数法设计 FIR 数字滤波器

理想滤波器的单位冲激响应为无限长非因果序列,因而在物理上是不可实现的。窗函数法设计 FIR 数字滤波器的基本思想是截取该无限长非因果序列中的一段因果序列,并采用适当的窗函数进行加权后作为 FIR 数字滤波器的单位冲激响应,使其频率响应能够逼近理想滤波器的频率响应。

8.2.1　窗函数法的基本原理

窗函数法设计 FIR 数字滤波器,一般是先给出希望逼近的理想滤波器的频率响应函数 $H_d(e^{j\omega})$,之后由 $H_d(e^{j\omega})$ 导出其单位冲激响应 $h_d(n)$,再用有限长度的窗函数序列 $w(n)$ 来截取 $h_d(n)$,即可得到 FIR 数字滤波器的单位冲激响应 $h(n)$。

这里以采用矩形窗函数设计线性相位 FIR 低通数字滤波器为例进行说明。假设要逼近的线性相位理想低通数字滤波器的截止频率为 ω_c,群延时为 τ,则其频率响应为

$$H_d(e^{j\omega}) = \begin{cases} e^{-j\omega\tau} & (\mid \omega \mid \leqslant \omega_c) \\ 0 & (\omega_c < \mid \omega \mid \leqslant \pi) \end{cases} \tag{8.42}$$

式中,$H_d(e^{j\omega})$ 也可表示为幅度函数 $H_d(\omega)$ 与相位因子相乘的形式

$$H_d(e^{j\omega}) = H_d(\omega)e^{-j\omega\tau} \tag{8.43}$$

式中

$$H_d(\omega) = \begin{cases} 1 & (\mid \omega \mid \leqslant \omega_c) \\ 0 & (\omega_c < \mid \omega \mid \leqslant \pi) \end{cases} \tag{8.44}$$

可以看出,在通带 $\mid \omega \mid \leqslant \omega_c$ 范围内,$H_d(e^{j\omega})$ 的幅度是均匀的,其值为1,相位是 $-\omega\tau$。

该理想低通数字滤波器的单位冲激响应为

$$h_d(n) = \frac{1}{2\pi}\int_{-\pi}^{\pi} H_d(e^{j\omega})e^{j\omega n}d\omega = \frac{1}{2\pi}\int_{-\omega_c}^{\omega_c} e^{-j\omega\tau}e^{j\omega n}d\omega$$

$$= \begin{cases} \dfrac{\sin[\omega_c(n-\tau)]}{\pi(n-\tau)} & (n \neq \tau) \\ \omega_c/\pi & (n = \tau, \tau \text{ 为整数时}) \end{cases} \tag{8.45}$$

由式(8.45)可以看出,$h_d(n)$ 是以 τ 为中心的偶对称无限长非因果序列,其波形如图8.4(a)所示。

要得到有限长的 $h(n)$,一种最简单的办法就是将 $h_d(n)$ 两边响应值很小的抽样点截去,也就是取矩形窗,即

$$w_R(n) = R_N(n) = \begin{cases} 1 & (0 \leqslant n \leqslant N-1) \\ 0 & (\text{其他}) \end{cases} \tag{8.46}$$

$$h(n) = h_d(n)w_R(n) = \begin{cases} h_d(n) & (0 \leqslant n \leqslant N-1) \\ 0 & (\text{其他}) \end{cases} \tag{8.47}$$

线性相位 FIR 低通数字滤波器要求 $h(n)$ 关于 $\dfrac{N-1}{2}$ 偶对称,因此

$$\tau = \frac{N-1}{2} \tag{8.48}$$

将式(8.45)、式(8.48)代入式(8.47),可得

$$h(n) = \begin{cases} \dfrac{\sin\left[\omega_c\left(n-\dfrac{N-1}{2}\right)\right]}{\pi\left(n-\dfrac{N-1}{2}\right)} & (0 \leqslant n \leqslant N-1) \\ 0 & (\text{其他}) \end{cases} \tag{8.49}$$

此时，$h(n)$ 关于 $\dfrac{N-1}{2}$ 偶对称，满足第一类线性相位条件。$w_R(n)$ 和 $h(n)$ 的波形分别如图 8.4(b) 和 8.4(c) 所示。

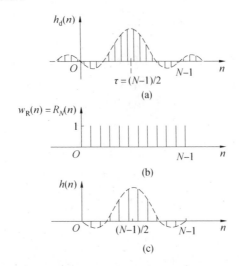

图 8.4 采用矩形窗设计线性相位 FIR 低通数字滤波器的 $h_d(n)$、$w_R(n)$ 及 $h(n)$ 波形

下面讨论加窗对频率响应的影响。

由于 $h(n)=h_d(n)w_R(n)$，因此实际求得的 FIR 低通数字滤波器的频率响应可表示为

$$H(\mathrm{e}^{\mathrm{j}\omega}) = \frac{1}{2\pi} H_d(\mathrm{e}^{\mathrm{j}\omega}) * W_R(\mathrm{e}^{\mathrm{j}\omega}) \tag{8.50}$$

可见，$H(\mathrm{e}^{\mathrm{j}\omega})$ 逼近 $H_d(\mathrm{e}^{\mathrm{j}\omega})$ 的效果完全取决于窗函数的频率响应。

矩形窗函数 $w_R(n)=R_N(n)$ 的频率响应为

$$W_R(\mathrm{e}^{\mathrm{j}\omega}) = \sum_{n=0}^{N-1} w_R(n)\mathrm{e}^{-\mathrm{j}\omega n} = \sum_{n=0}^{N-1} \mathrm{e}^{-\mathrm{j}\omega n} = \frac{1-\mathrm{e}^{-\mathrm{j}\omega N}}{1-\mathrm{e}^{-\mathrm{j}\omega}} = \frac{\sin(\omega N/2)}{\sin(\omega/2)}\mathrm{e}^{-\mathrm{j}\left(\frac{N-1}{2}\right)\omega}$$

$$= W_R(\omega)\mathrm{e}^{-\mathrm{j}\omega\tau} \tag{8.51}$$

式中

$$W_R(\omega) = \frac{\sin(\omega N/2)}{\sin(\omega/2)} \tag{8.52}$$

$W_R(\omega)$ 为矩形窗函数的幅度函数。

将式(8.43)、式(8.51) 代入式(8.50)，可得

$$
\begin{aligned}
H(\mathrm{e}^{\mathrm{j}\omega}) &= \frac{1}{2\pi}\big[H_d(\omega)\mathrm{e}^{-\mathrm{j}\omega\tau}\big] * \big[W_R(\omega)\mathrm{e}^{-\mathrm{j}\omega\tau}\big] \\
&= \frac{1}{2\pi}\int_{-\pi}^{\pi} H_d(\theta)\mathrm{e}^{-\mathrm{j}\theta\tau} W_R(\omega-\theta)\mathrm{e}^{-\mathrm{j}(\omega-\theta)\tau}\,\mathrm{d}\theta \\
&= \mathrm{e}^{-\mathrm{j}\omega\tau}\frac{1}{2\pi}\int_{-\pi}^{\pi} H_d(\theta)W_R(\omega-\theta)\,\mathrm{d}\theta \\
&= \mathrm{e}^{-\mathrm{j}\omega\tau}\frac{1}{2\pi}H_d(\omega) * W_R(\omega) \\
&= H(\omega)\mathrm{e}^{-\mathrm{j}\omega\tau}
\end{aligned}
\tag{8.53}
$$

式中

$$H(\omega) = \frac{1}{2\pi} H_d(\omega) * W_R(\omega) \tag{8.54}$$

式中, $H(\omega)$ 为实际求得的 FIR 数字滤波器的幅度函数。

式(8.53)、式(8.54)表明,在窗函数设计法中, $H(\omega)$ 等于希望逼近的理想数字滤波器的幅度函数 $H_d(\omega)$ 与窗函数的幅度函数 $W_R(\omega)$ 的卷积,而相位特性保持严格线性相位。矩形窗的卷积过程如图 8.5 所示。

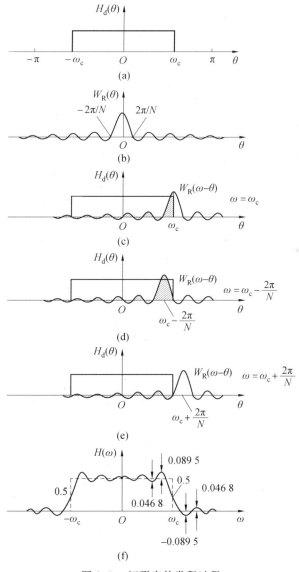

图 8.5　矩形窗的卷积过程

加窗处理对理想频率响应的影响包括以下几点:

(1)理想低通数字滤波器的过渡带宽为 0,但 $H(\omega)$ 在 $\omega = \omega_c$ 附近形成过渡带,正肩峰与负肩峰之间的宽度等于 $W_R(\omega)$ 的主瓣宽度。对于矩形窗函数,主瓣宽度为 $4\pi/N$,与 N 成反比。

（2）由于 $W_R(\omega)$ 旁瓣的作用，$H(\omega)$ 在通带和阻带出现波动，波动的幅度取决于 $W_R(\omega)$ 旁瓣的相对幅度。

（3）截取长度 N 增加时，$W_R(\omega)$ 的主瓣宽度减小，但主瓣与旁瓣幅度的相对比例不会改变。因此，增大 N 值，可以减小过渡带宽，但无法改变肩峰值，这种现象称为吉布斯效应。肩峰值的大小直接影响通带波纹和阻带衰减。例如，矩形窗截断导致的肩峰为 $\delta = 0.0895$，因此采用矩形窗函数设计的 FIR 数字滤波器的阻带最小衰减为 21 dB。要加大阻带衰减，只能通过改变窗函数的形状。

8.2.2 常用窗函数

加窗处理对频率响应的影响与窗函数的类型及长度 N 有关。一般希望窗函数满足以下两点要求：

（1）幅度函数的主瓣宽度要窄，以获得陡峭的过渡带。

（2）旁瓣的相对幅度要尽可能小，以减小肩峰和波纹，增大阻带衰减。

但实际上这两点不能兼得，一般总是通过增加主瓣宽度来换取对旁瓣的抑制。因此，实际所选用的窗函数往往是它们的折中。

下面给出几种常用的窗函数。

1. 矩形窗

矩形窗前面已经讨论过，矩形窗函数及其频率响应、幅度函数分别为

$$w_R(n) = R_N(n)$$

$$W_R(e^{j\omega}) = \frac{\sin(\omega N/2)}{\sin(\omega/2)} e^{-j\left(\frac{N-1}{2}\right)\omega}$$

$$W_R(\omega) = \frac{\sin(\omega N/2)}{\sin(\omega/2)}$$

矩形窗的主瓣宽度为 $4\pi/N$，旁瓣峰值衰减为 13 dB。

2. 三角窗

三角窗也称为巴特列特窗（Bartlett Window），三角窗函数及其频率响应、幅度函数分别为

$$w_T(n) = \begin{cases} \dfrac{2n}{N-1} & \left(0 \leqslant n \leqslant \dfrac{N-1}{2}\right) \\[2mm] 2 - \dfrac{2n}{N-1} & \left(\dfrac{N-1}{2} < n \leqslant N-1\right) \end{cases} \tag{8.55}$$

$$W_T(e^{j\omega}) = \frac{2}{N-1} \left\{ \frac{\sin\left[\left(\dfrac{N-1}{4}\right)\omega\right]}{\sin(\omega/2)} \right\}^2 e^{-j\left(\frac{N-1}{2}\right)\omega} \tag{8.56}$$

$$W_T(\omega) = \frac{2}{N-1} \left\{ \frac{\sin\left[\left(\dfrac{N-1}{4}\right)\omega\right]}{\sin(\omega/2)} \right\}^2 \approx \frac{2}{N} \left(\frac{\sin(N\omega/4)}{\sin(\omega/2)} \right)^2 \tag{8.57}$$

式（8.57）中的"$\approx$"当 $N \gg 1$ 时成立。三角窗的主瓣宽度为 $8\pi/N$，旁瓣峰值衰减为 25 dB。

3. 汉宁窗(Hanning Window)

汉宁窗也称为升余弦窗,汉宁窗函数及其频率响应、幅度函数分别为

$$w_{hn}(n) = \frac{1}{2} \left[1 - \cos\left(\frac{2\pi n}{N-1}\right) \right] R_N(n) \tag{8.58}$$

$$W_{hn}(e^{j\omega}) = \left\{ 0.5W_R(\omega) + 0.25 \left[W_R\left(\omega - \frac{2\pi}{N-1}\right) + W_R\left(\omega + \frac{2\pi}{N-1}\right) \right] \right\} e^{-j\left(\frac{N-1}{2}\right)\omega} \tag{8.59}$$

$$W_{hn}(\omega) = 0.5W_R(\omega) + 0.25 \left[W_R\left(\omega - \frac{2\pi}{N-1}\right) + W_R\left(\omega + \frac{2\pi}{N-1}\right) \right]$$

$$\approx 0.5W_R(\omega) + 0.25 \left[W_R\left(\omega - \frac{2\pi}{N}\right) + W_R\left(\omega + \frac{2\pi}{N}\right) \right] \tag{8.60}$$

式(8.60) 中的"$\approx$"当 $N \gg 1$ 时成立。三部分之和使旁瓣互相抵消,能量更集中在主瓣,但其代价是汉宁窗的主瓣宽度比矩形窗的主瓣宽度增加一倍,即为 $8\pi/N$,汉宁窗的旁瓣峰值衰减为 31 dB。

4. 海明窗(Hamming Window)

海明窗也称为改进的升余弦窗,海明窗函数及其频率响应、幅度函数分别为

$$w_{hm}(n) = \left[0.54 - 0.46\cos\left(\frac{2\pi n}{N-1}\right) \right] R_N(n) \tag{8.61}$$

$$W_{hm}(e^{j\omega}) = \left\{ 0.54W_R(\omega) + 0.23 \left[W_R\left(\omega - \frac{2\pi}{N-1}\right) + W_R\left(\omega + \frac{2\pi}{N-1}\right) \right] \right\} e^{-j\left(\frac{N-1}{2}\right)\omega} \tag{8.62}$$

$$W_{hm}(\omega) = 0.54W_R(\omega) + 0.23 \left[W_R\left(\omega - \frac{2\pi}{N-1}\right) + W_R\left(\omega + \frac{2\pi}{N-1}\right) \right]$$

$$\approx 0.54W_R(\omega) + 0.23 \left[W_R\left(\omega - \frac{2\pi}{N}\right) + W_R\left(\omega + \frac{2\pi}{N}\right) \right] \tag{8.63}$$

式(8.63) 中的"$\approx$"当 $N \gg 1$ 时成立。海明窗与汉宁窗的主瓣宽度相同,均为 $8\pi/N$,但海明窗的旁瓣幅度更小,旁瓣峰值衰减为 41 dB。

5. 布莱克曼窗(Blackman Window)

布莱克曼窗也称为二阶升余弦窗,对升余弦窗函数再增加一个二次谐波的余弦分量,从而进一步抑制旁瓣。布莱克曼窗函数及其频率响应、幅度函数分别为

$$w_{bl}(n) = \left[0.42 - 0.5\cos\left(\frac{2\pi n}{N-1}\right) + 0.08\cos\left(\frac{4\pi n}{N-1}\right) \right] R_N(n) \tag{8.64}$$

$$W_{bl}(e^{j\omega}) = \left\{ 0.42W_R(\omega) + 0.25 \left[W_R\left(\omega - \frac{2\pi}{N-1}\right) + W_R\left(\omega + \frac{2\pi}{N-1}\right) \right] + \right.$$

$$\left. 0.04 \left[W_R\left(\omega - \frac{4\pi}{N-1}\right) + W_R\left(\omega + \frac{4\pi}{N-1}\right) \right] \right\} e^{-j\left(\frac{N-1}{2}\right)\omega} \tag{8.65}$$

$$W_{bl}(\omega) = 0.42W_R(\omega) + 0.25 \left[W_R\left(\omega - \frac{2\pi}{N-1}\right) + W_R\left(\omega + \frac{2\pi}{N-1}\right) \right] +$$

$$0.04 \left[W_R\left(\omega - \frac{4\pi}{N-1}\right) + W_R\left(\omega + \frac{4\pi}{N-1}\right) \right]$$

$$\approx 0.42 W_R(\omega) + 0.25\left[W_R\left(\omega - \frac{2\pi}{N}\right) + W_R\left(\omega + \frac{2\pi}{N}\right)\right] +$$

$$0.04\left[W_R\left(\omega - \frac{4\pi}{N}\right) + W_R\left(\omega + \frac{4\pi}{N}\right)\right] \tag{8.66}$$

式(8.66)中的"≈"当 $N \gg 1$ 时成立。布莱克曼窗的主瓣宽度为 $12\pi/N$，旁瓣峰值衰减为 57 dB。

图 8.6 给出了上述五种常用窗函数的包络形状，图 8.7 为 $N = 51$ 时这五种窗函数的幅度谱。

图 8.6　五种常用窗函数的包络形状

(a) 矩形窗　　　　　　　　　　(b) 三角窗

(c) 汉宁窗　　　　　　　　　　(d) 海明窗

(e) 布莱克曼窗

图 8.7　五种常用窗函数的幅度谱($N = 51$)

图 8.8 给出了 $N=51$ 时理想低通数字滤波器采用不同窗函数处理后的幅频响应。

图 8.8　理想低通数字滤波器加窗后的幅频响应($N=51$)

6. 凯泽窗(Kaiser Window)

前面介绍的五种窗函数均为固定窗函数,每种窗函数的旁瓣幅度都是固定的。凯泽窗是一种可变窗函数,其定义为

$$w_K(n) = \frac{I_0\left(\beta\sqrt{1-\left(1-\frac{2n}{N-1}\right)^2}\right)}{I_0(\beta)} R_N(n) \tag{8.67}$$

式中,$I_0(\cdot)$ 为零阶第一类修正贝塞尔函数;β 为一个可以自由选择的参数,通常选择 $4 < \beta < 9$。

通过改变 β 的取值,可以同时调整主瓣宽度与旁瓣幅度,也就相当于调整了窗的形状。β 越大,则旁瓣幅度越小,但同时主瓣宽度也会相应增加。凯泽窗函数的包络形状如图 8.9 所示。当 $\beta=0$ 时,凯泽窗就变为矩形窗;当 $\beta=5.44$ 时,凯泽窗接近于海明窗;当 $\beta=8.5$ 时,凯泽窗接近于布莱克曼窗。

假设低通滤波器的通带误差容限和阻带误差容限均为 δ,通带截止频率和阻带截止频率分别为 ω_p 和 ω_{st},则过渡带宽为

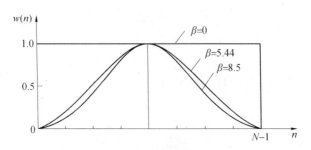

图 8.9　凯泽窗函数的包络形状

$$\Delta\omega = \omega_p - \omega_{st} \tag{8.68}$$

阻带最小衰减为

$$\alpha_s = -20\lg\delta \tag{8.69}$$

　　若要求 FIR 数字滤波器过渡带宽为 $\Delta\omega$，阻带最小衰减为 α_s，则采用凯泽窗的长度 N 及参数 β 分别为

$$N = \frac{\alpha_s - 7.95}{2.285\Delta\omega} + 1 \tag{8.70}$$

$$\beta = \begin{cases} 0 & (\alpha_s \leqslant 21\text{dB}) \\ 0.584\,2(\alpha_s - 21)^{0.4} + 0.078\,86(\alpha_s - 21) & (21\ \text{dB} < \alpha_s < 50\ \text{dB}) \\ 0.110\,2(\alpha_s - 8.7) & \alpha_s \geqslant 50\ \text{dB} \end{cases} \tag{8.71}$$

式(8.70)、式(8.71) 是 Kaiser 通过实验得出的经验公式。

　　表 8.2 给出了凯泽窗在不同 β 值时的滤波器性能。

表 8.2　凯泽窗参数对滤波器性能的影响

β	过渡带宽	通带波纹 /dB	阻带最小衰减 /dB
2.120	$3.00\pi/N$	±0.27	30
3.384	$4.46\pi/N$	$\pm0.086\,8$	40
4.538	$5.86\pi/N$	$\pm0.027\,4$	50
5.658	$7.24\pi/N$	$\pm0.008\,68$	60
6.764	$8.64\pi/N$	$\pm0.002\,75$	70
7.865	$10.0\pi/N$	$\pm0.000\,868$	80
8.960	$11.4\pi/N$	$\pm0.000\,275$	90
10.056	$12.8\pi/N$	$\pm0.000\,087$	100

　　表 8.3 归纳了上述六种窗函数的基本参数。

表 8.3　六种常用窗函数的基本参数

窗函数	窗谱性能指标		加窗后滤波器性能指标		
	主瓣宽度	旁瓣峰值衰减 /dB	过渡带宽	阻带最小衰减 /dB	通带边沿衰减 /dB
矩形窗	$4\pi/N$	13	$1.8\pi/N$	21	0.815
三角窗	$8\pi/N$	25	$6.1\pi/N$	25	0.503
汉宁窗	$8\pi/N$	31	$6.2\pi/N$	44	0.055
海明窗	$8\pi/N$	41	$6.6\pi/N$	53	0.021
布莱克曼窗	$12\pi/N$	57	$11\pi/N$	74	0.001 73
凯泽窗($\beta = 7.865$)		57	$10\pi/N$	80	0.000 868

8.2.3　窗函数法的设计步骤

窗函数法设计 FIR 数字滤波器的基本步骤如下:

(1) 确定窗函数的类型和长度 N。窗函数的类型可根据阻带最小衰减选择,长度 N 根据过渡带宽确定,参见表 8.3。若想采用凯泽窗,需按照式(8.70)和式(8.71)来确定长度 N 和参数 β。由于窗函数法设计出的 FIR 数字滤波器的通带最大波纹和阻带最大波纹相等,通带衰减通常较小,例如阻带最小衰减 44 dB 的汉宁窗,其通带最大衰减只有 0.055 dB,因此在选择窗函数类型时,通常只需考虑阻带衰减即可。

(2) 构造希望逼近的理想频率响应函数 $H_d(e^{j\omega})$。为了设计简单方便,通常选择具有片段常数特性的标准理想数字滤波器的频率响应函数作为 $H_d(e^{j\omega})$。理想低通、高通滤波器的截止频率 ω_c,以及理想带通、带阻滤波器的上、下截止频率 ω_1、ω_h,通常选为所要求的滤波器过渡带的算术中心频率。

(3) 求出其单位冲激响应 $h_d(n)$。

$$h_d(n) = \frac{1}{2\pi}\int_{-\pi}^{\pi} H_d(e^{j\omega}) e^{j\omega n}\, d\omega \tag{8.72}$$

(4) 求所设计的 FIR 数字滤波器的单位冲激响应 $h(n)$。

$$h(n) = h_d(n) w(n) \tag{8.73}$$

(5) 根据 $h(n)$ 求出加窗后实际的频率响应 $H(e^{j\omega})$,检验是否满足设计要求。若不满足设计要求,则需改变窗函数的类型或长度 N,重新进行设计。

为了方便设计,表 8.4 归纳了几种第一类($h(n)$ 偶对称)线性相位的标准理想数字滤波器的设计公式,式中 $\tau = \dfrac{N-1}{2}$。

表 8.4　标准理想数字滤波器的设计公式

理想滤波器类型	频率响应	单位冲激响应
低通	$H_d(e^{j\omega}) = \begin{cases} e^{-j\omega\tau} & (\|\omega\| \leqslant \omega_c) \\ 0 & (\omega_c < \|\omega\| \leqslant \pi) \end{cases}$	$h_d(n) = \begin{cases} \dfrac{\sin[\omega_c(n-\tau)]}{\pi(n-\tau)} & (n \neq \tau) \\ \omega_c/\pi & (n=\tau,\tau \text{ 为整数时}) \end{cases}$
高通	$H_d(e^{j\omega}) = \begin{cases} e^{-j\omega\tau} & (\omega_c \leqslant \|\omega\| \leqslant \pi) \\ 0 & (\|\omega\| < \omega_c) \end{cases}$	$h_d(n) = \begin{cases} \dfrac{\sin[\pi(n-\tau)] - \sin[\omega_c(n-\tau)]}{\pi(n-\tau)} & (n \neq \tau) \\ 1-\omega_c/\pi & (n=\tau,\tau \text{ 为整数时}) \end{cases}$
带通	$H_d(e^{j\omega}) = \begin{cases} e^{-j\omega\tau} & (\omega_l \leqslant \|\omega\| \leqslant \omega_h) \\ 0 & (\text{其他}) \end{cases}$	$h_d(n) = \begin{cases} \dfrac{\sin[\omega_h(n-\tau)] - \sin[\omega_l(n-\tau)]}{\pi(n-\tau)} & (n \neq \tau) \\ (\omega_h-\omega_l)/\pi & (n=\tau,\tau \text{ 为整数时}) \end{cases}$
带阻	$H_d(e^{j\omega}) = $ $\begin{cases} e^{-j\omega\tau} & (\|\omega\| \leqslant \omega_l, \omega_h \leqslant \|\omega\| \leqslant \pi) \\ 0 & (\text{其他}) \end{cases}$	$h_d(n) = $ $\begin{cases} \dfrac{\sin[\pi(n-\tau)] - \sin[\omega_h(n-\tau)] + \sin[\omega_l(n-\tau)]}{\pi(n-\tau)} & (n \neq \tau) \\ 1-(\omega_h-\omega_l)/\pi & (n=\tau,\tau \text{ 为整数时}) \end{cases}$

例 8.1　用凯泽窗设计线性相位 FIR 低通数字滤波器,给定指标为

(1) 当 $\|\omega\| \leqslant 0.4\pi$ 时,$0.99 \leqslant \|H(e^{j\omega})\| \leqslant 1.01$;

(2) 当 $0.6\pi \leqslant \|\omega\| \leqslant \pi$ 时,$\|H(e^{j\omega})\| \leqslant 0.01$。

解　(1) 确定窗函数。

滤波器通带与阻带误差容限均为 $\delta = 0.01$。阻带最小衰减为

$$\alpha_s = -20\lg\delta = -20\lg 0.01 = 40 \text{ dB}$$

过渡带宽为

$$\Delta\omega = \omega_{st} - \omega_p = 0.6\pi - 0.4\pi = 0.2\pi$$

根据式(8.70),凯泽窗长度 $N = \dfrac{\alpha_s - 7.95}{2.285\Delta\omega} + 1 = 23.323$,选取 $N = 24$

根据式(8.71),凯泽窗参数为

$$\beta = 0.584\,2(\alpha_s - 21)^{0.4} + 0.078\,86(\alpha_s - 21)$$
$$= 0.584\,2 \times 19^{0.4} + 0.0788\,6 \times 19 = 3.395$$

选取的窗函数为

$$w_K(n) = \frac{I_0\left(\beta\sqrt{1-\left(1-\dfrac{2n}{N-1}\right)^2}\right)}{I_0(\beta)}R_N(n) = \frac{I_0\left(3.395\sqrt{1-\left(1-\dfrac{2n}{23}\right)^2}\right)}{I_0(3.395)}R_{24}(n)$$

(2) 求理想频率响应函数。

理想低通数字滤波器的截止频率为

$$\omega_c = \frac{\omega_p + \omega_{st}}{2} = \frac{0.4\pi + 0.6\pi}{2} = 0.5\pi$$

理想频率响应函数为

$$H_d(e^{j\omega}) = \begin{cases} e^{-j\left(\frac{N-1}{2}\right)\omega} = e^{-j11.5\omega} & (\,|\omega| \leqslant 0.5\pi) \\ 0 & (0.5\pi < |\omega| \leqslant \pi) \end{cases}$$

(3) 求理想滤波器的单位冲激响应。

该理想低通数字滤波器的单位冲激响应为

$$h_d(n) = \frac{\sin[0.5\pi(n-11.5)]}{\pi(n-11.5)}$$

(4) 求线性相位 FIR 低通数字滤波器的单位冲激响应。

$$h(n) = h_d(n)w_K(n) = \frac{\sin[0.5\pi(n-11.5)]}{\pi(n-11.5)} \cdot \frac{I_0\left(3.395\sqrt{1-\left(1-\frac{2n}{23}\right)^2}\right)}{I_0(3.395)}R_{24}(n)$$

(5) 检验是否满足设计要求。

检验频率响应函数 $H(e^{j\omega})$ 的各项指标,满足设计要求。

所得线性相位 FIR 低通数字滤波器的单位冲激响应和幅频响应曲线如图 8.10 所示。

(a) 单位冲激响应　　　　　　　　　　(b) 幅频响应

图 8.10　例 8.1 数字滤波器的单位冲激响应和幅频响应曲线

例 8.2　用窗函数法设计第一类($h(n)$ 偶对称)线性相位 FIR 高通数字滤波器,要求通带截止频率 $\omega_p = 0.6\pi$,通带最大衰减 $\alpha_p = 0.1$ dB,阻带截止频率 $\omega_{st} = 0.3\pi$,阻带最小衰减 $\alpha_s = 50$ dB。

解　(1) 选择窗函数。

根据阻带最小衰减 $\alpha_s = 50$ dB,通带最大衰减 $\alpha_p = 0.1$ dB,查表 8.3,海明窗可以满足要求。

过渡带宽 $\Delta\omega = \omega_p - \omega_{st} = 0.6\pi - 0.3\pi = 0.3\pi$,海明窗过渡带宽为 $6.6\pi/N$,因此窗函数长度 N 应满足

$$N \geqslant \frac{6.6\pi}{\Delta\omega} = 22$$

对于第一类($h(n)$ 偶对称)线性相位 FIR 高通数字滤波器,N 只能取奇数,因此选取 $N = 23$。

窗函数为

$$w_{hm}(n) = \left[0.54 - 0.46\cos\left(\frac{2\pi n}{N-1}\right)\right]R_N(n) = \left[0.54 - 0.46\cos\left(\frac{\pi n}{11}\right)\right]R_{23}(n)$$

（2）求理想频率响应函数。

理想高通数字滤波器的截止频率为

$$\omega_c = \frac{\omega_p + \omega_{st}}{2} = \frac{0.6\pi + 0.3\pi}{2} = 0.45\pi$$

理想频率响应函数为

$$H_d(e^{j\omega}) = \begin{cases} e^{-j\left(\frac{N-1}{2}\right)\omega} = e^{-j11\omega} & (0.45\pi \leqslant |\omega| \leqslant \pi) \\ 0 & (|\omega| < 0.45\pi) \end{cases}$$

（3）求理想滤波器的单位冲激响应。

该理想高通数字滤波器的单位冲激响应为

$$h_d(n) = \begin{cases} \dfrac{\sin[\pi(n-11)] - \sin[0.45\pi(n-11)]}{\pi(n-11)} = -\dfrac{\sin[0.45\pi(n-11)]}{\pi(n-11)} & (n \neq 11) \\ 1 - 0.45\pi/\pi = 0.55 & (n=11) \end{cases}$$

（4）求线性相位 FIR 低通数字滤波器的单位冲激响应。

$$h(n) = h_d(n)w_{hm}(n)$$
$$= \begin{cases} -\dfrac{\sin[0.45\pi(n-11)]}{\pi(n-11)}\left[0.54 - 0.46\cos\left(\dfrac{\pi n}{11}\right)\right]R_{23}(n) & (n \neq 11) \\ 0.55 & (n=11) \end{cases}$$

（5）检验是否满足设计要求。

检验频率响应函数 $H(e^{j\omega})$ 的各项指标，满足设计要求。

所得第一类（$h(n)$ 偶对称）线性相位 FIR 高通数字滤波器的单位冲激响应和幅频响应曲线如图 8.11 所示。

(a) 单位冲激响应　　　　　　　　　(b) 幅频响应

图 8.11　例 8.2 数字滤波器的单位冲激响应和幅频响应曲线

8.2.4　窗函数法存在的主要问题

窗函数法设计过程比较简单,有闭合的公式可循,方便实用。但窗函数法也存在一些问题,主要包括以下几个方面:

(1) 当 $H_d(e^{j\omega})$ 很复杂或不能按式(8.72)直接计算出 $h_d(n)$ 时,就很难或无法得到 $h_d(n)$ 的表达式,此时必须用求和代替积分,以便在计算机上计算。也就是将 $H_d(e^{j\omega})$ 进行 M 点抽样后进行离散傅里叶反变换,因此可以用 FFT 来计算。由于通常情况下 $h_d(n)$ 随 n 增加衰减很快,因此当 M 足够大,即 $M \gg N$ 时,由求和代替积分所引起的误差通常可以忽略。

(2) 需要预先确定窗的形状和长度 N,为了保证满足给定的频率响应指标,可以用计算机采用累试法加以解决。

(3) 采用窗函数法设计 FIR 数字滤波器,无法准确控制滤波器的通带截止频率和阻带截止频率。

(4) 通带最大波纹和阻带最大波纹相等,不能分别控制。

(5) 在通带和阻带中,越靠近过渡带处的波纹越大,因此若在过渡带两边频率处的衰减满足要求,则在通带、阻带其他频率处的衰减就有富裕,故一定有资源的浪费。

8.3　频率抽样法设计 FIR 数字滤波器

频率抽样法是从频域出发,对理想滤波器的频率响应 $H_d(e^{j\omega})$ 进行抽样,之后利用抽样值 $H_d(k)$ 来实现 FIR 数字滤波器的设计。

8.3.1　频率抽样法的基本原理

假设希望逼近的理想数字滤波器的频率响应为

$$H_d(e^{j\omega}) = H_d(\omega)e^{j\theta_d(\omega)} \tag{8.74}$$

在 ω 的一个周期 $[0, 2\pi)$ 中对 $H_d(e^{j\omega})$ 进行 N 点抽样,可得

$$H_d(k) = H_d(e^{j\omega}) \mid_{\omega = k\frac{2\pi}{N}} \quad (k = 0, 1, \cdots, N-1) \tag{8.75}$$

将 $H_d(k)$ 作为实际 FIR 数字滤波器频率响应的抽样值 $H(k)$,即令

$$H(k) = H_d(k) = H_d(e^{j\omega}) \mid_{\omega = k\frac{2\pi}{N}} \quad (k = 0, 1, \cdots, N-1) \tag{8.76}$$

根据 IDFT 的定义,由 $H(k)$ 可求得有限长序列

$$h(n) = \text{IDFT}[H(k)] = \frac{1}{N} \sum_{k=0}^{N-1} H(k)e^{j\frac{2\pi}{N}kn} = \frac{1}{N} \sum_{k=0}^{N-1} H(k)W_N^{-kn} \quad (n = 0, 1, \cdots, N-1) \tag{8.77}$$

式中,$W_N = e^{-j\frac{2\pi}{N}}$。

因此,可以求得实际 FIR 数字滤波器的系统函数为

$$H(z) = \sum_{n=0}^{N-1} h(n)z^{-n} = \sum_{n=0}^{N-1} \left[\frac{1}{N} \sum_{k=0}^{N-1} H(k)W_N^{-kn} \right] z^{-n}$$

$$= \frac{1}{N} \sum_{k=0}^{N-1} H(k) \left[\sum_{n=0}^{N-1} W_N^{-kn} z^{-n} \right] = \frac{1}{N} \sum_{k=0}^{N-1} H(k) \frac{1-z^{-N}}{1-W_N^{-k} z^{-1}}$$

$$= \frac{1-z^{-N}}{N} \sum_{k=0}^{N-1} \frac{H(k)}{1-W_N^{-k} z^{-1}} = \frac{1-z^{-N}}{N} \sum_{k=0}^{N-1} \frac{H(k)}{1-e^{j\frac{2\pi}{N}k} z^{-1}} \tag{8.78}$$

以上就是频率抽样法设计 FIR 数字滤波器的基本原理。

8.3.2 线性相位的约束

若要设计线性相位的 FIR 数字滤波器,其抽样值 $H(k)$ 的幅度和相位需要满足一定的条件。下面对四种类型线性相位 FIR 数字滤波器分别进行讨论。

1. 类型 1——$h(n)$ 偶对称, N 为奇数

数字滤波器的频率响应可以表示为

$$H(e^{j\omega}) = H(\omega) e^{j\theta(\omega)} \tag{8.79}$$

式中, $H(\omega)$ 和 $\theta(\omega)$ 分别为幅度函数和相位函数。

类似地,抽样值 $H(k)$ 也可以用幅度 H_k 与相位 θ_k 来表示,即

$$H(k) = H_k e^{j\theta_k} \tag{8.80}$$

当 $h(n)$ 以 $\frac{N-1}{2}$ 为中心偶对称, N 为奇数时,幅度函数 $H(\omega)$ 对于 $\omega = \pi$ 呈偶对称, $H(\omega) = H(2\pi - \omega)$,相位函数 $\theta(\omega) = -\left(\frac{N-1}{2}\right)\omega$ 。因此,抽样值 $H(k)$ 的幅度 H_k 和相位 θ_k 应满足

$$\begin{cases} H_k = H_{N-k} \\ \theta_k = -\left(\frac{N-1}{2}\right) \cdot \frac{2\pi}{N} k = -k\pi\left(1-\frac{1}{N}\right) \end{cases} \tag{8.81}$$

2. 类型 2——$h(n)$ 偶对称, N 为偶数

当 $h(n)$ 以 $\frac{N-1}{2}$ 为中心偶对称, N 为偶数时,幅度函数 $H(\omega)$ 对于 $\omega = \pi$ 呈奇对称, $H(\omega) = -H(2\pi - \omega)$,相位函数 $\theta(\omega) = -\left(\frac{N-1}{2}\right)\omega$ 。因此,抽样值 $H(k)$ 的幅度 H_k 和相位 θ_k 应满足

$$\begin{cases} H_k = -H_{N-k} \\ \theta_k = -\left(\frac{N-1}{2}\right) \cdot \frac{2\pi}{N} k = -k\pi\left(1-\frac{1}{N}\right) \end{cases} \tag{8.82}$$

3. 类型 3——$h(n)$ 奇对称, N 为奇数

当 $h(n)$ 以 $\frac{N-1}{2}$ 为中心奇对称, N 为奇数时,幅度函数 $H(\omega)$ 对于 $\omega = \pi$ 呈奇对称, $H(\omega) = -H(2\pi - \omega)$,相位函数 $\theta(\omega) = -\left(\frac{N-1}{2}\right)\omega + \frac{\pi}{2}$ 。因此,抽样值 $H(k)$ 的幅度 H_k 和相位 θ_k 应满足

$$\begin{cases} H_k = -H_{N-k} \\ \theta_k = -\dfrac{N-1}{2} \cdot \dfrac{2\pi}{N}k + \dfrac{\pi}{2} = -k\pi\left(1-\dfrac{1}{N}\right) + \dfrac{\pi}{2} \end{cases} \tag{8.83}$$

4. 类型 4——$h(n)$ 奇对称,N 为偶数

当 $h(n)$ 以 $\dfrac{N-1}{2}$ 为中心奇对称,N 为偶数时,幅度函数 $H(\omega)$ 对于 $\omega = \pi$ 呈偶对称,

$H(\omega) = H(2\pi - \omega)$,相位函数 $\theta(\omega) = -\left(\dfrac{N-1}{2}\right)\omega + \dfrac{\pi}{2}$。因此,抽样值 $H(k)$ 的幅度 H_k 和

相位 θ_k 应满足

$$\begin{cases} H_k = H_{N-k} \\ \theta_k = -\left(\dfrac{N-1}{2}\right) \cdot \dfrac{2\pi}{N}k + \dfrac{\pi}{2} = -k\pi\left(1-\dfrac{1}{N}\right) + \dfrac{\pi}{2} \end{cases} \tag{8.84}$$

8.3.3　频率抽样法的逼近误差及改进方法

令 $z = \mathrm{e}^{\mathrm{j}\omega}$,代入式(8.78),可得实际 FIR 数字滤波器的频率响应为

$$H(\mathrm{e}^{\mathrm{j}\omega}) = \frac{1 - \mathrm{e}^{-\mathrm{j}\omega N}}{N} \sum_{k=0}^{N-1} \frac{H(k)}{1 - \mathrm{e}^{\mathrm{j}\frac{2\pi}{N}k}\mathrm{e}^{-\mathrm{j}\omega}}$$

$$= \frac{\mathrm{e}^{-\mathrm{j}\left(\frac{N-1}{2}\right)\omega}}{N} \sum_{k=0}^{N-1} H(k)\mathrm{e}^{\mathrm{j}\left(\frac{N-1}{N}\right)k\pi} \frac{\sin\left[N\left(\dfrac{\omega}{2} - \dfrac{k\pi}{N}\right)\right]}{\sin\left(\dfrac{\omega}{2} - \dfrac{k\pi}{N}\right)}$$

$$= \sum_{k=0}^{N-1} H(k)\Phi\left(\omega - \frac{2\pi}{N}k\right) \tag{8.85}$$

式中,$\Phi(\omega)$ 为内插函数,

$$\Phi(\omega) = \frac{1}{N} \frac{\sin\left(\dfrac{N\omega}{2}\right)}{\sin\left(\dfrac{\omega}{2}\right)} \mathrm{e}^{-\mathrm{j}\left(\frac{N-1}{2}\right)\omega} \tag{8.86}$$

将式 $H(k) = H_k\mathrm{e}^{\mathrm{j}\theta_k}$ 代入式(8.85),可得

$$H(\mathrm{e}^{\mathrm{j}\omega}) = \left\{\frac{1}{N}\sum_{k=0}^{N-1} H_k \frac{\sin\left[N\left(\dfrac{\omega}{2} - \dfrac{k\pi}{N}\right)\right]}{\sin\left(\dfrac{\omega}{2} - \dfrac{k\pi}{N}\right)}\right\}\left\{\mathrm{e}^{-\mathrm{j}\left(\frac{N-1}{2}\right)\omega}\sum_{k=0}^{N-1}\mathrm{e}^{\mathrm{j}\theta_k}\mathrm{e}^{\mathrm{j}\left(\frac{N-1}{N}\right)k\pi}\right\} \tag{8.87}$$

若希望逼近的理想滤波器是线性相位的,则其相位函数 $\theta_\mathrm{d}(\omega) = -\dfrac{N-1}{2}\cdot\omega$ 或 $\theta_\mathrm{d}(\omega) =$

$-\dfrac{N-1}{2}\cdot\omega + \dfrac{\pi}{2}$,抽样值 $H(k)$ 的相位为

$$\theta_k = -k\pi\left(1-\frac{1}{N}\right) \tag{8.88}$$

或

$$\theta_k = -k\pi\left(1-\frac{1}{N}\right) + \frac{\pi}{2} \tag{8.89}$$

将式(8.88) 代入式(8.87),可得实际滤波器的相位函数为

$$\theta(\omega) = -\frac{N-1}{2} \cdot \omega \tag{8.90}$$

将式(8.89) 代入式(8.87),可得实际滤波器的相位函数为

$$\theta(\omega) = -\frac{N-1}{2} \cdot \omega + \frac{\pi}{2} \tag{8.91}$$

由此可见,若希望逼近的理想滤波器是线性相位的,则采用频率抽样法得到的实际 FIR 数字滤波器也是线性相位的,其相位函数与理想滤波器的相位函数相同。

由式(8.87) 可以看出,在各频率抽样点上,实际滤波器的幅度函数与理想滤波器的幅度函数的数值严格相等,但在抽样点之间的幅度函数存在一定的逼近误差。频率抽样法的逼近效果如图 8.12 所示。逼近误差与理想幅度函数曲线的形状有关。理想幅度函数曲线越平缓,则内插值越接近理想值,逼近误差越小;反之,理想幅度函数曲线越陡峭,则内插值与理想值偏离越大,逼近误差越也就越大。可以看出,在理想幅度函数曲线间断点两边会产生肩峰,间断点附近形成过渡带。

图 8.12　频率抽样法的逼近效果

若增加频域抽样点数 N,则通带、阻带波纹变化更快,由于抽样点更密,幅度函数的平坦区域逼近误差会更小,且所产生的过渡带更窄,但是通带与阻带的肩峰(对应于通带最大衰减与阻带最小衰减)并没有显著的改变,这就是吉布斯效应。

为了减小通带与阻带的肩峰,可以采用设置过渡带,即增加过渡带抽样点的办法,如图 8.13 所示。在理想幅度函数曲线的间断点附近设置过渡带,增加若干个过渡带抽样点,消除从通带到阻带的突变,从而使肩峰减小,减小逼近误差。

过渡带抽样点的最佳抽样值可以采用优化算法计算或累试法确定。表 8.5 给出了过渡带抽样点数与阻带最小衰减的经验数据,通常增加 $1 \sim 3$ 个过渡带抽样点即可满足一般设计要求。

表 8.5　过渡带抽样点数与阻带最小衰减的经验数据

过渡带抽样点数	0	1	2	3
阻带最小衰减 /dB	$16 \sim 20$	$40 \sim 54$	$60 \sim 75$	$80 \sim 95$

增加过渡带抽样点,必然会导致过渡带的加宽。假设过渡带抽样点数为 m,则所得到的实际 FIR 数字滤波器的过渡带宽 $\Delta\omega$ 近似等于 $(m+1)\frac{2\pi}{N}$。因此,若要求设计 FIR 数字滤波器的过渡带宽为 $\Delta\omega$,则频域抽样点数 N 应满足

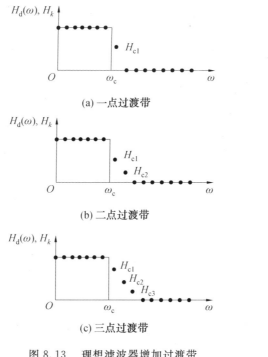

(a) 一点过渡带

(b) 二点过渡带

(c) 三点过渡带

图 8.13　理想滤波器增加过渡带

$$N \geqslant (m+1)\frac{2\pi}{\Delta\omega} \tag{8.92}$$

8.3.4　频率抽样法的设计步骤

频率抽样法设计线性相位 FIR 数字滤波器的基本步骤如下：

(1) 根据阻带最小衰减 α_s，按照表 8.5 选择过渡带抽样点的数量 m。

(2) 根据过渡带宽 $\Delta\omega$，按照式(8.92)确定频域抽样点数 N(即滤波器长度)。

(3) 构造希望逼近的理想频率响应函数 $H_d(e^{j\omega})$，且应满足线性相位对称性要求。

(4) 进行频域抽样，并加入过渡带抽样点，得到抽样值 $H(k)$。过渡带抽样点的抽样值相位应视 N 的奇偶而定，必须满足线性相位对抽样值相位的约束条件。过渡带抽样点的抽样值幅度可以为经验值，也可以采用优化算法计算或累试法确定。

(5) 根据式(8.85)求出实际设计出的滤波器的频率响应 $H(e^{j\omega})$，检验是否达到设计指标要求。若阻带最小衰减 α_s 不满足要求，则要调整过渡带抽样点的抽样值幅度，或增加过渡带抽样点的数量 m。若边沿频率不满足要求，则要增加整个频域抽样点的数量 N 来加以调整。

(6) 利用得出 $0 \leqslant \omega < 2\pi$ 的范围的全部 $H(k)$，求出它的 IDFT 就可得到实际设计出的滤波器的单位冲激响应 $h(n)$。

例 8.3　用频率抽样法设计第一类($h(n)$ 偶对称)线性相位 FIR 低通数字滤波器，理想频率响应为矩形，要求通带截止频率 $\omega_p = 0.4\pi$，允许过渡带宽 $\Delta\omega \leqslant 0.1225\pi$，阻带最小衰减 $\alpha_s = 40$ dB。

解 （1）确定过渡带抽样点的数量 m。

根据阻带最小衰减 $\alpha_s = 40$ dB，按照表 8.5 选择过渡带抽样点的数量 $m = 1$。

（2）确定频域抽样点数 N。

根据式(8.92)，频域抽样点数 N 应满足

$$N \geqslant (m+1)\frac{2\pi}{\Delta\omega} = (1+1)\frac{2\pi}{0.122\ 5\pi} = 32.653$$

选取频域抽样点数 $N = 33$。

（3）构造希望逼近的理想频率响应函数 $H_d(e^{j\omega})$。

滤波器为第一类线性相位，理想频率响应函数为

$$H_d(e^{j\omega}) = \begin{cases} e^{-j\left(\frac{N-1}{2}\right)\omega} = e^{-j16\omega} & (|\omega| \leqslant 0.4\pi) \\ 0 & (0.4 < |\omega| \leqslant \pi) \end{cases}$$

（4）求频域抽样值 $H(k)$。

由于 $h(n)$ 偶对称，N 为奇数，根据式(8.81)，且考虑过渡带抽样点，则有

$$H_k = \begin{cases} 1 & (k=0,1,\cdots,6) \\ r & (k=7) \\ 0 & (k=8,9,\cdots,25) \\ r & (k=26) \\ 1 & (k=27,28,\cdots,32) \end{cases}$$

$$\theta_k = -\left(\frac{N-1}{2}\right) \cdot \frac{2\pi}{N}k = -\frac{32}{33}k\pi \quad (k=0,1,\cdots,32)$$

$$H(k) = H_k e^{j\theta_k} \quad (k=0,1,\cdots,32)$$

采用累试法，可求得过渡带抽样点($k=7$ 处)的最佳抽样值近似为 $r = 0.390\ 4$。

（5）检验是否达到设计指标要求。

根据式(8.85)、式(8.86)可以求出实际设计出的滤波器的频率响应 $H(e^{j\omega})$。检验频率响应函数 $H(e^{j\omega})$ 的各项指标，满足设计要求。

（6）求单位冲激响应 $h(n)$。

利用 IDFT 就可得到实际设计出的滤波器的单位冲激响应为

$$h(n) = \text{IDFT}[H(k)] = \frac{1}{N}\sum_{k=0}^{N-1}H(k)e^{j\frac{2\pi}{N}kn} = \frac{1}{33}\sum_{k=0}^{32}H(k)e^{j\frac{2\pi}{33}kn} \quad (k=0,1,\cdots,32)$$

所得第一类($h(n)$ 偶对称)线性相位 FIR 低通数字滤波器的单位冲激响应和幅频响应曲线如图 8.14 所示。

8.3.5 频率抽样法存在的主要问题

频率抽样法设计简单方便，但也存在一些问题，主要包括以下几个方面：

（1）滤波器边界频率不易控制。

（2）频率抽样法可以控制阻带衰减，但对通带波纹则不易控制，且不能分别控制通带衰减和阻带衰减。

（3）与窗函数法一样，在通带和阻带中靠近过渡带处的波纹较大，在通带、阻带其他频

(a) 单位冲激响应　　　　　　　(b) 幅频响应

图 8.14　例 8.3 数字滤波器的单位冲激响应和幅频响应曲线

率处的波纹较小,造成资源的浪费。

8.4　等波纹最佳一致逼近法简介

　　窗函数法和频率抽样法的逼近误差在整个频域分布极不均匀,如果在误差最大的频段刚好满足设计指标,则在误差最小的频段会远远优于指标,从而造成资源的浪费。等波纹最佳一致逼近法使最大误差最小化,幅频响应在通带和阻带都是等波纹的,因此采用该方法设计的滤波器的性能价格比最高。对于相同的技术指标,等波纹最佳一致逼近法设计的滤波器阶数最低;若阶数相同,该方法设计的滤波器的最大逼近误差最小,即通带最大衰减最小,阻带最小衰减最大。等波纹最佳一致逼近法的数学推导比较复杂,这里只对其基本思想进行简要介绍。

　　假设希望逼近的数字滤波器的幅度函数为 $H_d(\omega)$,实际设计的数字滤波器的幅度函数为 $H(\omega)$,定义加权误差函数为

$$E(\omega)=W(\omega)[H_d(\omega)-H(\omega)] \qquad (8.93)$$

式中,$W(\omega)$ 为加权误差函数,用来控制不同频段的逼近精度。$W(\omega)$ 取值较大的频段逼近精度较高,$W(\omega)$ 取值较小的频段逼近精度较低。

　　等波纹最佳一致逼近法就是在通带和阻带,以最小化 $|E(\omega)|$ 的最大值作为优化目标,求解滤波器的系数 $h(n)$。通带和阻带称为逼近(或研究)区域,过渡带称为无关区域。需要注意,设计过程中过渡带宽不能为零,即 $H_d(\omega)$ 不能是理想滤波特性。

　　当滤波器阶数固定时,如果改变 $W(\omega)$,使通带(阻带)逼近精度提高,则必然使阻带(通带)逼近精度降低。若要同时提高通带和阻带的逼近精度,则必须增大滤波器的阶数。

8.5　IIR 数字滤波器与 FIR 数字滤波器的比较

　　在第 7 章和第 8 章分别讨论了 IIR 数字滤波器和 FIR 数字滤波器的设计方法。下面对

这两种滤波器的主要特点进行简单的归纳。

从性能上看,IIR 数字滤波器系统函数的极点可位于单位圆内的任何位置,因此可以用较低的阶数获得较好的选频特性,所用存储单元少,经济且高效。但 IIR 数字滤波器的高效是以相位的非线性为代价的,选频特性越好,则相位非线性越严重。而 FIR 数字滤波器的最大优点是可以得到严格的线性相位。但由于 FIR 数字滤波器系统函数的极点固定在原点,因此需要较高的阶数才能获得较好的选频特性。在相同性能指标下,FIR 数字滤波器的阶数要比 IIR 数字滤波器的阶数高 5 ~ 10 倍,成本较高,信号延时也较大。

从结构上看,IIR 数字滤波器必须采用递归型结构,为保证系统的稳定性,要求极点位于单位圆内。实际硬件实现时,这种结构在运算过程中需要对序列进行舍入处理,有限字长效应可能会引起寄生振荡。而 FIR 数字滤波器主要采用非递归结构,不论在理论上还是在实际的有限精度运算中,都是稳定的。另外,FIR 滤波器可以采用 FFT 来实现,在相同阶数的条件下,运算速度可以大大提高。

从设计工具看,IIR 数字滤波器可利用模拟滤波器现成的设计公式、数据和表格,因而计算工作量较小,对计算工具要求不高。FIR 数字滤波器设计则一般没有封闭函数的设计公式。窗函数法只给出窗函数的计算公式,但计算通带和阻带衰减仍无显式表达式。一般 FIR 滤波器的设计对计算工具要求较高,通常要借助计算机来设计。

另外,IIR 数字滤波器主要用于设计标准低通、高通、带通、带阻和全通滤波器。而 FIR 数字滤波器则更为灵活,还可设计出理想正交变换器、理想微分器、线性调频器等各种网络,适应性较广。

综上,IIR 和 FIR 数字滤波器各有所长,在实际应用中应综合考虑各方面因素进行选择。

8.6 FIR 数字滤波器设计的 MATLAB 实现

与本章内容相关的一些常用 MATLAB 函数及用法如下:

1. 各类窗函数

(1) 矩形窗。

$$wd = boxcar(N)$$

$$wd = rectwin(N)$$

N 为窗函数的长度,函数返回值为 N 点矩形窗列向量。

(2) 三角窗。

$$wd = triang(N)$$

$$wd = bartlett(N)$$

函数返回值为 N 点三角窗列向量。triang 给出的窗函数在两端的数据不为 0,而 bartlett 给出的窗函数在两端的数据为 0。

(3) 汉宁窗。

$$wd = hanning(N)$$

$$wd = hann(N)$$

函数返回值为 N 点汉宁窗列向量。hanning 给出的窗函数在两端的数据不为 0,而 hann 给出的窗函数在两端的数据为 0。

(4) 海明窗。

$$wd = hamming(N)$$

函数返回值为 N 点海明窗列向量。

(5) 布莱克曼窗。

$$wd = blackman(N)$$

函数返回值为 N 点布莱克曼窗列向量。

(6) 凯泽窗。

$$wd = kaiser(N, beta)$$

beta 为凯泽窗的参数 β,其取值影响窗的主瓣宽度与旁瓣衰减。函数返回值为 N 点凯泽窗列向量。

2. 窗函数法设计线性相位 FIR 数字滤波器

$$b = fir1(n, Wn, 'ftype', window)$$

n 为 FIR 数字滤波器的阶数,因此滤波器的长度为 $N = n + 1$。

Wn 为理想滤波器的通带截止频率,是对 π 归一化的数字频率,取值在 $0 \sim 1$ 之间,1 对应抽样频率的一半。当设计低通或高通滤波器时,Wn 为标量;当设计带通或带阻滤波器时,Wn 为二元向量,即 $Wn = [W1, W2]$,且 $W1 < W2$;当设计多频带滤波器时,Wn 为多元向量,即 $Wn = [W1, W2, W3, W4, \cdots]$,且 $0 < W1 < W2 < W3 < W4 < \cdots < 1$。

'ftype' 为滤波器的类型,其值可为 'low'、'high'、'bandpass'、'stop'、'DC-0' 或 'DC-1',分别代表低通、高通、带通、带阻、第一个频带为阻带的多频带滤波器及第一个频带为通带的多频带滤波器,缺省时代表低通或带通滤波器。

window 为窗函数,长度必须为 $n + 1$,用列向量表示,缺省时代表海明窗。

函数返回值 b 为求得的 FIR 数字滤波器系统函数的系数向量,其长度为 $N = n + 1$,按 z^{-1} 的升幂次序排列,第一项为 z^0 的系数。求得的 FIR 数字滤波器满足第一类线性相位条件,单位冲激响应偶对称,即 $b(k) = b(n + 2 - k)(k = 1, 2, \cdots, n + 1)$,系统群时延为 $n/2$。

注意:2 型(偶对称,N 为偶数)线性相位 FIR 数字滤波器在 $\omega = \pi$ 处 $H(\omega) = 0$,因此,对于在 $\omega = \pi$ 处增益不为 0 的滤波器,比如高通和带通滤波器,N 必须为奇数,也就是 n 必须为偶数,否则系统将自动将 n 的值加 1。

3. 频率抽样法设计加窗的线性相位 FIR 数字滤波器

$$b = fir2(n, w, A, window)$$

n 为 FIR 数字滤波器的阶数,因此滤波器的长度为 $N = n + 1$。w 为频率点向量,是对 π 归一化的数字频率,取值在 $0 \sim 1$ 之间,可以包含重复的频率点,按升序排列,且第一个值必须为 0,最后一个值必须为 1。

A 是长度与 w 相同的向量,是各指定频率点上的理想幅频响应。

window 是长度为 $n + 1$ 的窗函数列向量,缺省时代表海明窗。

函数返回值 b 为求得的 FIR 数字滤波器系统函数的系数向量,其长度为 $N = n + 1$。

4. 等波纹最佳一致逼近法设计线性相位 FIR 数字滤波器

$(1) b = firpm(n,w,A,weights,'ftype')$

MATLAB 提供的 firpm 函数采用等波纹最佳一致逼近法,即 Parks – McClellan 算法 (Remez 算法) 设计线性相位 FIR 数字滤波器。

n 为 FIR 数字滤波器的阶数,因此滤波器的长度为 $N = n + 1$。

w 为频率点向量,是对 π 归一化的数字频率,取值在 $0 \sim 1$ 之间,按升序排列,且第一个值必须为 0,最后一个值必须为 1(希尔伯特变换器除外)。w 不能出现重复的频率点,即 firpm 函数不能逼近过渡带宽为 0 的频率响应。每个频带有两个边界频率,因此 w 由成对的频率点组成。

A 是各指定频率点上的理想幅频响应。A 与 w 长度必须相同且为偶数。

weights 为各频带中的加权函数,其长度等于 w(或 A)长度的一半,缺省时表示各频带加权值均为 1。

'ftype' 为滤波器的类型,当其值为 'hilbert' 或 'differentiator' 时,分别代表数字希尔伯特变换器或数字微分器,缺省时代表一般数字滤波器。

函数返回值 b 为求得的 FIR 数字滤波器系统函数的系数向量,其长度为 $N = n + 1$。

$(2) [n,w,A,weights] = firpmord(f,a,dev,fs)$

firpmord 函数用于估算采用等波纹最佳一致逼近法设计线性相位 FIR 数字滤波器所需的最低阶数。需要注意,firpmord 函数的估算结果有可能偏小,因此必须加以检验。

f 为频率点向量,是模拟频率(Hz),取值在 $0 \sim fs/2$ 之间,且省略了 0 和 $fs/2$ 两点。

a 是由 f 规定的频带中的理想幅频响应值。f 的长度等于 a 的两倍长度减去 2。

dev 用于指定各频带允许的最大偏差。

fs 为抽样频率,缺省时默认 $fs = 2$,此时 f 相当于是对 π 归一化的数字频率。

函数返回值 n 为求得的滤波器所需最低阶数;w 为对 π 归一化的数字频率点向量,且包括 0 和 1 两点,其长度等于 f 的长度加 2;A 是各指定频率点上的理想幅频响应,其长度与 w 相同;weights 为各频带中的加权函数,其长度等于 w(或 A)长度的一半。

例 8.4 用 MATLAB 设计线性相位 FIR 低通数字滤波器,要求采用窗函数法,给定设计指标为:

(1) 当 $|\omega| \leqslant 0.4\pi$ 时,$0.99 \leqslant |H(e^{j\omega})| \leqslant 1.01$;

(2) 当 $0.6\pi \leqslant |\omega| \leqslant \pi$ 时,$|H(e^{j\omega})| \leqslant 0.01$。

解 本例题中的技术指标与例 8.1 相同,这里同样采用凯泽窗。

实现的 MATLAB 程序代码如下:

```
clear all;
Wp = 0.4 * pi;                          % 通带截止频率
Wst = 0.6 * pi;                         % 阻带截止频率
delta = 0.01;                           % 通带及阻带误差容限
As = −20 * log10(delta);                % 阻带最小衰减(dB)
Wc = (Wp + Wst)/2;                      % 理想截止频率
delta_W = Wst − Wp;                     % 过渡带宽
```

```
N = ceil((As − 7.95)/(2.285 * delta_W) + 1);          % 滤波器长度
if 21 < As < 50                                        % 确定凯泽窗参数
    beta = 0.5842 * (As − 21)^0.4 + 0.07886 * (As − 21);
elseif As >= 50
    beta = 0.1102 * (As − 8.7);
else
    beta = 0;
end
wd = kaiser(N,beta);                                   % 窗函数
tau = (N − 1)/2;
for n = 1:N
    nn = n − 1;
    hd(n) = (sin((nn − tau) * Wc))/((nn − tau) * pi); % 理想滤波器单位冲激响应
end
if tau − floor(tau) == 0
    hd(tau + 1) = Wc/pi;
end
for n = 1:N
    h(n) = hd(n) * wd(n,1);                            % 所得 FIRDF 单位冲激响应
end
w = 0:0.001 * pi:pi;
H = freqz(h,[1],w);
dBH = 20 * log10(abs(H));                              % 幅频响应(dB)
Apr = − min(dBH(1:(Wp/(0.001 * pi) + 1)))              % 实际通带最大衰减
Asr = − max(dBH((Wst/(0.001 * pi) + 1):1001))          % 实际阻带最小衰减
figure;
stem([0:N − 1],h,'.');
grid on;
xlabel('n');
ylabel('h(n)');
axis([0,N − 1,− 0.2,0.5]);
figure;
plot(w/pi,dBH);
grid on;
xlabel('\omega/\pi');
ylabel('| H(e^{j\omega}) | /dB');
axis([0,1,− 120,5]);
```

程序运行结果:Apr = 0.051025,Asr = 41.543。输出的数字滤波器的单位冲激响应和

幅频响应曲线如图 8.10 所示。

例 8.5　用 MATLAB 设计第一类($h(n)$ 偶对称)线性相位 FIR 高通数字滤波器,要求采用窗函数法,通带截止频率 $\omega_p = 0.6\pi$,通带最大衰减 $\alpha_p = 0.1$ dB,阻带截止频率 $\omega_{st} = 0.3\pi$,阻带最小衰减 $\alpha_s = 50$ dB。

解　本例题中的技术指标与例 8.2 相同,这里同样采用海明窗。

实现的 MATLAB 程序代码如下:

```
clear all;
Wp = 0.6 * pi;                               % 通带截止频率
Wst = 0.3 * pi;                              % 阻带截止频率
Ap = 0.1;                                    % 通带最大衰减(dB)
As = 50;                                     % 阻带最小衰减(dB)
Wc = (Wp + Wst)/2;                           % 理想截止频率
delta_W = Wp - Wst;                          % 过渡带宽
N = ceil(6.6 * pi/delta_W);                  % 窗函数长度
if mod(N,2) == 0
    N = N + 1;                               %N 必须为奇数
end
wd = hamming(N);                             % 窗函数
tau = (N - 1)/2;
for n = 1:N
    nn = n - 1;
    hd(n) = -(sin((nn - tau) * Wc))/((nn - tau) * pi);   % 理想单位冲激响应
end
if tau - floor(tau) == 0                     %tau 为整数
    hd(tau + 1) = 1 - Wc/pi;
end
for n = 1:N
    h(n) = hd(n) * wd(n,1);                  % 所得 FIRDF 单位冲激响应
end
w = 0:0.001 * pi:pi;
H = freqz(h,[1],w);
dBH = 20 * log10(abs(H));                    % 幅频响应(dB)
Apr = -min(dBH((Wp/(0.001 * pi) + 1):1001))  % 实际通带最大衰减
Asr = -max(dBH(1:(Wst/(0.001 * pi) + 1)))    % 实际阻带最小衰减
figure;
stem([0:N - 1],h,'.');
grid on;
xlabel('n');
```

```
ylabel('h(n)');
axis([0,N-1,-0.4,0.6]);
figure;
plot(w/pi,dBH);
grid on;
xlabel('\omega/\pi');
ylabel(' | H(e^{j\omega}) | /dB');
axis([0,1,-120,5]);
```

程序运行结果：Apr＝0.020 062，Asr＝50.752。输出的数字滤波器的单位冲激响应和幅频响应曲线如图 8.11 所示。

窗函数法设计线性相位 FIR 滤波器也可以利用 MATLAB 信号处理工具箱给出的 fir1 函数。

例 8.6　用 fir1 函数设计线性相位 FIR 低通数字滤波器，设计指标与例 8.4 相同。

解　实现的 MATLAB 程序代码如下：

```
clear all;
Wp=0.4 * pi;                                    % 通带截止频率
Wst=0.6 * pi;                                   % 阻带截止频率
delta=0.01;                                     % 通带及阻带波纹
As=-20 * log10(delta);                          % 阻带最小衰减(dB)
Wc=(Wp+Wst)/2;                                  % 理想截止频率
delta_W=Wst-Wp;                                 % 过渡带宽
N=ceil((As-7.95)/(2.285 * delta_W)+1);          % 滤波器长度
M=N-1;                                          % 滤波器阶数
if 21<As<50                                     % 确定凯泽窗参数
   beta=0.5842 * (As-21)^0.4+0.07886 * (As-21);
elseif As>=50
   beta=0.1102 * (As-8.7);
else
   beta=0;
end
h=fir1(M,Wc/pi,'low',kaiser(N,beta));
w=0:0.001 * pi:pi;
H=freqz(h,[1],w);
dBH=20 * log10(abs(H));                         % 幅频响应(dB)
Apr=-min(dBH(1:(Wp/(0.001 * pi)+1)))            % 实际通带最大衰减
Asr=-max(dBH((Wst/(0.001 * pi)+1):1001))        % 实际阻带最小衰减
figure;
```

```
        stem([0:N－1],h,'.');
        grid on;
        xlabel('n');
        ylabel('h(n)');
        axis([0,N－1,－0.2,0.5]);
        figure;
        plot(w/pi,dBH);
        grid on;
        xlabel('\omega/\pi');
        ylabel('|H(e^{j\omega})|/dB');
        axis([0,1,－120,5]);
```

例 8.7　用 MATLAB 设计第一类 ($h(n)$ 偶对称) 线性相位 FIR 低通数字滤波器, 要求采用频率抽样法, 理想频率响应为矩形, 要求通带截止频率 $\omega_p = 0.4\pi$, 允许过渡带宽 $\Delta\omega \leqslant 0.122\,5\pi$, 阻带最小衰减 $\alpha_s = 40$ dB。

解　本例题中的技术指标与例 8.3 相同, 这里同样选取过渡带抽样点的数量 $m = 1$, 过渡带抽样点的抽样值 $r = 0.390\,4$。

实现的 MATLAB 程序代码如下:

```
        clear all;
        Wp＝0.4 * pi;                          ％ 通带截止频率
        delta_W＝0.1225 * pi;                  ％ 过渡带宽
        As＝40;                                ％ 阻带最小衰减(dB)
        m＝1;                                  ％ 过渡带抽样点数
        r＝0.3904;                             ％ 过渡带抽样值
        N＝ceil((m＋1) * 2 * pi/delta_W);      ％ 频域抽样点数
        kc＝floor(Wp/(2 * pi/N))＋1;           ％ 过渡带抽样点
        Hk＝zeros(1,N);                        ％ 频域抽样值
        for n＝1:N
          nn＝n－1;
          Hk(n)＝exp(－j * (N－1) * nn * pi/N);
        end
        if mod(N,2)＝＝1                        ％N 为奇数
          for n＝1:N
            nn＝n－1;
            if or(nn＝＝kc,nn＝＝N－kc)
              Hk(n)＝Hk(n) * r;
            elseif and(nn＞kc,nn＜N－kc)
              Hk(n)＝0;
            end
```

```
            end
        end
    if mod(N,2)==0                              %N 为偶数
        for n=1:N
            nn=n-1;
            if nn==kc
                Hk(n)=Hk(n)*r;
            elseif nn==N-kc
                Hk(n)=-Hk(n)*r;
            elseif nn<kc
                Hk(n)=Hk(n)*1;
            elseif nn>N-kc
                Hk(n)=-Hk(n)*1;
            else
                Hk(n)=0;
            end
        end
    end
    h=ifft(Hk,N);                               % 单位冲激响应
    w=0:0.001*pi:pi;
    H=freqz(h,[1],w);
    dBH=20*log10(abs(H));                        % 幅频响应(dB)
    Apr=-min(dBH(1:(Wp/(0.001*pi)+1)))           % 实际通带最大衰减
    Asr=-max(dBH(floor((Wp+delta_W)/(0.001*pi)+1):1001))
                                                 % 实际阻带最小衰减

    figure;
    stem([0:N-1],h,'.');
    grid on;
    xlabel('n');
    ylabel('h(n)');
    axis([0,N-1,-0.2,0.5]);
    figure;
    plot(w/pi,dBH);
    grid on;
    xlabel('\omega/\pi');
    ylabel(' | H(e^{j\omega}) | /dB');
    axis([0,1,-120,5]);
```

程序运行结果：$Apr=3.3099$，$Asr=42.472$。输出的数字滤波器的单位冲激响应和幅

频响应曲线如图 8.14 所示。

例 8.8 用 fir2 设计线性相位 FIR 数字滤波器,希望逼近的频率响应如图 8.15 所示,窗长 $N=51$。

图 8.15 例 8.8 希望逼近的频率响应

解 实现的 MATLAB 程序代码如下:

```
clear all;
w=[0,0.1,0.2,0.3,0.4,0.5,0.6,0.7,0.8,0.9,1];     % 频率点矢量
A=[0,0.25,0.5,0.75,1,0,0,1,1,0,0];               % 指定频率点预期幅频响应
N=51;                                            % 窗长
M=N-1;                                           % 滤波器阶数
h=fir2(M,w,A);
figure;
stem([0:M],h,'.');
grid on;
xlabel('n');
ylabel('h(n)');
axis([0,M,-0.3,0.6]);
figure;
w=0:0.001*pi:pi;
H=freqz(h,[1],w);
plot(w/pi,abs(H));
grid on;
xlabel('\omega/\pi');
ylabel('|H(e^{j\omega})|');
```

程序输出的数字滤波器的单位冲激响应和幅频响应曲线如图 8.16 所示。

例 8.9 用 MATLAB 设计线性相位 FIR 带通数字滤波器,要求采用等波纹最佳一致逼近法,下阻带截止频率 $\omega_{stl}=0.2\pi$,通带下截止频率 $\omega_{pl}=0.3\pi$,通带上截止频率 $\omega_{ph}=0.5\pi$,上阻带截止频率 $\omega_{sth}=0.6\pi$,通带最大衰减 $\alpha_p=0.5$ dB,阻带最小衰减 $\alpha_s=50$ dB。

解 实现的 MATLAB 程序代码如下:

```
clear all;
f=[0.2,0.3,0.5,0.6];                             % 频率点矢量(去掉0和1两点)
```

(a) 单位冲激响应　　　　　　　　(b) 幅频响应

图 8.16　例 8.8 数字滤波器的单位冲激响应和幅频响应曲线

```
a＝[0,1,0];
Ap＝0.5;
As＝50;
deta_p＝(10^(Ap/20)－1)/(10^(Ap/20)＋1);        ％ 通带波纹
deta_st＝10^(－As/20);                         ％ 阻带波纹
dev＝[deta_st,deta_p,deta_st];
[M,w,A,weights]＝firpmord(f,a,dev);
Apr＝Ap＋0.5;
Asr＝As－5;
M＝M－1;
while or((Apr＞Ap),(Asr＜As))
  M＝M＋1;
  h＝firpm(M,w,A,weights);
  ww＝0:0.001 * pi:pi;
  H＝freqz(h,[1],ww);
  dBH＝20 * log10(abs(H));
  Apr＝－min(dBH((f(2)/0.001＋1):(f(3)/0.001＋1)));
                                              ％ 实际通带最大衰减
  Asr1＝－max(dBH(1:(f(1)/0.001＋1)));
  Asr2＝－max(dBH((f(4)/0.001＋1):1001));
  Asr＝min(Asr1,Asr2);                         ％ 实际阻带最小衰减
end
Apr
Asr
figure;
```

```
stem([0:M],h,'.');
grid on;
xlabel('n');
ylabel('h(n)');
axis([0,M,-0.3,0.4]);
figure;
plot(ww/pi,dBH);
grid on;
xlabel('\omega/\pi');
ylabel('|H(e^{j\omega})|/dB');
axis([0,1,-120,5]);
```

程序运行结果：Apr＝0.25174，Asr＝50.036。输出的数字滤波器的单位冲激响应和幅频响应曲线如图 8.17 所示。

(a) 单位冲激响应　　　　　　　　　　　(b) 幅频响应

图 8.17　例 8.9 数字滤波器的单位冲激响应和幅频响应曲线

习　　题

8.1　用矩形窗设计线性相位 FIR 低通数字滤波器，已知 $\omega_c=0.5\pi$，$N=21$。

8.2　用三角窗设计线性相位 FIR 低通数字滤波器，已知 $\omega_c=0.5\pi$，$N=21$。

8.3　用频率抽样法设计线性相位 FIR 低通数字滤波器，已知 $\omega_c=0.5\pi$，$N=51$。

8.4　对下面每一种滤波器指标，选择满足线性相位 FIR 数字滤波器设计要求的窗函数类型和长度：

(1) 阻带衰减为 40 dB，过渡带宽为 2 kHz，抽样频率为 10 kHz；

(2) 阻带衰减为 50 dB，过渡带宽为 10 kHz，抽样频率为 80 kHz。

8.5　用频率抽样法设计线性相位 FIR 低通数字滤波器，理想滤波器幅频响应为

$$|H_d(e^{j\omega})|=\begin{cases}1 & (0\leqslant|\omega|\leqslant0.5\pi)\\0 & (其他)\end{cases}$$，求频域抽样点数 $N=33$ 时的抽样值 $H(k)$。

8.6   用窗函数法设计线性相位 FIR 高通数字滤波器,要求阻带截止频率 $\omega_{st}=0.2\pi$,阻带最小衰减 $\alpha_s=50$ dB,通带截止频率 $\omega_p=0.4\pi$,通带最大衰减 $\alpha_p=0.1$ dB。

8.7   用窗函数法设计线性相位 FIR 带通数字滤波器,要求下阻带截止频率 $\omega_{stl}=0.2\pi$,通带下截止频率 $\omega_{pl}=0.3\pi$,通带上截止频率 $\omega_{ph}=0.5\pi$,上阻带截止频率 $\omega_{sth}=0.6\pi$,通带最大衰减 $\alpha_p=1$ dB,阻带最小衰减 $\alpha_s=55$ dB。

参 考 文 献

[1] 程佩青. 数字信号处理教程 MATLAB 版[M]. 5 版. 北京：清华大学出版社，2017.

[2] 赵春晖，陈立伟，马慧珠，等. 数字信号处理[M]. 2 版. 北京：电子工业出版社，2011.

[3] 丁玉美，高西全. 数字信号处理[M]. 2 版. 西安：西安电子科技大学出版社，2001.

[4] PROAKIS J G，MANOLOKIS D G. Digital signal processing：principles，algorithms and applications[M]. 4 版. 北京：电子工业出版社，2013.

[5] ORFANIDIS S J. Introduction to signal processing[M]. 北京：清华大学出版社，2000.

[6] CORINTHIOS M. Signals，systems，transforms，and digital signal processing with Matlab[M]. New York：CRC Press，2009.

[7] MITRA S K. Digital signal processing：a computer-based approach[M]. 2nd ed. New York：McGraw—Hill，2001.

[8] CHAPARRO L F. Signals and systems using Matlab[M]. New York：Academic Press，2010.

[9] THYAGARAJAN K S. Introduction to digital signal processing using Matlab with application to digital communications[M]. San Diego：Springer，2019.

[10] KHAN M N，HASNAIN S K，JAMIL M. Digital signal processing：a breadth-first approach[M]. Aalborg：River Publisher，2016.

[11] GAZI O. Understanding digital signal processing[M]. Singapore：Springer，2018.

[12] CRISTI R. 现代数字信号处理 [M]. 英文版. 北京：机械工业出版社，2003.

[13] 郑君里，应启珩，杨为理. 信号与系统（下册）[M]. 2 版. 北京：高等教育出版社，2000.

[14] ABOOD S I. Digital signal processing：a primer with Matlab[M]. Boca Raton：CRC Press，2020.

[15] 海因斯 M H. 数字信号处理[M]. 张建华，卓力，张延华，译. 北京：科学出版社，2002.

[16] 张洪涛，万红，杨述斌. 数字信号处理[M]. 武汉：华中科技大学出版社，2007.

[17] 刘明珠，孙继禹，林海军. 信号与系统[M]. 北京：机械工业出版社，2015.

[18] INGLE V K，PROAKIS J G. 数字信号处理（MATLAB 版）[M]. 刘树堂，陈志刚，译. 西安：西安交通大学出版社，2013.

[19] 胡广书. 数字信号处理理论、算法与实现[M]. 3 版. 北京：清华大学出版社，2012.

[20] 钱玲，谷亚林，王海青. 数字信号处理[M]. 北京：电子工业出版社，2018.

[21] OPPENHEIM A V，SCHAFER R W. 离散时间信号处理[M]. 黄建国，刘树棠，张国梅，译. 3 版. 北京：电子工业出版社，2015.

[22] 张德丰.详解 MATLAB 数字信号处理[M].北京:电子工业出版社,2010.

[23] OPPENHEIM A V.信号与系统[M].刘树棠,译.2 版.西安:西安交通大学出版社,2008.

[24] 程佩青.数字信号处理教程[M].3 版.北京:清华大学出版社,2007.